ENCYCLOPÉDIE AGRICOLE

Publiée sous la direction de G. WERY

Couronnée par l'Académie des Sciences morales et politiques
et par la Société nationale d'Agriculture

P. PACOTTET ET J. DAIRAT

CULTURES DE SERRES

ENCYCLOPÉDIE AGRICOLE

ENCYCLOPÉDIE AGRICOLE
Publiée par une réunion d'Ingénieurs agronomes
SOUS LA DIRECTION DE G. WÉRY

CULTURES DE SERRES

CONSTRUCTION ET CHAUFFAGE DES SERRES
FORÇAGE DES RAISINS ET DES FRUITS DE PRIMEURS

PAR

P. PACOTTET

CHEF DE LABORATOIRE A L'INSTITUT NATIONAL AGRONOMIQUE
MAÎTRE DE CONFÉRENCES A L'ÉCOLE NATIONALE D'AGRICULTURE DE GRIGNON

ET

J. DAIRAT

Ex-préparateur du laboratoire de Viticulture à l'Institut National agronomique

Introduction par le Dr P. REGNARD
DIRECTEUR DE L'INSTITUT NATIONAL AGRONOMIQUE
Avec 178 figures intercalées dans le texte

4e mille

PARIS
LIBRAIRIE J.-B. BAILLIÈRE ET FILS
19, rue Hautefeuille, près du Boulévard Saint-Germain

1927

INTRODUCTION

Si les choses se passaient en toute justice, ce n'est pas moi qui devrais signer cette préface.

L'honneur en reviendrait bien plus naturellement à l'un de mes deux éminents prédécesseurs :

A Eugène Tisserand, que nous devons considérer comme le véritable créateur en France de l'enseignement supérieur de l'agriculture : n'est-ce pas lui qui, pendant de longues années, a pesé de toute sa valeur scientifique sur nos gouvernements et obtenu qu'il fût créé à Paris un Institut agronomique comparable à ceux dont nos voisins se montraient fiers depuis déjà longtemps ?

Eugène Risler, lui aussi, aurait dû, plutôt que moi, présenter au public agricole ses anciens élèves devenus des maîtres. Près de douze cents ingénieurs agronomes, répandus sur le territoire français, ont été façonnés par lui : il est aujourd'hui notre vénéré doyen, et je me souviens toujours avec une douce reconnaissance du jour où j'ai débuté sous ses ordres et de celui, proche encore, où il m'a désigné pour être son successeur (1).

Mais, puisque les éditeurs de cette collection ont voulu que ce fût le directeur en exercice de l'Institut agronomique qui présentât aux lecteurs la nouvelle *Encyclopédie*, je vais tâcher de dire brièvement dans quel esprit elle a été conçue.

Des Ingénieurs agronomes, presque tous professeurs d'agriculture, tous anciens élèves de l'Institut national agronomique, se sont donné la mission de résumer, dans une série de volumes, les connaissance pratiques absolument nécessaires aujourd'hui pour la culture rationnelle du sol. Ils ont choisi pour distribuer, régler et diriger la besogne de chacun, Georges WERY, que j'ai le plaisir et la chance d'avoir pour collaborateur et pour ami.

L'idée directrice de l'œuvre commune a été celle-ci : extraire de notre enseignement supérieur la partie immédiatement utilisable par l'exploitant du domaine rural et faire connaître du même coup à celui-ci les données scientifiques définitivement acquises sur lesquelles la pratique actuelle est basée.

Ce ne sont pas de simples Manuels, des Formulaires irraisonnés que nous offrons aux cultivateurs, ce sont de brefs Traités, dans lesquels les résultats incontestables sont mis en évidence, à côté des bases scientifiques qui ont permis de les assurer.

Je voudrais qu'on puisse dire qu'ils représentent le véritable esprit de notre Institut, avec cette restriction qu'ils ne doivent ni ne peuvent contenir les discussions, les erreurs de route, les rectifications qui ont

______

(1) Depuis que ces lignes ont été écrites, nous avons eu la douleur de perdre notre éminent maître, M. Risler, décédé, le 6 août 1905, à Calèves (Suisse). Nous tenons à exprimer ici les regrets profonds que nous cause cette perte. M. Eugène Risler laisse dans la science agronomique une œuvre impérissable.

fini par établir la vérité telle qu'elle est, toutes choses que l'on développe longuement dans notre enseignement, puisque nous ne devons pas seulement faire des praticiens, mais former aussi des intelligences élevées, capables de faire avancer la science au laboratoire et sur le domaine.

Je conseille donc la lecture de ces petits volumes à nos anciens élèves, qui y retrouveront la trace de leur première éducation agricole.

Je la conseille aussi à leurs jeunes camarades actuels, qui trouveront là, condensées en un court espace, bien des notions qui pourront leur servir dans leurs études.

J'imagine que les élèves de nos Écoles nationales d'agriculture pourront y trouver quelque profit et que ceux des Écoles pratiques devront aussi les consulter utilement.

Enfin, c'est au grand public agricole, aux cultivateurs, que je les offre avec confiance. Ils nous diront, après les avoir parcourus, si, comme on l'a quelquefois prétendu, l'enseignement supérieur agronomique est exclusif de tout esprit pratique. Cette critique, usée, disparaîtra définitivement, je l'espère. Elle n'a d'ailleurs jamais été accueillie par nos rivaux d'Allemagne et d'Angleterre, qui ont si magnifiquement développé chez eux l'enseignement supérieur de l'agriculture.

Successivement, nous mettons sous les yeux du lecteur des volumes qui traitent du sol et des façons qu'il doit subir, de sa nature chimique, de la manière de la corriger ou de la compléter, des plantes comestibles ou industrielles qu'on peut lui faire produire, des animaux qu'il peut nourrir, de ceux qui lui nuisent.

Nous étudions les manipulations et les transformations que subissent, par notre industrie, les produits

de la terre : la vinification, la distillerie, la panifica-
tion, la fabrication des sucres, des beurres, des fro-
mages.

Nous terminons en nous occupant des lois sociales
qui régissent la possession et l'exploitation de la propriété rurale.

Nous avons le ferme espoir que les agriculteurs
feront un bon accueil à l'œuvre que nous leur offrons.

Dʳ Paul Regnard,

Membre de la Société nationale
d'Agriculture de France,
Directeur de l'Institut national
agronomique. —

PRÉFACE

En automne 1899, MM. Omer Decugis, propriétaires des Forceries de la Seine, à Nanterre, nous apportaient, au laboratoire de l'Institut agronomique, des racines malades. Ces racines étaient jaunes de phylloxera. M. P. Viala et moi fûmes chargés des traitements d'extinction de cet insecte et, à la suite de diverses recherches, attachés comme conseils à cet établissement.

Plus spécialement chargé de la direction technique, j'ai dû, pendant une période de dix années, envisager la transformation du sol et du matériel serre, la construction et l'aménagement de nouvelles serres en utilisant l'expérience acquise sur place, mais aussi au cours d'une série de visites des établissements de forçage français situés aux environs de Paris et dans le nord de la France, en Belgique, en Allemagne, en Autriche.

M. P. Viala et moi avons publié, antérieurement à ce livre, diverses recherches sur la *fécondation artificielle*, les *verrues de la vigne*. J'ai utilisé ces travaux dans cet ouvrage en même temps que j'y signale d'autres recherches communes non publiées.

M. Jacques Dairat, ancien élève du laboratoire de recherches viticoles à l'Institut agronomique, après m'avoir accompagné en France et à l'étranger, a bien voulu s'intéresser à de très longues recherches que j'ai entreprises sur le chauffage des serres. Précieux collaborateur dans la rédaction de ce livre, j'ai été trop heureux de lui conserver ce titre en tête de cet ouvrage.

Lorsque M. Viala et moi commençâmes à faire du forçage,

nous rencontrâmes une situation singulière. Travaillant à côté d'hommes surchargés de réputation, ces derniers entouraient la moindre opération culturale d'un certain mystère. Et à nos questions : comment résolvez-vous telle difficulté ou pourquoi faites-vous cela ? « C'est notre secret ; c'est le secret du métier, » nous répondait-on.

Pour nous guider, il nous a paru préférable d'ignorer les secrets des forceurs, mais de pénétrer plus avant les secrets de la nature, c'est-à-dire les besoins des plantes. Ceux-ci s'offrent à nous, se laissent voir et surtout se laissent mesurer. Ces besoins déterminés qualitativement et quantitativement par nos études viticoles générales théoriques et pratiques dans le vignoble, il nous était simple, pour les satisfaire, de tout mesurer ce que l'on fournissait à la plante : eau, charbon, air, humidité, engrais, lumière; et, comme ces besoins sont en relation directe avec ce que nous lui demandons, c'est-à-dire sa récolte, nous avons été amenés à établir la relation entre la vigueur de la plante et sa fructification précisée par le nombre et la grosseur de ses fruits.

Aux impressions fugitives, ne laissant pas de traces, ressenties par les sens des forceurs lorsqu'ils entraient dans leurs serres, à leurs rares et mauvais thermomètres plus ou moins mal placés, nous avons substitué les thermomètres, les hygromètres enregistreurs, instruments pouvant nous inscrire à tout moment ce qui se passe dans les serres et nous fournir des documents pour les années suivantes.

Par eux nous avons bientôt su ce que nous devions user de charbon suivant la différence existant entre la température extérieure des serres à subir et la température intérieure à maintenir. Et nous avons pu dire à nos ouvriers chauffeurs à combien de charbon ils avaient droit pour un nombre de degrés donnés.

Ceux-ci ont eu pour les surveiller et les guider des courbes sûres leur donnant des documents autrement précieux que le chiffre isolé d'un thermomètre. Grâce à cela, nous pouvons, dans ce livre, donner des chiffres des plus utiles, alors même que les expériences ultérieures devraient les améliorer.

Lorsqu'il a fallu rédiger avec M. Dairat le chapitre du chauf-

fage, nous n'avons pu avoir de documents concernant les serres.
Il nous a fallu l'étudier théoriquement de toute pièce à l'aide
des quelques formules existantes applicables aux chauffages
des maisons. Puis nous avons, durant trois ans, mesuré
l'émission et la répartition de la chaleur fournie par divers
modes de chauffage dans les serres.

Les chauffages, quels qu'ils soient, donnent de la chaleur
sèche. Or, à côté de la chaleur, l'humidité a un rôle extrêmement important dans la vie des plantes, et nous l'avons mesurée, étudiée comme la chaleur obscure, regrettant que le
manque d'appareil ne nous permît pas d'envisager le facteur
lumière.

Les Belges ont créé des serres primitives mais parfaitement
adaptées à leur culture. Les autres forceurs ont élevé leurs
serres, selon leur inspiration personnelle. Il n'y a pas de
règle en usage ; aussi doit-on se contenter de présenter les
serres plutôt que d'en faire une étude réelle.

Comme nous l'avons dit plus haut, pour forcer une plante,
c'est-à-dire pour lui faire accomplir son cycle biologique hors
saison, dans le moins de temps possible et avec le moindre
coût de charbon, il faut connaître admirablement les arbustes
à forcer. Les lecteurs de ce livre trouveront dans *Viticulture*
(Pacottet) et *Arboriculture fruitière* (Bussard et Duval) les
conditions générales de leur culture. Ce renvoi permettra de
s'appesantir plus longuement sur les traitements particuliers
au forçage : désinfection des serres, fécondation, fumure, etc.

L'ampélographie des serres est des plus importantes. Les
divers raisins ont une clientèle différente. S'il y a des raisins
que tous les peuples mangent, comme le Frankental, en
revanche les Anglais adorent le Gros Colman, que les Français
délaissent pour le Chasselas. En outre, la valeur d'un raisin
de forçage est due à des particularités infinies : adhérence du
grain au pédicelle, couleur verte du pédoncule, que l'on ne
peut pas passer sous silence.

La consommation des fruits primeurs de forçage est toujours
limitée à une clientèle riche, restreinte. On est donc amené,
pour ne pas surcharger le marché, à conserver les récoltes des
serres quelques jours et quelques mois. La bonne conserva-

tion de ces fruits, vu leur valeur, permet des sacrifices pécu-
niers, c'est-à-dire des installations et des modes de conservation des plus intéressants et des plus scientifiques.

Ces mêmes primeurs, sorties des serres ou des salles de conservation, sont expédiées au loin. Elles nécessitent donc des
emballages solides et soignés. Mais en outre, de plus en plus,
on présente les fruits dans leurs emballages d'origine. Ceux-ci,
que l'on paie au poids et au prix des fruits, nécessitent une
certaine élégance décorative faisant valoir leur contenu.

Les maladies sous verre sont nombreuses. Elles sont aussi
très redoutables, parce que l'air confiné des serres augmente
la réceptivité des plantes, en même temps qu'il facilite le
développement des insectes et des cryptogames.

Elles ont une modalité spéciale qui nous a arrêtés.

Il nous est agréable ici de remercier nos collaborateurs aux
Forceries de la Seine : d'une part, M. Loubet, ingénieur agronome, notre ancien élève du laboratoire de viticulture de
l'Institut, que nous avons fait attacher aux *Forceries de la
Seine*; d'autre part, nos premiers ouvriers, MM. Bassy,
Jandot, Pallot, Auclair, qui nous ont admirablement secondés
dans notre direction et nos recherches,

P. Pacottet.

CULTURES DE SERRES
FORÇAGE DU RAISIN ET DES FRUITS DE PRIMEURS

LES GRANDS FACTEURS DES CULTURES DE SERRES

La production des cultures de serres, comme celle de toutes les autres cultures, est sous la dépendance de trois facteurs fondamentaux : le *climat*, le *sol* et la *variété*. A ces grands facteurs qui agissent directement sur les résultats culturaux, il convient ici d'en ajouter un autre, d'ordre purement économique, susceptible d'influencer dans une large mesure les résultats financiers d'une entreprise, c'est la *situation géographique*.

Le *sol* peut être fait de toute pièce et réalisé à un prix de revient industriel en un point quelconque.

La *variété* est aisée à choisir; ce choix est commandé presque exclusivement par les préférences du marché, puisque sous verre, à l'inverse des cultures de plein air, on adapte le milieu, climat et sol, à la variété que l'on veut cultiver, et non pas la variété au milieu.

Quant au *climat*, il semblerait à première vue qu'il dut laisser le forceur indifférent. Le forçage ne consiste-il pas précisément à créer autour des plantes, en espace clos, un milieu artificiel afin de les faire vivre avant ou après le moment normal de leur végétation ? Dès lors ne doit-on pas concevoir la possibilité de réaliser les conditions de ce milieu au mépris du milieu extérieur, c'est-à-dire du climat, comme on les réalise au mépris des saisons ? En principe, avec les moyens dont on dispose aujourd'hui de produire de la chaleur et du froid, de régler l'hygrométrie, de faire varier la luminosité, on pourrait faire abstraction presque complète du climat et forcer partout; mais commercialement ces moyens ne seraient pas toujours praticables, et dans un grand nombre de cas on se heurterait à des difficultés qui rendraient l'opération ruineuse. Il faut donc compter avec le climat, et le problème du forçage se pose ainsi : il consiste non pas à créer n'importe où et de toute pièce un climat artificiel le plus propice à la plante que l'on veut cultiver, comme cela a lieu pour le sol, mais à se placer tout d'abord dans des conditions de climat général et local favorables aux cultures sous verre, puis, profitant des avantages maxima qui nous sont naturellement offerts, à modifier, à améliorer ces conditions naturelles à l'aide de procédés pratiques et véritablement industriels.

Enfin la *situation géographique* peut avoir, sur le but final qu'on se propose, c'est-à-dire sur le résultat financier de nos cultures sous verre, une répercussion beaucoup plus marquée que dans n'importe quelle autre culture. Cela tient à ce que les produits de serres, produits de luxe par excellence, ont un marché assez restreint et, par suite, ne se vendent que dans un petit nombre de grands centres; d'autre part, ce sont des marchandises délicates à transporter. Il en résulte la nécessité de se trouver à proximité de ces grands centres de vente ou d'être relié avec eux au moyen de transports rapides et parfaits. En outre, la question des approvisionnements de charbon est aussi à envisager.

La situation géographique a comme correctif les moyens de transport. Il est certain que l'amélioration des moyens de transport, tant au point de vue de la rapidité qu'au point de vue des conditions se prêtant le mieux à une bonne conservation, en réduisant la fatigue des fruits en cours de route, diminuera l'importance de la situation géographique. Mais, pour le moment, c'est un facteur avec lequel il faut compter.

Le forceur sur le point de s'installer se préoccupera donc, en premier lieu, de concilier les avantages d'une bonne situation climatérique avec ceux d'une situation géographique favorable; c'est pourquoi on étudiera d'abord ces deux facteurs d'un intérêt primordial, le climat et la situation géographique.

CLIMAT

Climat général.

Latitude. — Si l'on relève, sur une carte géographique, les localités où l'on pratique le forçage, on s'aperçoit que les établissements importants sont situés dans la zone tempérée froide de l'Europe. Ils sont rares dans la zone tempérée chaude et plus rares encore sous les tropiques. Si nous laissons de côté les facteurs d'ordre économique, l'explication la plus plausible est celle-ci : on force les plantes dans les pays un peu froids, parce qu'il est possible de fournir économiquement de la chaleur aux plantes qui en manquent dans ces régions, tandis qu'on ne sait pas fournir économiquement jusqu'à présent du froid aux plantes qui ont trop de chaleur.

Un simple fourneau de terre suffit, en Belgique, à chauffer une serre à l'aide d'un tuyau de terre circulant à travers la serre. Le chauffeur n'a point besoin d'avoir un esprit très cultivé pour diriger son feu. Il n'en est pas de même du froid. La transformation de la force ou de la chaleur en froid est déjà plus compliquée. Elle exige un mécanicien de valeur et une machinerie qui est loin d'être rustique. La distribution du froid est aussi plus coûteuse, parce qu'elle nécessite un liquide de transmission d'un usage moins simple que l'eau et la vapeur. Enfin, la calorie, c'est-à-dire la quantité de chaleur nécessaire pour élever 1 kilogramme d'eau de 1°, coûte plus cher qu'une frigorie ou calorie négative, froid nécessaire pour abaisser de 1° ce même poids d'eau, puisqu'il faut, à l'aide d'une machine déperditrice de chaleur, transformer cette calorie en une fraction de frigorie.

Si l'on disposait seulement de la force hydraulique pour fournir la chaleur (chauffage électrique) et le froid (machines à glace), le problème serait peut-être renversé ; mais, pendant bien longtemps encore, les pays froids disposeront, grâce aux charbons et aux forêts, de la chaleur par combustion à des prix très abordables.

Dans tous les cas, il existe de nombreux établissements de forçage par la chaleur, tandis qu'il n'existe pas encore d'établissements de forçage utilisant le froid dans les pays très chauds.

Climat maritime. — La seconde observation que permet de faire la carte géographique des centres de forçage est que ces centres appartiennent à des climats maritimes. Nous les trouverons sur les côtes de Bretagne, de Belgique, d'Angleterre, de Hollande, partout où un grand agent correcteur, tel qu'un grand courant marin, vient protéger un pays déjà froid par sa latitude, d'écarts trop importants de température, et nous ajouterons d'hygrométrie.

Influence sur la température. — En effet, les appareils de chauffage sont coûteux par la masse du métal échangeur de température que nécessite chaque serre. Le générateur de chaleur et les surfaces chauffantes sont calculés pour des différences de température entre l'intérieur de la serre et l'extérieur, ne dépassant pas 25°, c'est-à-dire que, si en janvier on a une serre de pêcher en fleur à 15°, on peut tenir cette température en ayant — 10° extérieurement. Or, ces minima y sont exceptionnels et de durée très courte, un ou deux jours, en Belgique par exemple.

Au contraire, dans les Vosges, les minima de — 20°, — 30° même, se réalisent tous les ans avec assez de persistance, si bien qu'un établissement de forçage dans les Vosges devra disposer d'un chauffage permettant des différences de 40°, ce qui double la puissance de son foyer et de ses surfaces chauffantes et, par suite, son prix de revient. Il ne faut pas oublier que ce prix de revient représente aisément 15 à 20 p. 100 de la valeur totale de l'établissement et est grevé d'un amortissement et d'un entretien considérable.

Les courants et les vents marins ne sont pas seulement des régulateurs de température; ils sont aussi des régulateurs d'hygrométrie et de luminosité.

Influence sur l'hygrométrie. — Les côtes du Brésil ont une température inférieure à celle des côtes sahariennes du Sénégal. Les premières représentent le summum du développement des végétaux, parce que, à cette chaleur, s'ajoute une humidité élevée et constante, tandis que le Sénégal, complètement aride, dépourvu de végétation, jouit d'une humidité moyenne faible, sujette à des minima extrêmes.

Nous voyons donc qu'il faut une humidité, une hygrométrie moyenne élevée et proportionnelle à la température que l'on veut tenir dans les serres, si l'on recherche un développement végétatif intense et rapide. Or, revenons à nos deux pays, Belgique et Vosges. En Belgique, l'air est brumeux et humide, souvent saturé de vapeur d'eau. Si l'on chauffe cet air à mesure que la température s'élève, l'hydromètre qui marquait 100°, par exemple, baisse et se tient à 50 ou 60°. Dans les Vosges, où les grands froids précipitent l'humidité de l'air sous forme de neige, de givre, l'air extérieur donne à l'hygromètre 30-40° d'humidité relative. Si l'on chauffe, le degré hygrométrique tombe au-dessous de 25-30°, et l'air arrive à une sécheresse telle qu'il faut envoyer d'une manière constante de la vapeur d'eau, soit directement, soit par chauffage de bacs remplis d'eau.

Or, l'eau ne se vaporise qu'avec de la chaleur, beaucoup de chaleur. Il y a là encore une dépense supplémentaire considérable sans obtenir, par suite de la mauvaise répartition de la vapeur d'eau émise, les effets d'un air humide d'une manière homogène.

Luminosité. — Les plantes vertes, cocos, sycas, etc., qui se vendent dans toute l'Europe, germent et se développent une et plusieurs années dans les massifs de serres anglaises, belges, françaises, qui sont distribuées autour du Pas-de-Calais. On peut se demander pourquoi on les élève là plutôt que sur les côtes de Provence, à Hyères, par exemple, où elles vont ensuite compléter leur développement avant d'être vendues. On pourrait, comme explication, mettre en avant la question du prix du charbon. Or Hyères, par exemple, peut recevoir par mer du charbon avec un fret très bas. La véritable cause est qu'un pays brumeux dépourvu de luminosité excessive a des écarts de luminosité et de chaleur beaucoup moindres qu'un pays très ensoleillé comme la Provence.

En décembre, à Hyères, ou dans une baie voisine, la baie de Cavalaire, on récolte des pommes de terre, des pois, et on achève la récolte des roses, des violettes. Supposons des cerisiers en floraison fin décembre, sous verre, à Lille dans le département du Nord et à Hyères. A Lille, il sera facile de faire fleurir les cerisiers à 8°, température qui leur est le plus favorable ; à Hyères, on aura des coups de soleil qui porteront l'intérieur de la serre à 35-40° (Voy. *Chauffage*) ; les coups de chaleur font avorter la fleur et rendent par suite la récolte plus précaire et plus hypothétique à Hyères qu'à Lille.

Les coups de soleil provoquent le grillage des jeunes plantes vertes. Ils nuisent aussi aux plantes fruitières qui débourrent. Si on veut les éviter, il faut que les serres soient munies d'ouvertures très importantes, d'où dépenses supplémentaires dans la construction. Enfin il faut un nombreux personnel pour manœuvrer constamment les prises d'air. On saisit alors la cause de ces paradoxes apparents : Hyères achetant à Lille les jeunes plantes, Hyères pauvre en établissements de forçage des fruits, si bien que sur les tables de fête de sa voisine, Nice, on mange, comme premières fraises, des primeurs achetées aux Halles et venues aux environs de Paris.

Ces difficultés ne sont pas inhérentes seulement à la production des fruits avancés, c'est-à-dire provenant de plantes que l'on fait végéter pendant l'hiver. Elles se retrouvent pour les fruits tardifs que l'on cherche à retarder pour les récolter à la fin de l'automne. Un pêcher en Belgique dans une serre pourvue de paillassons contre l'échauffement du sol, du végétal et de l'air ambiant, peut aisément être retardé dans son débourrement, en tenant ses racines en même temps dans un sol froid et sec. Le végétal est, dans une serre belge, dans une atmosphère suffisamment humide pour pouvoir rester ainsi plusieurs semaines sans souffrir de dessiccation de ses tissus et de ses bourgeons. Il ne saurait en être de même sous un climat sec et chaud comme l'Algérie, l'Espagne. Retardés dans leur débourrement, les bourgeons seraient secs huit jours après.

Sous le climat de Paris, par exemple, en été, nous avons relevé souvent, sous verre, dans des serres, avec leurs prises d'air toutes ouvertes, des températures de 55°.

Santiago du Chili, nous avons supporté sans peine et lu sur des thermomètres au soleil des températures de 52°. Il nous a été dit que ces mêmes thermomètres abrités pouvaient monter à 72°. Ces températures ne sont pas gênantes à cause de brises marines et de montagnes persistantes. Quelle température n'atteindra pas l'air confiné d'une serre, sous ce climat, si à Paris nous montons à 55°, et nous aurons des coups de soleil meurtriers, par suite d'une négligence du personnel, si on n'ombre pas ou n'aère pas à temps.

Mais, sans aller sous une latitude qui est celle du sud de l'Espagne avec plus de luminosité encore, ne voyons-nous pas des vignes du Languedoc souffrir chaque année de l'excès de lumière. Des vignes de serres en végétation souffriraient davantage.

Il en sera de même des souches récoltées en mars-avril, qui achèvent leur végétation dès juin-juillet. On dira que l'on peut démonter les serres pour éviter l'accumulation de chaleur sous abri, dans les pays chauds et brumeux, mais on ne peut tout enlever, et les souches se trouveront toujours sur un terrain abrité de murs de clôture, de serres, de tout ce qui, en un mot, protège l'établissement l'hiver quand on chauffe et va concentrer la chaleur en été.

Influence du climat sur l'hivernage. — Lorsque l'automne arrive, les plantes que l'on va chauffer doivent subir un arrêt de végétation et l'action du froid avant d'être mises à nouveau en végétation. On dit qu'il faut qu'elles *s'hivernent.*

L'hivernage a comme effets pratiques d'assurer un développement et une fructification réguliers des arbres et vignes soumis au forçage. Plus il se prolonge et plus le froid subi est intense (sans tomber aux températures dangereuses), meilleures sont la préparation, l'aptitude des arbres au forçage.

Or l'hivernage est d'autant plus rapide et aisé que l'on monte vers le nord. Il est au contraire irrégulier, insuffisant et ne se fait guère qu'en janvier dans les points abrités du littoral provençal.

En 1897, par exemple, dans la baie de Cavalaire, j'ai pu suivre des vignes en tonnelles de Muscat, qui, ayant perdu leurs feuilles de première végétation, développaient de jeunes poussés jusqu'à la fin de décembre. Or cette baie provençale, très abritée, paraît un point de prédilection, tant l'hiver est doux et régulier pour la production de fruits forcés sous verre ; mais l'hivernage est tardif et hasardeux et rend le forçage aléatoire.

Dans les pays où l'hivernage ne se produit pas, la végétation est continue et la vigne, par exemple, se présente avec les caractères de l'oranger, c'est-à-dire qu'elle porte à la fois des fleurs et fruits en voie de mûrir. C'est ainsi que nous avons pu voir, au Brésil, à deux reprises, fin janvier et fin mai, des raisins d'Isabelle récoltés dans les mêmes vignes. Ces raisins étaient médiocres de toute façon, et cette végétation désordonnée ne saurait convenir à des arbres de forçage dont le jardinier doit être maître de la végétation et qu'il doit conduire avec un rythme précis. *Le forçage a pour base l'ordre dans la végétation et une sorte d'obéissance du végétal au jardinier qui le soigne.*

Il n'y a de l'ordre dans la végétation qu'à la condition d'avoir un végétal bien hiverné dans toutes ses parties (Voy. *Hivernage*) et dont le débourrement de tous ses bourgeons soit simultané. Le forceur ne reste maître de sa végétation qu'à la condition de pouvoir tenir un chauffage régulier. S'il n'a pas d'abaissements excessifs de température, il y parvient aisément. Il faut aussi qu'avec l'aération il évite sans clayonnages ni paillassons étendus sur le vitrage les coups de soleil meurtriers.

Les considérations énoncées jusqu'ici nous montrent que, *climatologiquement parlant, le forçage devait naître où il est né en Europe et se développer où il a pris naissance en Belgique, au nord de la France, en Angleterre.* Est-ce à dire qu'il y restera cantonné. Assurément il peut s'étendre, mais il devient alors plus compliqué, parce que les difficultés s'accumulent ; ces difficultés, nous apprenons chaque jour à les vaincre. Avec de l'argent et si on ne s'occupe pas du résultat financier, on peut forcer partout. Mais alors forcer est satisfaire une question de luxe ou résoudre un problème scientifique, mais ce n'est plus un problème industriel.

Climat local.

Nous avons vu que des régions sont plus propices à un forçage simple que d'autres à cause de leur climat général. Il ne faut pas oublier pourtant que les facteurs secondaires du climat, les facteurs locaux ont une influence considérable.

Fig. 1. — Vallonnement couvert de serres à Hoeylaert (Belgique). Le sommet du vallonnement est abrité par la forêt, tandis que le fond est baigné par de vastes étangs.

Vents. — Le vent est un grand facteur du refroidissement des serres ; il augmente l'intensité du refroidissement en raison de sa vitesse. Un établissement de forçage exposé sur les côtes de Bretagne, aux tempêtes du large, ne se comprendrait pas plus que des serres exposées au mistral dans la Provence.

Il faut donc éviter ces grands vents en s'abritant sur des pentes doucement inclinées, derrière des bois, des rideaux d'arbres ou les maisons d'un village important.

Forêts. — Un autre facteur important du climat local, régulateur et abri à la fois, est la forêt. Elle protège des grands froids l'hiver, des chaleurs excessives l'été et entretient une humidité de l'air des plus utiles. C'est sur les flancs des vallonnements compris au centre du fer à cheval dessiné par la forêt de la Soignes que se trouve le plus grand centre de forçage du monde, celui constitué par les trois villages d'Hoeylaert, la Hulpe et Overrysche, qui, au voisinage de Bruxelles, forment ue ensemble de 16000 serres (fig. 1).

Nappes d'eau — N'est-ce pas dans une disposition analogue, sur les flancs d'un vallon demi-circulaire, encadré par la forêt de Fontainebleau (fig. 2), que se trouvent les cultures de vignes célèbres de Thomery et les serres de E. et R. Salomon? Ce lieu privilégié bénéficie encore, d'un voisinage important, celui de la Seine.

Un coteau à peine incliné surmontant une rivière est une situation excellente, car la rivière émet de la vapeur qui humidifie l'air et l'échauffe par les grands froids. Aux Forceries de la Seine, situées au bord de la rivière du même nom, hiver comme été, nous avons senti bien des fois cette humidité bienfaisante, correctrice l'été du climat sec et brûlant de la plaine de Nanterre, plaine glaciale et ventée l'hiver.

Plaines. — Il faut éviter les grandes plaines ou ne se placer que sur leurs bordures. Elles ne sont jamais tempérées.

Orientation. — Une pente légèrement orientée vers l'est aux environs de Paris, et d'autant plus vers le sud, c'est dire sud-est, à mesure qu'on avance vers le nord, est la meilleure orientation. On a le soleil dès le matin, moment de la journée où il n'est jamais nocif, parce que l'air est encore frais et humide. La pente douce diminue son intensité aux heures très chaudes de la journée, sans réduire par l'ombre portée du coteau le nombre d'heures d'ensoleillement.

Avec une exposition sud, on économiserait un peu de charbon, mais on exagérerait le maximun journalier de température aux environs de deux heures.

Fig. 2. — Etablissement Salomon à Thomery, adossé à la forêt de Fontainebleau, qui joue le rôle de régulateur et d'abri.

Or, sauf pour les fruits tropicaux, bananes, ananas que nous n'envisageons pas ici, tous nos fruits européens demandent peu de chaleur pour bien mûrir. La pêche est exquise et très belle si elle a une température de 15° pour mûrir ; c'est le cas des pêches de Montreuil en France, du Palatinat en Allemagne, succulentes et belles, quoique venues à la limite culturale du pêcher.

Ces pêches exquises et très grosses lorsqu'elles mûrissent sous verre, en mars, avril, mai, sous le climat de Paris, restent petites, se colorent mal, sont amères lorsque dans ces mêmes serres on doit les récolter pendant les périodes chaudes de juin et juillet. Nous voyons donc qu'une orientation très chaude au midi n'est pas nécessaire et qu'elle n'est profitable que pour des serres à forcer très hâtivement dans des pays froids.

Les serres ne peuvent supporter le forçage longtemps sans repos et, les années de végétation régulière, on ne peut compter sur leur récolte, diminuée de valeur par les premières fortes chaleurs de l'été.

SITUATION GÉOGRAPHIQUE

Vente des produits. — *Proximité des grands marchés.* — Les fruits, légumes, fleurs, primeurs sont essentiellement des produits de luxe. Seuls des grands centres de consommation peuvent les acheter (nous ne disons pas les consommer) et leur assurer un débouché constant, durable, et à des prix élevés. Géographiquement parlant, il faut donc que les établissements de forçage soient dans le voisinage même de ces centres, ou tout au moins qu'ils soient reliés ensemble par des moyens de transport rapides et excellents.

La supériorité des fruits primeurs sur les fruits de plein air, au moment de leur récolte, réside non seulement dans le fait qu'ils sont produits hors saison, mais aussi dans leur aspect de fruits que l'on vient de cueillir, dans leur odeur, leur saveur non atténuée par la conservation. Ce sont des produits d'expositions, d'étalages, d'ornementation des tables, qui doivent séduire avant de satisfaire la dégustation des gourmets. Tout transport lointain, tout emballage susceptible de ternir leur éclat diminue ces qualités d'apparat et les fait passer dans la classe des produits inférieurs, fruits de grand air, frais ou conservés, qui sont destinés à une clientèle différente qui paie beaucoup moins et pour qui la réelle valeur des fruits qu'elle consomme importe plus que la perfection dans la forme et le coloris.

Les grands centres de vente des fruits primeurs sont Paris, Londres, Bruxelles ; ces places distribuent les primeurs qu'on leur envoie dans le reste du monde.

Les forçages de Lille envoient à Paris et à Londres toute leur belle production et écoulent dans la ville même les produits de second ordre.

Malgré la richesse et l'importance de Lille, cette place est complètement insuffisante pour faire vivre un établissement dont les fruits passeront des halles de Paris sur les tables des châteaux de Touraine, des rendez-vous de chasse de Sologne ou de Champagne, à moins qu'ils n'aillent égayer les soupers opulents des nuits d'hiver de Saint-Pétersbourg.

L'exemple de Lille peut s'appliquer à toute ville de second ordre. Outre leur climat privilégié, l'Angleterre et la Belgique, les deux pays les plus riches du monde, bénéficient d'une clientèle opulente très nombreuse. Dans d'autres pays, les grandes fortunes peuvent exister, elles peuvent être très grandes même, mais leurs propriétaires sont très peu nombreux et produisent eux-mêmes leurs fruits.

Un grand restaurant de Nice s'approvisionnera plus volontiers dans les maisons de primeurs de Paris que dans un établissement de forçage de la Provence, pays de fruits par excellence, parce qu'il faut qu'il trouve, groupés, les quelques kilogrammes de variétés diverses de raisin qu'il a choisies en même temps que la douzaine de pêches et brugnons qu'il lui faut pour orner ses surtouts de table. Faisant ses commandes à Paris, il impose aux primeurs de Provence un double trajet qui fait que celles-ci sont pour lui plus loin du lieu de vente que les primeurs du nord de la France et de Belgique.

Les établissements de forçage qui sont au voisinage de Paris bénéficient énormément de la proximité de ce marché.

La criée des halles terminée, on peut téléphoner l'importance de la cueillette à faire pour le lendemain matin, cueillette basée sur la situation du marché et non imposée par la maturité des fruits.

Fumures. — En outre, on a l'avantage de trouver les matières premières des fumures à proximité et à bon compte. Les villes fournissent beaucoup de gadoues, de fumiers, de fonds d'égouts; leurs industries doivent se débarrasser de nombreux déchets qui sont des engrais de premier ordre : débris de cuir, de corne, d'os, chiffons, etc., tourteaux divers.

Main-d'œuvre. — En revanche, la main-d'œuvre est plus chère si elle est plus abondante autour des grandes villes. Autour de Paris, le prix de la journée dépasse aisément 5 francs et celui des femmes n'est pas inférieur à 3 francs. En Belgique, au contraire, on emploie pour le ciselage du raisin, opération très longue, des jeunes filles et garçons qui ne coûtent pas plus de 1 fr. 50 à 2 francs par jour.

Approvisionnement de charbon. — La base du forçage est le chauffage, c'est-à-dire le combustible et mieux le charbon. On ne peut guère penser à employer le bois pour le chauffage coûteux et à feu lent des serres, et l'établissement de forçage doit pouvoir se procurer du charbon aisément, à bas prix et sans frais de transport excessif.

Situation auprès des charbonnages. — Les régions les mieux placées sont évidemment celles qui entourent les grands charbonnages. Au lieu d'acheter du charbon à 30 francs la tonne, les forceurs débarrassent les mines des déchets de charbon, des poussiers qu'ils paient souvent moins de 13 francs la tonne. Les frais de transport sont nuls, et ils obtiennent la calorie à un très bas prix.

Situation au bord d'une voie navigable. — Le charbon brûlé dans un établissement de forçage représente aisément 500 tonnes par hectare couvert.

Le transport de ces 500 tonnes, de la mine à un établissement situé à 400 ou 500 kilomètres de distance, coûte énormément, s'il ne peut se faire par eau, canal ou rivière. Aux Forceries de la Seine, le charbon arrive par bateau complet à la porte de l'établissement.

Aux Forceries Parisiennes, il y a, au contraire, un charroi de 2 kilomètres de la gare du chemin de fer ou de la gare d'eau à l'établissement. Autant de dépenses annuelles supplémentaires qu'il faut considérer dans l'estimation d'un terrain propice à un établissement de forçage.

Expéditions des produits. — Proximité immédiate d'une gare. — Le voisinage immédiat d'une station de chemin de fer est indispensable. Il faut aller porter chaque jour à la station les produits de l'établissement.

Ce transport n'est pas négligeable. L'entretien ou la location d'un cheval, de la voiture, du conducteur, représente aisément 5, 6 francs et plus par jour, soit 1800 à 2100 francs par an.

En outre il y a pour un trajet en voiture un peu long, outre le chargement, qui doit être soigné, une fatigue énorme des emballages et des fruits. Un kilomètre de route, même avec un cheval très tranquille, détériore les primeurs autant que 20 kilomètres dans un wagon bien suspendu de messageries.

Conséquences économiques de l'amélioration des transports. — Avenir des cultures forcées. — L'amélioration des moyens de transport a été considérable ces derniers temps. On dispose de trains extrêmement rapides et directs, de voitures bien suspendues, aménagées pour assurer aux fruits la ventilation nécessaire et de basses températures (wagons frigorifiques). Tout cela permet sans doute aux établissements de forçage de s'éloigner des grands marchés. Mais ces améliorations ont aussi servi aux fruits de grande culture et ont nui parfois à certains forçages. Les bateaux frigorifiques permettent aux tomates des Canaries d'arriver intactes à Paris et à Londres, et elles ont tué le forçage des tomates autour de Paris. Elles ont moins nui aux forceries de tomates de Bretagne, qui chauffent peu, car ces primeurs ne viennent pas aux mêmes époques.

Il en est de même du raisin. Les Chasselas d'Algérie, mûrs en juillet, ne gênent nullement les forçages belges de raisins Frankental, qui viennent en avril, mai, juin. Mais on peut se demander quelle sera la répercussion, sur le forçage, de l'envoi en Europe des fruits du cap de Bonne-Espérance et de l'Amérique du Sud. A un dîner chez MM. Omer Decugis, nous avons pu manger en janvier des raisins, pommes, poires abricots, pêches, prunes, fruits venus du Cap et se présentant bien. De semblables envois de fruits ont certainement troublé le marché des primeurs lors de leur apparition. Il semblait que des forceurs devaient hésiter à créer de nouvelles serres, et pourtant deux voyages en Belgique à trois ans d'intervalle nous ont montré un accroissement sensible du nombre des serres des grands centres de forçage de ce pays.

Les flottes de bateaux rapides, qui, à l'heure actuelle, relient l'Afrique et l'Amérique du Sud à l'Europe, ont été les agents inconscients de l'indroduction de ces fruits de l'autre hémisphère sur nos marchés.

Après avoir chargé leurs frigorifiques de fruits frais à Buenos-Ayres durant l'hiver européen et alimenté la table de leurs passagers avec ces fruits durant la traversée, il leur en est resté en bon état pour la vente, une fois arrivés aux ports européens. A mesure que le nombre de ces navires augmente (et il augmente très vite si l'on veut bien se rappeler qu'il part presque un grand paquebot poste par jour de Buenos-Ayres pour l'Europe), on comprend que les arrivages peuvent être plus réguliers et plus susceptibles de satisfaire aux exigences du marché. En outre les installations frigorifiques à bord de ces bateaux croissent en importance et en valeur pratique réelle pour le transport entre ces pays et les nôtres à saisons inverses.

Mais ces bateaux, consommateurs énormes de beaux fruits primeurs, s'ils apportent des fruits durant l'hiver en Europe, sont susceptibles d'en emporter non seulement durant l'hiver dans l'autre hémisphère, mais aussi à l'automne, octobre, novembre, décembre, au printemps en mai, juin, juillet, quand il n'y en a pas encore ou quand il n'y en a plus dans les pays cités, et ce sont les fruits primeurs qui doivent fournir à ces débouchés.

Du reste, tous ces fruits que l'on exporte ne peuvent être des fruits communs. On ne peut transporter des fruits ordinaires. Il faut des fruits travaillés, plus résistants, capables de supporter les transports, l'action du frigorifique, et dans ce sens les fruits primeurs ont une supériorité incontestée. Demandez du reste aux commissionnaires des Halles l'énorme quantité de fruits forcés qui s'en vont, seulement en France, s'embarquer au Havre, à Cherbourg sur des navires français et allemands, qui desservent les lignes de l'Amérique du Nord. Ils vous répondront que les villes flottantes, véritables villes d'eaux qui transportent les gens fortunés, sont des clientes exceptionnelles pour les fruits primeurs.

Chaque année les marchés des primeurs vont se trouver mieux approvisionnés, et la concurrence va obliger à des efforts nouveaux qui seront compensés par des débouchés plus importants.

La vente des petits vins mousseux développe la vente des vins de Champagne de grande marque. On peut être assuré qu'il en sera de même pour les fruits primeurs. Les primeurs de qualité inférieure amèneront fatalement ceux qui le peuvent à l'appréciation et à la consommation des primeurs de luxe.

Or les fruits primeurs de luxe ne demandent pas plus de charbon, de dépenses, d'installation, que les primeurs de second ordre ; ils demandent seulement plus de connaissances techniques susceptibles de diminuer leur prix de revient. Le forceur qui veut créer un forçage à cette heure doit étudier toutes les conditions favorables ou nuisibles du lieu qu'il choisit afin d'arriver à produire quelque chose qui sauvera toujours le forçage : des fruits très gros, très beaux et de la meilleure qualité.

SOL

Parmi les facteurs fondamentaux des cultures sous verre, le sol a une importance capitale : c'est lui qui assure la qualité, la beauté des fruits, bases du rapport des serres. C'est aussi le facteur dont on est le plus maître, parce qu'on peut le modifier, le changer à volonté.

Sur un sol donné, on installe un matériel de serre qui coûte, au bas mot, 20 francs du mètre carré ; on y cultive des plantes qui doivent donner 10, 15 et 20 francs de produit brut au mètre carré, plantes dont la valeur intrinsèque ne peut pas s'estimer à moins de 20 francs le mètre carré. Si l'on assoit sur un sol un capital de 40 francs par mètre, capital qu'il faut entretenir, restaurer chaque année, on est en droit de dire à un forceur qu'il peut dépenser raisonnablement 5 francs par mètre pour le choix, l'étude, l'amendement de son sol, capital fixe qui ne se perd pas, que le forçage améliore et qui n'exige pas d'amortissement comme la serre et l'arbre.

Avec 5 francs au mètre, on peut faire un sol théorique. Dans la plupart des cas, avec 1 à 2 francs, en utilisant sciemment les matériaux terreux voisins, on peut établir un sol pratiquement parfait. Que l'on prenne ces données et que l'on compare chez divers forceurs ce qui a été fait comme dépenses de premier établissement. On trouvera que l'on a négligé de dépenser le nécessaire pour le sol qui ne se voit pas et que l'on a gaspillé en maçonneries, aménagements, etc., des sommes considérables, toutes choses qui n'aideront point à la vigueur et au rendement de l'arbre.

Le vrai forceur procède ainsi : *il choisit son emplacement et fait son sol.*

A quel sol théorique doit-il tendre ? Dans quel sens va-t-il améliorer celui qui se trouve sur son emplacement ?

Un sol ne peut être étudié en bloc. Il faut envisager sa couleur, sa profondeur, son sous-sol, ses propriétés physiques, mécaniques, son pouvoir hygroscopique, sa composition chimique.

Couleur. — Le sol des serres doit absorber le maximum de rayons caloriques. Il doit donc être noir, en surface tout au moins. L'usage des terreaux, des matières humiques noires, des fumiers décomposés, employés en couverture, nous assure aisément cette couleur. Si, à un moment donné, on veut qu'il réfléchisse de la chaleur et de la lumière sur les fruits, en dessous du feuillage, un lit de paille superficiel lui assure cette qualité.

Profondeur. — La grande masse des racines se développe de préférence dans la terre qui peut s'aérer. Si l'on a 1 mètre de profondeur de terre, les racines même pivotantes ont un

Fig. 3. — Préparation du sol d'une serre. Au fond de la tranchée, un ouvrier dame une couche d'argile glaiseuse destinée à former un sous-sol imperméable.

cube de sol suffisant pour s'y développer. En outre, on peut y répartir, y emmagasiner de l'eau et des substances nutritives, sans excès de concentration, pour pourvoir aux demandes d'un système radiculaire considérable et au développement des arbres les plus vigoureux et les plus fructifères.

Au delà de 1 mètre, 1ᵐ,20, le meilleur sol ne profite pas à la plante en proportion des dépenses de fouille et d'amendement.

Il est bien entendu que l'on pourrait réduire la profondeur à 0ᵐ,80 pour des plantes à racines traçantes qui profiteraient de surfaces sous verre très grandes (faible densité de plantations) et de terres hors serre pour pouvoir y étaler leur chevelu.

Sous-sol. — A partir de 1 mètre, 1ᵐ,20, le sous-sol a une importance relative. Il peut être perméable, imperméable, mouilleux ou sec, il nous gêne peu. L'arrosage est fait de façon à ce que l'eau qui traverse la couche de terre nutritive ne mouille pour ainsi dire point le sous-sol. Si bien que, même si ce dernier est imperméable, l'eau ne peut s'accumuler à sa surface. Dans tous les cas, si on redoutait une humidité excessive dans son voisinage, il serait aisé de mettre un rang de drains à la surface du sous-sol hors des serres, parallèlement à leur grand côté. Ces drains pourraient aboutir à un regard qui permettrait de juger si l'on mouille avec excès et par suite de régler l'arrosage.

On rencontre parfois, comme aux Forceries de la Seine, à Nanterre, un sous-sol, gros sable d'alluvions, véritable crible laissant passer l'eau d'arrosage avec une extrême rapidité. Sans recourir à un ciment trop coûteux, si on redoute cette perméabilité excessive, on peut glaiser la surface du sous-sol au moment où l'on forme son sol.

Ce travail s'effectue par tranchées de 1 à 2 mètres de largeur parallèles aux petits côtés de la serre. On chemine progressivement. Il est alors facile, au fond de la tranchée curée à la pelle, d'étendre à sa surface une couche d'argile glaiseuse de 3 à 4 centimètres d'épaisseur; on choisit de préférence de la terre à brique. Mouillée, cette argile est étendue régulièrement et damée (fig. 3). On la recouvre de 20 centimètres de terre sans marcher dessus pour ne pas la disjoindre, et l'on continue son travail, c'est-à-dire qu'on défonce et on mélange les diverses couches, celles existantes, celles apportées comme amendement. Il n'y a pas à craindre, tant que la serre ne dépasse pas 10 mètres de large, un excès d'humidité du fait de la couche inférieure imperméable du sol végétal.

Le sous-sol peut parfois servir d'élément constituant du sol pour une certaine proportion. Il est alors étudié comme nous l'indiquons pour toute terre à introduire dans la formation du sol végétal, mais il faut se rappeler que c'est une *terre morte*, une *terre froide*, et qu'il faut tenir compte de la stérilisation du terrain qu'amènerait une introduction excessive de ce sous-sol tant qu'il n'a pas été vivifié par plusieurs années de culture.

Constitution et propriétés physiques et mécaniques. — Un sol de serre doit être extrêmement pénétrable aux jeunes racines, c'est donc *a priori* l'élimination des terres de marne, des argiles, des terres compactes en un mot, de celles aussi qui manquent d'élasticité et peuvent devenir compactes par le foulement répété dont elles sont l'objet.

Les terres qui se laissent admirablement pénétrer sont les sables, et si ceux-ci n'ont pas d'élasticité, ils sont indifférents sous la pression des pas.

L'élément sableux doit donc être la base d'un sol de serre.

L'élément élastique est celui formé par la décomposition des fumiers, des plantes, capable de se contracter, de se gonfler, de s'opposer au tassement.

L'élément de liaison entre ces deux parties est l'argile Il en suffit de 4 à 5 p. 100. Il est inutile que sa teneur dépasse 15 à 20 p. 100.

Ces trois éléments, sables, argiles, matières organiques, constitueraient un squelette sans vie microbienne, sans fermentation interne, si on n'avait soin d'y apporter l'élément chaux, sous sa forme carbonate de chaux.

En définitive, un sol de serre doit être à dominante sablonneuse, sable fin bien entendu, sable siliceux. Il serait préférable d'apporter des sables noirâtres, d'origine basaltique ou rouges (porphyres), qui ont une richesse minérale naturelle relativement élevée, ou aussi des sables noirs ; mais ces sables ne sont pas toujours à portée. Leur valeur en éléments minéraux utiles doit intervenir dans l'achat des sables.

Il faut un minimum de 50 p. 100 de sable, d'éléments fins passant au tamis de 1 millimètre. Il n'y a pas de maximum. Le sol purement sablonneux est sûrement la base la meilleure et la moins coûteuse à amender.

Un sol type sous verre pourrait avoir la constitution physique suivante :

Sable..........................	75-80 p. 100.
Argile..........................	10 →
Carbonates..........................	5 —
Matières organiques..........................	2-5 —

Inutile de dire que l'élément grossier du sable, les pierres, le gros sable, est inutile en serre, alors qu'en grande culture il rend parfois service.

Composition et propriétés chimiques et biologiques. — Le sol, dans son ensemble, est un réservoir considérable d'éléments minéraux mis plus ou moins lentement à la disposition de la plante. Sa *constitution chimique* révèle donc sa *richesse nutritive initiale.*

Si l'on envisage ce sol sur une profondeur de 1 mètre, 1^m,20, c'est par plusieurs kilos par tonne que s'y trouvent, dans un sol moyennement riche, l'azote, la potasse, le phosphore, c'est-à-dire pour plusieurs francs, si on les estime à leur prix de vente commerciale. On conçoit donc l'intérêt qu'il y a à étudier chimiquement les diverses terres qui vont constituer notre sol. Ces substances nutritives apportées seront complétées par des fumures annuelles ayant pour base ces mêmes substances, *à titre de complément*, en même temps que l'on produira dans le sol des réactions, des fermentations qui, les solubilisant, les rendront mobiles, c'est-à-dire plus immédiatement assimilables.

Cette étude de la constitution des terres, de leur valeur nutritive, est, comme la constitution physique, basée sur leur analyse physique et chimique.

L'analyse chimique porte sur quatre éléments fondamentaux : l'azote, le phosphore, la potasse et la chaux. Avec la teneur en sable, en argile, en matière organique, fournie par l'analyse chimique, il est facile d'arriver, par une règle de mélange, à un sol bien constitué, bien composé.

Il serait utile, le mélange une fois fait, d'enrichir le sol en quelques éléments secondaires : le fer, si utile contre la chlorose, dans l'assimilation générale et la coloration générale; le manganèse, succédané du fer; le soufre, sous sa forme sulfate de chaux, etc., etc.

L'avenir nous montrera que ces éléments, ces corps secondaires au point de vue végétatif, peuvent se traduire sous serre par 10,15 p. 100 de plus en beauté et en quantité dans la récolte, c'est-à-dire qu'ils ne sont pas négligeables.

Propriétés hygroscopiques. — Le sable pur, surtout si ses éléments ne sont pas très fins, se laisse traverser aisément par l'eau de haut en bas et, s'il est pulvérulent, de bas en haut. S'il repose sur une couche humide, il fait comme le sucre : l'eau remonte du sous-sol par capillarité et le tient humide. Si on l'arrose, il se mouille, et l'excès d'eau le traverse rapidement pour pénétrer immédiatement dans le sous-sol, où elle est souvent irrémédiablement perdue pour la plante; or l'eau coûte en forcerie, coûte très cher, comme nous le verrons, car il faut l'amener et surtout la répandre.

En outre cette eau, qui a comme rôle de solubiliser les engrais du sol pour que la plante puisse les absorber, se sature dans le sol, et, si elle n'est pas retenue, lave et appauvrit inutilement le sol.

Il faut donc augmenter le pouvoir de rétention du sol des serres pour l'eau. C'est un peu le but de l'argile, du calcaire mêlé au sable; c'est surtout l'effet utile des matières organiques en décomposition, véritables éponges dont il faut toujours tenir une certaine quantité dans le sol. Et cela est si aisé : la tourbe, la sciure de bois blanc, les débris de papier, etc., permettent avec les fumiers et les composts d'élever ou de maintenir le pouvoir hygroscopique du sol.

Propriétés biologiques. — Dans le sol, toute matière qui fut vivante se décompose. Il faut pour cela que le sol ait une certaine richesse en alcalin, et l'alcalin par excellence est la chaux sous forme de carbonate de chaux. Cette chaux désacidifie les matières végétales acides, et aussitôt l'œuvre des bactéries et de certaines moisissures commence. Cette fermentation de la terre, outre qu'elle a pour but de dégrader, de minéraliser les débris organiques, a aussi comme effet de solubiliser par les corps produits les acides humiques, les sels de phosphate, potasse, inutilisables sans cela. Les combinaisons qui en résultent ont aussi la propriété d'éviter le lavage et l'entraînement par les eaux des éléments nutritifs.

ALIMENTATION DES PLANTES SOUS VERRE

L'alimentation des plantes sous verre est un problème à peine ébauché, mais des plus intéressants, parce qu'on peut l'amener à un degré de perfection que l'on ne pourrait concevoir dans les cultures extérieures. Celles-ci non seulement sont beaucoup moins intensives, mais l'on est beaucoup plus limité par la question dépenses. Dans les fruits de luxe, tout se paie : la grosseur, la beauté, le coloris, facteurs qui dépendent tous des matériaux nutritifs mis à la disposition de la plante.

Lorsqu'on établit le budget d'une récolte de blé fumé, on trouve que 200 francs d'engrais ont amené un supplément de récolte de 300 francs, en faisant passer le rendement, de 30 à 45 hectolitres. Une pêche, au contraire, d'un quart plus grosse que la moyenne, vaut le double et, si elle est bien colorée, de belle forme, sans tache, le triple ou le quadruple. Avec 200 francs d'engrais, la récolte d'une serre de 1 000 passe à 2 000 francs.

Jusqu'à présent, la qualité des fruits de serre, susceptible d'élever encore cette valeur, venait au second plan. A cette heure ce facteur qualité intervient ; une récolte de pêches venues en terrain calcaire se paiera 30 p. 100 plus cher que les pêches de même beauté récoltées en terrain argileux, par exemple.

Les fruits de serre ont en outre besoin de qualités de conservation, de résistance au transport, aux exigences de l'étalage, qualités qui sont en rapport étroit avec l'alimentation de la plante, c'est-à-dire avec la vitalité de l'arbre qui a les a portés. Ces modalités dans la valeur des fruits nous apparaissent comme la répercussion directe des principes nutritifs fondamentaux ainsi que des corps d'importance secondaire mis à la disposition de la plante et dont nous n'envisageons pas l'emploi dans les cultures de plein air.

Un cultivateur de betteraves s'occupera en effet de l'azote, de la potasse, du phosphore que réclament ces racines ; le forceur fera en outre intervenir le fer, qui donne le coloris à ses raisins et à ses pêches, et demain à ce fer il associera le manganèse, la magnésie, etc., corps que la science lui montrera utiles à ses cultures et que la pratique lui enseignera avantageux à employer.

Nous devons aussi envisager dans les fumures les améliorations ou les modifications qu'elles apportent aux qualités physiques, chimiques, mécaniques et biologiques du sol.

Nous savons qu'il est utile que le sol des serres soit noir, et dans nos fumures nous ferons intervenir comme de véritables amendements des matériaux susceptibles de colorer tout au moins la surface de notre sol. Nous lui incorporerons des substances qui le transformeront davantage en éponge susceptible de retenir l'eau ; nous lui donnerons de l'élasticité sous le pied de l'ouvrier, pour que, lors du passage continuel de ce dernier, il ne se malaxe pas comme une argile ou ne se lève pas comme les terrains calcaires.

Ce sol présente des éléments minéraux insolubilisés ; nous allons faire en sorte que sa chimie interne décompose ces éléments pour les mettre à la portée de la plante.

Nous aidons ces réactions chimiques par une fermentation constante du sol, entretenue par des apports de matières organiques qui font que le sol vit et ferme avec ses principes minéraux et les substances organiques des matières comme les matières humiques, susceptibles de conserver dans le sol les principes nutritifs qui, sans elles, seraient ou insolubles ou entraînés dans le sous-sol.

EAU

Le premier facteur de la vie de la plante est l'eau. Aussi lui réservons-nous une place à part.

Nous allons demander à la plante, sous verre, un grand développement et un développement rapide. Il faut donc lui fournir en abondance l'élément dont elle a de grands besoins pour cette vie intense, c'est-à-dire l'eau.

L'eau non seulement véhicule à travers le végétal, en solutions très faibles, les substances organiques et minérales en réserve dans le sol où les racines les puisent, mais elle conduit aussi aux divers organes les produits de synthèse élaborés dans les feuilles. Elle satisfait aussi aux besoins d'évaporation de la plante, qui permettent à celle-ci de résister aux températures trop élevées, aux insolations trop intenses. Lorsque la plante a suffisamment d'eau à sa discrétion, elle est toujours turgescente, ne se fane point, durant les coups de soleil et les températures excessives. Elle n'est pas stupéfaite, c'est-à-dire arrêtée dans sa végétation, et elle conserve une activité de ses cellules qui empêche tout retard dans son cycle biologique. Or arriver à maturité, dans le minimum de temps, est le grand problème en forçage, et, pour cela, il faut que la plante ait toujours à sa disposition toute l'eau dont elle a besoin.

La plante de plein air a sa provision d'eau plus ou moins régulièrement assurée par les pluies, les rosées, les arrosages. Dans certains cas, le sous-sol est en outre maintenu humide par l'eau des couches profondes, que les phénomènes de capillarité tendent à faire remonter à la surface. Sauf les racines extérieures et à moins que les serres soient établies sur des sous-sols humides, comme cela a lieu pour les serres belges d'Hoeylaert, le sol des serres ne reçoit que l'eau d'arrosage et de bassinage du feuillage.

Cette eau a des qualités fort diverses selon son origine, et elle va agir de façon différente suivant sa température et composition chimique. Avant d'étudier les facteurs de sa qualité, étudions tout d'abord les besoins d'eau des plantes et, par suite, l'approvisionnement d'un établissement de forçage. M. Boullanger, à l'Institut Pasteur de Lille, a pu établir que, sous le climat de ce pays, diverses plantes, telle la luzerne, arrivaient à évaporer, par exemple, une quantité d'eau voisine de 40 centimètres de haut, lorsque l'on fournissait, durant leur végétation, la quantité maxima d'eau qu'elles pouvaient utiliser. La quantité de matière sèche formée par ces plantes paraît proportionnelle à l'eau évaporée, qui, mesurée, permet d'évaluer l'intensité végétative de la plante considérée.

Nous nous sommes posé le même problème pour la vigne et les pêchers, en faisant relever pendant des années, dans toutes les serres des Forceries de la Seine, la quantité d'eau employée à leur arrosage ou à leur bassinage. Cette dernière, après avoir lavé et rafraîchi le feuillage, devient en effet eau d'arrosage.

Nous sommes arrivés à ces conclusions qu'il fallait, pour une vigne végétant six mois sous le climat de Paris, un cube d'eau représentant sur toute la surface à arroser une couche de $0^m,45$ de hauteur. Cette hauteur d'eau peut être portée à $0^m,55$ pour les variétés végétant sept mois. Elle est peu réductible pour les variétés précoces, que l'on arrose en excès.

Il faut augmenter ces quantités, $0^m,45$, $0^m,55$ de 10 centimètres, représentant une perte de 20 p. 100, qui résulte soit d'arrosages mal faits provoquant du ruissellement, soit d'autres opérations, lavage des vitrages, etc. On arrive à dire qu'il faut mettre à la disposition d'un établissement de forçage autant de fois $0^m,65$ qu'il y a de mètres de vitrage, augmentés de la surface de terrains que peuvent occuper les racines extérieures aux serres.

Qualités de l'eau. — Les différents établissements de forçage ont des eaux d'origines fort diverses pour arroser leurs serres. Les uns disposent de concessions d'eau de ville. Les autres ont des eaux de puits, de rivières. Dans la plupart des établissements, on recueille dans des citernes l'eau des vitrages et des toits. Cette dernière est destinée plus particulièrement au bassinage des plantes, parce qu'elle est très pure et ne laisse point ou peu de dépôts sur les feuilles et les fruits. Il ne faut pas oublier toujours qu'elle peut être souillée par les poussières qui, au voisinage des usines, s'accumulent sur le vitrage et par la chaux associée à divers ingrédients, huile, gélatine, aluns, que l'on ajoute à celle-ci pour le chaulage des verres.

Les eaux de concession de ville sont pures et limpides. Il peut leur arriver pourtant, comme c'est le cas pour les eaux de Paris, d'être suffisamment carbonatées à cause de leur provenance de terrains crayeux pour marquer sur le feuillage. Il en est de même des eaux de puits de tous les sols calcaires.

Les eaux de rivières sont aussi très variables. Les Forceries

de la Seine prenaient, à un moment donné, leurs eaux dans
la Seine, directement, à l'aide d'un tuyau terminé par une
crépine. Les arrachements de cette crépine par la batellerie
étaient fréquents, mais, en outre, les crues et les baisses des
eaux produisaient des mouvements de la vase qui était puisée
abondamment par la pompe. A la vérité, cette eau déposait
partiellement dans le château d'eau, bassin de ciment armé
où elle était envoyée. Ce bassin, dont le plancher est à
7 mètres au-dessus du sol, a l'orifice de son tuyau d'évacuation
à 0^{m},20 au-dessus du fond, de telle manière qu'il affleure
au-dessus de la vase ; celle-ci peut être évacuée par un orifice
en contre-bas d'un tuyau de décharge dans lequel on pousse
la boue lors du nettoyage du bassin. Malgré cela, l'eau lancée
par la pompe remue les boues. Lorsqu'on puise des eaux
boueuses, celles-ci sont entraînées par l'eau dans les canalisations de distribution, s'y déposent, particulièrement dans tous
les coudes. Il en résulte des obstructions partielles, des pertes
de charge qui diminuent le débit et le rendent insuffisant. Il
faut donc, à tout prix, faire circuler dans les canalisations de
l'eau propre.

Le problème a été résolu d'une façon coûteuse aux Forceries
de la Seine, en installant un bassin de filtration à une dizaine
de mètres de la Seine. La nature sablonneuse du terrain assure
une filtration parfaite et suffisante comme débit. Il faut se
rappeler que ces bassins de filtration, si on ne les recouvre
pas, doivent avoir au moins 2 mètres de profondeur, sinon
ils se tapissent de lentilles d'eau, se remplissent d'algues. Non
seulement l'eau s'altère, mais la crépine d'aspiration a constamment ses trous bouchés par ces plantes.

Si l'on veut utiliser l'eau provenant d'une rivière boueuse
et éviter les frais d'une excavation très considérable, surtout
si les berges sont élevées, on installe un filtre à sable. Une
canalisation amène l'eau à un bassin dépotoir, où elle dépose
ses plus grosses impuretés. De là elle gagne un filtre à sable
constitué par des lits de cailloux d'autant plus petits qu'on
s'approche de la surface du lit filtrant. La couche supérieure
est du sable fin. L'eau épurée qui a traversé ce filtre s'amasse
en dessous des plus gros éléments.

Il est indispensable que l'eau d'arrosage soit aussi propre que possible. Souvent elle sert au bassinage des fruits, et ce serait un gros discrédit pour les fruits de serre si on pouvait supposer qu'ils reçoivent de l'eau salé et par suite dangereuse.

L'eau d'arrosage, un peu épurée, tire sa valeur de sa température et de sa composition chimique.

Température. — Les racines ne commencent à évoluer dans le sol qu'à partir de 8 à 9°. Lorsque la serre entre en forçage, il faut que le sol de la serre ait cette température ou qu'on puisse le chauffer. Or on le mouille à fond, par des arrosages journaliers successifs, qui arrivent à représenter 50 litres et plus au mètre, et on se sert de cette eau qui traverse le sol comme véhicule de chaleur. Cette eau est chauffée soit dans un point central, à l'aide de chaudière à combustion lente, soit dans la serre même, si on dispose de la vapeur, en injectant celle-ci dans un cuveau rempli d'eau. La température initiale de l'eau est donc très importante. Toutes les eaux souterraines ont une température de 9, 10, 11° hiver comme été. Les eaux de rivière ont une température moyenne inférieure à celles-là en hiver sous le climat de Paris. Au printemps, cette température s'élève ainsi qu'en été et peut atteindre 20-22°.

On conçoit, étant donnée l'abondance des arrosages, quelles quantités énormes de calories le sol devra échanger avec l'eau, tantôt à son profit, tantôt à celui de l'eau, suivant leurs températures respectives.

La température du sol a une action énorme sur l'absorption par les racines des solutions nutritives du sol et sur leur développement. Tant que la terre où sont les racines n'a pas 8-10°, l'évolution des tissus souterrains est presque nulle. Elle est surtout active à 14-16° et a son maximum dans les terres équatoriales, où elle atteint 22-24° et parfois 30°. Si le sol est refroidi une fois échauffé, l'action sur les racines de surface les plus actives est telle que la végétation est arrêtée ensuite durant plusieurs jours. C'est ce que l'on observe à l'air libre à la suite d'un refroidissement consécutif à une grêle ou à une pluie très froide. On peut, du reste, mettre en évidence cette action d'une façon très simple si on dispose d'eau de puits profond qui a de 9 à 10° en été. On mouille une planche de jardin potager avec 10, 15, 20, etc., 100 litres au mètre avec ette eau froide de puits après avoir semé des graines potagères, épinards, salsifis. La sortie des jeunes pousses et leur développement sont inversement proportionnels, les deux semaines qui suivent la plantation, à l'importance de l'arrosage. Cette observation est si vérifiée qu'aucun jardinier ne voudrait arroser avec de l'eau de sous-sol avant de l'avoir laissé échauffer dans des récipients d'attente.

Composition chimique. — Si l'on met à part la question de dépôt sur les feuilles, il est certain que les eaux un peu minéralisées ont l'avantage sur les eaux pures de faire apport de substances salines généralement utiles, que ces eaux soient calcaires ou séléniteuses (riches en sulfate de chaux.

Les eaux dangereuses seraient des eaux chlorurées ou sulfureuses en excès. Elles sont rares et ne se rencontrent guère qu'au voisinage des sources d'eau chaude utilisées au chauffage des serres.

FUMURE

Variations des besoins de la plante au cours de la végétation. — Les plantes, au cours de leur végétation, accomplissent des fonctions diverses; elles commencent à former leurs rameaux et leurs feuilles, fleurissent, nouent et développent la graine de leurs fruits, puis mûrissent ses enveloppes, enveloppes que nous mangeons et qui constituent le fruit proprement dit, comme chez le pêcher, la vigne.

Il est facile de comprendre que les exigences d'une vigne, par exemple, à ses divers états, ne sont pas les mêmes; mais cette vigne et le pêcher voisin ont aussi des besoins complètement différents. Si nous les forçons tous les deux, la vigne donne tout d'abord des feuilles, des fleurs, puis des fruits, et s'arrête de croître. Le pêcher nous montre en premier lieu ses fleurs; il a ses fruits formés avant que ses feuilles soient déroulées et, dans la première partie de sa vie, il développe son noyau puis la pulpe de son fruit. Son fruit récolté, une nouvelle période végétative commence, durant laquelle il va créer uniquement des branches qui porteront les fruits l'année prochaîne. Ce simple aperçu de végétation nous montre que le même ordre dans les fumures pour chaque plante constituerait un contresens.

Fractionnement des formules. — Jusqu'à présent, dans le plein air, on fume en une seule fois, avant le départ de la végétation, se contentant parfois sur un blé d'automne, par exemple, fumé avant les semailles, de pratiquer un nitratage léger au printemps. Ici au contraire, dans un espace restreint à notre portée, que nous parcourons chaque jour, il y a tout avantage à éviter dans nos fumures les doses massives et à apporter à la plante sa nourriture quotidienne, non point chaque jour, mais tous les quinze jours, parfois tous les huit jours. Ce fractionnement des formules nous permet aussi les fumures complémentaires, fumures des souches surmenées par une production intensive. Nous intervenons donc ainsi pendant toute la période végétative d'une souche, en mesurant en outre notre alimentation à l'état momentané de cette souche.

Détermination des doses d'engrais. — *Loi de restitution.* — En grande culture, on applique aux plantes, pour les fumer, différentes lois; la première est la *loi de restitution*. On incinère partie de la récolte et, après avoir analysé ce qu'on y trouve d'azote, de potasse, de phosphore, on a une base pour rendre au sol les matériaux que la plante lui a pris. Pour compléter les pertes possibles du sol par le sous-sol, on double le poids de ce que la plante lui a enlevé, et l'on a ainsi la dose annuelle de chaque substance fertilisante qu'il faut réincorporer à ce sol.

Loi des avances. — La loi de restitution a pourtant besoin de nombreuses corrections. Si la plante vit dans un sol pauvre, malgré tous ses efforts, elle lui emprunte très peu par rapport à ce qu'elle lui aurait pris si elle avait été dans une terre plus riche, et on conçoit que, si cette loi de restitution peut s'appliquer à une terre riche, elle est faussée à son origine dans une terre pauvre. Il faut alors faire intervenir la *loi des avances*.

Supposons qu'une plante puisse, dans un sol et sous un climat donnés, utiliser 100 kilogrammes de phosphore. La terre, dans l'état où elle est, peut lui en livrer 30 kilogrammes, et c'est ce qui s'en exporte chaque année par la culture de cette plante. Si nous incorporons à ce sol 50 kilogrammes de phosphore, elle en exporte 30 plus 15 par exemple fournis par cette fumure, soit 45. Si, au lieu de 50 kilogrammes, nous avons répandu 150 kilogrammes de phosphore, la plante se développe davantage et en utilise 75.

Nous ne sommes point encore aux 100 kilogrammes qu'elle est susceptible d'assimiler, mais nous voyons que, si, au lieu de fournir à la plante une quantité annuelle de 50 kilos de phosphore, nous lui en fournissons d'un seul coup 150 kilogrammes, nous lui faisons des avances extrêmement profitables au végétal et à nous-mêmes, car, avec un élément comme le phosphore, ce qui n'est point absorbé se retrouve l'année suivante et interviendra, avec une dose annuelle réduite, pour donner à la plante plus de phosphore que ne lui en fournirait une fumure annuelle égale chaque année. Nous concevons qu'en serre, où l'énorme capital serre doit s'amortir le plus rapidement possible, nous avons intérêt à faire des avances profitables aux plantes que nous cultivons.

Loi du maximum. — Nous allons appliquer à ces avances la *loi du maximum*, c'est-à-dire que nous fournirons dès le début tout le phosphore nécessaire pour que la plante puisse prendre les 100 kilogrammes qu'elle peut utiliser, et nous n'aurons plus alors à rendre au sol, chaque année, que la dose déterminée par la loi de restitution.

Malheureusement tous les engrais ne nous permettent pas d'utiliser cette loi des avances; l'azote, par exemple, entraîné par les eaux, ne peut être accumulé comme avance dans le sol; cet azote qu'il faut fournir à la plante à certains moments d'après la loi du maximum, on doit le faire intervenir seulement pendant la période de végétation qui va du débourrement, jusqu'au moment où la plante va cesser utilement de végéter, et à ce moment-là même la quantité mise à la disposition de la plante doit être suffisamment réduite pour ne pas gêner l'arrêt nécessaire de végétation.

Engrais fondamentaux.

Les principes minéraux fondamentaux nécessaires aux plantes sous verre sont les mêmes que ceux de tous les végétaux. Ce sont l'azote, le phosphore, la potasse.

Examinons les propriétés végétatives de ces engrais et leurs relations avec le sol.

Azote. — L'azote est l'aliment végétatif par excellence de la plante. Il lui assure un développement rapide et continu. En revanche, si les tissus que la plante construit avec l'azote ne sont pas minéralisés par des quantités suffisantes de phosphore, de potasse, de soufre, de chaux, de fer, etc., les tissus formés sont spongieux, mous et ne résistent pas plus aux accidents météoriques qu'aux infections cryptogamiques. On peut affirmer aujourd'hui que l'excès d'azote diminue la résistance de la plante à tous les agents de contamination. Il favorise les maladies, et les tissus des plantes trop abondamment pourvus de cet élément voient leur aoûtement s'attarder, rester incomplet, cause de mortification par les froids de l'hiver. Tous ces accidents, dus à l'azote, sont exagérés dans le milieu humide et confiné des serres.

L'azote a un autre défaut. Il fait poursuivre à la plante sa vie végétative pendant et après sa maturation des fruits, à une époque où la plante doit, une fois la récolte faite, entrer en repos, quand il s'agit de la vigne par exemple.

La vigne a besoin d'azote dès qu'elle a débourré. Mais, au moment où sa fleur apparaît formée, il est préférable de ne pas pousser à un excès de développement foliacé qui se fait toujours aux dépens de la floraison.

Après la fleur, au contraire, la vigne à la fois à assurer le développement de ses pampres, mais aussi celui des jeunes grains qui grossissent très rapidement. Dans ces jeunes grains, les pépins exigent pour la formation de leur albumen de grosses quantités d'azote, que la plante met en réserve pour la nourriture des cotylédons.

Le pépin formé, nous arrivons à la véraison. A ce moment, sous serre, toute élongation des rameaux devient inutile. Les sarments sont pourvus de toutes les feuilles adultes qu'ils peuvent porter ; les quantités d'azote accumulées dans le fruit sont faibles ; il ne reste à pourvoir qu'aux matériaux de réserve que la plante accumule dans ses sarments, son tronc et ses racines. A ce moment on peut dire que les besoins d'azote ont fortement diminué.

En résumé, la vigne a beoin d'azote depuis son débourrement jusqu'à huit jours avant sa floraison et de la nouaison à la véraison.

Comme on l'a déjà exposé succinctement, ces périodes changent s'il s'agit d'autres arbres fruitiers, du pêcher par exemple : le pêcher de forçage fleurit avant de débourrer ses bourgeons. Cette floraison se fait au détriment des matériaux de réserve de l'année précédente, et tant que la nouaison n'est pas terminée, le pêcher n'a pas besoin d'azote. De la nouaison à la véraison, au contraire, les besoins sont très grands.

Pendant la maturation, il vaut mieux diminuer un peu la dose d'azote, que l'on exagérera aussitôt la cueillette terminée, afin d'assurer le développement des branches de taille pour l'année suivante.

Les pêchers s'aoûtent mal sous verre ; aussi, dès la seconde quinzaine d'août, faut-il commencer à aider la maturation du bois en enrayant la végétation qu'excite l'azote. Les fumures azotées ne sont plus utiles jusqu'à la chute des feuilles.

Vignes et pêchers ont des besoins d'azote relativement considérables. Avec le cerisier, il en va tout autrement ; sous verre, c'est un arbre trop vigoureux. La poussée végétative est telle que, si peu qu'il soit fumé avec de l'azote, on voit ses fleurs transformer leurs pétales blancs en moignons verts couleur feuille : c'est la coulure du fruit certaine. La nouaison passée, un peu d'azote suffit au développement des feuilles et du fruit. Celui-ci cueilli, il faut à nouveau supprimer l'azote afin d'assurer une formation de boutons à fruits qui, sans cette précaution, n'apparaîtrait pas. On voit par là combien chaque plante a des besoins différents d'azote aux divers moments de sa vie.

Phosphore. — Le phosphore est le grand régulateur des poussées végétatives exagérées dues à l'azote. Il donne de la solidité aux tissus, diminue leur réceptivité pour les maladies, aide à la cicatrisation des plaies, à l'aoûtement, en un mot la plante, vigne, pêcher, cerisier, a toujours besoin d'en avoir à discrétion toutes les fois qu'on veut obtenir du fruit.

Comme il a l'avantage de ne pas être entraîné en quantité appréciable dans le sous-sol, par les eaux d'arrosage, c'est un engrais qui permet les avances et qu'on peut employer en tout temps, aussi bien pendant la végétation qu'avant ou après.

Potasse. — La potasse n'a pas d'action très caractérisée sur le développement des plantes de forçage ; mais elle leur assure, surtout dans les périodes de froid, une couleur vert foncé, indice d'un bon fonctionnement végétatif. Elle aide beaucoup à lutter contre les phénomènes d'étiolement et de chlorose. On peut en fournir à la vigne de petites quantités durant toute sa végétation, mais c'est surtout au moment où la véraison du raisin, de la pêche, de la cerise va commencer que le rôle de la potasse devient important ; c'est un agent de maturation. On la trouve en effet dans le fruit en plus grande abondance, car elle s'y accumule sous forme de sels acides, bimalates, bitartrate, etc. Cette accumulation correspond aussi à une diminution de l'acidité des fruits. Grâce à cette diminution d'acidité, la pellicule du raisin de rouge devient violette, bleue, bleu foncé, c'est-à-dire prend la couleur de maturité. Il en est de même des autres fruits, pêches, cerises, etc.

Les sels de potasse sont éminemment solubles ; aussi doit-on éviter de les accumuler dans le sol et ne les apporter en abondance qu'au moment même de leur utilisation.

Éléments nutritifs secondaires.

Chaux. — La chaux est la substance alcaline indispensable à la décomposition des matières organiques, c'est-à-dire aux phénomènes de minéralisation et de solubilisation des fumiers. Il faut donc qu'elle existe dans le sol avec une teneur d'au moins 1 à 2 p. 100. A dose élevée, elle développe le bouquet et la qualité gustative des fruits, mais elle peut être cause de chlorose et même de mortalité si la richesse en carbonate de chaux augmente.

Tandis que la vigne peut en supporter soit avec ses propres racines, soit à l'aide des racines du porte-greffe, des doses considérables, le pêcher est extrêmement sensible au calcaire dès que la teneur atteint 10, 20 p. 100 ; même greffé sur prunier, sa végétation est faible, troublée par le moindre abaissement de température. En outre les fruits sont jaunes, jaune pâle, parfois tachetés de rouge, indices d'un sol trop riche en calcaire.

Fer. — Heureusement l'agent correcteur de la chlorose est le sulfate de fer. Employé préventivement, il supprime presque radicalement toute trace de chlorose. Avec la chlorose qui disparaît, le fruit devient très coloré et régulièrement coloré, au lieu de montrer des taches plus pâles caractéristiques d'une mauvaise nutrition.

Le sulfate de fer apporte non seulement du fer, mais un acide soufré, et cet acide est tellement actif qu'il provoque dans le sol des décompositions, des déplacements des autres minéraux ; il met en jeu les engrais accumulés, si bien qu'il joue un rôle très supérieur à celui du fer qu'il renferme.

Soufre. — C'est à des faits du même ordre qu'il faut rapporter l'action du plâtre ou sulfate de chaux. Néanmoins il faut reconnaître que la plante a des besoins réels de soufre. Les soufrages qu'on fait dans les serres contre les insectes ou les maladies en apportent assez sur le sol pour qu'on n'ait pas à se préoccuper de cet aliment.

Manganèse-magnésie. — L'action de ces corps n'est pas encore bien déterminée. Néanmoins il sera toujours utile de faire quelques essais de ces engrais. Seule l'expérience montrera la valeur de leur addition avec les différents sols.

Pratique des fumures.

Fumure d'hiver. — Comme nous l'avons vu, les fumures peuvent et doivent s'appliquer aux divers moments du travail des serres. On profite de la culture du sol par le labour d'hiver pour incorporer, avant le départ de la végétation, la matière organique si utile à la vie biologique du sol. Ces matières organiques sont plus ou moins riches suivant qu'elles proviennent de terreaux ou de fumures de diverses origines. Ces matières organiques sont apportées chaque année en quantité suffisante pour qu'elles s'y pourrissent. Il est inutile de les accumuler dans le sol.

Engrais de couverture. — Outre les matières organiques incorporées et remuées avec le sol, il est bon, sous verre, de recouvrir la terre d'une couche de matières organiques faisant couverture qui peuvent être du fumier court, de la tourbe, du tan, des fonds d'égout. Autant que possible, ces substances doivent être légères, élastiques sous le pied, pour éviter, durant le passage continuel des ouvriers, d'écraser le sol, de le tasser.

Ces substances empêchent aussi que les eaux d'arrosage fassent le même effet que le pied des ouvriers quand elles sont répandues avec force. Ces eaux tombant sur cette couche spongieuse la remplissent, pénètrent peu à peu dans la terre au lieu de courir sur le sol, de former des petites mares, ce qui ne manque pas d'arriver sur une terre nue que l'eau imperméabilise rapidement avec les substances fines dont elle se charge en ruisselant sur le sol. Dans le cas où les fumures de couverture sont riches, les eaux d'arrosages les lavent et entraînent, au profit des racines, tous les éléments solubles dans le sol superficiel.

Fumure au cours de la végétation. — On se dispense, une fois les plantes de serre débourrées, d'apporter dans les serres les fumiers, les terreaux qui ont pu être incorporés plus utilement au moment des labours profonds correspondant aux labours d'hiver en grande culture. Une fois les engrais de couverture placés, on se contente de répandre sur le sol les fumures minérales solubles que les arrosages feront descendre en les solubilisant jusqu'aux racines ; ou bien on arrose le sol avec des solutions nutritives, purin, purin minéralisé, purin artificiel ou solutions nutritives.

On peut estimer que ces fumures entrent en action quelques jours après leur épandage. Pour éviter d'en perdre dans le sous-sol et pour mieux fournir à la plante ce qu'elle a besoin à ses diverses périodes végétatives, ces fumures minérales se font à l'aide de formules qu'on répand tous les quinze jours à trois semaines par exemple. Nous sommes même arrivés à diviser ces formules en deux et à en employer une moitié tous les huit jours. Des intervalles de huit à quinze jours, tant leur préparation et leur épandage sont aisés, séparent l'application des diverses formules nutritives au cours de la végétation.

Préparation et application des formules. — Les engrais qui les composent sont achetés et reçus en sac de toile ; ceux-ci sont assez vite mangés par leur contenu, surtout s'ils sont dans un lieu humide. Aussi faut-il avoir soin de conserver les engrais sous un hangar très abrité des pluies ; pour éviter l'humidité du sol, les sacs reposent sur des chantiers de bois. On peut mettre aussi les engrais déliquescents, comme le nitrate de soude, le chlorure de potassium, le nitrate de chaux, dans des demi-muids défoncés, qu'on ferme avec un couvercle de toile, sur lequel on pose un couvercle de bois.

Sous le hangar, on crée une aire en ciment de 4 à 5 mètres carrés, sur laquelle vont se faire les mélanges. Les divers engrais qui doivent entrer dans la formule sont pesés séparément et versés sur l'aire cimentée. Quelques-uns ont besoin, à ce moment, d'être pilonnés avec un pilon de bois, car ils s'agglomèrent volontiers. On les rassemble avec une pelle et on les distribue dans des sacs étiquetés, au numéro des serres, suivant le poids indiqué pour chacune d'elles. Les sacs sont portés dans les serres et leur contenu épandu aussitôt.

On détermine au départ de la végétation l'ensemble des formules que recevra une serre. Mais il peut arriver que la végétation soit insuffisante. Il est bon, avant d'établir le tableau de fumure, de parcourir l'établissement et de noter les serres qui sembleraient exiger les formules plus importantes ou différentes de celles indiquées.

Outre la fumure des serres, une équipe passe chaque semaine pour fumer les pieds chétifs. Ceux-ci sont marqués à l'aide d'un raphia flottant et reçoivent un complément de fumure, la plupart du temps sous une forme liquide. On procède de même pour l'emploi du sulfate de fer contre la chlorose.

Préparation des composts. — Cette préparation, qui se fait dans l'établissement même, est d'une grande importance.

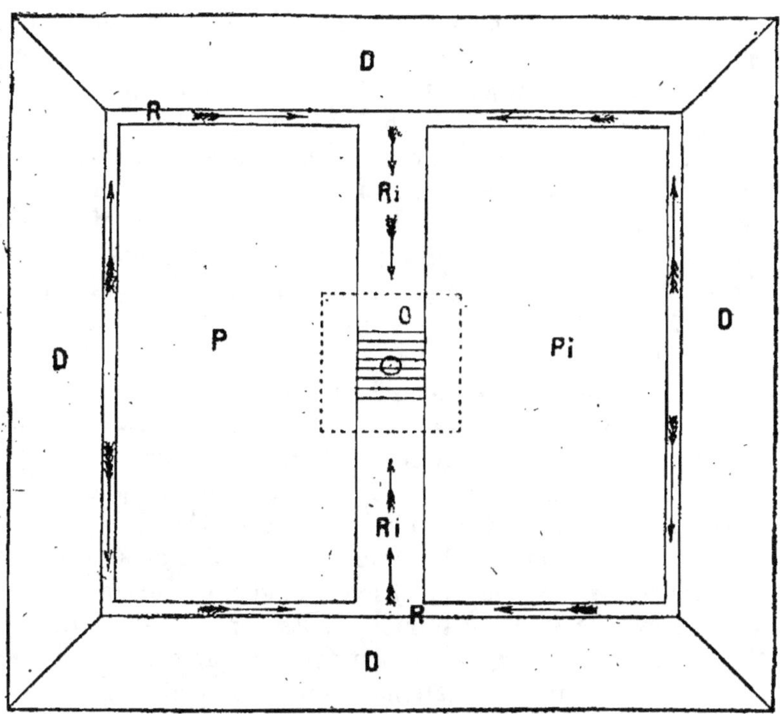

Plan de la plateforme.

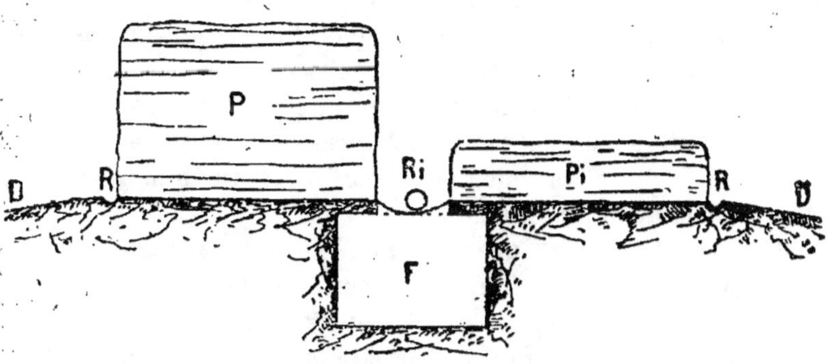

Fig. 4. — Plate-forme à fumier.
F, fosse à purin ; R, Ri, rigoles ; D, rebords de la plate-forme ;
P, Pi, tas de terreau.

Un établissement de forçage doit toujours posséder une plate-forme à fumier (fig. 4) avec fosse d'arrosage et une grande fosse où l'on jette tous les débris organiques provenant des serres ou des cultures extérieures. Dans la fosse, on déverse tous les débris comme ils viennent et on les maintient humides. De temps en temps, on vide cette fosse et l'on établit le compost. Celui-ci est constitué par des couches stratifiées de ces débris organiques alternant avec des couches de terre de 2 à 3 centimètres d'épaisseur et de fumier. Chaque couche, débris, terre et fumier réunis, atteint une hauteur de 10 à 20 centimètres.

Si l'on veut faire économie de superphosphate, on peut saupoudrer chaque lit avec des phosphates minéraux. Les ouvriers tassent fortement ces différentes couches en les foulant ou en roulant, à la surface, une barrique remplie d'eau.

La fosse une fois vide, on arrête la formation du tas et on saupoudre celui-ci de sulfate de fer et de suie ; puis on arrose lentement avec un tourniquet hydraulique, par exemple, jusqu'à ce qu'on voie l'eau suinter sur les bords latéraux du tas. La suie et le sulfate de fer ont pour effet, la première, d'écarter les insectes, hannetons, cétoines, qui viendraient pondre dans ces terreaux. Le sulfate de fer les désinfecte et retient l'ammoniaque, qui tendrait à s'échapper.

Il serait bon de mettre un peu de chaux dans le cas où il interviendrait beaucoup de matériaux acides, tels les feuilles, les raisins, les jeunes pousses provenant des suppressions journalières. Ces tas de terreau maintenus bien frais sont recoupés sur la même plate-forme et maintenus toujours humides. On les emploie en général un an après leur préparation. Les latrines des ouvriers sont placées sur la fosse afin d'enrichir les matériaux que renferme celle-ci.

Étude du tableau de fumure. — Dans un établissement de forçage où l'on a à fumer une centaine de serres, qui, par groupes, sont à des époques différentes de leur végétation, le problème est assez compliqué en apparence si l'on veut donner à chaque serre, à l'époque déterminée, les engrais qui lui reviennent. On établit alors un tableau de fumure.

Dans ce tableau, les serres sont représentées par un

Tenue du livre de fumure.

VIGNE.

NUMÉROS des serres.	22 au 29 avril.	29 avril au 6 mai.	6 au 13 mai.	13 au 20 mai.	20 au 27 mai.	27 mai au 3 juin.	3 au 10 juin.	10 au 17 juin.
7	B/2			C				
8				C				
9					C			
11		B				C		
16		A		B/2		B/2		
15		A		A		B/2	B/2	
14		A			A			B
3							A	
2							A	
21								A
23		A/2						A
22		A/2						A
24	A							A
25	A							A

Légende. {
Floraison.
Véraison.
Maturation.

numéro. Ces numéros sont placés en une colonne verticale à la suite les uns des autres. L'unité de temps est la semaine, et l'on a l'habitude d'établir les formules le samedi pour les préparer et les appliquer le lundi. Le temps du forçage est donc représenté par un certain nombre de divisions formant autant de colonnes verticales et correspondant à des semaines.

Sur ce tableau, on indique tous les phénomènes végétatifs, mise en forçage, débourrement, floraison, véraison, etc., par des traits de couleurs différentes ; si bien qu'on sait exactement, quand on suit une ligne horizontale correspondant à un numéro, les formules déjà appliquées et la phase végétative traversée par chaque serre. Le tableau est mis à jour au point de vue des périodes végétatives avant d'inscrire les formules. Dans la colonne représentant la semaine où l'on va entrer, on inscrit alors par une lettre la formule d'engrais que doit recevoir chaque serre ; les formules peuvent être réduites de moitié ou augmentées la semaine suivante si la végétation de la serre en indiquait la nécessité. Avec ce dispositif, les serres sont fumées à temps, d'une façon continue et selon leurs besoins.

Nous donnons ici (p. 56 à 59) quatre tableaux, dont deux s'appliquent à la vigne et deux au pêcher. Chacune de ces plantes a été considérée en sol calcaire et en sol non calcaire. Ces formules sont le résultat de l'expérience, et elles sont suffisantes pour les sols les plus pauvres. Les doses indiquées peuvent être diminuées ou augmentées si l'on conserve les proportions relatives.

Pour les établir, on a pensé que la fumure devait faire intervenir à la fois la matière organique, les engrais organiques concentrés (sang, tourteau, corne) et les matières minérales. La matière organique est surtout fournie par les engrais de couverture, qu'on enterre chaque année. Les engrais organiques sont incorporés dans le sol avant le forçage et mélangés de façon à ce que ces différents éléments se décomposent successivement et interviennent pendant toute la végétation. C'est ainsi que, dans les sols non calcaires, à décomposition lente, nous associons le sang desséché, qui peut être assimilé, quinze jours après son emploi, au tourteau plus durable (un à deux mois) et à la corne, qui se décompose tellement lentement qu'on la retrouve en partie à la fin du forçage.

Ces fumures organiques permettent une fermentation suffisante dans le sol, assurent la formation des matières humiques et transforment en terreau la surface du sol, c'est-à-dire en une terre légère, meuble, se tenant fraîche, susceptible de conserver et de transformer pour le plus grand profit de la plante la troisième partie de notre fumure, les engrais minéraux.

Dans ces engrais minéraux, l'azote est fourni par le nitrate de soude et le sulfate d'ammoniaque. On peut les employer l'un ou l'autre pour les alterner. Le phosphore nous est fourni par les superphosphates en terrain calcaire, par les scories en terrain argilo-siliceux. La potasse est indiquée sous forme de sulfate de potasse, bien préférable au chlorure dans les serres où on emploie cet élément à haute dose. Le sulfate de potasse renferme en outre un élément sulfate qui est un grand agent de mobilisation de tous les engrais dans le sol. Ces composés sulfatés nous dispensent du reste d'incorporer un élément des plus utiles, le soufre. Le fer est répandu sous forme de sulfate de fer en neige, c'est-à-dire en cristaux aussi petits que possible. On ne peut l'employer mélangé aux autres engrais à cause des réactions qu'il produit, notamment avec le phosphate, qu'il insolubilise. Nous n'indiquons pas l'emploi du manganèse, que l'on pourra semer sous forme de sulfate de manganèse si on désire l'expérimenter.

Les formules minérales, comme on pourra s'en rendre compte, complètent les formules de fond en apportant à la plante les éléments dont elle a le plus besoin au moment propice

Epandage et enfouissement. — Ces engrais sont répandus à la volée dans toute la serre, mais on les sème plus dru dans les parties occupées par un chevelu abondant que dans celles où les racines commencent à peine à pénétrer. Cette question est très négligée par les forceurs, qui doivent savoir dans chaque serre où s'étend le chevelu principal de leurs arbres.

Si les formules d'hiver sont enfouies par les labours d'hiver et les crochetages successifs, il est inutile d'incorporer au sol par un labour superficiel les engrais minéraux.

Ils sont dissous et entraînés jusqu'aux racines par les arro-

Formules de fumure de serre en terrain calcaire.

VIGNE

Fumure d'hiver.	Tourteau de colza (6 p. 100 d'azote)................	30 kilos à l'are.
	Corne torréfiée.............	15 — —

Fumure de cou-verture.........	Fumier pailleux, tourbe...	3 mc. ou 800 k.
	Sulfate de fer...............	10 kilos.

Fumure en cours de végétation.

Débourrement..................	**A** (1).	
Nouaison......................	**A.**	
Formation du noyau...........	**A.**	
Véraison	**B** (2).	
Demi-maturation..............	Sulfate de fer.........	10 kilos.
Maturation	**C** (3).	
Aoûtement....................	Superphosphate.......	10 —

(1) **A.**	Sulfate de potasse...........	3 kilos à l'are.	
	Nitrate de soude............	3 — —	
	Superphosphate.............	5 — —	

(2) **B.**	Sulfate de potasse.........	3 kilos.
	Nitrate de soude...........	$1^{kg},5$
	Superphosphate............	5 kilos.

(3) **C.**	Sulfate de potasse..........	3 —
	Superphosphate............	5 —

Formules de fumure de serre en terrain silico-argileux.

VIGNE

Fumure d'hiver...	Sang desséché............ 10 kilos à l'are.	
	Tourteau................. 20 — —	
	Corne.................... 15 — —	
Fumure de couverture......	Fumier pailleux, tourbe. 3 mc. ou 800 k.	

**Fumure en cours
de végétation**

Débourrement................... **A′** (1).

Nouaison .... **A′**.

Formation du noyau .... **A′**.

Véraison...................... **B′** (2).

Maturation .... **C′** (3).

Aoûtement.................. Scories................. 10 kilos.

(1) **A′** :
- Sulfate de potasse............ 3 kilos à l'are.
- Nitrate de soude .... 3 —   —
- Scories .... 10 —   —

(2) **B′** :
- Sulfate de potasse............ 3 kilos.
- Sulfate d'ammoniaque.......... $1^{kg},5$
- Phosphate précipité .... 5 kilos.

(3) **C′** :
- Sulfate d'ammoniaque.......... 3 kilos.
- Phosphate précipité .... 5 —

Formules de fumure de serre en terrain calcaire.

PÊCHER

Fumure d'hiver... { Tourteau...................... 10 kilos à l'are.
Corne....................... 5   —   —

Fumure de couverture .... { Terreau, fumier pailleux, 3 mc. ou 800 k.

**Fumure en cours
de végétation**

Nouaison........................	**A.**	
Quinze jours après nouaison....	Purin..............	200 litres.
Formation du noyau...........	**A.**	
Véraison......................	**P.**	
Maturation....................	Sulfate de fer.......	10 kilos.
Fin de récolte................	Purin..............	300 litres.
Développement des branches fruitières....................	**A.**	
Vingt jours après............	**A.**	
Vingt jours après............	**B.**	
Vingt jours après	**B.**	
Vingt jours après	**C.**	
Aoûtement....................	Superphosphate	10 kilos.

(1) **A.** { Sulfate de potasse......... 3 kilos à l'are.
Nitrate de soude............ 3   —   —
Superphosphate 5   —   —

(2) **B.** { Sulfate de potasse......... 3 kilos.
Nitrate de soude .... $1^{kg},5$
Superphosphate .... 5 kilos.

(3) **C.** { Sulfate de potasse......... 3 kilos.
Superphosphate........... 5   —

Formules de fumure de serre en terrain non calcaire

PÊCHER

Fumure d'hiver	Sang desséché.......... 5 kilos à l'are.	
	Tourteau............. 5 — —	
	Corne.............. 5 — —	

Fumure de couverture.......... Terreau, fumier pailleux. 3 mc. ou 800 k.

Fumure en cours de végétation

Nouaison (aussitôt fleur terminée)................	**A'**.	
Quinze jours après nouaison...	Purin..............	200 litres.
Formation du noyau...........	**A'**.	
Véraison...................	**B'**.	
Maturation.................	Sulfate de potasse..	3 kilos.
Fin de récolte..............	Purin..............	300 litres.
Développement des branches fruitières..................	**A'**.	
Vingt jours après...........	**A'**.	
Vingt jours après...........	**B'**.	
Vingt jours après...........	**B'**.	
Vingt jours après...........	**C'**.	
Aoûtement..................	Phosphate précipité.	10 kilos.

(1) **A'**.	Sulfate de potasse.........	3 kilos à l'are	
	Nitrate de soude..........	3 — —	
	Scories..................	10 — —	

(2) **B'**.	Sulfate de potasse.......	3 kilos.
	Sulfate d'ammoniaque.....	1^{kg}5
	Phosphate précipité.......	5 kilos.

(3) **C'**.	Sulfate d'ammoniaque.....	3 kilos.
	Phosphate précipité.......	5 —

sages, qui les mettent presque immédiatement à la disposition de la plante sans aucune difficulté. Il faut éviter toutefois que par l'arrosage l'eau ne ruisselle à la surface de la serre, dissolve les engrais et les concentre en un point.

Nous avons traité, dans *Viticulture*, la question des engrais très en détail, c'est-à-dire l'origine, la composition, les qualités et défauts de chacun des engrais que nous employons ici. On pourra utilement s'y reporter. Rappelons seulement que le forceur ne doit jamais acheter un engrais composé, des formules toutes préparées, mais toujours des éléments simples qu'il apprend à associer suivant les besoins des plantes. Les formules d'engrais réalisées par lui lui reviennent à un prix très bas, et il est sûr que les éléments constituants sont des aliments très assimilables et non point des matières de même composition chimique, mais de valeur nutritive bien nférieure.

Engrais verts. — Dans les serres, les terreaux, le paillage du sol amènent des graines qui germent et forment bien vite un tapis vert si l'écran formé par le feuillage laisse passer un peu de lumière. Les mauvaises herbes sont arrachées et le sol tenu propre. Lorsque l'aoûtement est avancé pour les serres parties au début de l'hiver, on a souvent encore deux ou trois mois avant la chute des feuilles, feuilles déjà bien éclaircies par les tailles que nécessite la récolte, par exemple. Au lieu de laisser le sol se couvrir irrégulièrement de mauvaises herbes quelconques, on a pensé semer ce sol avec des plantes superficielles capables de se développer rapidement avant les premiers froids. Ces plantes dessèchent le sol et aident à l'hivernage. Elles se développent en utilisant les réserves d'engrais qu'elles maintiennent ainsi à la surface de sol, ou bien accumulent, comme les légumineuses, des éléments nutritifs de l'air, tels que l'azote.

Ces plantes sont surtout productrices de matières organiques. Bassinées superficiellement pour aider à leur végétation, elles forment un gazon très dense qui, retourné dans le sol au labour d'hiver, constitue un apport important de matière organique. Nous avons essayé avec succès le trèfle blanc, la moutarde ; dans le sol siliceux, le lupin viendrait aisément.

CONSTRUCTION DES SERRES

Parmi les grands facteurs de production que l'on vient de passer en revue, la réunion du climat et du sol constitue le *milieu*.

On a vu que l'obtention d'un sol parfait en forçage résultait simplement de l'application, dans ce qu'ils ont de plus absolu et de plus théorique il est vrai, des principes d'amendement et de fumure des cultures de plein air.

La possibilité de corriger le climat naturel est liée à l'existence d'un dispositif particulier, propre aux cultures forcées, sans lequel on ne saurait concevoir ces cultures et dont il est la caractéristique la plus apparente, c'est l'enceinte close ou la serre.

C'est dans la serre et grâce à l'aménagement de celle-ci qu'on réalisera les conditions atmosphériques les plus propices au développement de la plante et de ses fruits.

Parmi les règles qui doivent présider à la construction et à l'aménagement de la maison où va vivre notre plante, les unes font partie de l'art du constructeur : telles sont celles relatives à la solidité des assises, à la stabilité de l'édifice, à la résistance des matériaux.

Les autres, qui intéressent plus spécialement l'hygiène de la plante et la commodité du service, sont au contraire de la compétence exclusive du forceur; c'est à lui qu'il appartient en effet de se prononcer sur l'orientation à donner à la serre, sur la forme et les dimensions à adopter; il déterminera également le nombre et l'importance des ouvertures à y ménager; il envisagera enfin tous les détails susceptibles d'avoir une action quelconque sur le bien-être et la santé du végétal.

Dans un projet de création de serres, ce sont tous ces points

que l'on définira en premier lieu, avant de dresser le plan de
la construction proprement dite. Aussi les examinerons-nous
ici plus particulièrement, nous proposant de nous en tenir,
pour ce qui est du principe de la construction, à des notions
très sommaires.

Fig. 5. — Serre adossée à section parabolique. École d'horticulture de Versailles.

Les serres fruitières ont reçu un certain nombre de dénominations, qu'il peut être utile de rappeler ; ces dénominations
sont basées sur des caractéristiques telles que la forme, l'état
de fixité ou de mobilité, les dimensions, l'importance du
chauffage, etc.

D'après la forme, on distingue la serre à *un seul versant* de
la serre à *deux versants*. La première, qu'on appelle aussi serre
adossée, présente une seule pente et se trouve disposée le long
d'un mur contre lequel elle s'appuie. L'autre, désignée encore

Fig. 6. — Petites serres mobiles à vignes.

sous le nom de serre *hollandaise*, se compose pour ainsi dire de deux serres adossées, accolées l'une à l'autre par leur faîtage; elle représente, par rapport à la serre à un seul versant, ce que le comble à double pan est à l'appentis. Le comble affecte lui-même différentes formes qu'on trouve aussi bien dans les serres à deux versants qu'à un seul versant; il est à section rectiligne ou à section cintrée, généralement avec piédroit vitré, ou bien encore à section parabolique sans piédroit.

Le niveau que les serres occupent par rapport au sol fait opposer les serres de *plain-pied* aux serres *enterrées*. Celles-ci sont creusées dans le terrain, ne laissant émerger au-dessus du sol que leur vitrage. Elles présentent sur les serres de plain-pied l'avantage d'offrir une surface un peu moindre aux déperditions de chaleur, mais elles nécessitent des travaux de terrassement qui en rendent l'établissement assez coûteux; le service de la culture est aussi moins aisé. Les serres enterrées conviennent pour la multiplication parce qu'elles conservent bien la chaleur.

Les serres *chaudes* et les serres *froides* diffèrent par l'importance de leur chauffage. Les serres chaudes, destinées au forçage proprement dit, possèdent des appareils de chauffage puissants. Les serres froides en sont au contraire dépourvues ou sont munies simplement d'appareils capables d'élever la température de quelques degrés au moment des gelées ou encore d'assécher l'atmosphère à la maturation, afin d'éviter la pourriture; elles utilisent en définitive presque exclusivement la chaleur solaire que leur vitrage emmagasine. En réalité, la délimitation entre les serres chaudes et les serres froides n'est pas nettement marquée; les serres agencées en serres chaudes jouent même le rôle de serres froides, chaque fois que l'état de la plante soumise régulièrement au forçage exige un repos d'une ou plusieurs années.

D'après l'état de fixité ou de mobilité des serres, on distingue les serres *fixes*, attachées au sol par des fondations, des serres *amovibles* ou *volantes* simplement posées sur le sol. Les serres amovibles ne se rencontrent assurément que dans les faibles dimensions; ce sont généralement des coffres en bois à profil

Fig. 7. — Cette figure montre plusieurs rangées de vignes, dont deux seulement sont en forçage dans les petites serres mobiles. Chauffage thermosiphon. Les tuyaux de chauffage, démontables aussi, sont installés chaque année devant les rangées de vigne à forcer.

triangulaire fermés par des châssis vitrés. La facilité avec laquelle on les déplace permet, avec un matériel restreint, de forcer alternativement des lignes d'arbustes distinctes chaque année; de cette façon, une ligne est soumise au forçage, tandis qu'une ou plusieurs autres sont maintenues en repos.

Enfin on oppose parfois les serres dites *de luxe* à d'autres serres qu'on dénomme serres *industrielles*. En réalité, la culture d'amateur se distingue surtout de la culture commerciale par le but final que l'on se propose, et ce but ne se trouve pas toujours réflété dans l'aspect même des serres. Cependant *on peut dire que, dans les serres de luxe,* destinées souvent à faire la parure d'une propriété au même titre que le jardin d'hiver, on est davantage enclin à sacrifier au regard du visiteur; véritables vaisseaux de verdure, ces serres sont généralement hautes et spacieuses, dûssent les soins culturaux être donnés et la récolte faite au moyen d'échelles ou de bâtis roulants parfois montés sur rails. Pour accroître l'effet décoratif de l'ensemble, on donne volontiers au vitrage une forme parabolique ou cintrée plutôt que rectiligne; enfin on évite d'altérer la perspective intérieure par la présence de piliers ou de poteaux, et à cet effet on fait de préférence supporter tout le poids du vitrage par de véritables fermes transmettant les efforts à la périphérie.

Dans les serres industrielles, au contraire, on ne vise qu'à l'économie de l'installation et de l'exploitation. On s'en tient, par exemple, à des pentes à profil rectiligne, d'un prix de revient moins élevé; on ne craint pas, toujours dans le but de réduire au minimum les frais de construction, d'encombrer l'enceinte de la serre de charpentes parfois massives, comme dans les agglomérations belges ou de piliers en fonte nombreux comme dans les établissements de grande culture des environs de Paris. Enfin on ne dépasse guère 3 mètres de hauteur, afin que la végétation reste toujours à la portée de la main de l'ouvrier, debout ou monté sur un escabeau; cette disposition facilite le travail et diminue par conséquent les frais de main-d'œuvre.

Conditions générales d'installation.

Emplacement des serres. — Autant il faut des abris qui coupent les vents, pas trop hauts cependant pour ne pas gêner l'aération, autant il faut éviter les abris qui puissent porter une ombre.

Les serres occuperont donc dans l'exploitation un empla-

Fig 8. — Espalier-serre

cement tel qu'elles soient en dehors de la zone d'ombre projetée par les diverses constructions, maison d'habitation, dépendances, réservoir d'eau, hangars, etc., ainsi que par les bouquets d'arbres.

Dans les faubourgs des villes, si l'établissement est entouré de maisons à étages, il est nécessaire de laisser entre les serres et les immeubles voisins, au moins à l'est, au midi et à l'ouest, un espace libre proportionné à la hauteur de ces constructions.

Ces conditions étant remplies, quelle position relative doivent occuper les serres par rapport aux autres constructions de l'exploitation?

En terrain plat, il est indiqué de faire rayonner les serres autour d'un vaste emplacement central, où l'on groupera la maison d'habitation et ses dépendances, le réservoir d'eau, le dépôt de charbon ainsi que la chaufferie, s'il s'agit d'un chauffage central. Cette disposition rend la surveillance du chef d'exploitation plus aisée en rapprochant de lui les serres les plus éloignées où il peut se rendre rapidement, en mettant à côté de lui les appareils de chauffage dont il peut à tout moment vérifier la marche; elle permet aussi de réduire la longueur des canalisations d'eau d'arrosage, des canalisations d'eau chaude ou de vapeur du chauffage et diminue, par suite, les pertes de charge dans ces diverses canalisations.

Quand le terrain est en pente, on doit conserver autant que possible à la maison d'habitation sa position centrale au milieu de l'agglomération des serres; mais on est obligé de placer le château d'eau au point le plus élevé du terrain et d'installer au contraire la chaufferie au point le plus bas, afin de permettre le retour aux chaudières de l'eau refroidie dans les chauffages à eau chaude et de l'eau de condensation dans les chauffages à vapeur. Le dépôt de charbon devra toujours avoisiner la chaufferie.

Orientation. — L'exposition la plus favorable pour les serres adossées est le midi; cependant on utilise avantageusement les murs regardant l'est et l'ouest pour y adosser des serres.

Les serres à double versant ont leur grand axe presque toujours orienté nord-sud afin que les deux versants, l'un tourné vers l'est, l'autre vers l'ouest, reçoivent chaque jour la même quantité de lumière.

On remarquera, dans la reproduction que nous donnons des serres belges (fig. 1), que celles-ci ne sont soumises à aucune orientation déterminée. On peut dire cependant que leur orientation suit souvent la pente du terrain.

Groupement. — Dans une agglomération, doit-on séparer les serres les unes des autres, les isoler entre elles ou bien doit-on au contraire les accoler sans solution de conti-

Fig. 9. — Exemple d'agglomération de serres accolées latéralement sans solution de continuité. (Forceries de la Seine, à Nanterre.) Vitrages très lumineux composés de lames de verre de $0^m,80$ de largeur.

nuité, chaque muret latéral étant commun à deux serres ?

Accolées les unes aux autres, les serres s'abritent mutuellement contre les vents ; les murets latéraux n'ont aucun contact avec l'extérieur, et il en résulte une certaine économie de chaleur. Dans une ligne de serres ainsi disposées, on observe très nettement que les deux serres des extrémités sont plus difficiles à chauffer que les serres intermédiaires.

Par contre, on reconnaît en faveur de l'autre système que le végétal se trouve dans des conditions meilleures de santé et de vigueur dans une serre isolée, parce qu'il peut envoyer les ramifications de ses racines à l'extérieur ; si l'on considère une des serres d'extrémité d'une ligne de serres accolées, on constate toujours que les souches de la rangée qui regarde l'extérieur, c'est-à-dire dont le système radiculaire puise non seulement dans le sol de la serre, mais dans le sol extérieur, sont beaucoup plus vigoureuses que celles de la rangée opposée. Enfin l'aération est rendue plus efficace et les arbres à fruits à noyau notamment, qui exigent beaucoup d'air, s'en trouvent mieux.

Un moyen terme consiste à grouper les serres deux par deux, avec un seul muret latéral commun ; on économise la construction d'un muret par groupe de deux serres ; on atténue un peu les déperditions de chaleur, puisque deux murets seulement sont exposés à l'extérieur au lieu de quatre ; enfin sur quatre rangées de souches, deux d'entre elles bénéficient du terrain extérieur.

Il est même à craindre que ces dernières prennent trop de vigueur par rapport aux autres et qu'il en résulte un défaut d'harmonie entre les deux rangées d'une même serre, ce qui conduirait à des difficultés au point de vue du forçage. Pour parer à cet inconvénient, on construit des serres à versants inégaux au lieu de symétriques par rapport au grand axe, et on les accouple deux à deux par leur petit versant. Cette disposition permet de prévoir, pour les rangées de souches les moins bien partagées, celles du centre, une longueur de développement moindre que pour celles de la périphérie, qui disposent d'une plus grande surface de sol. On aura, par exemple, dans une serre de 8 mètres de largeur de vitrage,

Fig. 10. — Serre de luxe (Domaine Rothschild à Vienne, Autriche) à fermes, sans piliers. Chauffage thermosiphon à tuyaux munis de bacs d'évaporation. Remarquer la disposition particulière grâce à laquelle les racines des souches latérales sont rejetées à l'extérieur ; seules les souches de la ligne médiane puisent dans le sol de la serre.

des souches de 3^m,50 de développement sur un côté et des souches de 4^m,50 sur l'autre.

L'isolement des serres ou le groupement par deux paraît toujours avantageux, sauf dans les pays très froids, au sol gelant profondément, où le végétal serait exposé à avoir une partie de ses racines gelées, par conséquent rendues inertes, les autres restant en mouvement.

En Angleterre, en Belgique, en France, il suffit d'une couche de 0^m,20 à 0^m,25 de fumier peu décomposé pour maintenir le sol suffisamment chaud et éviter ces inconvénients.

Au moment de la végétation, les plates-bandes séparant les serres sont mises en culture; on y fait des plantes à racines superficielles et demandant beaucoup d'eau, telles que salades, radis, et en un mot toutes les plantes peu persistantes exigeant une très bonne culture du sol et des arrosages nombreux. Si l'on voulait des serres très vigoureuses, il serait même préférable de ne rien mettre du tout sur les plates-bandes intercalaires.

Dans la plupart des agglomérations de serres, on trouve des serres isolées, séparées les unes des autres par des espaces de largeur variable. Ces espaces ont de 3 à 5 mètres de large en Belgique pour des serres de 8 à 10 mètres. En Autriche, nous avons vu, aux environs de Vienne, des vignes dont les racines étaient complètement refoulées à l'extérieur et puisaient leur nourriture dans les plates-bandes d'une largeur au moins égale à celle de la serre. Les serres des Forceries de la Seine à Nanterre font exception à la règle; les quatre-vingt-dix serres de l'établissement sont groupées en six rangées composées de serres accolées latéralement les unes aux autres sans aucune solution de continuité.

Notons enfin qu'il n'est pas nécessaire d'isoler les serres à petites plantes ou à arbustes, dont les racines n'éprouvent pas le besoin de sortir de la serre.

Dimensions des serres. — On rencontre des serres de toutes les dimensions, et il semble à première vue que la détermination des dimensions à donner aux serres ne soit soumise à aucune règle particulière, si ce n'est à des préférences personnelles.

Plusieurs considérations méritent cependant d'être signalées, au moins en ce qui concerne le forçage industriel.

Surface. — La grandeur de la serre, c'est-à-dire l'étendue de la surface couverte, est liée d'une part à l'importance de l'établissement, d'autre part à la quantité de variétés diverses que l'on y cultive. Ainsi, étant admis le principe qu'une serre ne doit contenir qu'une seule variété pour être conduite aisément, il faudra avoir autant de serres que de variétés à cultiver. Dans un projet comportant une surface couverte totale de 2 000 mètres carrés, par exemple, destinée à la culture de vingt variétés, il faudra compter sur vingt serres, dont chacune ne pourra dépasser 100 mètres carrés en moyenne.

Quand un établissement couvre plusieurs hectares, on n'est généralement pas limité par des raisons de cet ordre. Il faut cependant éviter d'avoir des serres de trop grande étendue et mieux vaut diviser la surface à couvrir en un grand nombre de serres de superficie moyenne. Lorsqu'il s'agira de dresser le tableau de forçage, on choisira plus aisément, parmi un grand nombre de serres, celles qui présentent dans leur ensemble le plus d'aptitude au forçage. En outre, un tel ensemble de souches de même vitalité se trouvera plus sûrement parmi les cinquante ceps d'une serre moyenne que dans trois cents ou quatre cents ceps d'une grande serre. Dans les grandes serres, les traitements contre les maladies cryptogamiques et les parasites animaux sont moins aisés, souvent moins efficaces; la localisation des foyers d'infection est presque impossible et enfin, si les ravages doivent s'étendre à toute une serre, ils sont d'autant plus importants que la serre est plus grande.

Dimensions. — Parmi les trois dimensions, largeur, longueur et hauteur, la largeur des serres est subordonnée à la longueur de développement des souches. Or on verra au chapitre de la taille que, pour permettre aux racines d'utiliser le sol aussi complètement que possible, il faut proportionner le développement des souches à l'espacement entre les pieds, et l'on admet que la longueur des souches doit être au plus de trois fois et demie à quatre fois égale à leur espacement. C'est dire que, pour des vignes en cordons, par exemple, plantées suivant la variété avec des intervalles de $0^m,90$ à $1^m,20$, le développement des souches sera de $3^m,50$ à 5 mètres ; il en résultera qu'une serre à double versant avec deux rangées de souches ne devra pas dépasser 7 à 10 mètres.

La longueur se trouve en relation avec la largeur. On estime en effet que la longueur doit être au moins égale à deux fois la largeur. On est guidé par une raison d'économie dans la construction, car on sait que, toutes proportions gardées, les serres à grande portée exigent un poids de matériaux plus considérable que les serres à faible portée. Il est donc économique, pour une surface donnée, d'augmenter la longueur et de réduire la largeur.

Enfin la hauteur la plus favorable est incontestablement celle qui permet à l'homme de travailler constamment debout.

Cinquante ans de pratique culturale ont fait adopter aux forceurs belges des dimensions de serres que nous pouvons considérer comme répondant le mieux aux besoins d'une culture commerciale.

Les serres belges de l'agglomération d'Hoeylaert ont presque uniformément de 20 à 24 mètres de longueur, sur 8 à 10 mètres de largeur et une hauteur moyenne de 2 mètres ($2^m,50$ à la panne faîtière, $1^m,20$ aux pannes de côté).

Inclinaison du vitrage. — On pose quelquefois en principe que la pente doit être telle qu'au moment de la floraison le soleil vienne frapper normalement le vitrage. L'inclinaison du vitrage se réduirait ainsi à une question de latitude et d'époque de forçage, devant être d'autant plus accentuée que la région est plus septentrionale et le forçage plus précoce.

En réalité l'inclinaison du vitrage n'exerce sur le végétal lui-même qu'une action bien secondaire, et dans la pratique on y attache peu d'importance. On en fait parfois une question de goût personnel; mais le plus souvent on commence par arrêter, suivant la destination de la serre et le mode de construction adopté, la hauteur et la largeur à donner à la serre, et l'inclinaison devient alors une conséquence de ces deux éléments primordiaux.

Fig. 11. — Groupe de serres métalliques à pêchers (Domaine de Rocquencourt). Inclinaison du vitrage, 75°.

Dans les environs de Paris, on trouve les pentes les plus diverses variant de 30 à 80° et donnant des résultats culturaux comparables.

Matériaux. — Autrefois le bois seul était employé dans la construction des serres; les forceurs belges, les premiers, ont appliqué le fer comme supports des lames de verre du vitrage, c'est-à-dire comme chevrons, tout en conservant le bois pour la charpente. La majorité des serres qu'on construit actuellement et surtout des grandes serres sont métalliques.

Quels sont les avantages et les inconvénients du fer par rapport au bois?

Le fer ayant plus de solidité que le bois s'emploie dans des épaisseurs moindres et par suite s'oppose moins à la pénétration des rayons lumineux dans la serre. En revanche, il est plus conductible que le bois, par conséquent moins propre à la conservation de la chaleur; il ne faudrait cependant pas s'exagérer cet inconvénient, étant donnés les faibles échantillons dans lesquels la solidité du fer permet d'employer ce métal; dans l'ensemble du vitrage, il n'expose donc au refroidissement qu'une surface extrêmement faible par rapport à celle du verre. Le fer condense davantage la vapeur d'eau. De plus, au voisinage de la mer, l'air salin l'oxyde très rapidement.

Un des plus graves défauts du bois, dont le fer est exempt, est celui de se contrarier sous l'effet des différences de températures entre l'intérieur et l'extérieur auxquelles il est exposé, ce qui peut déterminer le bris des verres.

Le fer et le bois bien entretenus durent très longtemps à condition qu'on ait affaire pour le bois à du bon chêne, du cœur de chêne, lequel est très durable. On peut dire que, pour le fer comme pour le bois, la durée se réduit à une question d'entretien, c'est-à-dire de peinture. Chaque année les fers sont passés avec la brosse au minium et au vernis noir; les bois sont restaurés à la peinture. On a soin d'éviter des vernis trop goudronneux, qui pourraient dégager des vapeurs trop intenses au moment de la mise en forçage.

Moment de la construction. — La construction des serres constitue l'une des plus grosses dépenses d'un établissement de forçage, et l'intérêt annuel du capital engagé, basé sur un amortissement en dix années par exemple, représente des sommes importantes. Au surplus, dès l'instant où les serres sont édifiées, il faut prévoir pour elles des frais d'entretien et de réparation. On peut donc réaliser une certaine économie à reculer le plus possible le moment de la construction, et l'on conçoit qu'on se demande quand il faut construire les serres, c'est-à-dire avant la plantation ou seulement quand les arbres en voie de formation ont deux ou trois années.

Pour le pêcher et l'abricotier, dont les lésions se réparent très mal, il faut au moins faire les soubassements avant la plantation. En outre, dans les pays froids, la serre devra être terminée la première année afin de protéger les pêchers contre les gelées de printemps et, par suite, contre la gomme ; ni l'enfouissement dans le sol ni aucun autre moyen ne saurait en effet mettre efficacement le pêcher à l'abri des gelées de printemps.

La vigne a au contraire beaucoup de souplesse, et avec elle il y a peu d'inconvénients à construire la serre la deuxième et même la troisième année de la plantation.

Éléments constitutifs.

Une serre à double versant peut être considérée comme un édifice dont le comble serait très développé et reposerait directement sur son soubassement. On y retrouve donc les différents éléments que l'on distingue dans toute construction, moins le mur, c'est-à-dire les *fondations*, le *soubassement*, puis la *charpente*, et enfin la couverture, représentée ici par le *vitrage*.

Quand le soubassement émerge au-dessus du sol, il prend le nom de muret ou murette ; dans les serres de faible dimension, il se confond avec la fondation proprement dite ; c'est en un mot l'infrastructure de la serre.

La charpente et le vitrage constituent la superstructure.

Stabilité. — Sans entrer dans la technique de la construction, nous rappellerons que chacune des parties de l'édifice doit être établie de façon à résister à la pression de tous les éléments qui la surmontent. Ainsi, pour composer la charpente, on prend comme point de départ le poids de la couverture qu'il s'agit de soutenir, dans l'espèce le vitrage, augmenté des efforts extérieurs résultant de la pesée de la neige et de la pression du vent. On détermine ensuite l'importance du soubassement et des fondations en se basant sur le poids total de la charpente et de la couverture.

On admet que la surcharge due au vent et à la neige dans nos pays est de 50 kilogrammes par mètre carré de couverture, quelle que soit l'inclinaison ; on fait en effet remarquer que les pans très raides où la neige ne peut tenir sont surtout exposés au vent, tandis que les toits plats où la neige peut s'accumuler sont à peu près à l'abri de l'action du vent. C'est ce chiffre de 50 kilogrammes qui est adopté pour les serres, du moins pour les serres froides ; pour les serres à vitrage plat munies d'appareils de chauffage, on peut compter sur des efforts extérieurs un peu moindres, car il suffit de chauffer pour amener la fusion de la neige au fur et à mesure de sa formation et empêcher son accumulation sur le vitrage.

Quand on fait construire des serres, on ne saurait trop veiller à ce que le constructeur donne à leurs fondations l'importance qu'elles comportent.

Une vérité reconnue de tous est que les maisons périssent par leurs fondations, et l'on peut dire que cet axiome est, toutes proportions gardées, particulièrement applicable aux serres. De la stabilité de la fondation dépend dans une certaine mesure la solidité de la serre. La fondation vient-elle à s'affaisser en quelque point, soit parce qu'elle repose sur un terrain trop compressible, soit qu'elle n'offre pas assez de résistance aux pesées qu'elle a supporter, les pièces de la charpente s'infléchissent, les pannes se déforment, se désarticulent, et les vitres tombent. Au premier affaissement, il faut étayer toute la serre et procéder à des travaux de consolidation importants, si l'on veut éviter un désastre complet.

Quelquefois l'affaissement résulte moins de l'insuffisance de la fondation que de la forme des massifs qui la constitue. Nous avons été témoin de plusieurs accidents de cette nature avec des serres soutenues en partie par des piliers reposant sur des dés en béton. Les serres éprouvées comprenaient un certain nombre de piliers encastrés dans des dés en béton affectant la forme de cônes au sommet tourné vers le bas ; en raison de leur forme conique se prêtant aisément à leur pénétration dans le sol, ces dés s'étaient enfoncés insensiblement et inégalement dans le sous-sol de sable de rivière, où ils avaient été établis ; cet enfoncement avait déterminé à la longue des déformations énormes de la charpente métallique et du vitrage, qui auraient abouti fatalement à la chute des vitres si l'on n'y avait pas remédié à temps. Ajoutons que la forme conique de ces dés en béton n'avait pas été précisément recherchée par le constructeur ; c'était la forme du trou creusé par la *spire de vis* ou tarière dont le béton avait épousé fidèlement l'empreinte.

Nous pourrions multiplier les exemples de serres qui n'eurent pas de durée parce qu'elles possédaient une infrastructure faible ou mal conditionnée. Il ne faut pas, pour la raison que les serres sont des édifices de peu d'importance, négliger absolument à leur égard les principes élémentaires appliqués dans les autres constructions, à savoir que la surface d'assiette doit être mise en rapport, d'une part, avec la qualité du sol, d'autre part, avec le poids à supporter. On trouve dans les ouvrages de construction la charge que peut porter un terrain donné par centimètre carré, ce qui permet de déterminer la surface d'empattement nécessaire. Enfin, dans les serres à piliers reposant sur des dés, on adoptera de préférence des dés à forme cylindrique ou prismatique, plus stables que les dés coniques.

Infrastructure. — Un point qu'il appartient au forceur de déterminer avant la construction des soubassements est le suivant : doit-on faciliter ou entraver la sortie des racines au dehors de la serre ? Dans le premier cas, on devra, en construisant les soubassements, s'arranger de façon à murer les racines, c'est-à-dire à les circonscrire dans les limites de la serre à l'aide d'une paroi descendant plus ou moins profondément dans le sol ; dans le second cas, on s'efforcera d'éviter, dans la construction des soubassements, la présence de tout obstacle susceptible de s'opposer au cheminement des racines au dehors.

Cette question est liée à celle de l'agglomération des serres.

En parlant de l'agglomération, nous avons montré par des exemples tout le profit que les souches retiraient à envoyer les ramifications de leurs racines dans le terrain extérieur, et nous avons préconisé le système qui consiste à espacer les serres et à laisser entre elles des plates-bandes découvertes aussi larges que possible. Si l'on admet le principe de l'isolement des serres, ce serait assurément un non-sens que d'entraver leur expansion au dehors.

Quand on est amené à accoler les serres les unes aux autres, par suite d'un climat extrêmement rigoureux, par exemple, il devient au contraire nécessaire de chercher à confiner les racines dans leurs serres respectives.

Parmi les dispositions adoptées pour livrer passage aux racines, on peut citer celle de la figure 12, où l'on distingue l'infrastructure mise à nu d'une serre belge (photographie prise dans l'exploitation de MM. Sohie à Hoeylaert). L'infrastructure se compose d'un certain nombre de massifs de maçonnerie reliés entre eux par des arcs surbaissés de 1^m,50 à 2 mètres d'ouverture, qui affleurent à la surface du sol. L'enceinte souterraine est donc formée d'une suite de petites arcades donnant accès à l'extérieur.

L'emploi du ciment armé dans la construction des fondations et soubassement permet d'arriver au même résultat, celui de réduire l'encombrement du sol. Disons quelques mots de ce mode de construction très en faveur actuellement et qui présente l'avantage de ne pas nécessiter de travaux de terrassement préalables. Suivant le rectangle qui limite l'enceinte de la serre, on creuse de distance en distance des trous à l'aide d'une spire de vis ; on y coule du béton et, dans la masse de béton, on noie des barres de fer dont on laisse émerger l'extrémité supérieure de quelques décimètres au-dessus du sol ; ces barres sont destinées à servir de soudure entre la partie souterraine et le mur de soubassement. Pour exécuter le soubassement, on place verticalement dans l'axe de celui-ci un réseau métallique qui doit en former en quelque sorte le squelette ; puis, autour de ce réseau et à l'intérieur d'un moule de bois aux dimensions du mur à construire, on coule du ciment. De cette façon de procéder il résulte que le sol est uniquement occupé par les piliers en béton et que le soubassement repose en entier à la surface du sol, laissant libre passage aux racines.

Quand on veut isoler le sol de la serre du sol extérieur ou de celui des serres voisines, on construit un mur souterrain que l'on fait descendre jusqu'au niveau des parties inférieures des massifs de maçonnerie formant les fondations.

Fig. 12. — Serres belges. Au premier plan, infrastructures : citernes et soubassements. Au second plan, les superstructures.

Superstructure. — La superstructure comprend deux éléments, la charpente et le vitrage; la charpente prend appui sur le soubassement et sert à supporter le vitrage.

Charpente. — Dans les serres, comme dans toute construction, la construction de la charpente peut procéder de deux principes distincts; ou bien on lui fait transmettre la pesée de la couverture en totalité à la périphérie, tel est le cas des charpentes à fermes; ou bien on lui fait répartir cette pesée uniformément sur l'ensemble de la surface occupée par la serre; il en est ainsi des serres à piliers. On rencontre fréquemment dans les serres un type mixte qui consiste à associer les piliers aux fermes ; cela permet de donner plus de légèreté à ces dernières, soulagées d'une partie de leur charge.

La construction sur piliers présente certains avantages qu'il est utile de signaler, parce qu'ils intéressent directement le forceur.

On sait que la charge de sécurité des fermes, au mètre courant, diminue sensiblement à mesure que la portée augmente. Pour une faible augmentation de la largeur des serres, on est donc astreint à employer des fermes relativement beaucoup plus fortes, et il en résulte que le prix moyen du mètre s'élève d'autant plus que la largeur est plus grande.

Quand la couverture repose sur piliers, au contraire, la largeur n'entre pas en ligne de compte. Le poids de matériaux employé à la charpente est seulement proportionnel à la surface, et le prix moyen du mètre couvert, toutes autres conditions égales, est constant, quelle que soit la largeur.

On voit donc que la construction sur piliers permet de réaliser, au moins pour les serres larges, une économie importante. Cet avantage n'est pas le seul. La position des fermes, parallèles au vitrage, forme, quand celles-ci sont épaisses et rapprochées, un *obstacle à la pénétration des rayons lumineux* et projette une ombre sur une partie de végétal. Les *piliers au contraire, dirigés normalement au sol, ne nuisent* jamais à la luminosité.

Enfin, avec les fermes, il n'est pas possible d'augmenter la largeur sans augmenter également la hauteur : une serre de 10 mètres de large, par exemple, ne pourra avoir moins de 7 à 8 mètres de haut. Les piliers, en revanche, rendent la hauteur indépendante de la largeur, et *leur emploi permettra,* par exemple, de construire une serre de 10 mètres de large avec 2^m,50 seulement de hauteur maxima. Or nous avons vu plus haut l'intérêt que présentaient en culture industrielle les faibles hauteurs, grâce auxquelles l'ouvrier a toujours la végétation à la portée de sa vue et de sa main.

Les fermes métalliques sont en fer T, en fer en croix et surtout en fer plat, que l'on fait travailler de champ.

Une des particularités des fermes dans la construction des serres est la position qu'on peut leur faire occuper par rapport au plan du vitrage. Le plus généralement elles sont intérieures au vitrage et auprès du vitrage, dont elles ne sont séparées que par l'épaisseur des pannes. Rarement elles sont extérieures; dans ce cas, le vitrage est suspendu aux fermes au lieu de reposer sur elles; cette disposition a pour but, en

Fig. 13. — Intérieur d'une serre belge. Charpente massive à poteaux. Chauffage aux gaz chauds avec conduits de poterie.

réduisant la masse métallique intérieure, de diminuer la condensation de la vapeur d'eau.

Quand la construction doit comporter des fermes épaisses, des fermes en bois par exemple, on enlèverait à la serre une grande partie de sa luminosité si l'on conservait les fermes appliquées contre le vitrage. On évite cet inconvénient par une disposition particulière de la charpente, qui consiste à éloigner le vitrage à quelques décimètres de la charpente par l'interposition de petits potelets en fer ou en bois placés entre les pannes et les arbalétriers. Le vitrage se trouve ainsi dans un plan périphérique à celui de la charpente avec un espacement de 30 à 40 centimètres, par exemple, et le feuillage qui occupe un plan intermédiaire, au-dessous du vitrage et au-dessus de la charpente, reçoit la lumière intégralement.

Cette disposition très pratique est celle adoptée dans toutes les serres à charpente en bois de la Belgique (fig. 13).

Notons, en passant, que la charpente très massive de ces serres est un type de charpente mixte à fermes et à piliers; elle se compose d'une série de fermes genre fermes anglaises, étayées sur des poteaux.

PANNES. — Les pannes sont les pièces transversales qui prennent appui sur les fermes dans les serres à charpente à fermes, sur les piliers dans les serres à piliers, et qui supportent le vitrage.

Par suite de leur position transversale, les pannes ont la propriété d'arrêter l'eau de condensation qui se forme inévitablement et s'écoule le long du vitrage, d'accumuler cette eau et de la laisser tomber au-dessous d'elles en grosses gouttelettes, risquant d'altérer feuilles et fruits. Cette propriété, qui est un défaut moins grave cependant qu'on ne le pense généralement, a fait rechercher divers dispositifs.

L'un d'eux consiste à rapprocher les fermes les unes des autres et à faire reposer les lames de verre du vitrage sur deux fermes consécutives; on supprime ainsi les pannes, et les fermes jouent le rôle de chevrons, ou inversement les chevrons tiennent lieu de fermes; il faut alors des pièces très nombreuses en tant que fermes et très fortes en tant que chevrons, ce qui entraîne à de gros frais.

On a imaginé aussi, au lieu de supprimer complètement les pannes, de les rejeter à l'extérieur, de telle sorte que le vitrage est suspendu aux pannes au lieu de s'appuyer sur elles. Ce dispositif est toujours très coûteux à réaliser.

Une petite installation rudimentaire permet de réduire à bon compte l'inconvénient des pannes aux endroits où elles pourraient causer un réel préjudice. Elle consiste à placer sous les pannes de petites rigoles en zinc suspendues au moyen de fil de fer ; l'eau s'y égoutte et, à l'aide d'une légère pente, est amenée jusqu'en un point où elle peut être impunément déversée.

La pratique de l'ensachage, de plus en plus répandue, protège la pruine des grappes aussi bien contre l'eau des pannes que contre l'eau des bassinages.

Vitrage. — Le vitrage repose sur la charpente ; il est formé d'une partie transparente ou translucide et d'une partie opaque, la première représentée par les lames de verre, l'autre par l'ossature sur laquelle ces lames sont insérées, c'est-à-dire châssis ou chevrons.

Pour obtenir dans une serre le maximum de luminosité, on conçoit qu'il faille réduire le plus possible dans le vitrage la proportion de la partie opaque par rapport à la partie transparente. On arrive à ce résultat d'abord par la substitution du fer au bois, le fer étant plus solide et nécessitant par suite des épaisseurs moindres pour une charge égale. En outre, l'emploi de verres très épais, comme le verre cathédrale, offrant beaucoup plus de résistance que le verre ordinaire, a permis d'augmenter la largeur des lames et d'avoir de plus grandes surfaces homogènes de verre.

On trouve dans le commerce plusieurs catégories de verres appliqués à la couverture des serres.

Verre double. — Les verres doubles sont les plus répandus. On doit les rechercher plutôt translucides que transparents. Ils ont de 2 à 3 millimètres d'épaisseur, pèsent de 6 à 7 kilogrammes au mètre carré et sont livrés dans toutes les dimensions. Bien qu'assez résistants, on ne peut guère dépasser des largeurs de 25 à 30 centimètres sans compromettre leur solidité.

Les serres belges sont presque toutes couvertes avec des verres doubles. On les emploie en lames de 25 centimètres de large insérées sur des chevrons en fer T d'échantillon extrêmement faible.

Verre cathédrale. — Les manufactures de Saint-Gobain fabriquent des verres cathédrale, spéciaux pour les serres, de 6 millimètres d'épaisseur. Ils sont translucid s et non transparents; le mètre carré pèse 15 kilogrammes environ. Même employés sur de grandes largeurs, ces verres résistent parfaitement à l'action de la grêle et au poids de la neige. On pourrait leur donner jusqu'à 0^m,80 de largeur; cependant il vaut mieux ne pas dépasser 0^m,60, car au delà, à la moindre flexion des chevrons, les lames risquent d'échapper la cornière du fer T qui les supporte et de tomber à terre.

Tandis que la pose des verres doubles se fait généralement en superposant les lames, l'extrémité inférieure de l'une recouvrant l'extrémité supérieure de l'autre, les lames de verres cathédrale sont accolées les unes aux autres et raccordées au moyen de joints en plomb collés à la céruse.

Verre armé. — Le verre armé est un verre cathédrale au milieu duquel est enrobé un treillage métallique à mailles plus ou moins fines. Les verres armés se fendillent sous l'effet des chocs, mais n'éclatent pas en morceaux. Ils ont beaucoup de durée et sont très pratiques pour les châssis ouvrants; mais ils coûtent assez cher.

Double vitrage. — Dans les pays très froids, on recouvre les serres d'un double vitrage, constitué par deux épaisseurs de verres séparées l'une de l'autre par une couche d'air. Ces doubles vitrages nécessitent une construction appropriée de la serre. Comme ils ont pour unique objet de réduire les déperditions de chaleur, nous étudierons leur propriété dans le refroidissement des serres. Nous avons vu, dans nos voyages en Bavière, un grand nombre de serres recouvertes d'un double vitrage.

Bris de verres. — Les causes de bris de verres sont nombreuses, et le remplacement des vitres brisées représente dans un établissement de forçage une dépense annuelle d'entretien assez élevée, qu'il faut réduire autant que possible. Parmi les causes qui déterminent la rupture des vitres, les unes sont accidentelles, les autres sont dues à des défectuosités dans la pose qu'on peut aisément éviter.

La grêle cause parfois de grands dégâts sur les vitrages de serres. Les risques de casse par la grêle sont diminués par l'emploi de verres épais et aussi par les paillassons, quand les serres en sont munies et qu'ils sont abaissés dès les premières menaces.

Quand les vitrages sont formés de lames de verre se recouvrant les unes les autres, comme les ardoises d'un toit, il arrive pendant l'hiver que l'eau pénètre entre les parties superposées de deux lames et, venant à se congeler, en occasionne la rupture.

On sait que le coefficient de dilatation du fer est beaucoup plus élevé que celui du verre. Il en résulte que, pendant les grands froids, le fer subit des contractions énormes et que, si l'on n'a pas laissé un jeu suffisant entre fer et verre, le verre serti dans une monture devenue trop étroite vient à se rompre. On prévient les accidents de cette nature de la façon suivante : quand on pose le vitrage, les lames de verre d'une même travée de chevrons ne sont pas mises en contact direct ; on laisse entre elles un petit intervalle et on les relie à l'aide d'un joint spécial à recouvrement constitué par un alliage de plomb et de zinc, très malléable, par conséquent très souple. D'autre part, la lame du bas ne repose par directement sur l'extrémité inférieure des chevrons relevés en forme de rebords ; on intercale entre le rebord et le verre un petit taquet de bois qui amortira l'effet des contractions du fer.

Entre deux chevrons, qu'ils soient en fer ou en bois, il est bon de laisser libre jeu aux dilatations et contractions du verre. Pour cela, il faut employer dans la pose des verres des mastics à dessiccation extrêmement lente, qui ne durcissent jamais complètement ; le mastic à l'huile de lin répond à cette condition et est, pour cette raison, bien préférable aux mastics à base de suif.

Enfin le dépanneautage des serres est aussi une cause de ruptures fréquentes, et il exige, surtout pour les grandes lames de verre, d'infinies précautions.

Aménagement des serres.

Chauffage. — La question du chauffage, en raison de l'importance qu'elle présente dans les cultures forcées et du développement qu'elle comporte, a été traitée spécialement dan le chapitre suivant.

Ventilation. — La ventilation des serres est aussi indispensable que le chauffage et l'arrosage. Nous disons plus loin comment on peut expliquer l'action de la ventilation sur la vie des végétaux, et nous nous bornons ici à indiquer les moyens employés pour assurer cette ventilation.

Pour produire un appel d'air énergique, il est nécessaire de disposer de deux sortes d'ouvertures à des niveaux aussi différents que possible. De plus l'air en mouvement doit balayer tout le feuillage et non pas seulement une partie. Il en résulte que les ouvertures inférieures devront être placées de chaque côté dans les parois latérales auprès du sol, tandis que les ouvertures supérieures seront percées dans le vitrage et autant que possible au sommet du vitrage.

Il faut prévoir des ouvertures très grandes pour avoir un débit d'air de renouvellement aussi considérable que possible ; une section totale d'ouvertures d'un dixième de la surface vitrée n'est pas exagérée.

Enfin la manœuvre des prises d'aération doit être facile, rapide et réglable à volonté.

Nous ne nous arrêterons pas aux prises d'air en forme de fenêtres à tabatière, qu'on trouve dans la plupart des serres et que tout le monde connaît ; ces prises sont indépendantes les unes des autres, et leur ouverture est réglée au moyen d'une tige à crémaillère. Quand on veut donner l'aération ou la cesser, il faut manœuvrer les vasistas un à un, ce qui est très long. Nous indiquons quelques dispositifs qui ont pour but de réduire le temps de la manœuvre.

Les serres de Nanterre (fig. 14) sont munies de prises d'air inférieures longitudinales placées au niveau du chéneau séparatif de deux serres et fermées par une plaque de tôle verticale tournant autour d'un axe horizontal.

A l'aide d'un petit levier qui commande l'axe de rotation, on donne à la plaque de tôle qui n'a pas moins de 20 mètres de long toutes les positions autour de son axe, ce qui fait varier l'ouverture. Une serre comprend deux prises d'air semblables, une sur chacun de ses côtés. Il suffit de faire séjourner de l'eau dans les chéneaux pour humidifier l'air d'aération.

L'ouverture supérieure est unique ; elle est à section horizontale et s'étend d'un pignon à l'autre ; elle est formée par une sorte de lanterneau, appelé *chapeau*, mobile sur des pièces articulées qui lui permettent soit d'adhérer au vitrage, soit de s'en tenir plus ou moins éloigné. Le chapeau est en tôle et est assez léger pour qu'un seul ouvrier l'élève ou l'abaisse par la manœuvre d'un bras de levier placé au milieu de la serre.

Fig. 14. — Au niveau du chêneau, ouverture longitudinale de côté avec le levier de manœuvre. Au faîtage, chapeau mobile dans la position d'ouverture. Le pignon a été démuni de ses lames.

Il faut se rappeler qu'en principe, si l'on ne se heurtait à de grosses difficultés, les serres devraient pouvoir se démonter entièrement. Aussi, indépendamment de ces ouvertures à manœuvre rapide, faut-il se donner la faculté d'aérer au maximum à un moment donné et disposer aussi bien dans le vitrage des versants que dans celui des pignons le plus grand

nombre possible de vasistas, de châssis mobiles ou de lames
de verre démontables.

Humidification. — L'humidification de l'air des serres
s'obtient soit en faisant évaporer de l'eau contenue dans des
bacs placés sur les tuyaux de chauffage, soit en faisant pénétrer dans la serre de l'air préalablement chargé d'humidité.
Dans ce dernier cas, l'humidification est connexe de la ventilation.

Pour humidifier l'air de ventilation, il suffit d'arroser le
plates-bandes extérieures sur lesquelles l'air se sature de
vapeur d'eau avant de pénétrer dans la serre par les ouvertures inférieures. On peut encore laisser séjourner de l'eau
dans des chéneaux ou gouttières placées au ras des ouvertures. En Belgique, la présence au milieu des serres d'une
citerne qui recueille les eaux de pluie contribue à maintenir
à l'air un degré hygrométrique élevé.

Paillassons. — Les paillassons permettent de réduire la
consommation nocturne de combustible des serres de forçage ;
ils protègent des serres froides contre les gelées de printemps ;
en outre, déroulés à la première menace de grêle, ils garan-
tissent les vitrages contre l'action destructive des grêlons.

Sous les climats peu pluvieux, où l'on peut maintenir les
paillassons secs, le charbon qu'ils économisent arrive à compenser les frais d'entretien qu'ils nécessitent ; mais, dans les
pays humides, ils disparaissent rapidement, si peu qu'ils soient
trempés. En outre, ils absorbent une grande quantité d'eau
qui les rend extrêmement lourds.

Généralement on fait confectionner les paillassons le soir
par les jardiniers ou par leurs femmes. On a soin de les trem-
per au sulfate de cuivre et de goudronner les cordes.

Les paillassons sont très volumineux; enroulés, ils ont un
diamètre qui représente au moins le dixième de la surface
qu'ils ont à couvrir, et l'ombre qu'ils projettent dans la serre
peut provoquer l'étiolement des pousses ou du feuillage
placés immédiatement au-dessous.

On fabrique aussi des toiles spéciales pour couvrir les
serres. Elles occupent moins d'espace que les paillassons;
elles s'enroulent et se déroulent plus aisément; elles ont

aussi plus de durée. Néanmoins ces toiles sont périssables, et il faut songer que leur remplacement conduit à des dépenses considérables, de 2 à 3 francs par mètre carré, c'est-à-dire de 20 000 à 30 000 francs par hectare.

Les opérations d'enroulement et de déroulement des paillassons et des toiles exigent beaucoup de main-d'œuvre. C'est surtout pour l'enroulement, le matin, une grosse perte de temps dans un établissement de quelque importance.

En revanche, le déroulement peut être rendu très rapide. Nous avons expérimenté à Nanterre un dispositif ayant pour but d'assurer un déroulement simultané des paillassons de tout un groupe de serres. Les cordes de manœuvre des paillassons s'enroulaient sur des treuils parallèles aux murs latéraux des serres et munis, à l'une de leurs extrémités, d'une roue à rochet ; un fil de fer commandé par un bras de levier unique était relié à tous les cliquets, et la manœuvre du levier suffisait à rompre l'encliquetage et à produire l'abaissement simultané des paillassons de toutes les serres.

Distribution d'eau d'arrosage. — Pour les arrosages, il faut disposer de beaucoup d'eau et avoir cette eau sous pression dans les serres. Qu'on puise l'eau dans une citerne ou dans la rivière avoisinant l'établissement, on devra, à l'aide d'un moteur, l'élever dans un réservoir d'autant plus haut que le rayon à desservir sera plus grand.

Autant que possible, le réservoir communique par un dispositif de thermosiphon avec un foyer qui permettra d'élever la température de l'eau pour les arrosages d'hiver.

Toutes les eaux sont bonnes pour les arrosages. On notera cependant que les eaux de pluie se chargent des poussières tombant sur le verre, poussières plus ou moins abondantes suivant la situation du domaine, et qu'en outre il arrive que, après le chaulage des serres en été, les eaux entraînent de la chaux en abondance.

Il faut pouvoir arroser très rapidement, afin d'économiser de la main-d'œuvre et d'utiliser au maximum les moments de la journée les plus favorables à l'arrosage, c'est-à-dire le matin au point du jour et le soir au coucher du soleil.

A cet effet, il faut prévoir, indépendamment des petites prises d'eau placées de distance en distance dans les serres en vue des bassinages, des bouches à gros débit pour les arrosages proprement dits. Ces grosses bouches seront placées dans les chemins de service, de façon à desservir des groupes de quatre à huit serres, suivant les dimensions de ces dernières.

A Nanterre, autrefois, l'arrosage s'effectuait au moyen de petites prises d'eau de 20 millimètres de diamètres alimentant des tuyaux de 25 millimètres; il était extrêmement lent, coûtait fort cher et se prolongeait au delà des heures propices à cette opération.

Nous avons fait installer dans les chemins de service des prises de 50 millimètres de diamètre alimentant des boyaux de 55 millimètres, à raison d'une prise par groupe de huit serres de 200 mètres carrés; il en est résulté une économie notable de temps et de main-d'œuvre; l'arrosage dure cinq minutes au lieu d'un quart d'heure, et, au lieu de coûter pour l'ensemble de l'établissement une dépense de 900 francs par mois, il revient à peine à 350 francs.

Dans les serres belges, les eaux de pluie sont recueillies dans de petites citernes creusées au milieu de chaque serre; c'est dans ces citernes que l'on puise l'eau des arrosages au moyen de pompes à main ou de groupes électro-moto-pompes, quand il existe dans les serres, comme nous l'avons vu, une distribution d'énergie électrique.

Palissage. — Tous les arbres de forçage sont taillés de façon à former un étage de végétation parallèle au vitrage ou plus ou moins oblique avec lui; mais, dans tous les cas, la végétation n'a jamais de profondeur, comme dans les plantes de plein air.

Pour obtenir cette végétation dans un plan, il faut établir un réseau de bois ou de fer sur lequel viendront s'étaler et se palisser tronc, bras, branches annuelles. S'il s'agit d'un palissage parallèle au vitrage, la première question est de savoir quelle distance conserver entre ce réseau et la vitre.

L'expérience a appris que, dans une serre, la chaleur était la plus grande contre le vitrage même (Voy. chap. *Chauffage*); ce vitrage est en effet lavé par le courant ascendant chaud, et

Fig. 15. — Serre de pêchers avec palissage en refend. (École d'horticulture de Versailles.)

la différence de température est suffisante pour qu'on cherche à rapprocher le feuillage autant que faire se peut du vitrage. Il ne faut pas pourtant que les feuilles soient appliquées contre le vitrage, sinon celui-ci leur transmettrait toutes les variations de température qu'il subit et, en outre, le courant d'air qui doit circuler entre le feuillage et le vitrage ne serait plus possible. Or, ce courant d'air est indispensable, car sans lui il se formerait dans le feuillage des zones d'air froid en hiver et des points surchauffés quand le soleil donne.

L'expérience a montré qu'il fallait laisser 15 à 20 centimètres entre le feuillage et la vitre et placer le réseau de palissage au double environ, soit 30 à 40 centimètres.

Nous signalons dans la figure 15 une curieuse disposition qui consiste, dans une serre à double pan, à ne faire courir les arbres parallèlement au vitrage que sur un versant et à utiliser l'autre versant, exposé au midi, sous forme de plans multiples perpendiculaires au côté latéral de la serre. Cette disposition permet d'augmenter la surface de palissage pour une surface de serre donnée.

Matériaux de palissage. — On se sert pour palisser d'un réseau constitué par des fils de fer, des lattis ou des rotins.

Fil de fer. — Si la vigne supporte un palissage sur fil de fer, il n'en est pas de même du pêcher. Sous verre, il suffit qu'une brindille de pêcher soit en contact avec un fil de fer pendant quelques jours pour qu'elle présente une nécrose gommeuse de ses tissus s'étendant de part et d'autre du point de contact. Sauf ces cas spéciaux, le fil de fer galvanisé est extrêmement propice au palissage ; il ne sert point de support aux germes de maladie, de cachette aux insectes.

Il ne faut pas l'employer dans un diamètre trop faible pour éviter de couper les branches. Les plus gros, ceux qui constituent la base du réseau, sont faits en n° 12 ; les autres en n° 16. Si l'on veut à toute force palisser sur fil de fer des branches de pêcher, on les isole en les enveloppant avec des fragments de liège annulaires provenant du découpage des bouchons.

Lattis de bois. — Le lattis de bois, outre l'inconvénient que nous signalons plus haut, est très coûteux (0 fr. 12 du mètre), peu durable, quoique peint ou trempé au sulfate de cuivre. En revanche, il ne coupe point les branches.

Rotins. — Nous avons employé avec succès pour les pêchers, en les associant au fil de fer, des rotins que l'on vend par morceaux de 2 à 3 mètres. On utilise ceux de 5 à 6 millimètres de diamètre. Ils coûtent 0 fr. 07 à 0 fr. 08 le mètre, et ils sont suffisamment souples pour être ajoutés bout à bout comme des cordes et constituer les longueurs que l'on désire. Très durables, lisses, sans fissures, ils ne présentent point les inconvénients du lattis de bois.

Chemins de service des serres. — Dans les établissements de serres, les charrois de matériaux divers sont extrêmement nombreux ; on a à transporter le charbon du dépôt où il est emmagasiné jusqu'aux foyers à alimenter, et les serres exigent des apports de terre, d'engrais, de terreau, fumier, purin, etc. Il est donc nécessaire de pouvoir effectuer ces charrois d'un point quelconque à un autre, aussi directement que possible, sans être astreint à faire de trop grands contours ; dans ce but, il faut prévoir un nombre suffisant de chemins transversaux reliant entre elles les grandes allées de service. Les Forceries de la Seine comprennent un certain nombre d'alignements de serres, parallèles entre eux, de 200 à 250 mètres de longueur chacun, sans aucune solution de continuité. Tous les chemins de service sont parallèles aux alignements. Nous avons vu, pour des transports de terre qu'il fallait aller chercher en un point déterminé, être obligés de contourner l'établissement sur trois de ses faces et faire plus de trois fois le trajet qu'il aurait fallu avec des chemins transversaux.

L'installation dans les chemins de petites voies en fer sur lesquelles on peut faire circuler des wagonnets rend de très grands services. Les rails ordinairement employés pour cet usage pèsent 12 kilogrammes au mètre et reviennent à 3 et 4 francs. Les voies sont munies de plaques tournantes et, devant les serres, de plaques de déraillement qui permettent aux wagonnets de pénétrer dans les serres et de les parcourir dans toute leur longueur sur des portions de rails mobiles et installées au moment. Deux conditions sont cependant nécessaires : c'est d'abord que les serres soient de niveau avec le chemin et, d'autre part, que les portes des serres soient assez larges pour laisser passer les wagonnets.

Les wagonnets peuvent transporter tous les matériaux et substances dont on a besoin dans les serres ; les briquettes de charbon se transportent de préférence sur des wagonnets plats ; pour les autres matières, on se sert de wagonnets à banne, même pour les liquides ; c'est dans la banne, par exemple, qu'on apporte le purin et qu'on fait les dilutions. On peut munir les trucs de dispositifs spéciaux, comme des châssis, pour la rentré des raisins en salle de conservation, ou bien encore d'appareils à transporter de serre en serre, comme la chaudière ébouillanteuse.

A Hoeylaert, certaines exploitations montent le charbon et le fumier depuis la route, dans le vallon, jusqu'aux serres à flanc de coteau, au moyen de wagonnets sur rails tractionnés à l'aide d'un dispositif funiculaire.

On peut noter que le mâchefer, résidu inévitable des forceries, répandu sur les chemins de service des serres, les maintient toujours secs et propres.

CHAUFFAGE

Origines de la chaleur employée dans les serres. — La chaleur employée dans les serres provient de deux sources. On utilise en premier lieu les radiations de l'énergie solaire ; ces radiations, comme on le verra plus loin, ont subi, par leur passage à travers le vitrage de la serre, une décomposition partielle qui suffit à les différencier des rayons dont elles proviennent et que reçoivent intégralement les végétaux de plein air ; mais elles n'en conservent pas moins toute leur qualité d'origine. C'est de cette source exclusivement que les serres *froides* tirent leur chaleur.

Comme sur tous les agents atmosphériques, l'homme n'a sur cette chaleur d'origine naturelle qu'une action limitée ; il peut, dans une certaine mesure, en modérer l'intensité, mais il ne peut pas l'accroître, du moins pour le moment. Aussi, malgré le pouvoir incontestable de la serre comme conservateur de chaleur, on ne réussirait à réaliser dans les serres de forçage proprement ni les températures du printemps pendant la saison d'hiver, ni celles de l'été aux premiers jours du printemps à l'aide seule des rayons solaires. Pour suppléer à cette insuffisance d'intensité calorifique, on doit recourir à l'emploi de la chaleur artificielle issue des appareils de chauffage ; cette chaleur, si elle est onéreuse, est plus maniable ; on l'utilise comme complément, et on peut en faire varier l'intensité dans des limites très étendues.

Chaleur lumineuse et chaleur obscure. — L'énergie solaire émet de la chaleur par deux de ses radiations, les radiations *calorifiques lumineuses* et les radiations, *calorifiques obscures*, dont les intensités relatives sont mal déterminées. Les premières nous apportent à la fois lumière et chaleur, les autres uniquement de la chaleur.

Abstraction faite de l'action *lumière*, l'expérience semble montrer que les végétaux sont indifférents *en tant que chaleur* à la nature de la radiation qui les frappe. Ils exigent pendant la durée de leur cycle végétatif un nombre de calories déterminé, pour chaque espèce, pour chaque variété, et ils ne paraissent sensibles qu'à la résultante calorifique des divers rayons, quelle que soit leur nature lumineuse ou obscure.

Échauffement naturel des serres. — L'intérêt de la distinction réside pour nous principalement dans la façon dont se comportent ces deux variétés de radiations à l'égard du verre. On sait que le verre est *diathermane* pour les rayons lumineux et *athermane* pour les rayons obscurs, c'est-à-dire qu'il est transparent aux premiers, alors qu'il se laisse pénétrer avec difficulté par les derniers. C'est à ces propriétés particulières qu'est dû l'échauffement naturel des serres : les radiations calorifiques lumineuses passent à travers le vitrage, échauffent l'air de la serre et les objets qui y sont contenus ; l'air et les objets échauffés n'émettent en retour que des radiations obscures, qui repassent avec peine au dehors.

Les rayons lumineux se trouvant immobilisés dans la serre, la quantité de chaleur qui pénètre avec eux dans l'unité de temps s'ajoute à la précédente et ainsi de suite. Théoriquement, le nombre de calories accumulé dans un temps donné devrait être égal à la somme des termes d'une progression arithmétique ayant pour raison la quantité apportée par unité de temps, et par voie de conséquence la température devrait s'élever au delà de toute limite. Mais, comme nous le montrerons, les serres ne sont pas à l'abri de toute déperdition, et pratiquement il s'en faut que ce phénomène soit aussi mathématiquement vérifié.

L'échauffement naturel des serres a fait jusqu'à ce jour l'objet de si peu d'expériences qu'il serait prématuré d'en vouloir formuler les lois ; l'état stationnaire où en est restée la question tient à ce que, pour obtenir des résultats satisfaisants, il faudrait évaluer l'échauffement en fonction des intensités calorifiques de la radiation lumineuse ; or les moyens de mesurer rigoureusement ces intensités nous font encore défaut.

D'ailleurs, au point de vue de la pratique, la résolution de ce problème n'offrirait pas autant d'intérêt qu'on peut le supposer; il nous importe moins, quant à nous, de savoir de combien s'échauffe une serre pour une intensité lumineuse donnée que de bien comprendre la nature et le sens du phénomène, et, dans cet ordre d'idées, le simple thermomètre est susceptible de nous donner de précieuses indications.

On peut faire des observations intéressantes en comparant les diagrammes de températures données par deux thermomètres enregistreurs, bien tarés, placés à l'ombre, l'un à l'exté-

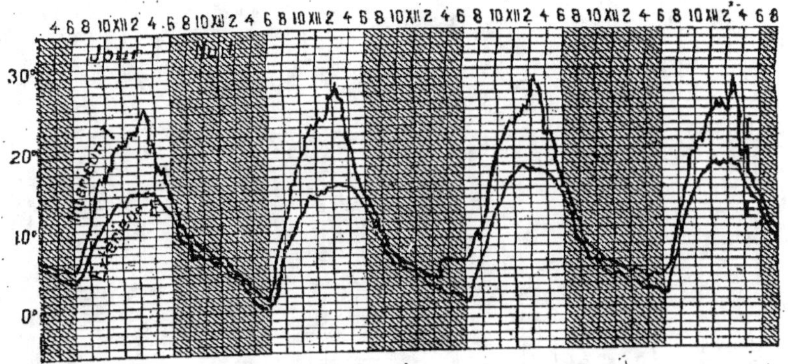

Fig. 16. — Diagramme des températures diurne et nocturne dans une serre non chauffée ouverte comparées aux températures extérieures.

rieur, l'autre dans une serre dont les orifices de côtés sont ouverts. Si l'on mettait le deuxième thermomètre dans une serre complètement fermée, les variations du moment risqueraient d'être dénaturées par l'accumulation de la chaleur antérieurement acquise, tandis qu'en faisant écouler lentement la chaleur à mesure qu'elle pénètre dans la serre le thermomètre intérieur inscrit les variations de température à l'instant même où elles se produisent dehors.

Nous juxtaposons dans la figure 16 deux diagrammes obtenus dans ces conditions et qui correspondent à une période de beau temps avec ciel pur, vers fin septembre, époque de l'équinoxe où le jour est égal à la nuit. La courbe I représente les températures de l'intérieur et la courbe E les températures correspondantes de l'extérieur.

Si l'on considère l'allure générale des deux courbes, arrondie pour E, anguleuse et accidentée pour I, on voit en premier lieu que les variations de l'intensité lumineuse ont une répercussion beaucoup plus vive sur la température de la serre que sur la température extérieure. Cela résulte évidemment de la facilité avec laquelle la chaleur se diffuse à l'extérieur, ce qui assure une grande stabilité de température; au contraire, dans

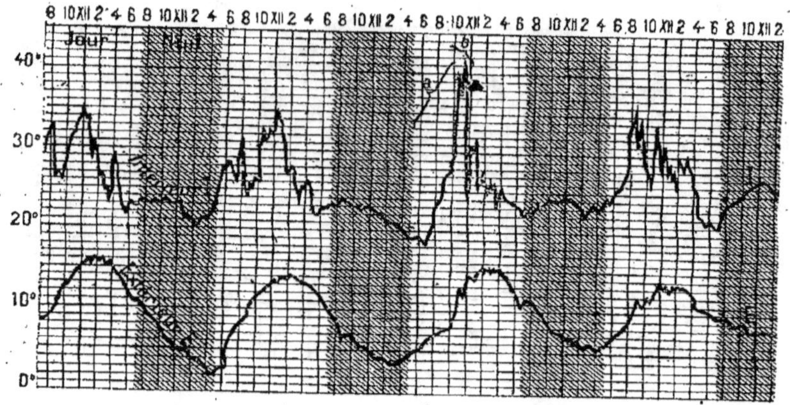

Fig. 17. — Diagramme des températures d'une serre chauffée comparées aux températures extérieures.
a, ciel couvert; b, éclaircie.

une enceinte, même mi-ouverte, il se produit une localisation telle de la chaleur que les moindres variations de l'intensité lumineuse solaire sont enregistrées, amplifiées même.

Cette extrême sensibilité est encore plus accusée lorsque la serre est fermée, et celle-ci répond parfois si rapidement à une variation de l'intensité lumineuse qu'il peut s'ensuivre des accidents très graves, pour la végétation, tel le *coup de chaleur*. Le diagramme de la figure 17, relevé dans un des établissements de forçage des environs de Paris, est à ce point de vue très caractéristique. La serre dont il s'agit était une serre à vigne en pleine végétation, fermée et chauffée par un appareil à marche très régulière. Le ciel, resté couvert une partie de la matinée, s'éclaircit subitement vers dix heures; dans l'espace d'une demi-heure, la température du dehors s'élevait de 8°,5 à 13°, alors que dans le même temps celle de la serre passa de 28° à 40°, puis à 42°. Lorsqu'on arriva dans la serre, les souches avaient subi le coup de chaleur et étaient toutes entièrement flétries.

Le chute brusque de la courbe I de 42° à 25° représente l'effet de la ventilation à laquelle on dut procéder aussitôt.

Enfin, si l'on revient aux diagrammes de la figure 16, on remarque que, même pendant la nuit, la température de la serre reste plus élevée que celle de l'extérieur. La serre, en effet, récupère pendant la nuit une certaine quantité de chaleur et, pour le comprendre, il suffit de se rappeler les propriétés des rayons obscurs. On sait que la nuit le sol rayonne une partie de la chaleur qu'il a absorbée pendant le jour et qu'il restitue sous forme de chaleur obscure; les rayons obscurs émanés du sol sont retenus par le vitrage de la serre, et l'on constate une différence de quelques degrés entre l'intérieur et l'extérieur; cette différence, peu sensible lorsque le ciel est couvert, peut atteindre 2 à 4° par ciel clair. La serre joue dans ce cas un rôle analogue à celui des abris contre la gelée.

De l'ensemble des notions qui précèdent, on tire les conséquences générales suivantes : 1° la serre se montre comme un excellent accumulateur de la chaleur solaire; c'est de la chaleur gratuite ou plutôt de la chaleur qui représente un premier revenu du capital-serre, puisqu'elle est liée à l'existence d'une enceinte vitrée; 2° la serre utilise au mieux la chaleur des appareils de chauffage, puisque ceux-ci nous fournissent exclusivement des radiations obscures arrêtées par le verre; 3° enfin si l'on admet l'identité d'action de la chaleur obscure et de la chaleur lumineuse à l'égard du végétal, nous devons obtenir le même effet utile en remplaçant dans nos culture forcées la quantité de chaleur naturelle qui nous fait défaut par une quantité équivalente de chaleur artificielle.

Chaleur naturelle et chaleur artificielle. — *Qualités de la chaleur solaire.* — La chaleur solaire, comme toutes les forces de la nature, est sujette, en dehors de toutes les prévisions, à des inégalités qui font la diversité des années de végétation. Néanmoins, dans l'ensemble, elle se présente avec des qualités, elle se manifeste suivant un rythme, grâce auxquels, fidèle à sa mission productrice, elle amène à maturité nos récoltes dans des conditions favorables.

Imiter artificiellement la qualité essentielle de la chaleur solaire, c'est-à-dire sa parfaite diffusion; reproduire sa cadence, c'est-à-dire sa discontinuité avec les jours et les nuits, sa progression avec les saisons, tout en évitant ses caprices, et mettre ainsi la plante dans son milieu optimum, tel est l'objectif à poursuivre avec la chaleur de complément que nous fournit le chauffage.

1º DIFFUSION. — Le foyer d'émission des rayons solaires est très éloigné, et la chaleur qui en provient nous arrive parfaitement diffusée. En tous les points d'une vaste étendue de territoire, on relève à un moment donné des températures semblables. Il s'ensuit une grande régularité de la végétation; tous les végétaux d'une même région, baignant dans une atmosphère de chaleur uniforme, accomplissent simultanément toutes les phases de leur cycle végétatif et atteignent en même temps la maturation.

La même diffusion est difficile à réaliser avec la chaleur artificielle. Dans les serres, le foyer d'émission des rayons thermiques est constitué par les *surfaces chauffantes*. Ces surfaces présentent un grand développement et ne comprennent pas à proprement parler un foyer d'émission unique, mais une infinité de petits foyers, et l'on conçoit que, si le fluide qui circule à l'intérieur des surfaces chauffantes est à température variable, chaque petit foyer rayonne des quantités différentes de chaleur.

D'autre part, en vertu de la loi relative aux intensités calorifiques, inversement proportionnelles aux carrés des distances, chaque point de la serre reçoit des quantités de chaleur plus ou moins grandes suivant qu'il est plus ou moins éloigné sur le rayon d'un des foyers d'émission.

Cette loi ne s'applique, il est vrai, qu'à la *chaleur de rayonnement*. Or on verra dans la suite que les surfaces chauffantes émettent aussi de la chaleur par leur contact avec l'air ambiant. L'air échauffé circule rapidement, transporte la chaleur dans tous les points de la serre, comble les *creux* de température et, par conséquent, tend jusqu'à un certain point à atténuer les inégalités dues au rayonnement. Mais, comme il s'élève tout d'abord vers les parties les plus hautes, il crée dans son mouvement ascensionnel des zones de chaleur

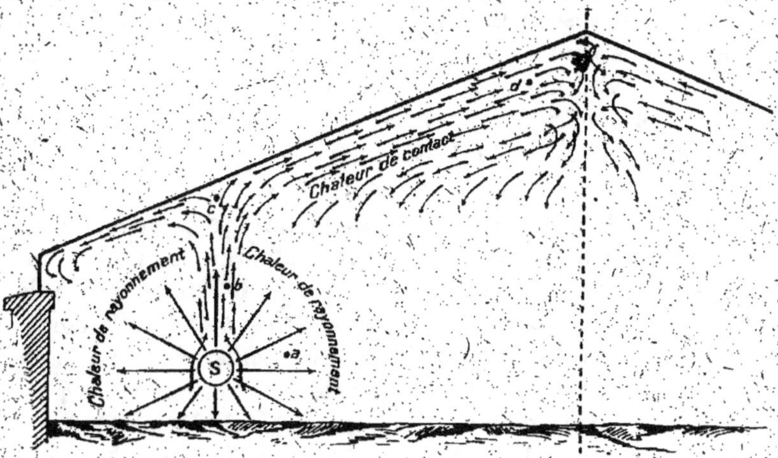

Fig. 18. — Mode de propagation de la chaleur de *rayonnement* et de la chaleur en *contact*.

S, section de la surface chauffante.

excessive, de sorte qu'on peut dire que la *chaleur de contact* intervient comme régulateur, mais aussi comme perturbateur de l'équilibre thermique.

On peut représenter schématiquement comment la chaleur de rayonnement et la chaleur de contact se propagent dans une serre, la première irradiant dans tous les sens autour du foyer d'émission S, tandis que l'autre s'élève sous forme de colonne aux contours précis pour s'épanouir dans les zones supérieures (fig. 18).

En définitive, les causes ne manquent pas qui ont pour effet de s'opposer à cette uniformité de tmepérature que nous recherchons.

Les lectures thermométriques que nous avons faites dans

diverses exploitations nous ont donné des écarts de température sensibles, parfois considérables, entre les différents points d'une même serre; mais les points où sont situés ces centres de hautes et basses températures varient avec chaque serre suivant ses dimensions, suivant son mode de chauffage et la disposition des surfaces chauffantes.

Lorsque les écarts de température ne sont que de quelques degrés, ils ont pour résultat d'échelonner la végétation. L'échelonnement est susceptible de présenter des avantages dans le cas de serre d'amateur, en permettant le fractionnement de la récolte, suivant les besoins de la consommation domestique; toutefois, en général, on s'efforce de l'éviter, car il est malaisé de conduire une serre dont les souches ne passent pas toutes au même moment par chaque période de leur cycle végétatif.

Mais il n'est pas rare que certains points se trouvent à des températures excédant de 5 à 20° la température moyenne de la serre. Ces excédents sont alors préjudiciables soit à la récolte, soit à la souche elle-même, et c'est aux fortes températures localisées que l'on doit des accidents tels que le grillage, le coup de chaleur, la nécrose du tronc, etc., accidents qui seront étudiés au chapitre des maladies.

En résumé, tous les efforts du forceur doivent tendre à distribuer uniformément la chaleur dans la serre, et ce résultat ne paraît possible que par la répartition méthodique des surfaces chauffantes, répartition qui varie avec chaque cas particulier, suivant la forme et les dimensions de la serre, suivant le mode de chauffage adopté.

2° DISCONTINUITÉ ET PROGRESSION. — La vie des plantes exige un repos quotidien; chez elles, l'activité des grandes fonctions croît en raison de la température jusqu'à un certain maximum et ne se ralentit qu'avec des températures relativement basses; on sait en outre que les variations thermiques aident aux fonctions de circulation. A l'extérieur, les heures d'activité et de repos sont réglées naturellement par la succession des jours et des nuits, et les écarts entre les températures diurnes et les températures nocturnes sont parfois considérables. On imite dans les cultures forcées cette discontinuité de l'action calorifique solaire; mais pratiquement on peut s'en tenir à des différences de 2 à 5° entre le jour et la nuit, ces différences étant d'autant plus grandes que la température maintenue le jour est plus élevée.

Ainsi, dans une serre à vignes, on tient au début de la mise en marche 8 à 10° la nuit pour 10 à 12° le jour, alors qu'au moment du débourrement on ne dépasse pas 15° la nuit pour une moyenne diurne de 20°.

De même on réalise sous verre l'hygrométrie et les températures qui correspondent en plein air aux différentes phases végétatives des arbustes que nous nous proposons de cultiver; ces températures suivent la progression de l'intensité solaire avec les saisons. La vigne, par exemple, est mise en marche à 10° en moyenne, et l'on élève progressivement la température pour atteindre 13 à 18° au débourrement, puis 20 à 24° à la floraison.

Cette question, que nous nous bornons à amorcer, sera traitée plus longuement à propos de la conduite des serres.

REFROIDISSEMENT DES SERRES

Si le pouvoir athermane du verre était absolu, il suffirait d'établir dans une serre hermétiquement close un régime de température au moyen de la chaleur artificielle; on interromprait ensuite le chauffage, et la chaleur emmagasinée au début se conserverait intégralement un temps plus ou moins prolongé.

Mais ces propriétés athermanes, pour les épaisseurs de verre que nous pouvons pratiquement employer, ne sont que relatives. La chaleur localisée dans une enceinte se trouve, par rapport à l'extérieur, dans un état d'équilibre rompu que les lois naturelles tendent à rétablir, et en réalité les serres subissent d'une façon continue des pertes de calories qu'il y a lieu de compenser sans relâche et dont l'importance est réglée par le phénomène du refroidissement.

Le refroidissement s'effectue par la *transmission de la chaleur* (1) à travers les parois et le sol et par le renouvellement de l'air.

(1) La connaissance que nous avons de la transmission de la chaleur est le résultat des recherches de Newton, Dulong et Petit, Péclet. On trouvera les expériences de ces physiciens exposées en leur entier dans la *Physique industrielle* de SER.

Déperditions des parois. — La quantité de chaleur transmise à travers une paroi séparant deux enceintes à des températures distinctes est proportionnelle à la surface de la paroi, à l'écart de température entre les deux enceintes et à un certain coefficient Q appelé *coefficient de transmission*.

La quantité de chaleur transmise pendant une heure est donnée par l'expression :

$$M = SQ\,(t - 0),$$

dans laquelle :

S, représente la surface en mètres ;

t, la température intérieure ;

0, la température extérieure ;

Q, le coefficient de transmission.

Cette formule est pratiquement employée dans les calculs relatifs au refroidissement, Les valeurs du coefficient Q sont données par des tables pour les divers matériaux de construction dans les épaisseurs dont il est fait usage (Voy. p. 114).

DÉTERMINATION DU COEFFICIENT Q. — La transmission de la chaleur est un phénomène complexe, et le coefficient Q représente en quelque sorte la synthèse d'un certain nombre d'éléments qu'il convient de mettre en évidence.

A travers une paroi à faces parallèles, la chaleur se transmet de l'enceinte à température la plus élevée vers celle à température la plus basse : 1º par *rayonnement* (1) et par *convection* (2) sur la face interne de la paroi ;

2º Par *conductibilité* (3) à travers ses deux faces ;

3º Par *rayonnement* et par *convection* sur la face externe. Pour des écarts de température n'excédant pas 25º, le coefficient Q est donné par la relation :

$$\frac{1}{Q} = \frac{1}{r + f} + \frac{e}{C} + \frac{1}{r' + f'},$$

dans laquelle :

(1) La transmission par *rayonnement* s'effectue à distance par les vibrations de l'éther : un corps chaud placé dans le vide émet de la chaleur par rayonnement ; c'est par rayonnement que le soleil nous transmet sa chaleur.

(2) La transmission par *convection* ou par *contact* s'effectue d'un corps solide chaud à un fluide froid ou inversement ; elle exige l'intervention d'un fluide, air ou eau, qui vient lécher le corps solide et se renouvelle constamment à sa surface.

(3) La transmission par *conductibilité* s'opère dans l'intérieur d'un corps de molécule à molécule.

e, représente l'épaisseur de la paroi en mètres ;

C, le *coefficient de conductibilité* du corps constituant la paroi ;

r, le *coefficient de rayonnement* de la surface interne et r' celui de la face externe, fonction tous deux de la nature de la surface ;

f et f', les *coefficients de convection* à l'intérieur et à l'extérieur, coefficients subordonnés au *degré d'agitation de l'atmosphère*

Les coefficients de conductibilité et de rayonnement sont fixes pour chaque nature de matériaux, et leurs valeurs sont les suivantes :

Valeur du coefficient de conductibilité C d'après Péclet.

Désignation des matériaux.	Densité.	Coefficient C.
Pierre calcaire à grains fins.	2,17 à 2,31	1,69 à 2,08
Pierre à bâtir à gros grains.	2,22 à 2,24	1,27 à 1,32
Bois de sapin..................	0,48	0,093 à 0,170
Bois de chêne.................	»	0,211
Verre.........................	2,44 à 2,55	0,75 à 0,88
Terre cuite, brique...........	1,85 à 1,98	0,54 à 0,69
Fer...........................	»	58,82

Valeur du coefficient de radiation.

Désignation des matériaux.	Coefficient r.
Pierre à bâtir.................	3,60
Plâtre.........................	3,60
Bois...........................	3,60
Verre..........................	2,91

Quant aux coefficients de convection, ils ne dépendent que de la nature et de la vitesse du fluide qui circule à la surface de la paroi. Lorsque ce fluide est de l'air comme dans le cas qui nous concerne, on admet que $f = f' = 2$ pour une atmosphère tout à fait calme à l'intérieur et à l'extérieur, et l'on considère cette valeur comme un minimum.

CONSIDÉRATIONS SUR LA RELATION $\dfrac{1}{Q} = \dfrac{1}{r+f} + \dfrac{e}{C} + \dfrac{1}{r'+f'}$.

Cette relation, apparemment un peu abstraite, est intéressante pratiquement, parce qu'elle nous donne la clef d'un certain nombre de faits qu'on peut prendre aisément pour des anomalies et qui ne sont que la vérification rigoureuse des données théoriques,

1° *L'expression* $\dfrac{1}{Q} = \dfrac{1}{r+f} + \dfrac{e}{C} + \dfrac{1}{r'+f'}$, comprend deux rapports $\dfrac{1}{r+f} + \dfrac{1}{r'+f'}$, dont la somme est toujours très grande relativement au rapport $\dfrac{e}{C}$; si bien que l'on peut faire varier l'épaisseur e sans modifier sensiblement la valeur du coefficient Q. On peut donc poser que la réduction du refroidissement n'est pas proportionnelle à l'épaisseur, en d'autres termes *qu'il ne suffit pas, par exemple, de doubler l'épaisseur des matériaux pour diminuer la transmission de moitié.* Pour le verre notamment, dont les épaisseurs se comptent par millimètres, le coefficient Q = 3,66 pour une épaisseur de 2 millimètres ne s'abaisse qu'à 3,59 pour une épaisseur triple, soit 6 millimètres, et si le verre dit cathédrale de 0,006 tend à se généraliser, c'est en raison de sa résistance à la rupture et de ses propriétés diffusive et tamisantes de la lumière et non pas parce qu'il maintient mieux la chaleur.

2° *Importance de la convection.* — Si, parmi les termes de la relation $\dfrac{1}{Q} = \dfrac{1}{r+f} + \dfrac{e}{C} + \dfrac{1}{r'+f'}$, l'épaisseur n'influe guère sur la transmission Q, il en est autrement des coefficients de convection f et f', qui, avons-nous dit, sont variables et augmente avec le degré d'agitation de l'atmosphère. Même avec leur valeur minima $f = f' = 2$, qui correspond à un air calme à l'intérieur et à l'extérieur, ils représentent par rapport aux autres termes de la relation des quantités non négligeables; mais dès que l'air s'agite et à mesure que son mouvement s'accélère, ces coefficients croissent très rapidement en valeur et entraînent avec eux l'accroissement du coefficient Q, qui en est fonction.

La convection nous montre donc le rôle considérable que peuvent jouer les vents dans le phénomène du refroidissement et nous explique la difficulté que l'on éprouve à chauffer lorsque les conditions atmosphériques deviennent anormales.

Par grand vent et basse température, *on tient difficilement le degré*, suivant l'expression des chauffeurs, qui ont souvent remarqué le fait sans déterminer toujours la cause de leur impuissance. Les chiffres que nous empruntons à l'ouvrage de M. Ser donnent une idée très nette de l'action du vent sur le refroidissement. En supposant à l'intérieur $f = 2$ et à l'extérieur des vitesses croissantes du vent jusqu'à 4 mètres, on trouve pour Q les valeurs suivantes :

VALEURS DE Q.

Vitesses du vent (1).	Mur en calcaire de 0m,50 d'épaisseur.	Mur en brique de 0m,50 d'épaisseur.	Verre de 0m,002.
Calme.	1,504	0,842	2,45
0m 50	1,68	0,897	3,07
1m,00	2,12	1,008	3,75
2m,00	2,14	1,013	4,40
4m,00	2,15	1,014	4,80

Encore admettons-nous ici la convection à l'intérieur $f = 2$, valeur qui, en réalité, serait beaucoup trop faible, car il existe toujours à l'intérieur des serres chauffées une circulation très intense de l'air chaud, dont la vitesse tendrait encore à accroître le coefficient Q.

Quoi qu'il en soit, ces chiffres font apparaître assez clairement l'influence considérable que peut exercer la vitesse du vent, principalement sur le verre dont le coefficient $Q = 2,45$ pour un vent calme devient 4,80 pour un vent de 4 mètres, *c'est-à-dire passe du simple au double* ; il en résulte que, dans les serres, où le vitrage représente la partie essentielle des parois, le vent doit être considéré comme un facteur important du refroidissement.

On se rend compte alors de l'intérêt que l'on peut trouver à établir les serres de forçage à l'abri des vents dominants d'une contrée. C'est ainsi que les serres de Thomery, adossées à flanc de coteau, jouissent d'une situation privilégiée ; à la Chevrette, près Deuil, les serres de M. Whir sont protégées des vents du nord par un épais rideau d'arbres. Mais, à défaut d'abris naturels, on peut avoir recours avec avantage à l'emploi

(1) Les expériences n'ont été poursuivies que jusqu'à la vitesse de 4 mètres, qui correspond à un vent modéré. Dans l'échelle des vents, on convient d'appeler calme un vent de 0 à 1 mètre par seconde, faible de 1 à 4 mètres, modéré de 4 à 8 mètres, assez fort de 8 à 12 mètres, fort de 12 à 16 mètres, violent de 15 à 25 mètres, tempête de 25 à 30 mètres, ouragan au delà.

d'abris artificiels ; dans le cas de serres peu élevées, par exemple, quelques murs de 3 à 4 mètres de hauteur convenablement répartis suffisent pour briser les vents, et l'on réalise de
ce fait une économie assez notable de combustible pour
couvrir les frais nécessités par la construction de ces écrans.

A titre d'indication, on peut mentionner que c'est encore
par convection que la pluie et la neige agissent sur le refroidissement des serres. Dès que la pluie ou la neige viennent à
tomber, on constate à l'intérieur une chute subite de la température, et l'on doit aussitôt régler le chauffage pour rétablir
le régime.

Pour comprendre ce phénomène, il suffit de savoir que l'eau
possède un pouvoir de convection environ mille fois plus
élevé que celui de l'air ; on conçoit dès lors que l'eau de pluie
s'écoulant à la surface du vitrage et s'y renouvelant constamment emporte avec elle une quantité de calories d'autant plus
importante qu'elle est plus froide ; certaines pluies d'hiver
notamment possèdent une température voisine du point de
congélation de l'eau et exercent une action très énergique sur
le refroidissement.

La neige se comporte de la même façon. Aussi longtemps
qu'elle reste à l'état solide, son influence est nulle sur le
refroidissement ; elle peut même, dans certains cas, jouer le
rôle d'un écran contre le froid. On sait que, dans les régions
montagneuses, la neige qui enveloppe les chalets sous de fortes
épaisseurs a pour effet de les garantir du froid de l'extérieur ;
de même lorsqu'elle recouvre le sol, elle le soustrait au refroidissement qu'il éprouverait par son rayonnement pendant les
nuits sereines. Mais, sur le vitrage des serres chauffées, la
neige ne s'accumule pas, car, dès qu'elle a absorbé les 80 calories nécessaires à sa fusion, elle se résout en eau. Cette eau
s'écoule alors comme la pluie, enlève comme elle des calories
par convection, et comme, en outre, elle est toujours à une
température très basse voisine de 0°, le refroidissement qui
en résulte est très actif.

Toutefois il faut signaler que, si la pluie et la neige refroidissent par convection comme le vent, elles ne sont pas à

redouter comme ce dernier, dont elles n'ont ni la fréquence ni la durée.

Pertes par le sol. — Le sol d'une serre emprunte la chaleur indispensable au fonctionnement normal des racines, soit directement aux canalisations de chauffage qui le parcourent en souterrain, soit, le cas le plus fréquent, à l'atmosphère de la serre, lorsque celle-ci est chauffée par des appareils aériens. Il bénéficie encore de la chaleur apportée par l'eau des arrosages à chaud (eau à 20-25°), qui sont donnés moins en vue d'échauffer le sol que pour éviter de le refroidir par l'apport d'une masse liquide à basse température, sauf cependant au début de la mise en marche, où l'eau chaude de ces arrosages l'aide à atteindre plus rapidement sa température de régime.

Le sol acquiert lentement sa chaleur, mais il la conserve bien et lorsque le régime est établi, il se laisse peu influencer par les variations de marche des appareils de chauffage, et sa température reste à peu près constante. Cette constance semble surtout vérifiée pour une profondeur de 0^m,50 environ, là précisément où abondent les racines. Dans une série de lectures thermométriques faites dans le sol d'une serre chauffée, maintenue à 15-20°, un thermomètre placé à 15 centimètres en terre a donné des températures comprises entre 14 et 16° ; un autre thermomètre, dont le réservoir était à 0^m,60 de profondeur, a marqué invariablement 14° pendant les trois semaines qu'ont duré les lectures.

Grâce à la conductibilité du sol, la chaleur acquise dans les parties superficielles se répand de proche en proche pour s'acheminer lentement vers les zones plus profondes où elle se perd. Il s'écoule ainsi une quantité de chaleur que l'on admet être égale à celle qu'abandonnerait dans les mêmes conditions un mur de même surface de 0^m,60 d'épaisseur.

Pertes par le renouvellement de l'air. — Une serre, non aérée, souffre, sa végétation languit, et de tout temps on a reconnu la nécessité de renouveler l'air des serres aussi fréquemment que possible. Et, malgré cela, on en est encore à rechercher comment l'aération agit sur les fonctions des plantes.

On est tenté de croire actuellement que la gêne que nous

ressentons au bout de quelque temps de séjour dans un espace confiné tient non seulement à l'appauvrissement de l'air en oxygène, mais aussi à son immobilité. C'est ainsi que, dans une cave où l'air est immobile, bien que pur, nous éprouvons une sensation de malaise, alors que nous nous accommodons assez bien d'une atmosphère quelque peu souillée, mais constamment tenue en mouvement, brassée par exemple par les ailettes d'un ventilateur.

L'air agirait donc sur notre organisme à la fois par des qualités tenant à sa composition et par des qualités résultant de son mouvement.

En ce qui concerne les végétaux, qui n'ont pas les mêmes exigences en oxygène que nous autres, il semble bien qu'ils soient influencés presque exclusivement par l'action dynamique de la ventilation, soit que le mouvement de l'air produise une excitation mécanique qui se transmet aux tissus par un phénomène de relation, soit qu'il active directement les fonctions de respiration et de transpiration en s'opposant à la saturation en anhydride carbonique et en vapeur d'eau des petites masses gazeuses qui baignent immédiatement la surface des organes foliacés.

Le renouvellement de l'air dans les serres se fait naturellement ou artificiellement.

Nous entendons par ventilation naturelle celle qui s'opère sans notre intervention, par tous les interstices des parois lorsque la serre est fermée.

Les serrres les plus soigneusement construites présentent toujours un grand nombre de fissures, véritables pores à travers lesquels l'air trouve passage ; certains vitrages composés de petites lames de verre mal jointoyées entre elles, commes ceux des serres belges, laissent passer une quantité considérable d'air.

La ventilation artificielle a lieu quand on ouvre plus ou moins complètement les ouvertures de la serre, portes, vasistas et ventouses.

On aère régulièrement dès la floraison et même dès le gonflement des bourgeons ; mais on a soin de choisir les jours les plus favorables et l'heure de la journce où la température est le plus élevée, de sorte que cette opération n'influe pas sur le refroidissement.

Il en est autrement de la ventilation naturelle, qui se fait d'une façon continue. Grossièrement, on estime que le cube d'air de la serre se renouvelle naturellement une à deux fois par heure ; cet air sort à une température élevée et emporte avec lui un nombre de calories qu'on évalue d'après l'expression :

$$M = 0{,}3 \, V \, (t - \theta)\cdot$$

dans laquelle :

V, représente le cube de la serre ;
t, la température de l'enceinte chauffée ;
θ, la température de l'extérieur ;
0,3 la chaleur spécifique de l'air.

Évaluation des pertes maxima de chaleur. — Le mécanisme du refroidissement étant connu, il est facile d'en déterminer la valeur pour des conditions données.

Le plus souvent, dans la pratique, ce sont les pertes maxima de chaleur qu'on est amené à évaluer, car leur importance nous sert à déterminer la puissance à donner aux appareils de chauffage.

Pour les obtenir, il suffit d'appliquer les formules établies plus haut relatives, d'une part, aux déperditions par les parois et par le sol, d'autre part aux pertes par renouvellement de l'air.

1° DÉPERDITIONS PAR LES PAROIS ET PAR LE SOL. — Elles sont données par l'expression $M = SQ \, (t - \theta)$.

Détermination de S. — Rien n'est plus simple que de mesurer en mètres carrés les aires de chaque nature de paroi dont la serre est formée ainsi que la surface du sol sur laquelle elle repose.

Q. — Le coefficient Q correspondant à chaque nature de paroi est donné par le tableau ci-contre :

Désignations.	Coefficient Q.
Mur de 0^m,60 d'épaisseur....................	1,5
— 0^m,45 d'épaisseur....................	1,8
— 0^m,25 d'épaisseur ou brique de 0,22.....	2,2
— 0^m,14 d'épaisseur ou brique de 0,11	2.5
— 0^m,08 d'épaisseur....................	3
Bois planche de 0,04 en sapin..............	2
Verre de 0,002......................	4 à 5
Verre cathédrale de 0,006..............	4 à 5
Double vitrage (1) avec couche d'air interposée de 0,03.......................	2
Vitrage recouvert d'une toile goudronnée.. .	2,5 à 3
Vitrage recouvert d'un paillasson........	1,8 à 2
Sol......................	1,5

Nous avons rapporté ici, à défaut de cœfficients spéciaux aux serres, les valeurs adoptées par les constructeurs pour les déperditions des locaux habités ; ces valeurs répondent à des coefficients de convection à l'intérieur et à l'extérieur $f > 4$ et $f' > 5$; nous nous empressons de dire toutefois qu'elles ne sont pas encore toujours suffisantes pour les serres et qu'il est des situations où il est prudent de ne les employer que sous la réserve des corrections que nous vous indiquerons en terminant.

$t = 0$. — En principe, on devait prendre pour t la température maxima à maintenir dans l'enceinte à chauffer, température subordonnée au genre de la culture et qu'il est facile de prévoir, et pour θ la température maxima de l'hiver pour la région considérée. En supposant $t = 25°$ qui correspond à la floraison des muscats, et $\theta = -12°$, température minima de l'hiver dans la région parisienne, on obtient un écart $t = 37°$. Or dans les cultures forcées telles que nous pouvons les concevoir, la floraison n'a lieu guère avant la deuxième quinzaine de février, époque où la température s'abaisse rarement au-dessous de — 2° ; par contre, pendant le mois de janvier, où apparaît fréquemment le minimum de la température hivernale,

---

(1) Le double vitrage composé de deux lames de verre parallèles espacés de quelques centimètres maintient bien la chaleur ; par contre, son installation est d'un prix élevé. Les bâches et paillassons sont très efficaces aussi, mais leur rôle comme modérateurs du refroidissement est limité aux heures de nuit ; leur entretien coûteux et la difficulté de leur manœuvre en ont fait abandonner l'emploi dans un grand nombre d'exploitations.

nous n'avons pas à dépasser |15° à l'intérieur. Il paraît donc inutile de tabler sur des écarts trop considérables qui conduiraient à des dépenses que nous n'aurions pas l'occasion d'amortir, et pratiquement nous pouvons concilier les exigences de nos cultures avec les raisons d'économie en prenant, par exemple, un écart t, — 0 de 25° à 27° environ. Dans le cas d'un chauffage central où une augmentation de puissance entraîne un surcroît appréciable de frais de première installation, il peut être avantageux de choisir un appareil répondant à des conditions moyennes et de munir quelques serres d'un chauffage auxiliaire (chauffage à la fumée par exemple), de manière à pouvoir, le moment venu, les isoler du circuit pour concentrer tous les effets du chauffage principal sur un nombre plus réduit de serres.

2° PERTES PAR LE RENOUVELLEMENT DE L'AIR. — Il suffit d'appliquer la formule $M' = 0,3 . 2V (t — 0)$, V étant la capacité de la serre mesurée en mètres cubes, $t — 0$ la différence de température dont on s'est servi pour les déperditions par les parois.

En faisant la somme des quantités obtenues par l'application de ces deux formules, on trouve un nombre de calories qui représente les pertes totales de chaleur et dont on déduit la puissance à donner aux appareils de chauffage.

Enfin, pour arriver à un résultat aussi exact que possible, le forceur devra prévoir lui-même les effets de la convection sur le refroidissement de ses propres serres, et, s'il est exposé à des vents violents, il majorera le nombre de calories trouvé de 5 à 15 p. 100 suivant l'importance et l'efficacité des abris dont il dispose.

Exemple numérique. — *Évaluer la perte maxima de calories que subit par heure une serre couvrant un espace de 200 mètres carrés et comprenant 260 mètres carrés de vitrage, 50 mètres carrés de murettes de $0^m,22$ d'épaisseur en brique. La capacité de la serre est de 200 mètres cubes, l'écart de température $t — 0 = 25°$.*

Déperditions par les parois et le sol :

$$M = \left(\underset{\text{Vitrage.}}{(260^{mq} \times 4)} + \underset{\text{Murs.}}{(50^{mq} \times 2,2)} + \underset{\text{Sol.}}{(200^{mq} \times 1,5)} \right) 25° = 31600^{cal}$$

Pertes par renouvellement d'air :

$$M' = 0,3 \times 2 \times 400^{mc} \times 25°\ldots\ldots\ldots\ldots\ldots\ldots\ldots\ldots - 6\,000^{cal}$$

$$\left. \right\} 37\ \ 600^{cal}$$

soient en chiffres ronds 40 000 calories.

Disons pour terminer que, en prenant pour t la température moyenne des différentes phases végétatives pendant lesquelles le chauffage est nécessaire et pour 0 la température moyenne extérieure durant la période correspondante, on obtiendrait approximativement la valeur moyenne des calories perdues par heure pendant la durée du chauffage. C'est une approximation susceptible de nous guider pour les approvisionnements de combustible.

APPAREILS DE CHAUFFAGE

En commençant l'étude des appareils de chauffage, il est utile, pour fixer les idées, d'énumérer tout d'abord les conditions auxquelles doit répondre théoriquement un appareil de chauffage bien adapté au services des serres. Il doit :

1° Être assez puissant, c'est-à-dire pouvoir fournir en tous temps la température nécessaire à la végétation ;

2° Être économique d'exploitation, c'est-à-dire dépenser le minimum de combustible et de main-d'œuvre et nécessiter peu de frais d'entretien et de réparations ;

3° Être souple, c'est-à-dire répondre rapidement à l'action du réglage, afin de se prêter aux variations de la température extérieure ;

4° Répartir uniformément la chaleur ;

5° Être hygiénique, c'est-à-dire, d'une part, ne pas souiller l'atmosphère de la serre de gaz délétères, de fumée ou de suie ; d'autre part, permettre le maintien de l'état hygrométrique optimum ;

6° Être d'un prix de première installation peu élevé ;

7° Offrir une sécurité absolue.

Il n'y a pas encore bien longtemps, on ne connaissait que

des appareils de chauffage *à combustion* dans lesquels la chaleur dégagée est le résultat de la combinaison chimique de matières combustibles avec l'oxygène de l'air. Le chauffage à l'électricité, basé sur un principe différent, a reçu ces dernières années des applications nombreuses ; appliqué au chauffage des locaux, il est apparu dans quelques riches habitations ainsi que dans les jardins d'hiver et serres de luxe qui souvent y attiennent. Il est permis d'être plein de confiance dans l'avenir réservé à ce nouveau mode de chauffage, qui, en regard de qualités remarquables, n'a qu'un seul inconvénient, celui d'être dispendieux, et l'on peut prévoir que, dès que le courant électrique sera répandu à profusion, les appareils de chauffage électrique se substitueront peu à peu dans un grand nombre d'applications aux appareils à combustion. Mais, en l'état actuel, ces derniers sont encore les seuls utilisés dans les établissements de forçage d'un caractère industriel, et il convient de leur consacrer ici un développement en rapport avec la place qu'ils occupent.

Généralités sur les appareils à combustion.

Les appareils à combustion ont entre eux des caractères communs ; ils comprennent deux parties essentielles : 1° le *calorigène*, producteur de chaleur, alimenté par un *combustible* ; 2° des *surfaces chauffantes* destinées à répartir cette chaleur dans les locaux à chauffer.

La chaleur est transportée du calorigène aux surfaces chauffantes par l'intermédiaire d'un ou plusieurs fluides (1), gaz de combustion, air, eau ou vapeur d'eau, qu'on appelle *véhicules de chaleur*. Ce sont les véhicules de chaleur qui servent ordinairement à caractériser les divers systèmes de chauffage par combustion, et l'on a des *chauffages à gaz chauds*, des *chauffages à l'eau chaude*, des *chauffages à la vapeur*, etc.

Combustibles. — Avant de passer en revue les principaux combustibles employés pour le chauffage des serres, rappelons que la *puissance calorifique* d'un combustible est la quantité de

____

(1) Ex. : chauffage mixte à circulation de vapeur et d'eau chaude.

calories que dégage, en brûlant complètement, 1 kilogramme de ce combustible. On sait, d'autre part, que la *calorie*, l'unité de chaleur, est la quantité de chaleur nécessaire pour élever d'un degré la température de 1 kilogramme d'eau.

Puissances calorifiques des combustibles solides naturels.

Combustibles.	Puissance calorifique.	
	Pur et sec.	Ordinaire.
Bois........................	3 600 à 3 800	2 400 à 2 500
Tourbe.....................	4 800 à 5 600	3 000 à 3 700
Lignite ligneux...........	4 800 à 5 600	4 000 à 4 800
Lignite parfait...........	6 000 à 7 500	5 500 à 6 600
Houille maigre à longue flamme.	8 000 à 8 500	7 200 à 7 800
— à gaz.................	8 500 à 8 800	7 500 à 8 000
— grasse maréchale.....	8 800 à 9 300	7 800 à 8 300
— demi-grasse...........	9 300 à 9 600	8 300 à 8 600
— maigre à courte flamme.	9 200 à 9 500	8 000 à 8 400
Anthracite.................	9 000 à 9 400	7 800 à 8 300

A côté des qualités qui résultent de sa richesse en éléments combustibles, un combustible doit être d'une bonne tenue au feu ; il doit conserver sa forme sans s'empâter, être facilement inflammable, donner peu de cendres et de mâchefer.

Combustibles solides. — Le *bois*, la *tourbe*, le *lignite*, combustibles à faible puissance calorifique, ne sont guère utilisés que dans les situations où on les trouve sur place ; ils exigent une grande surface de grille.

Certains constructeurs font spécialement pour les contrées où le bois et la tourbe sont en abondance des chaudières dans lesquelles les proportions des divers éléments sont établies pour que la chaleur de combustion qui, dans les appareils ordinaires, serait en partie inutilisée, à cause du défaut d'harmonie entre les divers éléments, soit utilisée aussi complètement que possible.

Les *houilles* se divisent en *houilles grasses* et *houilles maigres*. Les premières sont à fusion pâteuse ; l'agglutination des morceaux entre eux intercepte rapidement le passage de l'air et nécessite l'intervention fréquente du chauffeur, qui doit briser la masse en fusion. Les houilles grasses donnent beaucoup de fumée et encrassent les appareils, qu'il faut ramoner souvent ; dans les chaudières à tubes de fumée alimentées par ces houilles, il est de règle de faire les tubes deux fois par jour ; enfin quelques constructeurs de générateurs de vapeur à basse pression interdisent l'emploi de ces houilles dans leurs appareils.

Les *houilles maigres*, au contraire, ne se gonflent pas sous l'action de la chaleur ; les morceaux conservent leurs formes et leurs intervalles durant la combustion, de sorte qu'on peut les employer sous de fortes épaisseurs sans que le passage de l'air soit intercepté. Il faut éviter de les fourgonner trop fréquemment, car, lorsque les barreaux de grille sont un peu écartés, chaque coup du tisonnier fait tomber une certaine quantité des éléments les plus fins dans le cendrier ; on y retrouve un mélange de morceaux de houille non comburés et de mâchefer grenu, qu'on peut, il est vrai, faire avantageusement repasser dans le foyer. Les houilles maigres encrassent peu.

Entre la houille grasse *maréchale* et la houille maigre à *courte flamme* qui représentent les deux types extrêmes, on trouve toute une série de transitions aux qualités intermédiaires. Les houilles *demi-grasses*, genre Charleroi, sont les plus estimées pour les appareils de chauffage.

Indépendamment de leur qualité, les houilles peuvent se classer d'après le calibre des éléments qui les composent : *gros*, *gailleteries* (grosseur du poing), *tête de moineau* (grosseur d'une noix), *menus* (éléments fins), tels sont les termes qui servent à les distinguer. Les gailletins têtes de moineau sont les plus recherchés pour les foyers à chargement continu, parce que les morceaux, en raison de leur faible dimension, se tassent bien, conservent peu d'intervalles entre eux, utilisent complètement la capacité de la trémie et assurent ainsi une longue réserve.

Charbons pyriteux. — En 1909, des charbons gras et pyriteux ont donné à Nanterre des gaz chauds sulfureux qui se sont répandus dans les serres, gênant la végétation. Les pêches notamment ont eu leur cuticule altérée, et la réaction des tissus a rendu la peau verruqueuse, couverte d'intumescences ; cet état de la peau a notablement diminué leur valeur. En outre les ouvriers se sont trouvés souvent incommodés par ces fumées sulfurées. Les tuyaux de chauffage ont également beaucoup souffert. Le feu s'y est déclaré à plusieurs reprises par suite de l'accumulation des goudrons ; un ramonage hebdomadaire est devenu nécessaire au lieu d'un mensuel, et malgré cela, il s'est produit des perforations très fréquentes des tuyaux. Ces tuyaux brûlés ont constitué une grosse dépense supplémentaire.

Les *anthracites* sont des combustibles à structure cassante ; elles se fragmentent souvent en menus morceaux qui passent au travers de la grille et sont perdus avec les cendres. Elles exigent un tirage actif, mais se consument lentement et encrassent peu. Elles sont recommandées pour les foyers à combustion lente ou pour les appareils dont les organes sont peu accessibles, par conséquent difficilement nettoyables.

Le *coke*, combustible semi-artificiel, a une puissance calorifique moyenne de 6 000 calories ; il est léger, poreux et peut contenir une grande quantité d'eau ; c'est pourquoi on l'achète non pas au poids, mais au volume. Il est un peu délicat à manier à cause de sa combustion inégale, qui est vive au début, puis tombe subitement ; il demande un faible tirage, donne une flamme courte et laisse comme résidu un mâchefer très liquide. On peut s'en servir pour corriger les combustibles gras : un mélange de coke et de houille dans des proportions à déterminer suivant la nature de la houille employée donne une excellente combustion.

Les *agglomérés* sont des combustibles artificiels composés de menus de houille et d'un agglutinant tel que l'argile, le goudron ou le brai. Leur valeur est bien différente suivant l'agglutinant employé pour leur fabrication : bien préparés avec du goudron ou du brai qui sont des matières combustibles, ils ne doivent pas donner plus de 6 à 7 p. 100 de cendres ; avec de l'argile, la proportion de cendres peut atteindre et dépasser 20 p. 100. Pour éviter les fraudes auxquelles donne lieu la préparation de ces combustibles, il faut avoir soin, lorsqu'on reçoit un chargement d'agglomérés, de doser la quantité de cendres en soumettant un échantillon de poids connu à la calcinaiion.

Au point de vue de leur puissance calorifique et de leurs

propriétés, les agglomérés peuvent se ranger dans la catégorie des houilles grasses. Ils se présentent sous la forme de boulets ou de briquettes. Les briquettes offrent, grâce à la régularité de leur forme et de leur poids, certains avantages appréciés dans les grandes exploitations ; elles peuvent se transporter sur des wagonnets plats, s'empilent facilement en tas parallélipipédiques ; le contrôle de la consommation est aisé aussi bien pour le chauffeur peu exercé qui peut régler exactement le poids de ses chargements que pour le chef de l'exploitation, qui se rend compte chaque jour de la quantité de charbon dépensée.

Le poids ordinaire des briquettes pour l'industrie est de 10 kilogrammes.

La briquette n'est utilisable que concassée ; on évite cependant de la fragmenter à l'excès, car elle s'émiette et donne une grande quantité de poussier.

Combustibles liquides et gazeux. — Les combustibles liquides comme le pétrole (10 000 calories) et l'alcool (6 000 calories) ne présentent guère d'intérêt pour nous ; ils sont chers, nécessitent des appareils spéciaux eux-mêmes très coûteux et n'ont jamais servi qu'au chauffage de locaux minuscules.

Les combustibles gazeux sont aussi d'un prix de revient assez élevé ; en revanche, ils ont l'avantage d'êtres maniables, transportables à grande distance et de ne pas donner de fumée. Auprès des villes, le gaz d'éclairage peut rendre des services pour des chauffages de faible importance ; le gaz d'éclairage dégage 11 000 calories par kilogramme, soit 5 600 calories par mètre cube ; en mettant le mètre cube à 0 fr. 10, ce combustible est encore cinq fois plus cher qu'une bonne gailleterie à 50 francs la tonne, d'une puissance calorifique de 8 000 calories.

Les gaz de gazogène sont principalement utilisés pour actionner des moteurs et intéressent très peu la question du chauffage.

Calorigène ou foyer. — On a vu que l'une des premières conditions auxquelles doit répondre un appareil de chauffage est d'être assez puissant pour fournir la quantité de chaleur nécessaire à la végétation. Il faut, en d'autres termes, que les organes constituant le foyer présentent des dimensions suffisantes pour assurer, dans les conditions de meilleur rendement, la combustion d'un poids de combustible correspondant au nombre de calories à restituer, nombre qui a été trouvé par le calcul des déperditions.

Surface de grille. — Le poids de houille qu'on peut brûler sur une grille de dimensions données est très variable suivant le tirage dont on dispose.

Les foyers des chaudières industrielles consomment en moyenne 75 kilogrammes de houille par mètre carré de grille et par heure, et, lorsqu'on active artificiellement le tirage par un jet d'air ou de vapeur, on peut élever la consommation horaire jusqu'à 300 et même 400 kilogrammes de combustibles.

Dans les appareils de chauffage pour serre, on ne dépasse pas une moyenne de 40 à 50 kilogrammes de houille, ce qui correspond à un tirage moyennement actif, et, même dans les foyers à chargement continu, on abaisse cette quantité à 30 kilogrammes, afin de conserver l'allure lente de la combustion.

D'après ces données, et sachant qu'un appareil bien construit, bien isolé, donne un rendement de 50 à 55 p. 100, il est facile de déterminer la surface de grille capable de fournir, sans forcer la combustion, la quantité de calories dont nous avons besoin (Voy. l'exemple numérique, p. 123).

Cheminée. — On ne peut retirer le meilleur rendement d'un appareil de chauffage que si le combustible est bien utilisé, et la condition essentielle pour obtenir ce résultat est que l'air arrive sur le foyer en quantité suffisante pour assurer la combustion complète.

Il faut donc donner à la cheminée qui, par son tirage, amène l'air au foyer, une section qui lui permette de débiter la quantité d'air nécessaire à la combustion complète, soit environ 18 kilogrammes d'air par kilogramme de houille.

La section peut s'évaluer en fonction de la surface de grille, déjà en rapport avec la quantité de combustible à brûler, et pratiquement on admet que la section de la cheminée doit être égale au dixième de la surface de grille. On lui donne même un sixième de la surface de grille dans les chauffages à gaz de combustion, à cause des coudes et de la position horizontale des conduits de fumée.

Dans nos visites, nous avons entendu souvent nos hôtes se plaindre de ne disposer que d'un tirage irrégulier et défectueux ; dans la majorité des cas, cette insuffisance n'avait d'autre cause que la section trop faible de la cheminée.

Il est préférable de tomber dans un excès contraire, car on peut toujours modérer à l'aide d'un registre, par exemple, le tirage d'une cheminée trop large, tandis qu'il est extrêmement difficile de remédier à l'absence de tirage d'une cheminée trop étroite.

Exemple numérique. — *Déterminer la surface de grille et la section de cheminée d'un appareil de chauffage alimenté avec de la houille et devant fournir 40 000 calories à l'heure. Le rendement de l'appareil est supposé de 50 p. 100.*

Un kilogramme de houille possédant une puissance calorifique de 8 000 calories rendra effectivement dans l'appareil :

$$8\,000 \times \frac{50}{1\,000} = 4\,000 \text{ calories.}$$

Pour produire 40 000 calories, il faudra :

$$\frac{40\,000}{4\,000} = 10 \text{ kilogrammes de combustible :}$$

par suite, 40 kilogrammes de houille nécessitant **1** mètre carré de grille, 10 kilogrammes demanderont :

$$\frac{40}{10} = 0^{mq},25.$$

La surface de grille devra donc mesurer 25 décimètres carrés et la section de la cheminée $2^{dq},5$.

Véhicules de chaleur. — *Fumée ou gaz chauds.* — Les gaz de la combustion sont recueillis dans des conduits à leur sortie du foyer avec une température de 700 à 1 000° ; ils perdent au début de leur course une grande quantité de chaleur : leur température décroît rapidement, et, à mesure qu'ils s'éloignent du foyer, ils abandonnent des quantités de chaleur de plus en plus faibles.

Les gaz ont une chaleur spécifique peu élevée et ne peuvent transporter la quantité de calories qu'on leur demande que sous un gros volume, ce qui nécessite des conduits de grand diamètre. Le rayon d'action des appareils à gaz chauds atteint à peine une vingtaine de mètres ; aussi, dans les serres de grandes dimensions, faut-il installer plusieurs foyers convenablement répartis.

Air. — L'air a été longtemps, dans les locaux habités, le véhicule de chaleur des chauffages à foyer unique. Il sort du calorigène à 60 ou 70° et chauffe par son mélange avec l'air de l'enceinte à chauffer. A cette haute température, l'air arrive complètement desséché et s'oppose au maintien d'un état hygrométrique élevé ; en un mot, il n'est pas hygiénique.

Son rayon d'action, plus faible encore que celui des gaz de combustion, ne peut dépasser 10 à 15 mètres.

Appliqués au chauffage des serres, les appareils à air chaud n'ont jamais donné de résultats satisfaisants, et ils sont si peu répandus qu'ils ne méritent pas d'être décrits.

Eau. — On sait que l'eau possède une chaleur spécifique égale à 1, c'est-à-dire que chaque kilogramme d'eau absorbe 1 calorie par degré de température ; elle emmagasine donc sous un faible poids une grande quantité de chaleur, qu'elle a en outre la propriété de restituer lentement.

L'eau est fournie par la chaudière à une température voisine de 100° dans les chauffages sans pression, supérieure à 100° et pouvant atteindre 300° lorsqu'elle est employée sous pression. Dans sa circulation à travers les conduites, sa température décroît lentement et régulièrement. Les appareils à eau chaude permettent de chauffer dans un rayon beaucoup plus étendu qu'avec les gaz de combustion.

Enfin l'eau a la propriété d'augmenter de volume en passant de l'état liquide à l'état solide, et ce changement d'état peut provoquer la rupture des conduites ; pour éviter les accidents de cette nature, on a soin de vider pendant l'hiver les appareils qu'on ne met pas en service.

Vapeur. — L'eau peut être employée comme véhicule de chaleur sous forme de vapeur. En raison de la chaleur latente de vaporisation, qui est de 540 calories environ à 100°, la vapeur à égalité de poids et de température contient une quantité de calories beaucoup plus considérable que l'eau ; par sa seule condensation, c'est-à-dire en passant de l'état gazeux à l'état liquide, sans changement de température, elle restitue ces 540 calories.

Tandis que 1 kilogramme d'eau à 100° refroidi à 60° perd 40 calories, 1 kilogramme de vapeur à 100°, dont l'eau de condensation retourne à la chaudière à 60°, abandonne :

Chaleur de vaporisation : 540 calories + refroidissement de 100° à 60° = 540 + 40 = 580 calories, soit quatorze fois plus que l'eau.

Ce n'est pas à proprement parler un bénéfice, car il a fallu produire ces calories que la vapeur n'a fait qu'emmagasiner ; mais, grâce à cette propriété, la vapeur est capable de transporter la chaleur à de très grandes distances et comporte des canalisations d'un faible diamètre.

Si l'on compare la valeur des différents fluides dans leur rôle de véhicules de chaleur, on trouve qu'il suffit de 2 à 3 grammes de vapeur pour transporter 1 calorie, alors qu'il faut 15 à 20 grammes d'eau et 125 à 150 grammes d'air ou de gaz de combustion.

La vapeur est produite à haute, à moyenne ou à basse pression (80 à 180 grammes par centimètre carré) ; le rayon d'action d'un appareil à vapeur est d'autant plus étendu que la pression est plus élevée.

Surfaces chauffantes. — Le problème que nous avons déjà posé de la répartition de la chaleur dans les serres est étroitement lié à la connaissance des propriétés des surfaces chauffantes, et l'on peut dire que la qualité d'un chauffage, à quelque système qu'il appartienne, dépend avant tout du choix des surfaces chauffantes et de leur disposition dans la serre.

Il s'agit donc d'adapter les surfaces chauffantes aux modes de chauffage ou plutôt aux véhicules de chaleur qui caractérisent ces différents modes, et pour cela il faut savoir comment et dans quelle proportion la chaleur se transmet à travers les surfaces chauffantes.

Transmission à travers les surfaces chauffantes. —

Elle présente une grande analogie avec la transmission par les parois dont le mécanisme a été expliqué au sujet du refroidissement (Voy. p. 105).

La formule générale $M = Q(t - \theta)$, qui représente la quantité de chaleur transmise par unité de surface, s'applique encore, mais comme les excès de température $t - \theta$ (t, température du fluide chaud, θ température de la serre) sont supérieurs à 25°, l'expression qui donne la valeur de Q se complique de coefficients nouveaux et devient :

$$\frac{1}{Q} = \frac{1}{mr + nf} + \frac{e}{C} + \frac{1}{m'r' + n'f'},$$

m, n, m' et n' étant des coefficients particuliers à chaque écart de température $t - \theta$.

Cette expression assez complexe, comme on le voit, montre la quantité énorme de facteurs qui interviennent dans la transmission : d'une part, la *nature* du fluide chaud (gaz, eau ou vapeur), qui circule à l'intérieur de la surface chauffante, ainsi que sa *température* et sa *vitesse* ;

D'autre part, la nature de la surface chauffante, avec son *pouvoir de radiation*, son *épaisseur* et sa *conductibilité* ;

Enfin la *température* de l'air ambiant.

Laissant de côté la théorie dont les détails nous entraîneraient inévitablement hors de notre cadre, nous devons nous en tenir ici à rapporter quelques résultats d'expérience de nature à montrer assez exactement le rôle de ces divers facteurs.

Dans les serres où la question d'encombrement n'occupe qu'une place secondaire, les surfaces chauffantes sont presque toujours des conduites en métal ou en poterie qui les parcourent dans toute leur étendue ; nous ne nous occuperons que de celles-ci, proscrivant dès à présent l'usage des radiateurs très ramassés, des radiateurs verticaux par exemple, que l'on rencontre dans les habitations et qui ont le grave défaut de concentrer la chaleur dans un faible rayon autour d'eux au détriment des parties plus éloignées.

1° INFLUENCE DU FLUIDE CHAUD. — Nous allons nous placer successivement dans le cas de fluides chauds, gaz de combustion, eau et vapeur d'eau circulant dans les conditions de vitesse et de température des chauffages usuels à travers des surfaces chauffantes ; ces surfaces seront supposées de même nature dans les trois cas et seront constituées, par exemple, par des tuyaux de tôle à surface lisse et non polie, placés dans une enceinte à 15°.

Avec les gaz de combustion, en admettant une température de 1 000° à la sortie du foyer, une dépense horaire de 10 kilogrammes de houille et une combustion complète à raison de 18 kilogrammes d'air pour 1 kilogramme de combustible, les quantités de chaleur transmises par la surface chauffante se répartissent ainsi :

Élément de surface chauffante.	Température des gaz à l'origine et à l'extrémité de chaque élément.		Calories transmises à l'heure par mq. de surface chauffante.
	A l'origine.	A l'extrémité.	
1er mètre carré.	1 000°	760°	10 740 calories.
2e —	760°	580°	8 160 —
3e —	580°	445°	6 460
4e —	445°	340°	4 410 —
5e —	340°	260°	3 560 —
6e —	260°	200°	2 750 —
7e —	200°	155°	2 000 —
8e —	155°	120°	1 560 —
9e —	120°	95°	1 180 —
10e —	95°	75°	890 —
11e —	75°	60°	670 —
12e —	60°	50°	520 —
13e —	50°	42°	400 —
14e —	42°	35°	200 —

Ce tableau montre que la transmission, très importante à l'origine, décroît rapidement dès les premiers éléments de surface chauffante, puis continue à fléchir, mais plus lentement, à mesure que les gaz s'éloignent du foyer ; de 10 740 calories au début, elle s'abaisse à 2 000 calories vers le septième mètre carré, pour n'être plus que de 290 calories au quatorzième mètre carré ; il est intéressant de remarquer, en outre, que les trois premiers mètres carrés de tuyaux abandonnent à eux seuls plus de la moitié de la chaleur transmise par la totalité de la surface.

Si l'on considère maintenant un chauffage à eau sans pression dont l'eau sort de la chaudière à 95° et y retourne à 45°, avec un débit de 150 grammes à la seconde, on obtient les nombres suivants :

Éléments surface chauffante.	Température de l'eau à l'origine et à l'extrémité de chaque élément.		Quantité moyenne de chaleur transmise à l'heure par mq. de surface chauffante.
	A l'origine.	A l'éxtrémité.	
Portion comprenant les 6,6 premiers mq.....	95°	85°	840
Portion comprenant les 8 mq. suivants.....	85°	75°	670
Portion comprenant les 10 mq. suivants.....	75°	65°	540
Portion comprenant les 12^{mq},8 suivants....	65°	55°	420
Portion comprenant les 18 mq. suivants....	55°	45°	300

Il en résulte qu'avec l'eau le décroissement de la transmission est beaucoup plus lent qu'avec les gaz de combustion ; il est aussi plus régulier, sans être toutefois rigoureusement proportionnel à l'éloignement par rapport à l'origine de la surface chauffante.

Dans les chauffages à gaz de combustion et à eau chaude, le décroissement de la transmission suit en somme l'abaissement de température que subit le fluide chaud à mesure qu'il chemine dans la surface chauffante. Avec la vapeur, on pourrait distinguer deux cas : ou la vapeur arrive dans la surface chauffante sous pression, et alors elle transmet : 1° une certaine quantité de chaleur, toujours assez faible d'ailleurs, qui résulte de son abaissement de température jusqu'au point de condensation à 100° ; 2° une autre quantité qui représente sa chaleur de vaporisation, soit 540 calories par kilogramme de vapeur ; ou bien le plus généralement elle arrive à très faible pression et abandonne presque uniquement sa chaleur de vaporisation. Mais, même avec la vapeur sous pression, on peut, en raison de l'importance relative de la chaleur de vaporisation, négliger la quantité de chaleur résultant de l'abaissement de température jusqu'à 100°, de sorte que, dans les deux cas, on peut dire que tous les éléments remplis de vapeur dégageant des quantités égales de chaleur, quelle que soit la distance qui les sépare du point d'origine. A la pression de 75 grammes, par exemple, on aura une transmission sensiblement uniforme de 900 calories environ par mètre carré de surface.

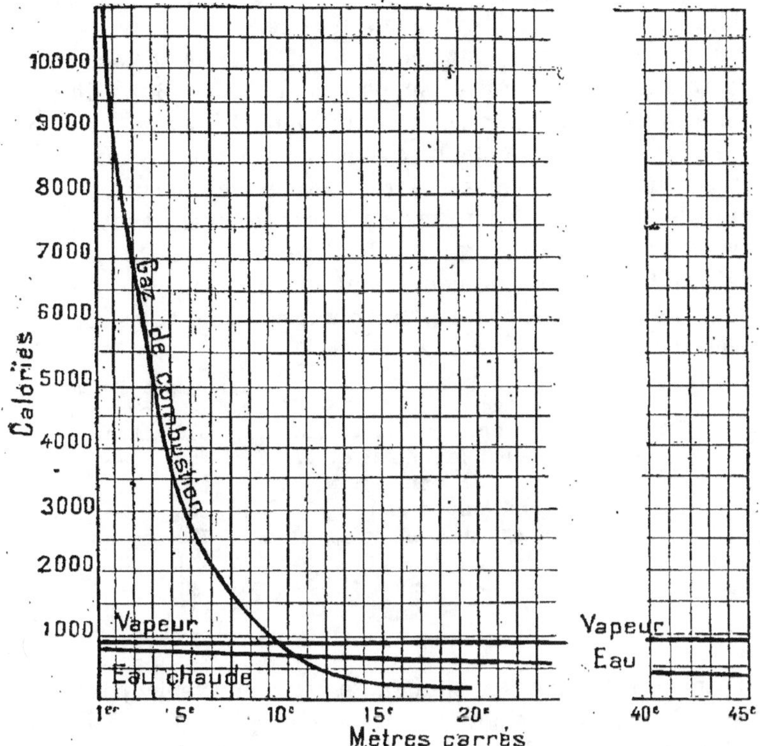

Fig. 19. — Rendement calorifique par mètre carré de surface chauffante. Tuyau parcouru : 1° par des gaz chauds; 2° par de l'eau; 3° par de la vapeur.

La représentation graphique des résultats qui précèdent est très expressive (fig. 19); nous avons porté aux abscisses les surfaces de transmission et aux ordonnées les quantités correspondantes de chaleur transmise; les courbes obtenues pour le gaz de combustion, l'eau et la vapeur, sont si différentes qu'elles nous font comprendre déjà la nécessité de traiter différemment ces trois systèmes de chauffage, en ce qui concerne les surfaces chauffantes.

2º INFLUENCE DE LA SURFACE CHAUFFANTE. — Pour caractériser l'action des divers fluides chauds, on a admis qu'on les faisait circuler à l'intérieur d'une surface déterminée, constituée dans l'espèce par un tuyau de tôle lisse.

Réciproquement, pour définir le rôle de la surface chauffante elle-même, on peut supposer que des conduits de différentes natures sont parcourus par un véhicule de chaleur donné.

Prenons, par exemple, un certain nombre de tuyaux métalliques, les uns à surface terne, les autres à surface polie, puis des conduits de poterie d'épaisseurs croissantes et faisons-les traverser tour à tour par de la vapeur à très faible pression, l'air ambiant étant à une température voisine de 15º. Les quantités de chaleur transmises dans ces conditions sont respectivement :

Surfaces chauffantes.	Quantités de chaleur transmises par mètre carré.
Tuyau lisse en fonte...................	970 calories.
— en tôle ordinaire........	890 —
— — polie.............	590 —
— en cuivre poli...........	560 —
Conduit en poterie de 1 cm. d'épaisseur.	770 —
— 2 cm. —	650 —
— 3 cm. —	560 —
— 4 cm. —	500 —
— 5 cm. —	450 —

Ainsi donc la surface chauffante peut intervenir pour faire varier la transmission ; elle intervient par son pouvoir de ration, par sa conductibilité et par son épaisseur.

a. *Radiation*. — La différence de 590 calories à 890 calories, entre la tôle polie et la tôle ordinaire, est due au pouvoir de radiation beaucoup plus élevé pour une surface terne que pour une surface polie.

b. *Conductibilité*. — Les tuyaux de poterie, malgré un pouvoir de radiation assez élevé, transmettent moins de chaleur que les tuyaux métalliques, parce que leur conductibilité est plus faible.

c. *Épaisseur*. — Lorsque la matière qui forme le tuyau est peu conductible, comme la poterie, la transmission diminue à mesure qu'augmente l'épaisseur. Dans le tableau ci-dessus, on voit qu'elle s'abaisse de 770 calories pour un conduit de 1 centimètre d'épaisseur à 450 calories pour un conduit de 5 centimètres.

3° INFLUENCE DE LA TEMPÉRATURE DE L'AIR AMBIANT. — Une haute température de l'air ambiant a pour effet de diminuer la transmission.

En réalité, la température d'une serre ne varie pas dans des limites assez étendues pour exercer une action sensible. Cependant il est un cas où la surface chauffante, par sa forme même, échauffe l'air qui la baigne à un degré tel que son rendement au mètre carré s'en trouve fortement amoindri. Tel est le cas des tuyaux à ailettes et en général de tous les radiateurs ramassés sur eux-mêmes.

Tandis qu'un tuyau de fonte lisse traversé par de la vapeur à basse pression abandonne plus de 900 calories, un tuyau à ailettes, dans les mêmes conditions, ne donne guère que 600 calories au mètre carré, parce que l'air arrêté par la saillie des nervures se renouvelle moins rapidement et forme une sorte de gaine à température élevée autour de la surface chauffante. Un tuyau à ailettes rend donc plus au mètre courant qu'un tuyau lisse de même diamètre; mais il rend moins à développement égal.

Répartition de la chaleur. — En possession des notions précédentes, il est facile de déterminer les conditions d'une bonne répartition de la chaleur; le but qu'on se propose est d'obtenir une température aussi uniforme que possible dans toute l'étendue de la serre et principalement dans les parties élevées, c'est-à-dire au niveau de la végétation.

1° RÉPARTITION EN LONGUEUR. — Les tuyaux étant généralement orientés suivant la longueur de la serre, on conçoit que, pour réaliser une bonne répartition dans le sens de la longueur il suffise que tous les éléments, depuis l'origine jusqu'à l'extrémité, abandonnent des quantités égales de chaleur.

Parmi les véhicules de chaleur considérés dans nos trois exemples, la vapeur seule répond exactement à cette condition; elle assure donc, sans l'aide d'aucun artifice, une excellente répartition en longueur.

L'eau et les gaz de combustion dégagent des quantités décroissantes de chaleur à mesure qu'ils progressent dans les conduites et sont pour cette raison plus délicats à manier.

En ce qui concerne l'eau, on tourne cependant assez aisément la difficulté. Considérons une circulation d'eau chaud e s'effectuant à l'intérieur d'un conduit quelconque replié à la moitié de sa longueur, de façon qu'il revienne sur lui-même jusqu'à son point de départ ; grâce à la lenteur et à la régularité avec laquelle la transmission décroît dans le cas de l'eau, la somme des quantités de chaleur transmises par les éléments de tuyau se faisant face sur chacune des deux branches est sensiblement constante. Cette disposition, adoptée dans la plupart des chauffages à eau, est excellente ; chaque circulation d'eau traverse deux fois la serre en sens contraire, atténuant, supprimant même, dans son deuxième passage, les inégaliés de transmission dues à son premier parcours.

Avec les gaz de combustion, l'abaissement de la transmission est si brusque dès le début que la disposition indiquée pour les chauffages à eau ne suffirait pas à assurer une bonne répartition ; évidemment celle-ci y gagnerait un peu, mais on aurait toujours un gros excès de chaleur dans la partie confinant au foyer. Aussi vaut-il mieux rechercher la solution de la question dans le choix approprié des surfaces chauffantes.

Imaginons un conduit de fumée divisé en un certain nombre de tronçons de nature différente ; au premier tronçon, qui possède un pouvoir de transmission très faible, succède un deuxième à pouvoir de transmission un peu plus élevé, et ainsi de suite jusqu'à la sortie de la fumée dans l'atmosphère. On augmente ainsi le pouvoir de transmission à mesure que la température des gaz chauds diminue dans le conduit, et, par tâtonnement, on pourrait arriver à une transmission absolument uniforme, simplement en multipliant le nombre des tronçons et en appropriant le pouvoir de transmission de chacun d'eux aux températures successives des gaz chauds.

Pratiquement on peut suivre l'exemple des forceurs belges qui ont obtenu des résultats satisfaisants en divisant leurs canalisations de fumée en trois portions : la première qui part du foyer est un conduit de 5 à 7 centimètres d'épaisseur en brique, enterré dans le sol; la portion qui lui fait suite est semblable à la première, mais chemine à la surface du sol; la troisième portion est un conduit en poterie de 2 centimètres d'épaisseur qui s'élève progressivement au-dessus du sol jusqu'au point où il se redresse pour former cheminée (Voy. p. 136).

2° RÉPARTITION EN LARGEUR. — Une surface chauffante émet de la chaleur de deux façons : 1° par *rayonnement*; 2° par *contact*. Tandis que la chaleur de rayonnement irradie de toutes parts autour de la surface chauffante, la chaleur de contact est due, comme l'indique son nom, au contact de l'air qui vient lécher la surface chaude et s'y échauffe pour s'élever ensuite jusqu'au vitrage. Le mode d'action de ces deux formes de chaleur est représenté par la figure 18 (p. 103).

Notons en passant que, lorsqu'on dit qu'une surface chauffante émet 900 calories, par exemple, au mètre carré, ce nombre représente la somme des deux quantités dues l'une au rayonnement, l'autre au contact.

La façon dont se comporte la chaleur de contact présente une certaine importance en ce qui concerne la répartition en largeur dans les serres et principalement dans les serres basses (jusqu'à 3 mètres de hauteur environ).

Si l'on se reporte à la figure 18, on voit que le courant d'air chaud qui transporte la chaleur de contact s'élève suivant un plan vertical passant par l'axe de la surface chauffante S. Ce courant tend à s'épanouir à mesure qu'il monte, et, si la hauteur de la serre le lui permet, il arrive diffusé au vitrage. Dans les serres basses, au contraire, le courant d'air chaud peut venir frapper à une température élevée la végétation et provoquer des accidents de grillage ou simplement créer, suivant une bande longitudinale, une atmosphère malsaine pour le feuillage, parce que trop chaude.

Pour éviter ces inconvénients, il faut autant que possible diviser les surfaces chauffantes, c'est-à-dire en augmenter le nombre de façon à réduire l'émission calorifique par mètre courant de tuyau. Pour la même quantité de chaleur, mieux vaudra, par exemple, employer 2 mètres de tuyau en $0^m,10$ de diamètre que 1 mètre seulement en tuyau de $0^m,20$; cela permettra de doubler le nombre des alignements, qui, s'ils sont convenablement espacés, donneront naissance à des courants ascendants de chaleur douce arrivant parfaitement répartie dans la zone du feuillage. Pour la même raison, on évitera les tuyaux à ailettes, qui donnent trop de chaleur au mètre courant; dans le chauffage à vapeur, quatre à cinq alignements de tuyaux lisses pourront remplacer deux alignements de tuyaux à ailettes de même diamètre intérieur.

Enfin on placera les surfaces chauffantes le plus près possible du sol, afin que la chaleur ait la hauteur nécessaire pour se diffuser; les dispositions qui comprennent des tuyaux suspendus parfois à 1 mètre et plus au-dessus du sol, dans des serres dont la hauteur ne dépasse pas $2^m,50$, sont à condamner.

CHAUFFAGE PAR LES GAZ CHAUDS

Le poêle de nos habitations n'est autre chose qu'un appareil à gaz chauds, et c'est à lui qu'on a songé tout d'abord à s'adresser pour le chauffage des serres par la fumée; il a rendu et rend encore des services dans le cas de petits chauffages intermittents, dans les serres froides, notamment, où l'on ne fait de feu qu'à certains moments, à l'occasion des gelées par exemple, et où il suffit d'élever la température de l'atmosphère de quelques degrés seulement. Ces poêles ou cloches, de petites tailles, du genre de nos appareils domestiques, présentent l'avantage d'être légers, facilement transportables, et de coûter bon marché.

Mais le corps même d'un poêle rayonne des quantités énormes de chaleur, et l'intensité calorifique, considérable auprès du poêle, se dégrade insensiblement pour devenir presque nulle à une certaine distance du foyer. Nous savons tous, par notre propre expérience, combien la chaleur d'un poêle est inégalement répartie lorsqu'une pièce atteint de grandes dimensions; il fait trop chaud au voisinage du poêle, trop froid dans les parties éloignées, et l'on ne trouve le bien-être d'une température modérée que dans une zone intermédiaire entre ces points extrêmes.

Ces raisons font comprendre que l'on ait renoncé à se servir de ces poêles lorsqu'il s'agit d'un chauffage puissant et continu, comme l'est celui d'une serre de forçage et que l'on ait cherché un dispositif permettant à tous les arbres d'une même serre de profiter d'une égale quantité de chaleur.

Il fallait pour cela : 1° Placer le corps du poêle en dehors de l'atmosphère de la serre afin d'éviter un rayonnement excessif localisé en un point de celle-ci;

2° Réduire les déperditions de chaleur au foyer par un isolement aussi parfait que possible, de façon à conserver aux gaz chauds toute leur charge calorifique;

3° Transformer les conduits qui servent dans nos poêles surtout à l'évacuation de la fumée en canalisations destinées principalement au transport et à la distribution de la chaleur.

C'est suivant ces données qu'a été conçu le chauffage dit *flamand*, que l'on rencontre dans la majorite des serres de Belgique.

Chauffage flamand.

Foyer. — Chaque appareil comprend un foyer F (fig. 20), dont le corps est entièrement noyé dans le sol de la serre et qui s'ouvre à la partie inférieure d'une fosse A creusée contre le pignon; cette fosse, dont la profondeur varie entre 1 mètre et $2^m,50$ suivant les nécessités du tirage, est munie d'un escalier qui donne accès au foyer.

Les dimensions de la grille sont déterminées en se basant sur une combustion de 40 à 50 kilogrammes de charbon par mètre carré et par heure; pour une serre de 20 mètres de long sur 10 mètres de large chauffée par deux foyers, par exemple, il faudra une surface de grille de $0^{mq},2$ environ par foyer.

L'ouverture du foyer est munie d'une porte; celle du cendrier Ce en est au contraire dépourvue, et l'actvité de la combustion est modérée uniquement au moyen des cendres dont on recouvre le feu sous une épaisseur plus ou moins grande.

Il peut arriver que, sous l'action des hautes températures, des fissures se déclarent dans le briquetage formant le corps du foyer. Ces fissures ne présentent pas d'inconvénient lorsque

le foyer est placé à une certaine profondeur au-dessous de la
surface du sol, car l'épaisseur de terre qui le recouvre suffit à
arrêter les gaz qui tendraient à s'échapper; mais, quand le
foyer est près du niveau du sol, à 0^m,50 à 0^m,60 par exemple,
les gaz chauds, quelquefois sulfureux, se feraient jour à
travers les fissures et se répandraient dans la serre, causant
un grave préjudice à la végétation. Pour parer à ce danger,
on a soin, dans le cas de foyers peu profonds, de revêtir le

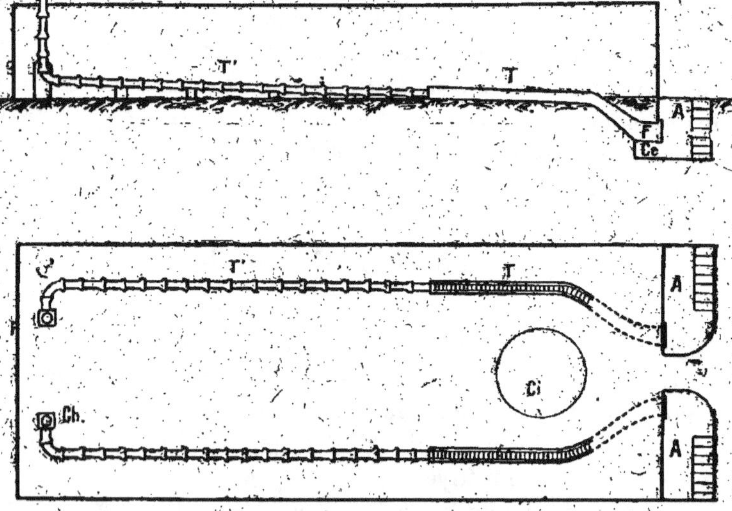

Fig. 20. — Chauffage flamand.

A, fosse d'alimentation; F, foyer; Ce, cendrier; Ci, citerne;
T, conduit en briques; T', conduit en poterie.

briquetage d'une couche de sable très fin, lequel est parfaitement étanche aux gaz.

Surfaces chauffantes. — La fumée sortant du foyer s'engage dans un conduit T en briques maçonnées; ce conduit
s'élève au milieu du sol, vient émerger à sa surface et se prolonge à ras de terre jusqu'au tiers environ de la longueur de la
serre; la fumée passe ensuite dans une portion T' composée
de tuyaux de poterie emboîtés les uns dans les autres, bout
mâle dans bout femelle; à son extrémité, la partie T' se

redresse en forme de cheminée, traversant le vitrage, par où les gaz chauds sont déversés dans l'atmosphère.

Le diamètre intérieur du conduit de fumée est de $0^m,20$; son épaisseur est de 6 centimètres environ dans la partie T, tandis qu'elle n'est que de 2 centimètres en T'.

Cheminée. — Le tirage est en général satisfaisant grâce à la hauteur qui sépare le sommet de la cheminée de la grille du foyer; cette hauteur n'est guère inférieure à $4^m,50$ en terrain plat, pouvant atteindre 7 mètres et davantage quand le terrain est en pente, comme cela se rencontre fréquemment en Belgique, car dans ce cas la différence de niveau entre le foyer et la cheminée s'accroît de la dénivellation que présente la serre entre ses deux pignons.

Les praticiens belges ont remarqué qu'augmenter la hauteur de la cheminée en vue d'obtenir un meilleur tirage était toujours un mauvais calcul; si l'on donne en effet trop d'importance à la partie de la cheminée extérieure à la serre, les gaz chauds se refroidissent avant de déboucher dans l'atmosphère, et le tirage en souffre.

Le meilleur remède à un tirage défectueux consiste à abaisser le niveau du foyer et à approfondir la fosse d'alimentation; c'est pourquoi les fosses de foyer des serres belges sont généralement assez profondes, dépassant parfois $2^m,50$; les cheminées, en revanche, émergent à peine au-dessus du vitrage, comme on peut s'en rendre compte dans la figure 20.

Dispositions diverses. — Chaque serre est munie de deux foyers, plus rarement de quatre. Les foyers sont disposés soit contre le même pignon, soit en diagonale, aux deux côtés. Il est bien évident que les dipositions des figures 22 et 23 (foyers à chaque extrémité) ne conviennent qu'à des serres construites sur terrain plat. Quand la serre est en pente, il faut adopter une disposition telle que la fumée progresse suivant le sens de l'inclinaison du terrain; les dispositions des figures 20 et 21 avec foyers du même côté, répondent à cette nécessité.

Chaque foyer est généralement desservi par une fosse d'alimentation qui lui est propre; quelquefois cependant on ouvre une tranchée sur toute la largeur du pignon, laquelle est commune à deux foyers; dans ce cas, une petite passerelle P traverse la tranchée et donne accès à la serre (fig. 21).

Quand on visite l'intérieur d'un certain nombre de serres belges, on est frappé par la diversité des dispositions que l'on a données aux surfaces chauffantes; c'est là assurément la

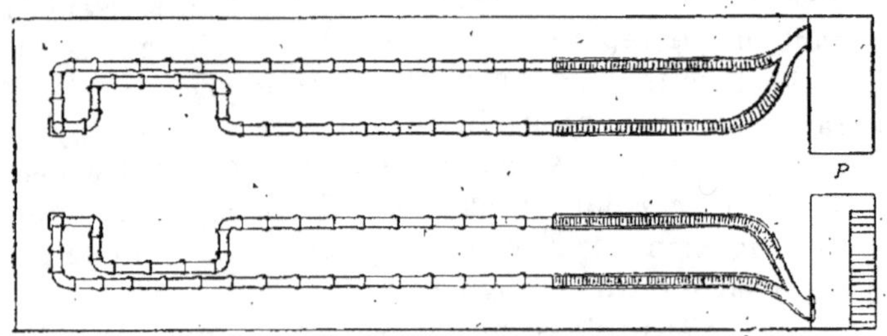

Fig. 21. — Disposition à conduits bifurqués.

P, ponceau d'accès dans la serre.

preuve des recherches qui ont été faites dans ce pays en vue d'arriver à la meilleure répartition de la chaleur.

Nous ne pouvons citer ici que quelques-unes de ces nombreuses dispositions, les plus caractéristiques.

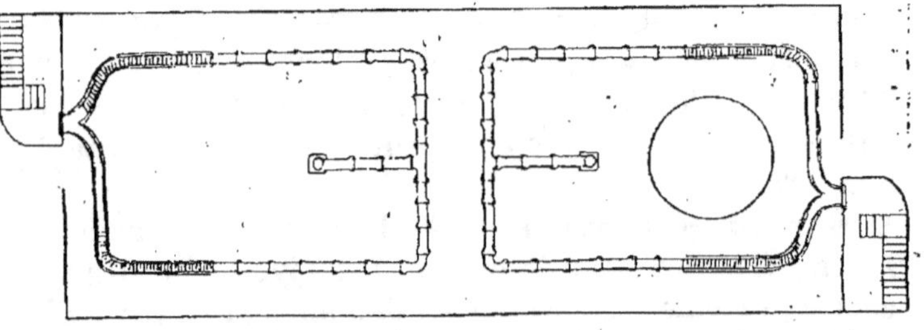

Fig. 22. — Disposition à conduits bifurqués (foyers opposés).

La plus simple est celle de la figure 20. Elle comprend deux foyers, alimentant chacun une conduite qui parcourt la serre d'une extrémité à l'autre.

La disposition de la figure 21 dérive de la première, avec cette différence que chaque conduit de fumée se divise au départ en deux branches qui se rejoignent à l'extrémité de la serre pour former une seule cheminée.

Une autre disposition (fig. 22) est une variante de la précédente pour le cas de foyers placés en diagonale.

Enfin la figure 23 nous montre une disposition à conduits non dédoublés pour serre à quatre foyers.

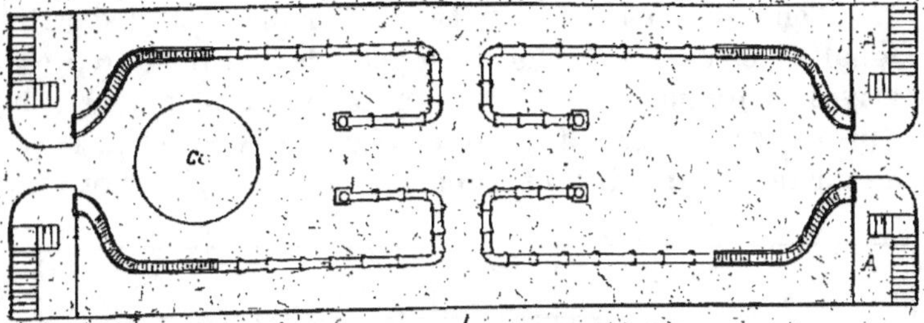

Fig. 23. — Disposition à quatre foyers.

Répartition de la chaleur. — Essayant d'exprimer sous une forme concrète comment se répartit la chaleur dans les divers chauffages, nous avons représenté par des surfaces les quantités de chaleur émises par chaque élément de tuyau (fig. 24). Supposons un certain nombre d'éléments de tuyaux

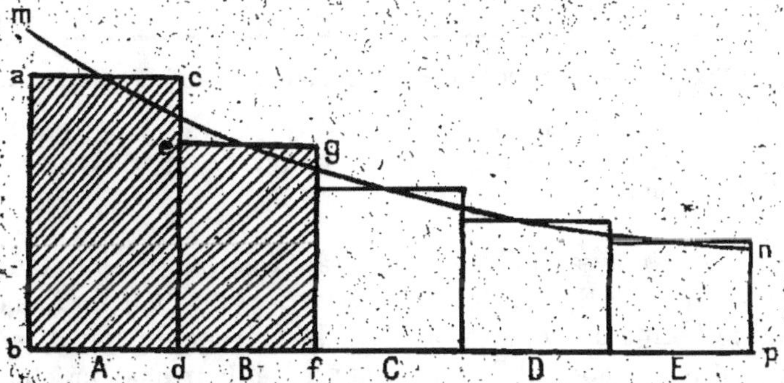

Fig. 24. — Surfaces représentatives des quantités de chaleur émises par élément de tuyau.

A, B, C, D, E, par exemple. L'élément A abandonne un nombre de calories que l'on exprime par la surface a, b, c, d; B abandonne un nombre e, d, f, g, etc. Si l'on assemble toutes ces surfaces, on obtient une surface totale m, n, b, p, qui représente la quantité de chaleur transmise par les cinq éléments.

Il suffit d'opérer ainsi pour toute une longueur de tuyauterie pour connaître l'importance de la transmission en chaque point, ce qui permet de juger d'un seul coup d'œil si la répartition est bonne ou défectueuse.

Si l'on applique cette méthode à l'une des dispositions signalées ci-dessus, la forme même des surfaces représentatives des quantités de chaleur émises par chacun des conduits exprime très nettement ce qui se passe. (Les surfaces sont indiquées en grisaille et rabattues sur un plan horizontal)

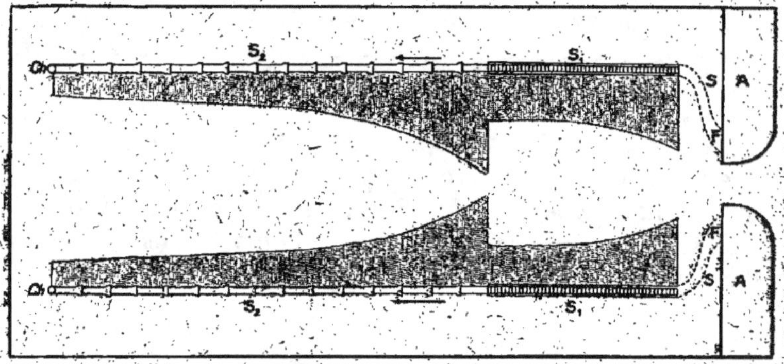

Fig. 25. — Répartition de la chaleur. Chauffage flamand.

A, fosse d'alimentation des foyers; F, foyers; S, portion de tuyau souterraine; S₁, portion en briques; S₂, portion en poterie; Ch, cheminée.

(fig. 25). Nous savons déjà que, grâce à la partie souterraine S, du conduit S, S₁, S₂, les gaz chauds sortant du foyer à une très haute température, surtout dans la marche à feu vif, cèdent au sol par conductibilité une partie de leur chaleur, laquelle se propage de proche en proche. La portion en souterrain a donc pour effet d'échauffer le sol; mais, comme elle n'agit pas directement sur l'atmosphère de la serre, il n'en a pas été tenu compte dans la représentation schématique des émissions de chaleur.

A travers les portions S₁ et S₂, la transmission s'opère par rayonnement et par contact. Les gaz chauds arrivent à l'origine de S₁ possédant une température encore très élevée; dans un conduit métallique, ils abandonneraient immédiatement la plus grande partie de leur chaleur, mais, danss un conduit de briques, ils conservent assez bien leur charge calorifique, grâce à l'épaisseur et à la faible conductibilité de la paroi ; il en résulte une émission de chaleur modérée à l'origine de la portion S_1, et lentement décroissante jusqu'à l'extrémité de cette portion.

Au début de S_2, les gaz ont encore perdu de leur température ; par contre, ils passent d'un conduit de 6 centimètres d'épais-

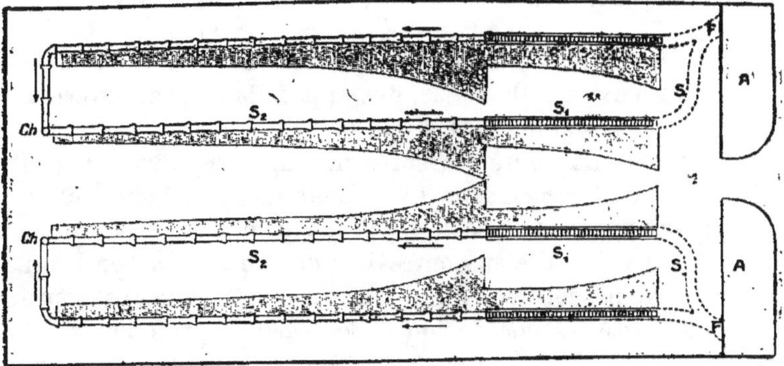

Fig. 26. — Répartition de la chaleur. Chauffage flamand à conduits bifurqués.

S, portion souterraine ; S_1, portion en briques ; S_2, portion en poterie ; Ch, cheminée.

seur dans un tuyau de poterie de 2 centimètres seulement, pour ainsi dire plus perméable à la chaleur ; la valeur de la transmission se relève donc brusquement au point de jonction de S_1 et S_2 pour décroître ensuite jusqu'à la cheminée.

Dans l'ensemble, une telle disposition assure une répartition satisfaisante ; l'extrémité de la serre opposée aux foyers semble sans doute moins favorisée que l'autre ; mais il faut tenir compte que cette disposition est particulière aux serres construites sur terrain en pente et que la chaleur tend à gravir la déclivité pour s'accumuler vers le pignon le plus haut.

Dans leurs recherches relatives à la répartition, les forceurs belges se sont préoccupés de répartir la chaleur aussi uniformément que possible, non seulement suivant la longueur, mais aussi dans le sens de la largeur, ainsi qu'en témoigne la disposition de la figure 26, dans laquelle les conduits de fumée issus de chaque foyer se divisent en deux branches convenablement espacées. On voit que l'allure de la transmission est semblable à celle indiquée pour les conduits de la figure 25. Mais la chaleur qui se dégage est plus douce et mieux disséminée.

Appareils à foyer extérieur à la serre.

On trouve, dans quelques établissements français, notamment aux environs de Paris, des appareils à foyer extérieur à la serre et à conduits métalliques.

Foyer. — La figure 29 représente une serre d'une vingtaine de mètres de longueur sur 8 à 10 mètres de largeur, chauffée par deux appareils de cette nature. Chacun d'eux se compose d'un foyer F installé en contre-bas dans un massif en briques attenant au pignon de la serre ; l'ouverture du foyer est tournée vers une fosse d'alimentation A de $0^m,80$ de profondeur environ. La grille mesure $0^m,40 \times 0^m,40$, dimensions pratiquement suffisantes pour assurer dans la région parisienne le chauffage de 100 mètres carrés de surface couverte.

Surfaces chauffantes. — Les gaz chauds sont recueillis dans un conduit de $0^m,20$ de diamètre qui pénètre dans la serre par le muret de pignon ; ce conduit (fig. 27) est constitué à son origine et sur une faible longueur (1 mètre au maximum) par un élément de tuyau en terre réfractaire m de 4 centimètres d'épaisseur, que les chauffeurs appellent ordinairement le mitron et qui a pour but d'atténuer un peu l'émission de chaleur au point où les gaz ont leur plus haute température ; un tuyau de tôle S lui fait suite, légèrement incliné et fixé par des crampons au mur latéral de la serre, qu'il traverse dans toute sa longueur pour sortir au pignon opposé, où il se redresse en une cheminée verticale Ch.

Cheminée. — La cheminée, qui mesure de 2 mètres à $2^m,50$ de hauteur, est complètement extérieure à la serre (fig. 28). En admettant un diamètre de $0^m,20$, elle expose donc au refroidissement extérieur une surface de près de 1^m,5, à travers laquelle les gaz chauds abandonnent en pure perte ce qui leur reste de chaleur avant d'arriver à l'embouchure de la cheminée ; il est inutile de dire que le tirage s'en ressent.

Fig. 27. — Conduit de fumée à son point de départ. On aperçoit à la base des troncs des planches qui ont pour but de protéger ceux-ci contre les excès de température.

Répartition de la chaleur. — La répartition de la chaleur est différente de celle qu'on obtient dans le système précédent à tuyaux de poterie.

On sait par l'exemple de la page 127 comment la chaleur se répartit le long d'un tuyau homogène, et particulièrement d'un tuyau métallique, parcouru par un courant de gaz chauds : l'émission de chaleur, très vive au début, tombe dès les premiers mètres carrés de surface chauffante, faiblissant ensuite, insensiblement jusqu'à l'extrémité du conduit. C'est précisément le cas du chauffage qui nous occupe.

Pour une serre à foyers disposés en diagonale (fig. 29), on obtient deux diagrammes représentant les quantités de chaleur issues respectivement de chacun des conduites de fumée S. Examinons, d'après ces diagrammes, comment la chaleur se trouve répartie dans l'ensemble de la serre. A cet effet, supposons la longueur de la serre divisée en trois tranches égales et déterminons comparativement l'importance occupée dans chacune d'elles par la surface en grisaille. On voit immédiatement que le gris domine dans les deux tranches des extrémités par rapport à celle du milieu, et, comme la surface en gris ne représente autre chose que de la chaleur, on en conclut aisément que les extrémités de la serre bénéficient d'une somme de chaleur plus grande que le milieu.

Ces résultats peuvent se vérifier pratiquement. Nous avons fait des lectures thermométriques dans les serres de 20 mètres de long sur 10 mètres de charge, chauffées par deux appareils à gaz chauds à foyers opposés et à conduits métalliques ; trois thermomètres étant placés sur le grand axe de la serre, l'un au milieu, les deux autres vers les extrémités, nous avons relevé entre eux des différences de plusieurs degrés, variables suivant l'intensité du chauffage, mais toujours à l'avantage des thermomètres des extrémités ; les chauffeurs expriment ce fait en disant qu'il existe un *creux* de température au milieu de la serre.

Ce chauffage donne lieu à des inégalités de température plus accusées encore dans le sens de la largeur de la serre. On en éprouve l'impression très nette à la seule vue des diagrammes de la figure 29 ; cette impression est corroborée par les résultats des lectures thermométriques. En plaçant, par exemple, à l'intérieur d'une serre de 3 mètres de haut, *au niveau du feuillage,* dans un plan coupant transversalement la serre à quelques mètres du pignon, une série de thermomètres, on lit dans la partie avoisinant le foyer des températures excédant parfois de 10° la température moyenne de la serre ; ces excès de température vont s'abaissant à mesure qu'on s'éloigne vers le côté opposé. Il résulte de ces inégalités de température des inégalités de végétation, sans préjudice des accidents qui peuvent survenir aux arbres exposés d'une façon continue à ces excès de température.

On sait que l'un des procédés employés pour éviter la dessic-

Fig. 28. — Groupe de serres munies d'appareils de chauffage à gaz chauds. Les foyers et les cheminées sont extérieurs.

cation de l'air par le chauffage consiste à faire évaporer par l'appareil de chauffage lui-même une certaine quantité d'eau contenue dans des bacs. Ces bacs, à fond concave, sont posés sur le conduit de fumée, dont ils épousent la forme. Nous donnons dans la figure 30 les diagrammes de transmission se rapportant à des tuyaux de fumée munis chacun d'un bac. Une partie de la chaleur est utilisée pour l'évaporation

PACOTTET. — *Cultures de serres.*   10

de l'eau, et par ce fait la région avoisinant le bac se trouve
protégée contre l'action nuisible des gaz les plus chauds ; de
ples ul point où a lieu la transmission maxima se trouve

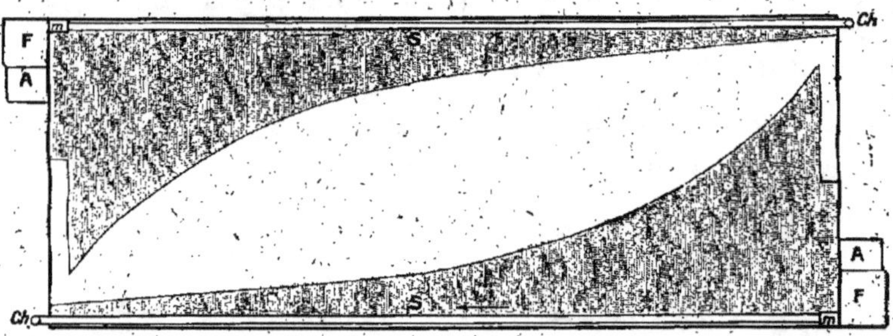

Fig. 29. — Répartition de la chaleur. Chauffage flamand.

A, fosses d'alimentation des foyers ; F, foyer ; *m*, portion en terre
réfractaire ; S, conduit métallique ; Ch, cheminée.

repoussé un peu plus loin vers le centre de la serre, de telle
façon que, avec deux tuyaux munis de bacs, le *creux* de température signalé plus haut tend à s'atténuer. La présence des

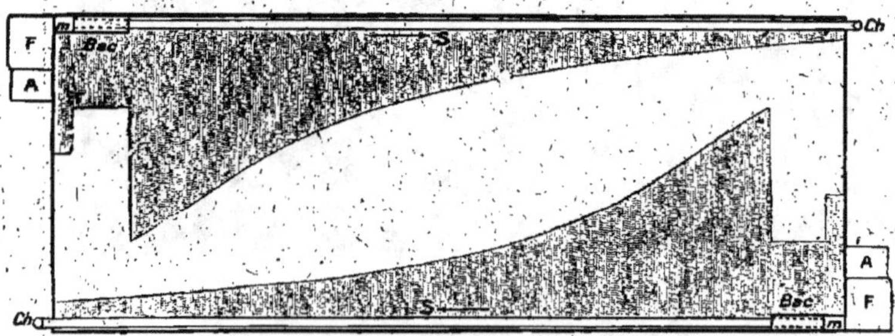

Fig. 30. — Répartition de la chaleur. Chauffage flamand. Serre
munie de bacs d'évaporation.

F, foyers ; S, conduits métalliques ; Ch, cheminée ; A, fosse
d'alimentation.

bacs régularise donc jusqu'à un certain point la distribution
de la chaleur (fig. 31).

Valeur comparée des deux types décrits. — L'étude de

la valeur comparée de ces deux systèmes de chauffage à gaz chauds, à foyer dans le sol de la serre, d'une part, et à foyer extérieur, d'autre part, fait conclure à la supériorité incontestable du premier sur le second. Cette supériorité est basée sur les avantages suivants :

1° Utilisation plus complète de la chaleur et, par conséquent,

Fig. 31. — Conduit à gaz de combustion muni d'un bac.

rendement plus élevé de l'appareil, la chaleur dégagée inévitablement par l'enveloppe du foyer étant absorbée en totalité par le sol de la serre au lieu d'être rayonnée au dehors et perdue pour la serre, comme dans le système à foyer extérieur ;

2° Répartition meilleure de la chaleur par l'emploi de conduites en terre cuite à épaisseurs variables et appropriées à la température des gaz ;

3° Tirage plus actif, grâce, d'une part, à la différence de niveau très importante entre le foyer et la cheminée et, d'autre part, à la position de la cheminée, complètement intérieure à la serre, par conséquent à l'abri d'un refroidissement anticipé des gaz.

Appréciation des appareils à gaz chauds. — Sans réunir toutes les conditions que devrait remplir l'appareil de chauffage idéal, les appareils à gaz chauds présentent un certain nombre d'avantages, qu'il convient de mettre en évidence en regard de leurs défectuosités.

Au point de vue de la dépense d'exploitation, ils sont d'un assez bon rendement, variable avec le régime de fonctionnement, mais qui peut atteindre du 65 p. 100, surtout quand le foyer est dans le sol de la serre ; on peut donc dire qu'ils usent un poids de combustible normal pour le nombre de calories qu'on leur demande. Par contre, l'entretien des feux et l'enlèvement des cendres exigent beaucoup de main-d'œuvre ; en pleine période de forçage, un homme suffit à peine à l'entretien de trente foyers. En outre, la fumée dépose dans les tuyaux horizontaux, principalement quand on brûle de la briquette, une quantité de suie et de cendres dont l'accumulation réduirait rapidement la transmission, de sorte qu'on se trouve dans la nécessité de ramonner les conduits de fumée tous les vingt à trente jours. Les frais de réparation consistent surtout dans le remplacement des conduits de fumée ; les tuyaux de poterie se brisent, se fissurent ; les tuyaux de tôle s'oxydent sous l'effet de la vapeur d'eau et des hautes températures, et leur usure est d'autant plus rapide qu'ils sont plus près du foyer.

En ce qui concerne la souplesse du chauffage, les appareils à gaz chauds se prêtent assez bien aux variations de la température extérieure, à la condition toutefois d'être l'objet d'une surveillance très active de la part du personnel préposé à l'entretien des foyers. Bien qu'il soit moins facile de diriger la marche d'un feu que de commander la manette d'une canalisation d'eau chaude ou de vapeur, les chauffeurs arrivent à régler la combustion avec assez de précision et à obtenir assez exactement dans la serre la température désirée.

Nous ne reviendrons pas sur la répartition, à laquelle il a été consacré plusieurs paragraphes spéciaux; nous rappellerons seulement que les appareils à gaz chauds sont susceptibles de donner une bonne répartition de la chaleur, si l'on a soin de choisir et de disposer convenablement les surfaces chauffantes.

La valeur hygiénique d'un chauffage dépend : 1° de la pureté qu'il permet de conserver à l'atmosphère de serre; 2° de la facilité qu'il nous offre de réaliser l'état hygrométrique le plus favorable et de le maintenir quand il est obtenu. Le chauffage aux gaz chauds laisse parfois à désirer sur le premier de ces points. Il peut arriver que, sous l'effet des dilatations et contractions successives résultant des variations de température, une fissure se déclare au conduit de fumée, ou bien encore que deux éléments de tuyaux emboîtés l'un dans l'autre se disjoignent; les produits de la combustion se fraient un passage, se répandent dans la serre et y causent des dégâts d'autant plus graves que leur température est plus élevée; la suie se dépose sur les feuilles dont elle obstrue tous les pores; au surplus, quand les produits de la combustion proviennent de charbons pyriteux, ils contiennent des gaz sulfurés dont l'irruption au milieu de la végétation peut provoquer des altérations de tissus. C'est un inconvénient que ne présentent ni le chauffage à eau chaude ni le chauffage à vapeur.

Le chauffage aux gaz chauds passe pour dessécher l'atmosphère, et ce seul motif suffit souvent à le faire condamner sans autre considérant. Il est exact qu'il abaisse l'état hygrométrique de l'atmosphère, à cause de la température élevée à laquelle sont portées les surfaces chauffantes, mais il semble exagéré de dire que cet abaissement de l'état hygrométrique constitue en toutes circonstances un inconvénient. Dans la culture de la vigne par exemple, une atmosphère humide est nécessaire dès la mise en marche, au débourrement, à la véraison; par contre, la floraison exige un état hygrométrique peu élevé, et la chaleur que l'on donne à la maturité pour maintenir le grain en bon état de conservation a surtout pour but d'assiéger l'air afin d'éviter le développement du *Botrytis*. Les serres des régions humides, brumeuses, au sol toujours gorgé d'eau, comme celles des environs sud-est de Bruxelles, s'accommodent mieux, pour cette raison, du chauffage aux gaz chauds que de tout autre mode.

Avec des tuyaux de tôle, l'appauvrissement de l'air en vapeur d'eau est plus marqué qu'avec les tuyaux de terre cuite usités en Belgique, à cause de la propriété que possède le fer de décomposer vers 360° la vapeur d'eau pour donner de l'oxyde de fer magnétique et mettre en liberté de l'hydrogène. On arrive cependant à relever sensiblement l'état hygrométrique par l'emploi des bacs d'eau dont il a été parlé plus haut.

Le prix de première installation des appareils à gaz chauds est minime ; les foyers en sont très rudimentaires ; quant aux surfaces chauffantes, elles reviennent environ à 1 fr. 60 par mètre courant de tuyau.

Indication. — En résumé, le chauffage aux gaz chauds possède de bons états de service et répond aux exigences d'un certain nombre de situations bien déterminées.

En raison de ses qualités desséchantes, il est indiqué pour les pays à climat humide, là où il y a lieu plutôt d'abaisser l'état hygrométrique de l'atmosphère que de l'augmenter ; c'est ce qui explique d'ailleurs la faveur dont il jouit autour de la localité belge d'Hoeylaert, où plus de 16 000 serres sont munies d'appareils à gaz chauds.

Grâce au prix peu élevé de son installation, il convient partout où la durée du chauffage est trop courte pour assurer l'amortissement d'appareils perfectionnés ; ce sera le mode de chauffage des serres à raisin tardif, qui ne demandent de chaleur artificielle qu'à certains moments, notamment quand la gelée est à craindre, quand on veut avancer le départ de la végétation par la pratique de l'assistage, à la maturité enfin, pour lutter contre le *Botrytis*.

Installé dans des serres déjà munies d'un chauffage à vapeur ou d'un thermosiphon, il rendra des services comme chauffage auxiliaire ou de secours, venant en aide au chauffage principal lorsque la température extérieure s'abaissera au delà des prévisions, ou bien se substituant à lui au cas d'arrêt pour cause de réparations.

CHAUFFAGE PAR L'EAU CHAUDE

Le chauffage par l'eau chaude, qui a toujours obtenu une faveur si marquée de la part des horticulteurs, a fait ses débuts dans les serres; d'après Picard, il aurait été réalisé pour la première fois en Angleterre par Evelyn, qui, en 1675, aurait chauffé une serre par ce procédé. Repris vers 1716 à Newcastle par Truwald, toujours en vue du chauffage des serres, il fut introduit en France et perfectionné à la fin du xviiie siècle par le Français Bonnemain, qui l'appliqua au chauffage des étuves d'incubation, puis des serres et des bains.

Principe. — Le principe du chauffage à circulation d'eau chaude est connu de tout le monde.

Soit un circuit fermé ABCDA formé d'une tuyauterie remplie d'eau qu'une source de chaleur, en A, est capable de porter à une température voisine de 100°. Ce circuit est placé dans une enceinte à basse température, soit à 15°.

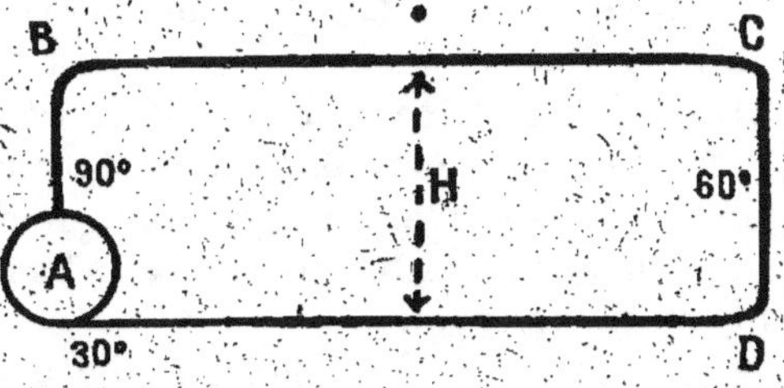

Fig. 32. — Principe de la circulation d'eau chaude.

Si l'on suppose que l'eau, échauffée en A, circule dans le sens de la flèche, elle se refroidit sur le parcours ABCDA, cédant à l'enceinte une partie de sa chaleur; sa température baisse progressivement, de telle sorte qu'elle retourne en A à 30° par exemple.

Dans le circuit ABCDA, on se trouve donc en présence de deux colonnes d'eau, de hauteur h, l'une AB, ascendante à une température de 90° par exemple, l'autre CD descendante, possédant une température moyenne de

$$30 + \frac{90 - 30}{2} = 60°.$$

Or la colonne d'eau la plus chaude AB a une densité plus faible que l'autre, par conséquent un poids moindre, et il s'ensuit que la circulation s'établit d'elle-même sans aucun secours étranger, uniquement en vertu d'une différence de poids entre les deux colonnes qu'on appelle la *charge*.

La charge ou pression motrice P a comme valeur :

$$P = h (D - d),$$

h, étant la hauteur ;

D, la densité de l'eau dans la colonne descendante ;

d, la densité de l'eau dans la colonne ascendante.

Ou bien exprimée en fonction des températures :

$$P = h. \Delta (T - t).$$

T étant la température de la colonne ascendante ;

t, la température de la colonne descendante ;

Δ le coefficient moyen de dilatation de l'eau.

Il résulte de cette expression les conséquences suivantes :

1° Dans les appareils thermosiphons, où la hauteur h se réduit le plus souvent à la hauteur même de l'appareil, l'eau circule avec une faible vitesse, ce qui nécessite un grand développement de tuyaux ;

2° La vitesse de circulation de l'eau étant d'autant plus grande que l'écart de température T — t est plus important, on évitera de faire rentrer l'eau à la source de chaleur A avec une température t trop élevée.

Thermosiphon.

Les appareils à circulation d'eau chaude ordinairement employés dans les serres sont appelés thermosiphons ; ils sont caractérisés par la faible différence de niveau qui existe entre les points extrêmes de la circulation d'eau chaude ; ils fonctionnent à l'air libre, et la température de l'eau ne dépasse pas 85 à 80°.

Une installation de termosiphon comprend :

1° Une chaudière à eau placée un peu en contre-bas de la serre ou du groupe de serres à chauffer ;

2° Des surfaces chauffantes ;

3° Une capacité appelée *vase d'expansion* placée au point le plus haut de la canalisation.

Chaudière. — Nous passerons rapidement sur la descrip-

tion des chaudières à eau, qui, quelle que soit la forme qu'elles
affectent, sont toujours des appareils d'une grande simplicité.

Elles sont formées d'une capacité entièrement remplie
d'eau, ce qui les distingue des chaudières à vapeur; elles
diffèrent encore de ces dernières en ce qu'elles ne comportent
pas d'organes accessoires, appareils de sûreté ou d'alimentation qui n'auraient ici aucun objet, la question de sécurité

Fig. 33. — Chaudière à eau en fer à cheval avec réserve
de combustible.

n'étant pas en jeu et le remplissage ayant lieu par le vase
d'expansion. Enfin elles sont munies de deux tubulures, l'une
au point le plus haut, l'autre au point le plus bas de la chaudière, destinées respectivement à la sortie de l'eau chaude et
à la rentrée de l'eau refroidie.

La surface de chauffe est établie sur la base d'une transmission de 10 000 calories par mètre carré.

Les chaudières à eau se prêtent aussi bien aux conditions des petits chauffages qu'à celles des installations très importantes, et partant elles se construisent dans toutes les dimensions.

Elles sont construites en cuivre, en fonte ou en tôle d'acier. On doit préférer le cuivre si l'on est appelé à se servir de charbons pyriteux.

Elles présentent les formes les plus diverses, horizontales

Fig 34. — Chaudière tubulaire à retour de flamme.

ou verticales. A citer, parmi les plus répandues dans les serres, celles dites en *fer à cheval*, ainsi appelées parce que la section de la capacité contenant l'eau affecte la forme d'un fer à cheval enveloppant le foyer. La figure 33 représente une de ces chaudières munie de sa trémie de chargement. On trouve aussi, convenant à des chauffages de faible importance, des chaudières coniques, généralement en fonte et venues d'une seule pièce.

Les chaudières destinées aux grandes installations procèdent, quant à leurs formes, d'un certain nombre de types de chaudières à vapeur ; on y recherche l'utilisation la plus complète de la chaleur de combustion en augmentant la surface de chauffe et en faisant effectuer aux gaz chauds le plus grand parcours possible. Telle est la chaudière tubulaire à retour de flammes de la figure 34 (Roudier et Crouzet).

Un type assez original qu'on ne trouve que dans les chauffages à eau ou à vapeur à basse pression est représenté par la chaudière *à éléments* assemblés. Celle-ci, comme son nom

Coupe longitudinale.

Coupe transversale.

Fig. 35 et 36. — Chaudière à éléments.

2, carneaux ; 6, surface de grille ; 7, cendrier ; 11, porte de magasin ; 12, porte de cendrier.

l'indique, est composée d'un nombre d'éléments plus ou moins grand suivant l'importance de l'installation et la puissance qu'il y a lieu d'obtenir. Les premières chaudières appartenant à cette catégorie ont été construites par la maison Strebel, qui emploie les éléments creux en forme d'O, à l'intérieur desquels est contenue l'eau (fig. 35) ; la capacité de chaque élément communique avec celle de l'élément voisin par le haut et par le bas ; quant aux gaz, ils circulent dans les espaces 2 laissés libres entre deux éléments accolés. Le foyer est complètement extérieur et, suivant l'expression des constructeurs, il y a autant de lames d'eau que de lames de gaz. Chaque élément forme un tout complet au point qu'il porte même une partie de la grille venue de fonte avec lui.

On peut composer la chaudière d'un nombre quelconque d'éléments.

Régulateurs de tirage. — Plusieurs dispositifs dont le principe varie avec les constructeurs ont pour but de régler automatiquement la marche de la combustion dans le foyer.

Fig. 37. — Chaudière à éléments assemblés munie à sa partie supérieure du régulateur de tirage.

Nous citerons, à titre d'exemple, celui de la maison R.-O. Meyer.

Il se compose d'un losange monté à la partie supérieure de la chaudière et formé d'un tube d'acier dans lequel circule, en dérivation, une partie du courant d'eau chaude provenant de la chaudière. Ce losange est extensible dans le sens de la hauteur ; les mouvements résultant de la déformation de ce losange sous l'effet des variations de température sont imprimés par l'intermédiaire de deux couteaux verticaux à un bras de levier qui commande à l'aide d'une chaîne l'ouverture de l'arrivée d'air à la grille.

Quand la température de l'eau s'élève, le losange s'allonge dans le sens vertical ; les couteaux laissent du jeu au levier qui, sollicité par un contrepoids, s'abaisse et ferme progressivement le clapet d'arrivée d'air. La combustion est diminuée, ce qui produit un abaissement de la température de l'eau.

Le contrepoids est mobile sur le bras de levier, et on le déplace suivant le régime de température de l'eau chaude que l'on désire conserver.

Accouplement des chaudières à eau. — Dans les installations comportant plusieurs chaudières, le branchement de celles-ci sur un même collecteur, comme dans le chauffage à vapeur, augmente la régularité de fonctionnement et facilite les travaux de nettoyage et l'exécution des réparations.

Surfaces chauffantes. — Elles sont constituées par des tuyaux en fonte ou en cuivre, lisses ou munies d'ailettes.

Les tuyaux lisses en fonte sont les plus répandus dans les

Fig 38. — Groupement de trois chaudières à eau.

serres; on admet que le nombre de calories qu'ils transmettent par mètre carré et par heure est de :

750 calories environ pour un écart de température de 80

640	—	—	70°
520	—	—	60°
420	—	—	50°

l'air ambiant étant à une température de 15 à 20°.

Les tuyaux à ailettes ont un rendement inférieur à celui des tuyaux lisses par unité de surface. Pour un écart de température de 60°, le rendement, qui est de 500 à 540 calories par mètre carré de tuyau lisse, n'est plus que de 200 à 300 calories par mètre carré de tuyau à ailettes.

Dimensions des surfaces chauffantes. — La détermination des dimensions des surfaces chauffantes est un problème assez délicat. Il faut en effet donner aux surfaces chauffantes un développement proportionné à la quantité de chaleur qu'elles doivent laisser passer, et ensuite, ce développement étant connu, calculer la section correspondant à un débit d'eau tel qu'on obtienne rigoureusement le nombre de calories demandé; il faut en un mot mettre les surfaces chauffantes en harmonie avec les conditions de vitesse et de température de la circulation d'eau chaude. Un exemple numérique montrera comment on procède.

Soit à calculer les dimensions d'une circulation d'eau chaude destinée à fournir 36 000 calories par heure à une serre maintenue à 15° environ, la température de l'eau étant de 80° à sa sortie de la chaudière, de 30° à sa rentrée et la pente mesurant 2 mètres.

DÉVELOPPEMENT. — Les températures initiale et finale étant respectivement de 80 à 30°, la température moyenne de l'eau dans la circulation est égale à leur demi-somme $\frac{80 + 30}{2} = 55°$.

Or un tuyau lisse rempli d'eau à 55° dégageant environ 400 calories, 36 000 calories exigeront $\frac{36\,000}{400} = 90$ mètres carrés de surfaces chauffantes.

DÉBIT. — Un kilogramme d'eau passant de 80 à 30° abandonne dans son parcours 50 calories; par conséquent le poids d'eau qui doit sortir de la chaudière en une heure est de $\frac{36\,000}{50}$ et en une seconde de $\frac{36\,000}{50 \times 3\,600} = 0^{kg},2$, qui représente, en prenant 0,000 466 comme coefficient de dilatation de l'eau :

$$0,2\ (1 + 0,000\,466 \times 55) = 0^l,2051.$$

CHARGE. — La vitesse de circulation est due à la charge, c'est-à-dire dans le cas présent à la différence de poids de deux colonnes de 2 mètres de hauteur commune, l'une à 55°, l'autre à 80°, cette différence étant exprimée par une hauteur d'eau à 55°.

Or les pressions produites par décimètre carré de section pour chacune des colonnes descendante et montante sont respectivement de $\dfrac{20}{1 + 0,000\,466 \times 55}$ et $\dfrac{80}{1 + 0,000\,466 \times 80}$

dont la différence est égale à 0^{kg},22, soit, exprimée par une hauteur d'eau à 55°, une colonne de 0^m,02256. Cette colonne représente la charge totale.

Diamètre. — On trouve le diamètre par tâtonnement. On prend un diamètre quelconque, et on cherche s'il est suffisant pour la charge et le débit énoncés.

Soit un tuyau de 10 centimètres de diamètre. Dans cette

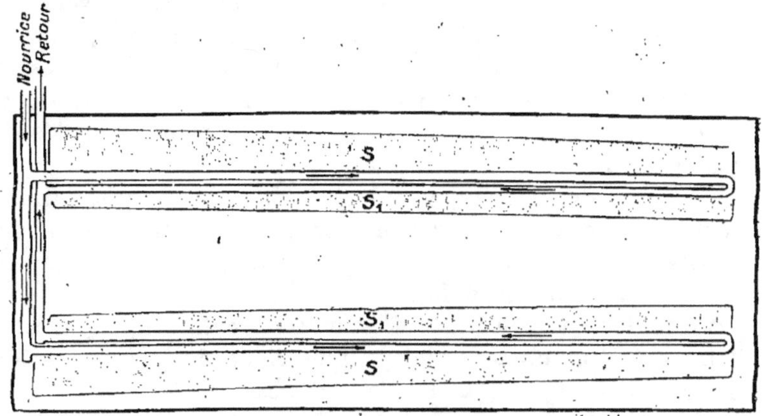

Fig. 39. — Répartition de la chaleur. Serre chauffée par thermosiphon.

S, S, tuyaux d'eau chaude.

dimension, 90 mètres carrés de surfaces chauffantes correspondent à une longueur de 286 mètres. La charge totale étant de 0^m,02256, la charge par mètre est de $\dfrac{0^{m},02256}{286} = 0^{m},0000788$.

On voit, dans les tables de Prony, que sous cette charge le diamètre 0^m,10 débite 0^l,3927 par seconde.

Le diamètre de 10 centimètres est donc un peu fort, puisqu'il nous suffit d'un débit de 0^l,2051 par seconde, et l'on pourrait essayer à nouveau avec un diamètre de 9 centimètres seulement.

Il est bon de remarquer cependant qu'il faut prendre un diamètre correspondant à un débit un peu plus élevé que le débit strictement nécessaire, à cause des résistances dues aux coudes, aux changements de direction, etc., et dont on n'a pas tenu compte dans ce calc simplifié.

Disposition des surfaces chauffantes. — Dans les chauffages à eau chaude, les surfaces chauffantes, une fois arrivées à l'extrémité de la serre, font retour suivant le chemin déjà parcouru pour revenir à leur point de départ. Cette disposition, qui s'impose par la nécessité où l'on se trouve de ramener l'eau à la chaudière, a l'avantage d'assurer une excellente répartition dans le sens de la longueur. Dans la figure 39, qui montre des surfaces chauffantes établies suivant ce principe, la branche S_1 corrige les inégalités de température auxquelles donnerait lieu l'allure dégressive de la transmission le long de la branche S (comme pour le chauffage aux gaz chauds, les surfaces en grisaille représentent les quantités de chaleur émise).

Certains constructeurs combinent dans leurs installations l'emploi des tuyaux lisses et des tuyaux à ailettes. Les uns adoptent les tuyaux à ailettes pour la branche d'aller, les autres pour la branche de retour.

Vase d'expansion. — C'est un corps cylindrique ouvert à l'air libre et établi au point le plus haut de la canalisation d'eau chaude. Il remplit plusieurs fonctions.

1° Il reçoit l'augmentation de volume de l'eau due à la dilatation ;

2° En cas de variations de la température de l'eau, il fournit un supplément d'eau chaude et joue jusqu'à un certain point le rôle d'un volant de température ;

3° Étant en communication avec l'atmosphère, il limite la température de l'eau à 100° ;

4° Au même titre que les purgeurs, il sert à l'évacuation au dehors de l'air contenu dans les canalisations ;

5° Il sert au remplissage, et à cet effet il est muni d'un tube de niveau qui permet de vérifier la hauteur occupée par l'eau dans la capacité.

La place du vase d'expansion est généralement dans la serre. Si, pour un motif quelconque, on le plaçait à l'extérieur, il faudrait avoir soin de l'entourer d'un isolant afin d'éviter les déperditions.

Réglage. — Quand les serres sont chauffées individuellement, le réglage de la température s'opère en activant plus ou moins l'intensité de la combustion au foyer ; le réglage agit par l'élévation ou l'abaissement de température de l'eau de la circulation. Mais le même appareil chauffant un groupe de plusieurs serres, il devient nécessaire de pouvoir régler séparément la température de chacune d'elles ; à cet effet, la circulation de chaque serre est munie à son origine d'un robinet à clapet, qui, suivant la position qu'on lui donne, laisse entrer une quantité plus ou moins grande d'eau chaude : ce sont dans ce cas les variations de débit qui interviennent dans le réglage.

Fig. 40. — Robinet de réglage à clapet.

Utilisation des eaux chaudes naturelles. — L'idée de tirer parti des eaux chaudes naturelles autrement que pour leurs propriétés thérapeutiques ne date pas de nos jours. Déjà, chez les Romains, l'agriculture et l'horticulture bénéficièrent de leur chaleur ; les eaux chaudes des thermes étaient utilisées sous forme d'arrosages à chaud ou employées à chauffer des serres, ainsi qu'en font mention dans leurs ouvrages plusieurs auteurs latins et en particulier Martial.

Les sources chaudes ne manquent pas à la surface du globe, et chez nous elles sont particulièrement abondantes dans certaines régions comme les Vosges, le Massif central, les Pyrénées. Mais la plupart des sources chaudes ont une température variant entre 30 et 45°, insuffisante pour le chauffage des serres et quelques-unes seulement, comme celles de Dax, de Plombières en France et de Wiesbaden en Allemagne, par exemple, jaillissent du sol avec un degré utilisable, soit une température de 60 à 70°.

La question du chauffage des serres par les eaux chaudes naturelles est à l'ordre du jour ; de nombreux essais ont été faits dans ce sens, et actuellement il s'installe des cultures sous verre où l'on se propose d'exploiter ces réserves de chaleur gratuite.

Les conditions d'installation de canalisations sont les mêmes que dans le thermosiphon ordinaire. On donne aux conduites une pente qui permette à l'eau de progresser à mesure que sa température s'abaisse ; mais, en raison de la température relativement faible dont on dispose, il faut donner un développement considérable aux surfaces chauffantes.

Supposons qu'on se trouve en présence d'une source à 65 ou 70° (température maxima des eaux chaudes naturelles). L'eau chaude, si l'on défalque quelques déperditions inévitables pour l'amener jusqu'à l'enceinte à chauffer, sera utilisée vers 60° et sera rejetée à l'extérieur à 25°, par exemple. On sait qu'entre ces deux limites le rendement calorifique moyen d'un tuyau métallique lisse n'atteint pas 200 calories au mètre carré ; or, dans un thermosiphon à chaudière, en prenant 80° pour la sortie de l'eau et 30° pour sa rentrée, le rendement moyen serait de plus de 400 calories au mètre carré. On peut dire que, dans les meilleures conditions, le chauffage par les eaux chaudes naturelles exige un développement de surfaces chauffantes au moins double de celui que comporte un thermosiphon.

Pour éviter un tel surcroît de dépenses, il semble avantageux de réduire la surface de la tuyauterie aux exigences d'un refroidissement moyen des serres et de prévoir des réchauffeurs capables, en cas de besoin, de porter l'eau chaude naturelle à une température de 80 à 90° ; l'eau admise dans la circulation à sa tempéature d'émission durant la période normale serait seulement pendant les grands froids l'objet d'un réchauffement préalable.

Les eaux chaudes sont en général très riches en matières minérales. Durant le refroidissement, ces matières se déposent dans les conduits et ne tardent pas à former un revêtement intérieur qui diminue la transmission de chaleur. Il faut alors démonter fréquemment toute la tuyauterie et la désincruster. Cela constitue un des gros inconvénients de l'emploi des eaux chaudes naturelles. Enfin, quand on se trouve en présence d'eaux sulfureuses, on est obligé de recourir à des tuyaux de cuivre, extrêmement coûteux, le fer étant attaqué par l'acide sulfhydrique en dissolution.

Les eaux chaudes naturelles peuvent servir non seulement

à échauffer l'air des serres, mais à les arroser, et l'on sait combien les arrosages à chaud sont précieux pour les cultures forcées.

Appréciation du système à eau chaude. — Le chauffage à eau comporte un grand développement de tuyaux, ce qui augmente un peu les dépenses de première installation. Mais, lorsqu'il est bien établi et soigneusement entretenu, il nécessite peu de frais de réparations. Au surplus, dans les chauffages importants, la faculté de grouper les chaudières dans une chaufferie unique permet de réduire la main-d'œuvre chargée de l'entretien des feux.

La circulation d'eau est très hygiénique ; les dégagements de fumée dans les serres ne sont pas à craindre ; les fuites d'eau qui viendrait à se déclarer à la suite de joints défectueux ne présentent pas d'inconvénients pour la végétation.

La chaleur dégagée est douce et généralement favorable au maintien d'un bon état hygrométrique à cause de la température relativement basse à laquelle sont portées les surfaces chauffantes.

Il faut cependant signaler qu'il est difficile de relever l'état hygrométrique au cas où il est insuffisant ; les petits bacs remplis d'eau placés de distance en distance sur les tuyaux de chauffe dans les serres chauffées par termosiphon (fig. 10) n'évaporent qu'une très faible quantité d'eau, faute d'une température assez élevée.

Le réglage est sensible en ce sens qu'on peut obtenir assez rigoureusement des appareils l'intensité calorifique voulue, en faisant varier soit la température de l'eau, soit son débit ; mais il est lent, son action est longue à se produire, et cela constitue un défaut capital au cas de variations brusques de la température extérieure.

On obtient aisément, comme on l'a vu, une bonne répartition de la chaleur ; enfin le chauffage par termosiphon, fonctionnant sans pression, offre une grande sécurité.

Indication. — Le chauffage par l'eau chaude est recommandé pour les serres de multiplication, qui ont besoin d'une chaleur douce, régulière et humide à point. Il donne de bons résultats dans la plupart des situations ; on peut cependant

l'indiquer particulièrement pour les serres de petites dimensions, surtout pour les serres basses, où il y aurait inconvénient à ce que le feuillage avoisine des surfaces chauffantes à
température élevée.

CHAUFFAGE MIXTE PAR LA VAPEUR ET L'EAU CHAUDE

Partant de ce principe que le chauffage à eau chaude est le
seul à appliquer dans les serres, mais reconnaissant la supériorité de la vapeur en ce qui concerne l'étendue du rayon
d'action, la maison Grenthe a eu l'idée de combiner les

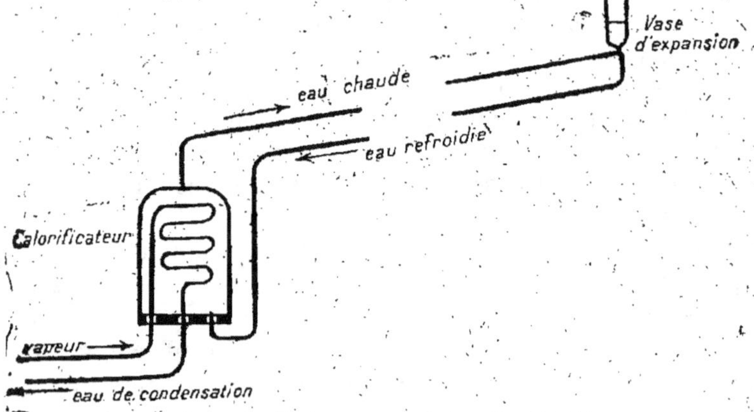

Fig. 41. — Principe d'une circulation double de vapeur
et d'eau chaude

avantages de l'eau et de la vapeur en vue de chauffages de
serres très importants à chaufferie centrale.

Dans son système, la vapeur est employée au transport de
la chaleur, tandis que l'eau sert à la répartition de cette chaleur
dans les serres.

On réalise ainsi l'étendue du rayon d'action des chauffages
à vapeur, tout en bénéficiant d'un état hygrométrique excellent
que seuls, d'après M. Grenthe, les appareils à eau chaude
permettraient d'obtenir.

On évite en outre, grâce au faible diamètre des conduites
dans lesquelles peut circuler la vapeur, l'emploi des canali-

sations énormes auquel donne lieu le transport de la chaleur par circulation d'eau.

Le chauffage mixte comprend en principe deux circuits, l'un à circulation de vapeur qui fait communiquer le générateur avec un appareil appelé par le constructeur *hydrocalorificateur* et qui n'est autre chose qu'un échangeur de température, l'autre à circulation d'eau chaude, qui relie l'hydrocalorificateur avec l'enceinte à chauffer.

La vapeur sortant du générateur arrive à l'hydrocalorificateur, où elle circule dans des serpentins baignés par l'eau de la circulation d'eau ; au contact de cette masse de liquide, à température relativement basse, elle se condense et abandonne sa chaleur de vaporisation à l'eau, qui l'emporte pour l'abandonner elle-même dans la serre. La circulation d'eau fonctionne comme un termosiphon ; la seule différence est que l'eau se trouve chauffée par un serpentin de vapeur au lieu de l'être par un foyer à feu nu.

Une conduite de retour ramène à la chaudière l'eau de condensation de la vapeur.

Le dispositif réalisé par M. Grenthe aux nouvelles serres de la Ville de Paris, à la porte d'Auteuil, présente les caractéristiques suivantes :

Les générateurs de vapeur sont réunis dans une chaufferie unique ; ils sont à gros volume d'eau, tubulaires, à foyer intérieur et fonctionnent à basse pression.

Les postes de réchauffement ou hydrocalorificateurs sont composés d'éléments pouvant fonctionner seuls ou en batterie de deux, trois ou quatre, etc., suivant l'importance de la serre à desservir. En principe, ces appareils sont toujours ouverts à l'admission de la vapeur qui travaille librement et plus ou moins, en raison du refroidissement apporté aux surfaces d'échange par la vitesse plus ou moins rapide de l'eau de la circulation des serres. Par contre, les admissions d'eau chaude dans la tuyauterie des serres sont munies d'un robinet à clapet dont le réglage incombe au chef de culture. De cette manière, le jardinier, responsable de la température à maintenir dans les serres, reste maître du réglage et n'est pas assujetti à s'entendre préalablement avec le chauffeur dont le rôle se borne à régler ses feux suivant la dépense de vapeur, c'est-à-dire d'après la pression indiquée au manomètre.

Une des caractéristiques, non des moins ingénieuses, de l'installation réside dans la façon dont on a tiré parti de l'obligation où l'on se trouvait d'ouvrir des galeries en sous-sol pour y loger les tuyaux de transport de vapeur ainsi que les postes de réchauffement.

Malgré l'efficacité des enveloppes calorifuges dont on entoure les tuyaux, on ne peut éviter certaines pertes de chaleur ; on a donc songé à utiliser la chaleur ainsi dégagée en transformant les galeries en conduites d'air et en envoyant dans les serres l'air pur préalablement échauffé par sa circulation dans ces galeries. Cette disposition résout la question si importante du renouvellement de l'air dans les serres, en même temps qu'elle permet d'utiliser indirectement une quantité de chaleur qui autrement serait perdue.

CHAUFFAGE PAR LA VAPEUR

Les appareils de chauffage par la vapeur employés dans les serres fonctionnent à une pression variant de 80 à 300 grammes ou supérieure à 300 grammes. Dans le premier cas, on dit qu'ils sont à très basse pression ; dans d'autres cas, ils fonctionnent à basse, moyenne ou haute pression, pour employer les termes usités dans l'industrie (1) ; il est rare toutefois qu'on dépasse une pression de 3 à 4 kilogrammes pour des applications de chauffage.

Le chauffage à très basse pression est assez récent. Il a pris naissance aux États-Unis, puis il a été importé en Europe, où il s'est répandu rapidement dans nos habitations et s'est introduit presque parallèlement dans nos serres.

On peut dire que, dans les locaux habités, il a supplanté presque complètement l'ancien chauffage à vapeur à pression plus élevée ; dans les serres, au contraire, ils occupent tous

---

(1) Dans l'industrie, on classe les chaudières en :
    Chaudières à basse pression, entre 1 et 4 kilogrammes ;
        —   à moyenne pression, entre 4 et 8 kilogrammes;
        —   à haute pression, au delà de 8 kilogrammes.

deux une place aussi importante, répondant l'un et l'autre à des besoins distincts.

Actuellement on désigne couramment sous le nom de chauffages à basse pression les chauffages fonctionnant à une pression inférieure à 300 grammes ; la basse pression en matière de chauffage ne correspond donc pas à ce qu'on entend par cette expression quand il s'agit de chaudières industrielles.

Principe. — Les expériences de Regnault ont montré que la chaleur latente de vaporisation de l'eau à 100° est de 537 calories, c'est-à-dire qu'il faut fournir à 1 kilogramme d'eau à 100° 537 calories pour le transformer en vapeur à la même température. Inversement 1 kilogramme de vapeur restitue par sa seule condensation ces 537 calories.

Il en résulte que 1 kilogramme de vapeur à 100° refroidi à 80° par exemple abandonne la chaleur de vaporisation, plus $100 - 80 = 20$ calories, soit au total :

$$537 + 20 = 557 \text{ calories.}$$

Ainsi, grâce à la chaleur de vaporisation, la vapeur présente l'avantage d'emmagasiner sous un faible poids une quantité considérable de chaleur.

En second lieu, on sait que la température de la vapeur croît avec la pression ; de 100° à la pression atmosphérique, elle passe à 121° sous 1 atmosphère, à 134° sous 2 atmosphères. à 144° sous 3 atmosphères, etc. ; par conséquent, plus la pression augmente, plus la quantité totale de chaleur emmagasinée par kilogramme de vapeur s'accroît.

Si l'on produit de la vapeur sous la pression de 3 atmosphères, par exemple, soit à 144°, 1 kilogramme de vapeur condensé et refroidi à 80° abandonne :

$$537 + (144 - 80) = 601 \text{ calories.}$$

nombre peu supérieur à celui de 557 calories du résultat précédent.

Il s'ensuit que, au point de vue du transport de la chaleur, on trouve à peu près le même bénéfice à employer de la vapeur sous une très faible pression, voisine de la pression atmosphérique. En outre, la vapeur à basse pression présente une grande sécurité et permet d'employer des tuyaux de fonte ou de tôle qui, n'ayant pas à supporter de pression, sont toujours bon marché. Ceci explique le succès actuel du chauffage à très basse pression (1).

Conditions d'installation. — Une installation de chauffage à vapeur comprend :

1° Un générateur de vapeur placé en contre-bas par rapport au sol des serres ;

2° Une canalisation de vapeur servant au transport de la vapeur jusqu'aux locaux à chauffer ;

3° Des surfaces chauffantes ;

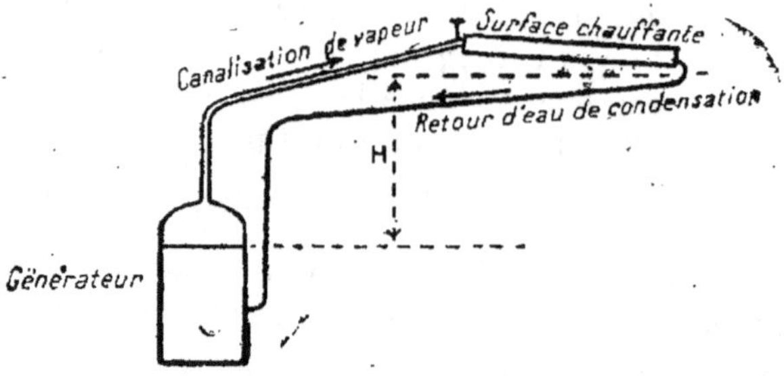

Fig. 42. — Principe d'un chauffage à vapeur à basse pression avec retour d'eau de condensation.

4° Une canalisation destinée à ramener à la chaudière l'eau condensée dans les surfaces chauffantes. Cette canalisation de retour d'eau n'existe pas dans toutes les installations, l'eau de condensation étant quelquefois recueillie dans des bacs placés à l'intérieur des serres pour servir à l'arrosage.

Notons que la distinction faite en pression inférieure et pression supérieure à 300 grammes n'a d'intérêt dans les chauffages de serres qu'en ce qui concerne le générateur et les canalisations de vapeur, car, même produite à une pression quelque peu élevée, la vapeur se détend dès qu'elle pénètre dans les surfaces chauffantes et n'est utilisée en somme qu'à très basse pression.

(1) Sous la pression de 200 grammes la température de la vapeur est de 105° ; sous celle de 250 grammes, elle est de 106°,3.

Générateur. — On a vu, dans les notions d'ensemble sur les appareils à combustion, comment était déterminée la surface de grille ; les dimensions de celle-ci dépendent de la quantité de combustible à brûler, elle-même en rapport avec l'importance des déperditions. Dans le chauffage à vapeur, il faut en outre que la surface de chauffe de la chaudière soit assez grande pour fournir le poids de vapeur nécessaire au chauffage. On connaît ce poids de vapeur en divisant le chiffre des déperditions par le nombre de calories que transporte 1 kilogramme de vapeur, soit 550 calories environ à basse pression ; par suite, on détermine aisément la surface de chauffe en se basant sur une production de 15 kilogrammes de vapeur par mètre carré de surface.

Pression > 300 grammes. — Nous passons volontairement sur la description des générateurs à pression supérieure à 300 gr., dont la construction et les conditions de fonctionnement sont exposées dans les cours de chaudières industrielles auxquels nous renvoyons le lecteur. Ces générateurs, qu'ils soient destinés au chauffage ou à la production de force motrice, ont les mêmes formes (chaudières simples, à tubes de feu, à tubes d'eau), comportent les mêmes organes, sont assujettis aux mêmes obligations.

Les conditions d'emploi de ces générateurs sont réglées par le décret du 9 octoble 1907. Ils sont placés sous la surveillance du service des mines : ils sont soumis à des épreuves (renouvelables au moins tous les dix ans) et à des visites, et leur conduite ne doit être confiée qu'à des agents sobres et expérimentés.

De plus, ils doivent être munis d'un certain nombre d'appareils réglementaires dont le but est de permettre la vérification des conditions de marche et d'assurer la sécurité de fonctionnement. Simplement énumérés, ces appareils sont : deux indicateurs de niveau indépendants l'un de l'autre, un indicateur de pression ou manomètre indiquant en kilos la pression effective de la vapeur, deux soupapes de sûreté, un appareil de retenue d'eau d'alimention.

Enfin ces générateurs comportent un appareil d'alimentation qui, dans les chaudières destinées au chauffage, est généralement un récipient appelé *bouteille d'alimentation*. Le fonctionnement de cette bouteille est fort simple. C'est un cylindre clos contenant de l'eau, installé au voisinage de la chaudière à un niveau supérieur de 1 mètre à 2^m,50 à celui de l'eau dans la chaudière ; quand le niveau de l'eau baisse dans le générateur, on fait arriver dans le récipient un jet de vapeur, et l'écoulement de l'eau de la bouteille dans la chaudière se fait grâce à la différence des niveaux.

PRESSION $>$ 300 GRAMMES. — Les générateurs de vapeur à très basse pression se distinguent des générateurs à pression plus élevée en ce qu'ils comportent, à côté des appareils de contrôle et de sécurité, un certain nombre d'organes destinés à assurer la régularité de marche du chauffage ; on s'est préoccupé de rechercher autant que possible l'automaticité du fonctionnement en vue de restreindre la surveillance et par conséquent la main-d'œuvre.

Comme *appareils de sûreté*, les générateurs à très basse pression doivent être pourvus soit de soupapes chargées pour une pression maxima de 300 grammes, soit, ce qui est mieux, d'un tube d'eau qui, pour une pression supérieure à celle prévue de 300 grammes, met la chaudière en communication avec l'atmosphère. Cette condition étant remplie, les générateurs sont exempts de tout contrôle admistratif.

Les *appareils de réglage* sont de deux sortes : on distingue, d'une part, les régulateurs de pression destinés à maintenir la pression dans des limites correspondant à l'intensité pour laquelle ils ont été réglés ; d'autre part, les régulateurs de tirage, qui ont pour but de s'opposer à un excès de tirage quand les variations atmosphériques (température extérieure, orientation du vent) viennent à modifier les conditions ordinaires du tirage de la cheminée. Ces régulateurs fonctionnent automatiquement.

Enfin les générateurs à basse pression sont toujours munis d'une trémie de chargement qui assure l'alimentation continue du foyer pendant un grand nombre d'heures sans nécessiter l'intervention du chauffeur.

Parmi les générateurs de vapeur à basse pression, construits aujourd'hui, beaucoup sont très parfaits ; ils présentent des

particularités propres à chaque constructeur, souvent fort ingénieuses et fort intéressantes, que nous ne pouvons malheureusement rapporter ici, la place faisant défaut. Le forceur sur le
point d'installer un chauffage à vapeur à basse pression

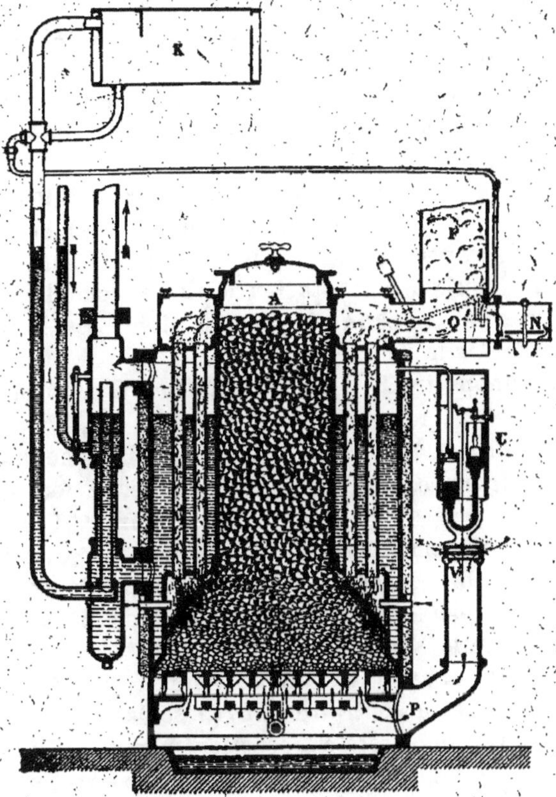

Fig. 43. — Générateur de vapeur à basse pression.

A, réserve de combustible; F, cheminée; K, caisse de sureté; N, régulateur de tirage; U, régulateur de pression; V, admission d'air.

consultera d'ailleurs avec fruit les ouvrages qui traitent spécialement du chauffage des habitations, et où sont reproduits la
plupart des meilleurs modèles de générateurs.

Seulement à titre d'exemple, nous donnons, accompagné

d'une courte notice, un type de générateur à pression inférieure à 300 grammes emprunté à la maison Courtaud, Garnier, Gil et C¹ᵉ (fig. 44).

Il comprend une chaudière en tôle d'acier d'une seule pièce, à lames d'eau concentriques, enveloppée dans une maçonnerie formant carnaux. Cette chaudière est traversée en son centre par une trémie ou réservoir de combustible se chargeant par la partie supérieure et formant une cavité suffisante pour assurer l'alimentation de la grille pendant une durée de dix à douze heures.

Sur la face antérieure de la chaudière est une *bouteille de distribution* A, à la partie supérieure de laquelle se trouve le départ de vapeur D ; la partie inférieure reçoit le retour d'eau et forme bassin de décantation destiné à recueillir les impuretés ramenées par les eaux de condensation ; ces impuretés sont extraites par le robinet inférieur.

Un manomètre B et un niveau d'eau C sont montés sur la bouteille.

La grille de foyer M est mobile, ce qui permet, par le simple jeu d'un levier extérieur N, de décrasser le feu sans avoir à ouvrir les portes de foyer et de cendrier. Ces portes sont ajustées de façon à fermer hermétiquement, l'air nécessaire à la combustion ne devant pénétrer que par le conduit spécial commandé par le régulateur de pression I. Elles sont montées aussi de telle sorte qu'il est impossible d'ouvrir celle du cendrier sans ouvrir en même temps celle du foyer ; cette dernière peut au contraire s'ouvrir seule.

L'appareil de sûreté est constitué non pas par une soupape, mais par un réservoir H appelé par les constructeurs *réservoir de sûreté*, qui est relié par un tube à la chaudière ; quand, pour une cause quelconque, la pression vient à dépasser le maximum prévu de 300 grammes, une partie de l'eau de la chaudière est refoulée dans le réservoir ; l'abaissement du plan d'eau de la chaudière découvre alors l'orifice d'un tuyau par où la vapeur se rend dans le réservoir, qui est ouvert à l'air libre. Ce dégagement de vapeur fait tomber aussitôt la pression, et l'eau momentanément accumulée dans le réservoir redescend à la chaudière.

Les *régulateurs de pression* affectent des formes variées, mais sont basés pour la plupart sur le principe des vases communicants ; ils sont à eau ou à mercure. Celui de la maison Courtaud, Garnier et Cte, représenté en I dans la figure 44 et

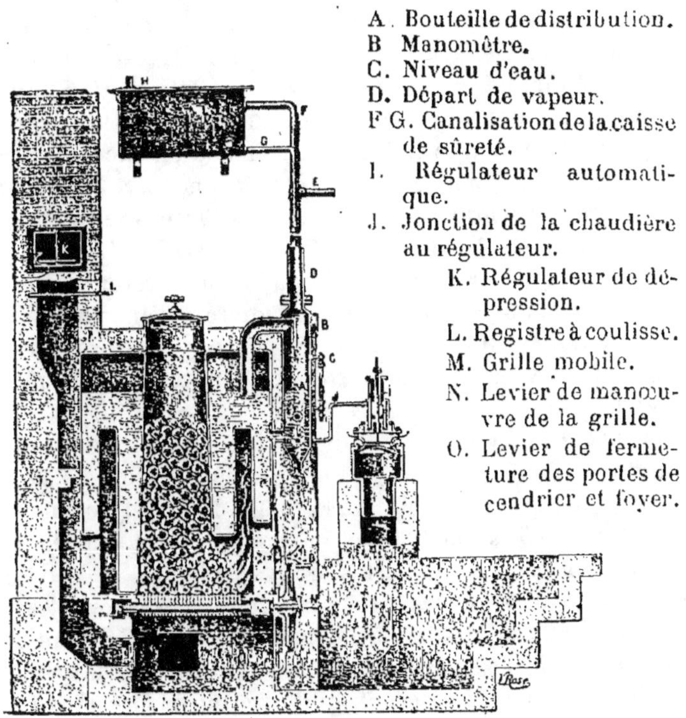

Fig. 44. — Générateur de vapeur à basse pression.

détaillé dans la figure 45 se compose de deux cylindres creux A et B, concentriques, communicants et contenant du mercure. La surface du mercure est soumise, dans le cylindre extérieur, à la pression de la chaudière et, dans le cylindre intérieur, à la pression atmosphérique.

Dans le cylindre intérieur est placé un flotteur annulaire D relié directement à une soupape I, qui commande l'entrée d'air débouchant sous la grille du foyer.

Quand la pression de la vapeur augmente dans la chaudière,

le flotteur suivant l'ascension du mercure dans le cylindre intérieur s'élève et entraîne la soupape.

Au moyen d'une molette F commandant une tige filetée G on règle le déplacement de la soupape pour la pression à laquelle on désire faire fonctionner le générateur.

Le *régulateur de tirage* sert à maintenir dans la cheminée une dépression déterminée et constante. Il est formé d'une boîte rectangulaire K (fig. 44) en communication avec la cheminée et dont le fond intérieur est recouvert par une plaque mobile en mica ; sous l'influence d'un excès de tirage, cette plaque se soulève, laisse entrer une certaine quantité d'air dans la cheminée et modère ainsi l'intensité du tirage.

Chauffage. — Le local de la chaufferie doit être assez profond pour assurer dans les installations à retours la rentrée de l'eau de condensation à la chaudière. Pour une pression de 300 grammes, il faudra prévoir une dénivellation d'au moins 3 mètres entre la surface du sol et le niveau de l'eau dans le générateur.

L'usage de la bouteille d'alimentation permet une profondeur moindre ; il suffit, en effet, d'une hauteur minima de 1 mètre entre le niveau de l'eau de la chaudière et celui de la bouteille pour assurer le fonctionnement de cet appareil.

Pour compenser les pertes de vapeur qui se produisent inévitablement au cours du chauffage, un réservoir d'eau sera branché sur la bouteille d'alimentation ou directement sur la chaudière dans les chauffages à basse pression : dans ce cas, la pression de l'eau du réservoir doit être supérieure à la pression de marche de la chaudière.

Enfin la chaufferie doit être vaste et les générateurs disposés de telle sorte qu'on puisse aisément circuler autour pour le nettoyage et les réparations.

Groupement des générateurs. — Quelle que soit la pression de marche des générateurs, il est toujours avantageux, lorsqu'il existe plusieurs chaudières dans la même chaufferie, de les relier à un collecteur de vapeur unique sur lequel sont branchées les canalisations de vapeur. On obtient ainsi un rendement plus grand, car les irrégularités de fonctionnement de chaque chaudière isolément s'atténuent. On a la faculté de ne mettre en marche qu'une chaudière sur deux ou sur trois par période de temps doux. Enfin on peut interrompre le service d'une chaudière pour procéder à des réparations ou simplement au nettoyage, sans priver pour cela tout un groupe de serres de son chauffage.

Canalisations de vapeur. — Les canalisations servent au transport de la vapeur du générateur aux surfaces chauffantes; appelées à desservir des serres parfois très éloignées du générateur, elles présentent souvent une grande étendue, et il importe de les établir de façon à réduire au minimum les pertes de charge et de chaleur au cours du transport.

Leur diamètre est calculé de manière à débiter, à la pression de marche du générateur, le volume de vapeur nécessaire au chauffage du groupe de serres desservi par chaque canalisation.

Dans la pratique du chauffage des serres, on ne craint pas

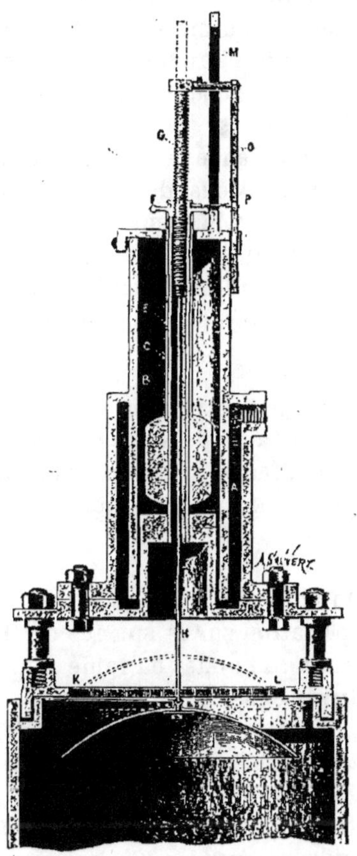

Fig. 45. — Régulateur « Simplex ».

A et B. Vases communicants concentriques contenant du mercure.
   C. Tube fixe guidant le flotteur D.
   D. Flotteur annulaire.
   E. Fourneau reposant sur le flotteur D et transmettant les mouvements à la molette F.
   F. Molette de réglage permettant de faire monter ou descendre la tige filetée G.
   I. Soupape commandant l'admission d'air.
   O. Réglette graduée de 0 à 300 grammes.
   P. Index indiquant la pression du réglage. 1g

de donner aux canalisations de vapeur une section plus grande que celle rigoureusement calculée et d'autant plus grande que la conduite est plus longue et qu'elle fait plus de coudes ; on diminue ainsi les pertes de charge pendant le trajet de la chaudière aux serres. Il est vrai qu'en augmentant la section des canalisations on augmente aussi leur surface, et l'on s'expose à une condensation prématurée de la vapeur. Mais on atténue sensiblement cet inconvénient en enveloppant les canalisations de matières calorifuges qui les protègent contre le refroidissement dans une proportion pouvant atteindre 70 p. 100 ; au surplus on fait passer, dans la mesure du possible, les colonnes de distribution dans les serres elles-mêmes, qui profitent alors de la quantité de chaleur transmise malgré le calorifuge.

Les canalisations de vapeur sont en fer dans les chauffages à une certaine pression ; en fer, en fonte et même en tôle, dans les chauffages à faible pression ; quel que soit le métal employé, il importe que les joints soient d'une étanchéité parfaite.

On obtient un bon isolement des conduits de vapeur par l'application sur la surface des tuyaux de lattes de bois qu'on entoure de bandes en laine minérale (laine de scories).

Surfaces chauffantes. — Dans les serres, on emploie comme surfaces chauffantes soit des tuyaux de tôle, soit plus généralement des tuyaux de fonte lisses ou à ailettes.

On compte que 1 mètre carré de tuyau lisse, en tôle ou en fonte, baigné par la vapeur et placé dans une enceinte à 20°, abandonne environ 900 calories, tandis que la même surface de tuyau à ailettes ne cède dans les mêmes conditions que de 500 à 600 calories.

Les tuyaux à ailettes ont en général une surface quadruple de celle d'un tuyau lisse de même diamètre intérieur.

Les surfaces chauffantes sont piquées sur une colonne maîtresse et munies chacune d'un robinet à main servant à régler l'admission de la vapeur et, par conséquent, l'intensité du chauffage.

Détermination de la surface de chauffe. — On calcule aisément le développement à donner à la surface de chauffe et, par suite, la longueur de la tuyauterie pour un diamètre donné.

Soit à déterminer le développement en tuyaux lisses nécessaire pour restituer à une serre chauffée par la vapeur 30.000 calories à l'heure.

En se basant sur un rendement de 900 calories au mètre carré, le développement sera de $\dfrac{30\,000}{900} = 33^{mq},33$, ce qui, en tuyaux de $0^m,10$, par exemple, correspond à une longueur de 1)0 mètres.

Le développement en tuyaux à ailettes serait nécessairement plus grand; pour la même quantité de chaleur à fournir, il faudrait une surface de $\dfrac{30\,000}{600} = 50$ mètres carrés, soit, en tuyaux de $0^m,10$ de diamètre et en admettant que les ailettes quadruplent la surface du corps cylindrique du tuyau, une longueur de 40 mètres.

Choix des surfaces chauffantes. — Dans le chauffage à la vapeur, on est guidé dans le choix des surfaces chauffantes par des considérations d'ordres divers se rapportant à la répartition de la chaleur, au réglage et à des raisons d'économie.

Au point de vue de la répartition, il faut, surtout dans les serres basses, diviser autant que possible les surface chauffantes afin d'éviter la formation de colonnes d'air très chaud venant atteindre les parties du feuillage placées directement au-dessus de [tuyaux. A cet effet, on choisit des tuyaux à faible dégagement de chaleur au mètre courant, et l'on augmente la longueur du parcours dans la serre.

Ainsi un dégagement de 600 calories par exemple étant obtenu soit avec 1 mètre du tuyau à ailettes de $0^m,08$ de diamètre intérieur ou de tuyau lisse de $0^m,20$, soit avec 2 mètres de tuyau lisse de $0^m,10$, on adoptera le diamètre de $0^m,10$, et l'on doublera la longueur de la tuyauterie.

Cette solution coïncide avec celle fournie par les considérations sur le réglage. Considérons une certaine longueur de tuyau de chauffe commandée par une vanne dont l'ouverture maxima est suffisante pour alimenter en vapeur toute la longueur du tuyau. Pour la plus grande ouverture de la vanne, toute la longueur du tuyau est remplie de vapeur, et le dégagement de chaleur de 900 calories, par exemple, par mètre carré, est uniforme d'une extrémité à l'autre.

Si l'on fait varier l'ouverture de la vanne de façon qu'il passe, mettons, un poids de vapeur moitié moindre qu'à pleine marche, qu'arrive-t-il ? La vapeur ne se répand dans le tuyau que jusqu'à concurrence de la surface nécessaire pour le condenser

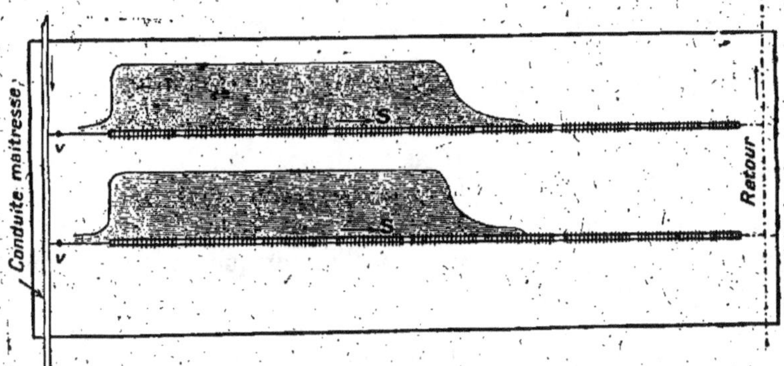

Fig. 46. — Répartition de la chaleur dans une serre chauffée
par la vapeur.

S, tuyaux à *ailettes* ; V, vanne d'admission de vapeur. Marche maxima.

sur le pied de 900 calories au mètre carré. par exemple de sorte que la première moitié seule du tuyau contient de la vapeur et dégage la quantité constante de 900 calories au mètre carré, tandis que la seconde, moitié ne reçoit qu'un mince filet d'eau de condensation, sans dégagement apparent de chaleur.

La représentation schématique de cette particularité fera saisir aisément l'inconvénient qui en résulte.

La figure 46 nous montre une serre chauffée par deux tuyaux à ailettes de 0^m,08 de diamètre intérieur ; les vannes d'admission V étant grandes ouvertes, les tuyaux S remplis de vapeur d'un bout à l'autre abandonnent une quantité de chaleur constante sur toute leur étendue ; sauf le rendement un peu fort de ces tuyaux à ailettes, qui donne lieu à la formation des colonnes d'air chaud dont nous avons parlé, la répartition suivant la longueur de la serre serait assez bonne.

Mais supposons qu'on fasse varier l'intensité du chauffage, qu'on veuille, par exemple, obtenir une intensité moitié moindre; on fermera les deux vannes V à demi (fig. 47) et dès lors une moitié de la serre reçoit une quantité de chaleur égale à celle de la marche à pleine ouverture, l'autre ne recevant pour ainsi dire rien; si la serre est longue, la mobilité

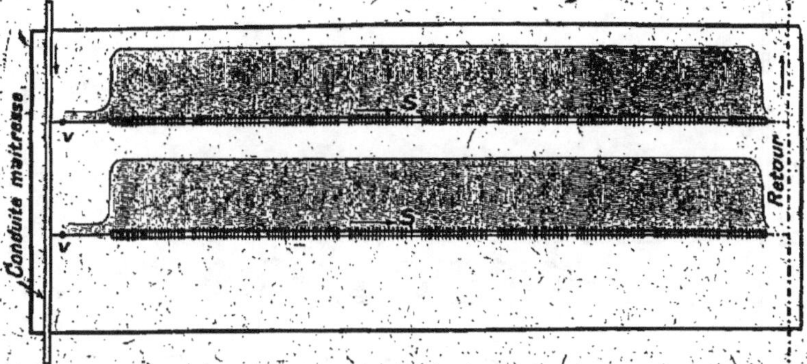

Fig. 47. — Serre chauffée par la vapeur.
S, tuyaux à *ailettes*: V, vanne. Marche moyenne.

de l'air chaud est insuffisante pour rétablir l'équilibre de température entre les deux extrémités.

Examinons maintenant le cas d'une serre semblable chauffée par quatre longueurs de tuyaux, piquées séparément sur la colonne maîtresse; supposant que 2 mètres de ces tuyaux équivalent à 1 mètre de ceux de l'exemple précédent, on pourra compter sur la même intensité de chauffage.

Toutes les vannes V étant ouvertes (fig. 49), il se dégage des surfaces chauffantes une chaleur douce, uniforme, parfaitement répartie.

En outre, à l'aide de cette disposition, on peut graduer l'intensité du chauffage en ouvrant complètement, suivant les besoins, une, deux, trois ou quatre vannes, toute l'étendue de la serre profitant dans chaque cas d'une même quantité de chaleur,

Il suffit de comparer les figures 47 et 48, qui représentent toutes
deux une marche à intensité moyenne, pour se rendre compte
de la supériorité de la disposition à surfaces chauffantes disséminées

La plupart des chauffages à vapeur comprennent des tuyaux
de fonte, et très peu au contraire utilisent les tuyaux de tôle.
Le prix des tuyaux de fonte est cependant relativement élevé;
une installation en tuyaux lisses de $0^m,10$ de diamètre revien
à 6 à 7 francs le mètre, non compris la pose. Nous devons

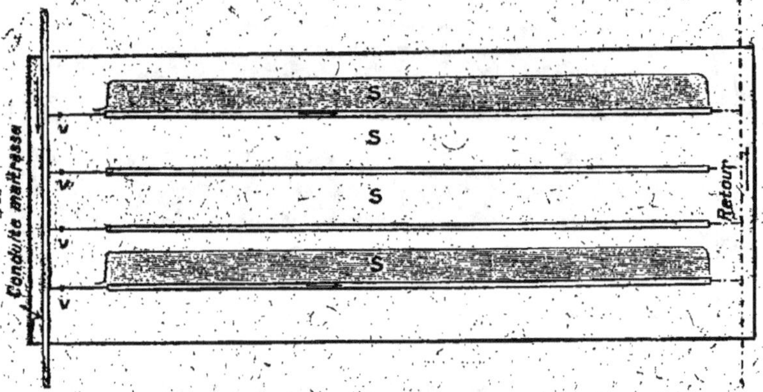

Fig. 48. — Serre chauffée par la vapeur.
S, tuyaux *lisses* ; V, vannes. Marche moyenne.

signaler l'économie notable qu'il est possible de réaliser par
l'emploi des tuyaux en tôle galvanisée qui font un excellent
service avec la vapeur, ont autant de durée que les tuyaux de
fonte et présentent l'avantage de revenir très bon marché
(environ 0 fr. 60 le kilogramme). Les tuyaux en tôle sont emboîtés les uns dans les autres; les joints, fermés avec du mastic,
sont en général assez étanches; s'il se déclare d'ailleurs quelque
fissure à travers laquelle la vapeur puisse s'échapper, cela
n'a d'autre inconvénient que de consommer un peu plus
d'eau et d'obliger à alimenter la chaudière un peu plus
souvent.

CONDITIONS D'INSTALLATION. ORGANES ACCESSOIRES. — Il faut
que les surfaces chauffantes puissent se dilater librement et

qu'elles présentent une certaine pente nécessaire à l'évacuation de l'eau de condensation.

La pente est réglée par la hauteur des supports, qui doivent être solidement assis dans le sol afin de conserver un niveau invariable.

La dilatation des tuyaux est appréciable. Pour un écart de 100°, la dilatation d'une conduite en fer ou fonte est de 0^m,08 par 50 mètres de longueur. Il faut donc prévoir la dilatation : à cet effet, les tuyaux sont posés ou suspendus sur leurs supports sans y être fixés ; quelquefois les supports sont munis,

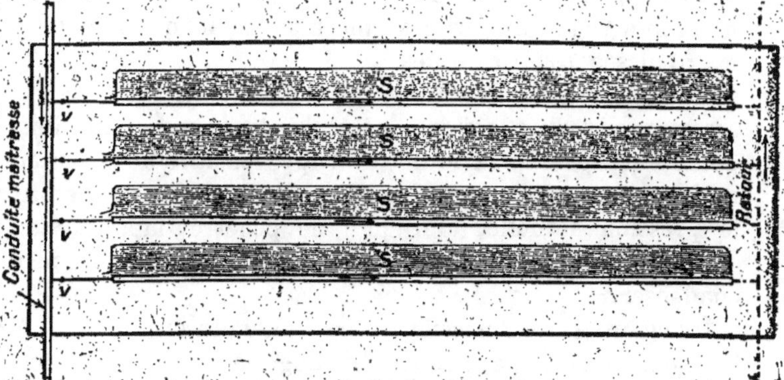

Fig. 49. — Serre chauffée par la vapeur.
S, tuyaux *lisses* ; V, vannes. Marche maxima.

à leur partie supérieure, de galets de roulement qui facilitent les mouvements de contraction et de dilatation. De plus, quand le tuyau est long, on ménage de loin en loin des *points de dilatation* dont le principe est de former une boucle telle que la dilatation ou la contraction se traduise par une flexion (ouverture ou fermeture de la boucle).

Les surfaces chauffantes sont commandées par des *vannes d'admission de vapeur*. Pour le chauffage des habitations, on construit des robinets dont la section est calculée de manière à fournir à la pression maxima de fonctionnement le poids de vapeur maxima à condenser dans la surface chauffante ; on n'introduit ainsi que juste la quantité de vapeur que peut condenser la surface, et l'on évite la présence de vapeur dans les canalisations de retour. Tels sont, par exemple, le robinet *Revolver*; de la maison Grouvelle, Arquembourg et Cie; le robinet *Sanitaire*, de la maison Courtaud, Garnier et Cie.

Les appareils de cette nature peuvent être utilement montés dans des installations fonctionnant toujours à la même pression; mais, en général, dans les chauffages de serres, la pression est modifiée suivant le nombre de serres en service, et la pression de marche d'un générateur à basse pression, par exemple, varie couramment entre 80 et 250 grammes. Dès lors on conçoit qu'une ouverture de vanne réglée pour laisser pénétrer la quantité de vapeur nécessaire dans la marche à 250 grammes devienne insuffisante quand la pression est abaissée à 80 grammes.

En principe, il vaut mieux prévoir des orifices de vannes assez grands pour laisser pénétrer à la pression minima les poids de vapeur maximum, et il appartiendra au chauffeur de régler, au cours du chauffage, l'ouverture de la vanne suivant la pression actuelle, afin qu'il ne pénètre dans la surface chauffante jamais plus de vapeur que celle-ci ne peut en condenser.

Purgeurs. — *Purgeurs d'air.* — Quand on met en fonctionnement un appareil de chauffage à vapeur, on conçoit que la vapeur produite ne circulera dans les canalisations et les tuyaux de chauffe qu'autant que l'air qui y était contenu durant le chômage pourra être évacué au dehors sous la poussée de la vapeur.

Dans les installations récentes à basse pression comportant des retours ouverts à l'air libre, l'air des canalisations et des radiateurs est refoulé dans les retours, à l'extrémité desquels il se dégage dans l'atmosphère.

Autrement il faut prévoir des purgeurs d'air que l'on place à l'extrémité de chaque longueur de surface chauffante. Les purgeurs peuvent être automatiques; ce sont de petits appareils dont l'automaticité est basée sur la dilatation d'un métal; ils s'ouvrent au contact de l'air froid, qu'ils laissent échapper au dehors et se referment au contraire au contact de la vapeur. Les purgeurs automatiques, facilement déréglables et surtout coûteux, ne conviennent pas aux installa-

tions de chauffage de serres, qui doivent rester rustiques avant
tout. De simples orifices fermés à l'aide d'un bouchon donnent
le même résultat ; on les ouvre à la main au moment de la
mise en marche de la chaudière et on les ferme de même dès

Fig. 50. — Extrémité de radiateur à ailettes. Purgeur
et canalisation de retour.

qu'on en voit sortir la vapeur, c'est-à-dire quand tout l'air a
été chassé.

Purgeurs d'eau. — Il existe d'autres appareils automatiques
dont le rôle est de s'opposer à ce que la vapeur ne soit
entraînée dans les canalisations de retour. Basés également
sur la dilatation d'un obturateur fermant un orifice, ces
appareils restent fermés au contact de la vapeur et ne s'ouvrent

qu'au contact de l'eau de condensation à température plus basse et la laissent passer dans les retours.

On évitera dans nos chauffages de serres l'emploi de ces purgeurs d'eau qui constituent une dépense supplémentaire inutile. Peu importe qu'une petite quantité de vapeur soit entraînée dans les retours. On peut d'ailleurs l'éviter en réglant le débit de l'admission de vapeur, de façon à n'envoyer dans les radiateurs que la quantité de vapeur qui peut y être entièrement condensée. Un procédé simple de vérification consiste à ouvrir le purgeur d'air placé au bout du tuyau de chauffe; s'il n'en sort pas de vapeur, c'est que celle-ci est complètement utilisée, sinon il faut modérer le débit, en diminuant l'ouverture de la vanne d'admission.

Retours d'eau. — Les canalisations de retour servent, comme leur nom l'indique, à ramener l'eau de condensation à la chaudière; elles permettent d'avoir constamment la même eau en circulation et, par suite, présentent les avantages suivants :

1º Elles font réaliser une économie de 60 à 70 calories par kilogramme de vapeur produite, l'eau de condensation retournant à la chaudière à une température de 40 à 70º;

2º Elles dispensent d'avoir recours à l'emploi de désincrustants dans les pays qui ne possèdent pas d'eau de bonne qualité pour l'alimentation des chaudières;

3º Dans le chauffage à très basse pression, elles sont le complément indispensable des dispositifs qui ont pour but de réduire la surveillance, en assurant l'alimentation automatique de la chaudière.

On trouve des installations sans canalisations de retour: Le chauffage à moyenne pression des établissements Strauwen frères à Croix-Wasquall ne comporte pas de retours; l'eau de condensation est recueillie dans des réservoirs à l'extrémité des surfaces chauffantes et coupée avec de l'eau froide pour servir aux arrosages.

Les installations munies de retours sont à une tuyauterie ou à deux tuyauteries. Dans le système à une seule tuyauterie, appelé système américain, l'eau de condensation retourne à la chaudière en empruntant les canalisations de distribution de vapeur; en d'autres termes, l'eau et la vapeur marchent en sens inverse. Ce système supprime une tuyauterie, mais il exige une canalisation unique d'un diamètre plus fort, ce qui augmente les causes de déperditions.

Le système à deux tuyauteries est le plus employé; les tuyauteries de retour doivent avoir un diamètre assez grand à cause de la faible pente dont on dispose, en général, dans les chauffages de serres. On leur donne environ du tiers à la moitié du diamètre des tuyaux de distribution de vapeur; elles doivent être très étanches et autant que possible placées en caniveau, de façon qu'on puisse aisément découvrir les fuites qui viendraient à se produire.

Nous avons failli être témoin, lors des premières installations de chauffage à très basse pression dans les serres, d'un accident qui n'a été évité que grâce à une circonstance fortuite. Il s'était déclaré une fuite importante dans la conduite de retour, à un moment où le chauffeur, confiant dans la régularité de ses appareils, avait abandonné la chambre de chauffe. L'eau de condensation, au lieu de revenir à la chaudière, se perdait dans le sol; le niveau de l'eau baissant dans la chaudière, la pression augmenta progressivement et, pour comble, les deux soupapes réglées pour un maximum de 300 grammes se trouvèrent bloquées; la pression atteignait près de 1 kilogramme quand arriva heureusement le chauffeur, qui mit aussitôt le feu bas. Le danger d'explosion évité, on dut mettre à jour toute la canalisation de retour pour découvrir la fuite; ce travail de vérification aurait été facilité si les retours avaient été posés dans un caniveau fermé par un plafond mobile.

L'eau de condensation est conduite à une cavité ouverte à l'air libre, d'où elle rentre à la chaudière par son propre poids si la dénivellation est suffisante (c'est-à-dire supérieur à la pression de fonctionnement), soit par l'intermédiaire d'une bouteille d'alimentation.

Appréciation. — Un chauffage à vapeur coûte assez cher de première installation; il nécessite l'établissement d'une chaufferie creusée dans le sol assez profondément pour permettre la rentrée de l'eau des retours à la chaudière. Cette chaufferie, pour ne pas être inondée, doit être logée dans des parois en ciment armé, ne permettant pas les infiltrations ni par le plancher ni par les parois latérales. Les générateurs doivent être robustes, bien construits, bien établis pour offrir toute la sécurité voulue ; en revanche, des surfaces chauffantes rustiques, peu coûteuses, telles que les tuyaux de tôle, sont suffisantes pour des chauffages de serres.

Il est économique d'exploitation ; son rendement varie de de 50 à 60 p. 100 ; il faut cependant éviter les pertes de chaleur qui pourraient se produire au cours du transport et pour cela isoler le mieux possible les canalisations de vapeur. Un seul chauffeur suffit par générateur ou groupe de générateurs logés dans la même chaufferie ; les chauffages à basse pression comportant tous les perfectionnements qui ont pour but d'assurer leur automaticité demandent très peu de surveillance.

Le chauffage à vapeur est très simple : il répond rapidement à l'action du réglage, c'est-à-dire que, dès qu'on ouvre ou qu'on ferme une vanne d'admission de vapeur, on constate une modification dans la température de l'enceinte. Par cette qualité, il s'oppose au chauffage par l'eau, qui manque de souplesse.

Il est hygiénique, ne souille pas l'atmosphère ; les dégagements de vapeur par les joints défectueux n'ont pas d'inconvénient ; quand il sont abondants, ils ont pour effet d'élever légèrement l'état hygrométrique de la serre. Au point de vue de l'hygrométrie, il dessèche un peu plus que le chauffage à eau, mais par contre, il nous fournit lui-même les moyens de relever l'état hygrométrique : tandis que les bacs n'ont aucun effet sur les canalisations d'eau chaude à cause de la température trop basse des surfaces chauffantes, ils évaporent une assez grande quantité d'eau sur les conduits de vapeur, lesquels se trouvent portés à une température invariable de 100°. Des projections d'eau en fines gouttelettes sur les tuyaux de vapeur élèvent rapidement l'état hygrométrique à 70 et 80°.

Le chauffage à la vapeur assure une répartition convenable de la chaleur, à la condition toutefois qu'on tienne compte des indications données relativement au choix et à la disposition des surfaces chauffantes. Enfin il présente une sécurité absolue à basse pression ; à haute pression, il est nécessaire de ne confier la conduite des générateurs qu'à des chauffeurs expérimentés.

Indications. — Le chauffage par la vapeur a sur les autres modes de chauffage l'avantage de chauffer dans un très grand rayon. Il convient donc aux installations d'une certaine importance, où il a permis, par le groupement des générateurs, de réduire considérablement la main-d'œuvre chargée de l'entretien des feux. On adoptera le chauffage à pression supérieure à 300 grammes quand les serres à desservir dépasseront un rayon de 200 mètres environ et quand l'importance de l'établissement justifiera la présence d'un ou plusieurs chauffeurs de profession. Autrement, on préférera le chauffage à très basse pression, qui, grâce à son réglage automatique, à sa conduite simplifiée, peut être mis entre les mains d'ouvriers quelconques.

CHAUFFAGE ÉLECTRIQUE

Nous ne saurions terminer le chapitre du chauffage sans dire quelques mots du chauffage par l'électricité (1). Ce n'est pas qu'on en ait fait de bien nombreuses applications dans les serres, ni qu'il se soit présenté jusqu'ici avec les caractères d'une question définitivement résolue ; on cite tout juste quelques exemples isolés de jardins d'hiver munis d'un chauffage électrique ; plusieurs essais tentés dans des serres fruitières, en Autriche et en Suisse notamment, n'ont guère été, que nous sachions, couronnés de succès. Mais l'électricité a transformé, dans ces dernières années, tant de nos industries qu'on peut, dès à présent, apercevoir le jour où elle viendra modifier aussi les conditions de nos cultures sous verre ; et si, pour le moment, là où sa présence se manifeste déjà, son rôle se limite à quelques applications secondaires, à actionner, par exemple, les groupes électro-moto-pompes destinés à l'arrosage ou encore à transmettre à une certaine distance les indications relevées par les appareils avertisseurs, il est possible que, dans un avenir plus ou moins proche, elle se prête à fournir à un certain nombre de nos serres la chaleur dont elles ont besoin.

C'est pourquoi il n'est pas sans intérêt d'énoncer ici le prin-

(1) Voy. PETIT, Électricité agricole (ENCYCLOPÉDIE AGRICOLE).

cipe sur lequel repose le chauffage électrique, de faire connaître où en est la question, d'indiquer enfin la voie où il convient de rechercher la solution du problème ou ce qui concerne l'application particulière au cas des serres.

PRINCIPE. — Lorsqu'un courant électrique passe à travers un conducteur, il éprouve, suivant la longueur, la section et le coefficient de *résistivité* de ce dernier, une résistance plus ou moins grande, qui a pour effet de transformer en chaleur une certaine quantité d'électricité.

La valeur de l'énergie électrique ainsi transformée en chaleur est donnée par la formule déduite de la loi de Joule :

$$T = R I^2,$$

T étant le travail exprimé en joules ;
R, la résistance du conducteur en ohms ;
I, l'intensité du courant en ampères.

On sait, d'autre part, que la calorie correspond à 4 170 joules de sorte que la quantité de chaleur dégagée en une seconde par le conducteur est :

$$Q = \frac{T}{4170} = \frac{R I^2}{4170},$$

ou :

$$Q = 0{,}00024\ T = 0{,}00024\ R\ I^2,$$

Q étant exprimé en calories (grandes calories).

Les radiateurs électriques sont constitués par des conducteurs qui, pour produire de la chaleur, doivent être traversés par un courant d'intensité supérieure à celle qu'ils sont capables de supporter ; on choisit ordinairement des conducteurs à coefficient de résistivité élevé comme le ferro-nickel, le platine, le maillechort, le silicium, etc.

ÉTAT DE LA QUESTION. — Les radiateurs en usage aujourd'hui peuvent se classer en deux catégories. Les uns sont à incandescence ; ils ont l'apparence d'énormes lampes électriques et sont formés soit par de gros filaments, soit par des bâtonnets enfermés dans une ampoule où l'on a fait le vide ; ils chauffent surtout par *rayonnement*. Dans ce groupe se rangent les bûches électriques Leroy, qui sont des bâtonnets en silicium aggloméré pur, dont les extrémités ont été métallisées.

L'autre catégorie comprend des radiateurs obscurs transmettant leur chaleur à la fois par rayonnement et par convection.

On avait d'abord songé à employer des conducteurs nus; mais, l'air ne se renouvelant pas assez vite à leur surface, la chaleur produite était mal utilisée d'une part et, d'autre part, les conducteurs rougissaient, s'oxydaient et n'avaient pas de durée. On a alors cherché à augmenter la surface de contact entre l'air et le conducteur, de façon que toute la quantité de chaleur émanée de celui-ci pût être évacué au fur et à mesure de sa production.

Pour y arriver, il fallait mettre en contact de la résistance électrique un corps bon conducteur de la chaleur et mauvais conducteur de l'électricité, et malheureusement très peu de corps possèdent en même temps ces deux propriétés.

On a trouvé cependant que les substances vitrifiées pouvaient répondre à ces conditions, et la Société du Familistère de Guise notamment en a tiré parti de la façon suivante :

Elle construit des radiateurs dont les résistances, formées d'un fil en maillechort ou en ferro-nickel, sont noyées dans un manchon de verre spécial, lequel est en contact avec une masse de fonte. L'épaisseur de verre, qui est extrêmement faible, sert d'isolant électrique autour de la résistance, mais elle laisse passer la chaleur, qui se répartit sur toute la surface de la plaque de fonte au contact de laquelle l'air vient s'échauffer.

Les radiateurs électriques sont d'un excellent rendement ; ils peuvent transformer l'énergie électrique en chaleur à raison de 90 p. 100 et même 98 p. 100 de l'énergie électrique dépensée.

Malgré cela, la chaleur qui s'en dégage se paie beaucoup plus cher que celle qu'on recueille directement de la combustion de la houille, ainsi que le montrent les chiffres suivants :

1 kilogramme de houille d'une puissance calorifique de 8 000 calories nous donne, en comptant sur un rendement de 50 p. 100, 4 000 calories ; au prix de 50 francs la tonne de houille, ces 4 000 calories nous reviendraient à 0 fr. 05.

Or l'électricité nous fournit la même quantité de chaleur au prix de :

3 fr. 25 sur un secteur à 0 fr. 7 le kilowatt-heure (nouveau régime de Paris);

1 fr. 85 sur un secteur à 0 fr. 4 le kilowatt-heure (régime de certaines villes de province);

0 fr. 45 à 0 fr. 7 pour un industriel produisant lui-même son électricité avec un prix de revient de 0 fr. 1 à 0 fr. 15 le kilowatt-heure.

CHAUFFAGE DES SERRES. — Ceci posé, il est facile de définir ce que doit être le chauffage électrique des serres.

D'abord les radiateurs à incandescences sont à proscrire, parce que, chauffant par rayonnement à la façon d'un foyer de cheminée, ils répartissent défectueusement la chaleur. Au contraire, les radiateurs basés sur le même principe que ceux de la Société du Familistère de Guise, chauffant principalement par convection, c'est-à-dire cédant à une grande partie de leur chaleur à l'air ambiant qui la transporte en tous points, assurent une bonne répartition et sont seuls susceptibles de nous intéresser.

Ainsi donc, du côté des radiateurs, nous possédons un groupe d'appareils satisfaisants tant pour le rendement, qui se rapproche de l'unité, que par l'homogénéité de répartition du calorique; et dans la voie des perfectionnements, quelques améliorations de détail, quelques efforts vers l'adaptation plus complète des radiateurs de serre à leur destination nous donneraient assurément des appareils de première valeur.

Malheureusement la chaleur que nous fournit le courant électrique, à cause des transformations successives auxquelles est soumise l'énergie calorifique initialement continue dans le combustible, coûte cher, beaucoup plus cher que la chaleur tirée de la combustion de la houille et utilisée directement; et si, lorsqu'il s'agit de locaux minuscules et de chauffages intermittents, on consent parfois à acheter un prix exorbitant les commodités et avantages que présente le chauffage électrique, des sacrifices de cette nature n'auraient pas leur raisons d'être dans les serres où l'on fait de la culture commerciale. Un exemple suffira à nous en convaincre.

Soit une serre couvrant une surface de 100 mètres carrés

environ et perdant par exemple, dans des conditions déterminées, 17 280 calories par heure.

Ces 17 280 calories seraient restituées par un travail électrique de :

$$\frac{17\,280}{0,00024 \times 3600} = 20 \text{ kilowatts.}$$

Soit une dépense de 14 fran s à 0 fr. 7 le kilowatt.
— de 8 francs à 0 fr. 4 —
— de 3 francs à 0 fr. 15 —

tandis que la même quantité de calories utilisée directement nécessiterait de 4 à 5 kilogrammes de houille, soit une dépense de 0 fr. 20 à 0 fr. 25.

Le prix de revient de l'électricité fabriquée avec de la houille est donc prohibitif, et l'on ne voit la possibilité de chauffer électriquement les serres que là où l'on dispose d'une source d'énergie gratuite. Cependant avec l'utilisation chaque jour plus complète de nos richesses naturelles en houille blanche et en houille verte, avec le transport de l'énergie à des distances de plus en plus grandes, le chauffage électrique ne semble plus une utopie, et tout prête à croire qu'il viendra à son heure.

Lumière artificielle.

La chaleur obscure ne permet pas à la plante de former la matière chorophyllienne qui utilise au contraire les radiations lumineuses pour sa propre préparation et aussi pour remplir les synthèses si nombreuses dont la cellule végétale est le siège.

Outre la chaleur, on s'est demandé si on ne pourrait pas fournir aussi aux plantes de serre les radiations lumineuses qui leur font défaut pendant les jours sombres d'hiver et les nuits si longues. La lumière artificielle n'est active qu'à la condition d'avoir une grande intensité. L'électricité nous fournit justement cette lumière intense, et on a pensé depuis cinquante ans à éclairer les plantes de forçage une partie de la nuit pour hâter leur développement. Flangin et Frilleux ont montré l'activité réelle de la lumière électrique. En 1881, Siemens se résolut à éclairer deux serres à l'électricité.

Dans l'une il plaça à l'intérieur sous le vitrage des lampes à arc, dans l'autre ces lampes à arc étaient au-dessus du vitrage à 4 ou 5 mètres du vitrage. Dans la première serre, les plantes avaient des pousses allongées avec des feuilles ridées et noircies. La végétation était normale dans la deuxième, qui recevait les rayon lumineux électriques après le passage de ceux-ci à travers le verre du vitrage.

Il attribua l'action défectueuse des rayons électriques directs aux rayons obscurs ultra-violets dont la lumière électrique est très riche. Les rayons ultra-violets sont arrêtés partiellement par le verre.

Plus récemment Bonnier et Dehérain ont repris ces essais, et la conclusion générale est que l'on peut utiliser en retenant les rayons ultra-violets par le vitrage, la lumière électrique pour l'éclairage des plantes de forçage la nuit.

Les résultats économiques mauvais jusqu'à aujourd'hui seront complètement changés lorsqu'on pourra avoir simultanément le chauffage et l'éclairage électrique à l'aide de houille blanche utilisable sans une grande dépense d'installation.

MULTIPLICATION

Dans le forçage, on a besoin d'arbres permanents, cultivés en pleine terre, sous verre, et d'arbres en pots, qui sont destinés à être vendus avec leurs fruits et qu'il faut remplacer constamment. Il est très rare que les arbres en pots soient destinés à produire, plusieurs années successives, des fruits que l'on cueille.

La multiplication par semis ne se pratique point pour ces plantes, car les semis donnent des sujets très dissemblables aux arbres dont ils proviennent. Si les semis servent à créer les variétés nouvelles (Voy. *Viticulture*), sous serre, on a au contraire comme objectif de reproduire non seulement le plus complètement possible la variété à laquelle on s'intéresse, mais aussi l'individu le plus remarquable de cette variété, rencontré parmi ses propres cultures ou ailleurs. Il ne reste donc, comme mode de multiplication, que la greffe ou la bouture. Nous dirons ce qu'il faut penser de ces deux modes de multiplication et des variations auxquelles elles peuvent donner naissance.

Lors de la création de l'établissement de forçage, il faut acheter les variétés à planter. Ces variétés acquises, on les vérifie et on les sélectionne. Dans le cas d'erreur, on a toujours un lot de plantes préparées à être substituées, en n'importe quelle saison, aux pieds faux. L'établissement de forçage doit donc être pourvu d'une serre et d'un terrain de multiplication. Parfois aussi les erreurs de variétés ne se reconnaissent, par suite de négligence, qu'au bout de deux ou trois ans, lorsque les souches sont déjà fortes. Il faut alors substituer une variété à une autre par le greffage à l'aide de greffes de remplacement. Étudions, comme exemple, la multiplication de la vigne.

MULTIPLICATION DE LA VIGNE

La vigne se multiplie aisément par bouture et par greffe.

Bouturage.

Le bouturage de la vigne est obtenu toujours avec une portion de sarment d'un an, de longueur variable.

Les boutures à *talon* et à *crossette*, dans lesquelles l'extrémité inférieure de la bouture comporte un fragment de bois de deux ans, n'ont aucun intérêt sous serre. De même les boutures *griffées* ou *maillochées* doivent être évitées avec soin, car les nécroses bactériennes sont fréquentes en serre. Or les lésions du *griffage* et du *maillochage*, les fragments de vieux bois mort de la bouture à *talon* sont autant de points de départ de ces nécroses. Nous utiliserons donc un fragment de sarment, sélectionné d'après ses récoltes antérieures, parfaitement sain et aoûté, et nous en ferons des boutures de longueur variable.

Longueur des boutures. — Dans le vignoble, les boutures sont d'autant plus longues qu'elles sont destinées à des terres plus légères et susceptibles de se dessécher profondément, cette dessiccation étant fonction du climat. Dans les serres, le climat n'intervient plus et nous avons intérêt à avoir les racines très-rapprochées de la surface de nos sols, que nous tenons aussi humides qu'il est nécessaire.

Les racines partant du corps de la bouture, de longueur aussi réduite que possible, plongent ou filent latéralement dans le sol à une profondeur variable avec les espèces et les qualités physiques du sol. Comme les racines se placent aux profondeurs qui les satisfont le mieux, les boutures très courtes sont toujours suffisantes et pourraient se constituer par une longueur et demie de mérithalle pourvue de deux yeux ; l'un, celui de la base, immédiatement au-dessus de la section inférieure, est éborgné et destiné à être le centre de la zone d'émission des racines ; l'autre, par son développement, assure la formation de la tigelle. On laisse au-dessus de lui un fragment de mérithalle dont il utilise les réserves pour ses premiers tissus.

Dans la pratique, on emploie aussi des marcottes, c'est-à-dire des boutures qui n'ont été séparées de la souche mère qu'une fois les racines formées. On plante parfois ces boutures-marcottes avec la terre qui enveloppe les jeunes racines. Cette terre est contenue dans des paniers lorsque le marcottage

Fig. 51. — Marcottes.
Marcottes simples : 1, en pot; 2, en panier.

est souterrain, dans des pots lorsqu'il est aérien. Ces *marcottes en panier* et ces *marcottes en pots* (fig. 51) fournissent à la jeune plante un chevelu très abondant la première année.

Bouture à un œil. — Le bouturage ordinaire de la vigne, si aisé, est un travail de plein air. La bouture réduite à un œil est au contraire de préparation plus délicate, plus spéciale et doit se faire, pour débuter tout au moins, dans la serre de multiplication. Les boutures à un œil donnent des jeunes souches que l'on emploie soit en pleine terre, soit en pot. Elles sont spéciales et de grande valeur pour la culture en pot.

Ces boutures sont formées d'un œil pourvu d'un fragment de sarment. On choisit cet œil dans la partie moyenne du sarment, où les yeux sont le mieux constitués on coupe soit bliquement, soit perpendiculairement le sarment de 1 à 2 centimètres de chaque côté de l'œil. Parfois on écorce la partie opposée à l'œil de la bouture ainsi obtenue.

Ces boutures sont placées de préférence dans des pots godets de 8 centimètres. On pourrait aussi les placer à même sur un lit de sable. Le problème est de les stratifier dans du sable humide, aussi aseptique que possible, s'aérant aisément.

Le bourgeon et mieux le fragment de sarment s'imbibe d'humidité, et l'évolution des tissus peut avoir lieu. La jeune pousse née du bourgeon et les jeunes racines issues du sarment n'ont pour se développer que les matériaux de réserve du bois. Il faut donc qu'ils trouvent quelques jours après leur naissance un substratum plus nutritif que du sable. Aussi ce sable épais de 3 à 4 centimètres repose sur un terreau extrêmement décomposé, incapable de fermentation, c'est-à-dire de développement bactérien ou de moisissures pouvant infecter les jeunes radicelles. On incorpore même de la poudre de charbon de bois au sable et au terreau pour les aseptiser. Le terreau repose sur un fond de scories ou de débris de pots qui le drainent. Si ces différentes zones de terre ne sont pas établies dans des godets, mais forment une couche, on la fait reposer sur les tuiles plates spéciales. En dessous des tuiles passent les tuyaux d'un thermosiphon qui chauffent le tout. A défaut de thermosiphon, on peu se servir, comme chauffage, d'une couche chaude au fond d'un châssis.

Les boutures à un œil se font à l'étouffée, c'est-à-dire en atmosphère chaude et humide. La température la meilleure est voisine de 25°. L'évolution du bourgeon et des racines commence à 8-10° (température minima) et s'arrête à 38-40° (température maxima). La température la plus favorable au développement rapide du jeune végétal serait 30-32°. Mais cette température est très voisine de la température optima de celle des bactéries (38°) et des moisissures (35°), et il vaut mieux, pour éviter des contaminations, travailler autour de 25°, parfois 29°. En outre, à 32°, les tissus formés trop rapidement sont mous, aqueux, très chlorotiques.

L'hygrométrie à tenir oscille entre 75 à 90°. Cette humidité atmosphérique ne peut s'obtenir que dans des serres basses, enterrées ou sous des châssis. On bassine vitrages, tuyaux et sable plusieurs fois par jour pour maintenir cette humidité. On ne la diminue que si l'on voit des filaments aranéeux se former et courir sur le sol.

Les boutures sont placées un peu obliquement sous le sable, de façon que la jeune pousse pointe verticalement. Au bout de huit jours, le bourgeon est gonflé et il éclate peu après. Il soulève les quelques millimètres de sable qui le recouvrent et apparaît à la lumière. Jusqu'à ce moment, l'aération a été très réduite, mais, dès que les tissus sont à la lumière, il faut aérer. Cette aération est anti-chlorotique. Elle amène, aidée de la lumière, la formation de la matière verte, raffermit les tissus aqueux, excite leur vitalité et arrête

Fig. 52. — Bouture à nu, œil, mise en place.

les moisissures, qui à ce moment-là sont particulièrement dangereuses; on aère avec prudence en évitant l'air froid.

Il faut aussi graduer l'insolation des jeunes tissus.

Le lit de sable et terreau, les pots placés côte à côte dans une couche de sable sont établis à 0^m,60 ou 0^m,80 du vitrage, c'est-à-dire qu'ils disposent d'un cube d'air extrêmement réduit, susceptible de se réchauffer ou de se refroidir très vite. Au débourrement, la serre est fortement chaulée. On la recouvre même de paillassons légers, évitant une insolation directe, sans cependant assombrir l'atmosphère. Cette insolation augmentera à mesure que la tigelle se développera et verdira.

Bassinée chaque jour avec de l'eau à 20° minimum, aérée, ensoleillée peu à peu, la jeune plantule est déjà développée au bout d'un mois. Elle devient plus exigeante. Il faut la rempoter ou la transplanter de sa couche dans des pots ; ce changement de milieu est assez délicat pour la plante.

Le rempotage se fait dans des godets de 12 centimètres, que l'on maintient encore quinze jours à un mois dans la serre de multiplication. Au bout de ce temps, les jeunes plantes ont plusieurs feuilles adultes ; il faut alors leur donner le maximum d'air et de lumière.

Dans cette seconde phase, on a laissé tomber la température à 20°. On porte les pots dans une serre un peu froide tenue entre 15° (nuit) et 18° (jour). On se sert d'une serre nouvellement plantée, dont les jeunes souches profitent du chauffage.

Dans cette serre où l'air abonde, on accumule les potées successives faites dans la serre de multiplication.

Dans la figure 53, on aperçoit des potées appartenant à deux multiplications successives; les plus âgées sont rangées côte à côte dans des pots posés sur le sol. Les plus jeunes reposent sur une couche placée au fond d'un châssis. On pulvérise les plus grandes à la lance. Les plus petites sont mouillées à l'eau tiède avec un arrosoir à bec.

Si l'on commence la multiplication fin de décembre, janvier, sous le climat de Paris, on arrive en mai avec des plantes, ayant 1 mètre et plus de long. Aussitôt les gelées printanières passées, on les soumet à la vie au grand air.

Après un rempotage dans des pots de 18 ou de 22, les jeunes vignes sont placées sur le sol, où elles restent jusqu'en juillet. A ce moment-là, pour éviter la dessiccation, on enfouit les pots dans du sable, du cailloutis ou de la terre perméable, pour éviter la sécheresse de l'été. Les pots ont leurs bords au niveau du sol. On peut les recouvrir utilement de tan, de tourbe, pour maintenir la fraîcheur du sol des pots. En août, on cesse de les nourrir, et on diminue les arrosages pour les laisser s'aoûter.

On choisit, pour cette période estivale de plein air, un endroit aéré; mais protégé des vents. Les jeunes pousses, privées de tout entre-cœur, sont palissées verticalement jusqu'à 1 mètre. A partir de cette hauteur, on les attache horizontalement sur un palissage de corde.

Jusqu'au deuxième rempotage, les jeunes plantes ont vécu des sucs des terreaux riches et minéralisés des pots.

Une fois hors de la serre de multiplication, on augmente l'alimentation en même temps que l'air, et l'on emploie les solutions nutritives, purin, purin artificiel, dont les formules suivent :

Solution A pour 10 litres d'eau :

Purin d'étable, pur................. 1 litre.
Phosphate d'ammoniaque........... 10 grammes.
     —   précipité............... 10   —
Sulfate de potasse................ 10   —

Fig. 53. — Multiplication de la vigne par bouture à un œil. Sorties de la serre de multiplication, les jeunes boutures sont placées dans des coffres. Plus grandes, on les palisse côte à côte.

Solution B pour 10 litres d'eau :

Nitrate de potasse............	10 grammes.
Sulfate d'ammoniaque	5 —
Sulfate de potasse.............	5 —
Phosphate précipité.............	20 —

Ces solutions sont données tous les cinq jours. Tous les jours, les pots sont arrosés, et la quantité d'eau fournie est donnée par la balance. On mesure l'évaporation d'une souche témoin. Elle est égale ou légèrement supérieure à celle que la plante peut évaporer chaque jour.

La surface des pots est recouverte d'une substance spongieuse, tourbe, même fumier. Des rebords de terre retiennent ces couvertures et forment cuvettes, que l'on remplit lors des arrosages avec les solutions nutritives.

Greffage.

La viticulture de plein air crée chaque année des millions de greffes qui nous permettent de nous approvisionner largement et sans avoir à nous occuper de la préparation même des greffes. Nous avons donc à envisager le greffage seulement autant qu'on l'applique aux souches existantes et qu'on considère la valeur culturale respective des vignes greffées et des vignes franches de pied. Dans les établissements de forçage, où l'on pratique le traitement au sulfure de carbone avec un peu de soin, l'emploi du greffage comme moyen de lutte contre le phylloxera ne s'impose pas, et le greffage a alors pour but précis d'améliorer la culture ou la récolte des variétés que l'on veut greffer.

Greffage des grosses souches. — Les besoins fort variables du marché, les questions de mode, les erreurs dans le choix des vignes plantées lors de la création de l'établissement obligent souvent à greffer des serres entières. On préfère greffer plutôt qu'arracher et replanter, car on utilise ainsi un chevelu de racines très important, susceptible de donner à la greffe un développement beaucoup plus considérable que celui que l'on peut espérer de la plantation d'une

jeune bouture. En effet les greffes sur gros tronc permettent
l'année suivante la formation de quatre à cinq bras, qui
peuvent tous porter des fruits. On peut même laisser sur
la pousse de l'année une partie de grappe destinée à la vérification du greffage.

On greffe soit avec l'intention de conserver au greffon les
anciennes racines et partie du tronc du porte-greffe, soit avec
le désir que le greffon émette dans le sol des racines qui, à

Fig. 54. — Greffe en fente simple en tête d'un gros sujet. Les deux
greffons se sont développés.

mesure qu'elles se développeront, élimineront les anciennes
pour refaire du greffon une souche franche de pied. Dans ces
deux cas, la greffe se fait à des hauteurs diverses ; la greffe
destinée à s'affranchir est exécutée au-dessous du sol ; celle
qui doit assurer au greffon seulement un développement
aérien se fait au-dessus du sol (fig. 54).

Si l'on greffe une serre entière, la greffe la meilleure se fait
à quelques centimètres au-dessus du sol. Si l'on greffe seulement quelques souches disséminées, on place le greffon aussi
haut que possible, afin que sa jeune pousse à son débourrement
se trouve rapprochée du vitrage, très ensoleillée et hors de

l'ombre portée par les souches voisines. Cet inconvénient serait sensible si la jeune pousse partait du niveau du sol.

Par économie de charbon, on ne force par les serres l'année de leur greffage ; on peut les assister dès février ou les utiliser pour des poteries (cultures en pots). Dans tous les cas, on évite de greffer avant mars afin de mettre les jeunes pousses à l'abri de tout choc de température.

Greffe en fente simple. — Les souches à greffer ont leur sol mouillé légèrement un mois auparavant, suffisamment pourtant pour amener un léger gonflement des bourgeons et une évolution des racines. Lorsque la souche est bien en sève, on la décapite à la scie. Elle pleure abondamment, puis les pleurs s'arrêtent ou se manifestent seulement par un suintement sur la blessure d'un liquide gommeux épais. Le moment de placer le greffon est arrivé. On rafraîchit la blessure très proprement à la serpe et l'on place suivant grosseur

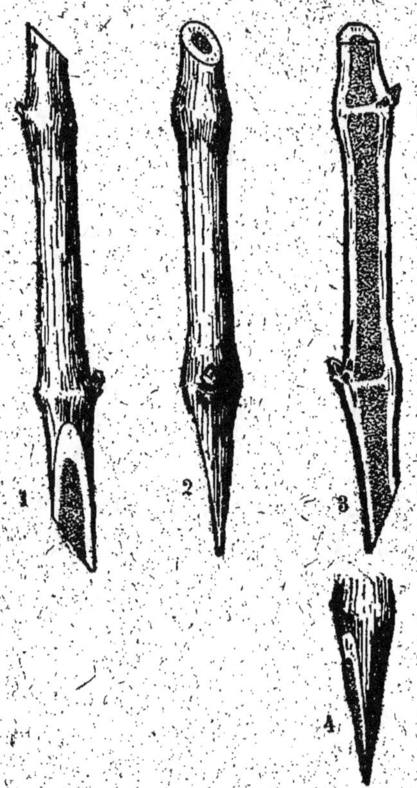

Fig. 55. — Greffe en fente simple.

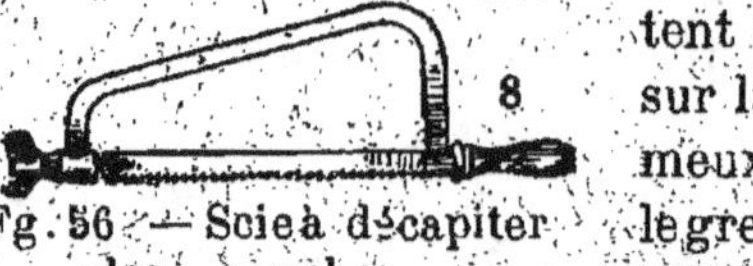

Fg. 56. — Scie à décapiter les souches.

1, 2, 3 greffons taillés en flûte dans des fentes radiales pratiquées à l'aide d'un couteau et d'un maillet. Ces fentes sont maintenues ouvertes avec un taquet de bois. Le greffon a son extrémité (fig. 57) placée dans la fente, de façon à faire joindre sur les bords les tissus de même nature, liber et cambium, susceptibles de se multiplier.

Il est inutile de ligaturer ; l'élasticité des tissus et suffisante pour maintenir le ou les greffons en place. Cette greffe constitue une grosse lésion qui peut s'infester et dans tous les cas est très sensible aux agents extérieurs, lumière, aération, variations de température et d'humidité. Il faut, en effet, aux tissus de soudure, au début de leur formation, de l'obscurité, une aération très réduite, peu ou pas de variations de température et de l'humidité sans excès. On réalise ces conditions d'une façon très simple. On place la tête du porte-greffe et le greffon dans un pot qui repose par terre ou sur un support. Ce pot est rempli de sable fin bien égoutté. Un pot renversé recouvre le tout et évite que l'on mouille ce sable pendant les arrosages. La température la plus favorable est voisine de 15 à 20°. Au bout de vingt jours, les premières pousses tendent à sortir du sable. Les arrosages, très restreints jusque-là, sont repris et représentent la moitié des arrosages normaux. On fume tardivement lorsque les pousses ont 1 mètre de long, et on emploie les formules habituelles réduites au quart puis au tiers et enfin à la moitié de celles d'une serre ordinaire, à mesure que la végétation est plus importante.

Les jeunes pousses, nous disons *les*, car il est bien rare qu'elles ne réussissent pas toutes, sont très fragiles et sont palissées dès qu'on le peut. On enlève les entre-cœurs. Une d'elles, la plus belle, est choisie lorsqu'elle a 1 mètre de long.

Les autres sont pincées de trois à cinq feuilles si elles sont très grosses, enlevées complètement si elles sont petites. La pousse qui reste atteint facilement 10 mètres la même année, avec un diamètre de 30 à 35 millimètres.

Le pot est laissé jusqu'à l'automne. On peut l'enlever momentanément pour ssurer l'aoûtement des tissus de soudure, le remettre l'hiver ou le remplacer par une buttée de terre.

Lorsque l'on greffe une grosse souche en tête, on enduit toutes les sections de mastic Lhomme Lefort. Cet enduit empêche la dessiccation trop profonde des tissus. On le remplace chaque fois que l'on resssèque le bois mort autour du bourrelet de soudure du greffon.

Greffe de Cadillac. — Due à M. Cazeaux Cazalet, cette

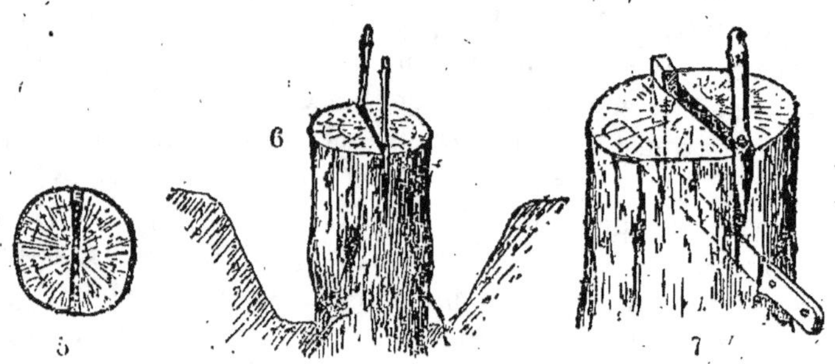

Fig. 57. — Souche munie de deux greffons.

greffe évite de perdre la récolte pendant que le greffon se développe. Nous l'avons appliquée en serre avec plein succès. On peut la faire à l'automne, ou un peu avant le départ de

Fig. 58. — Greffon de Cadillac.

la végétation. Il faut éviter les gros afflux de sève, si on ne veut pas noyer le greffon.

Pour pratiquer cette greffe, il suffit, par une section plane descendante, un peu oblique, de pratiquer une fente dans le tronc du porte-greffe. Dans cette fente, on glisse un greffon taillé en coin très allongé et placé de telle sorte que, sur un des côtés, ses tissus libériens coïncident avec ceux du porte-

greffe. On maintient le tout par une ligature, et on enveloppe
le greffon et la partie sectionnée du sujet dans un papier
noir très épais (fig. 58).

Le greffon très développé peut être conduit palissé le long
du tronc du porte-greffe. On supprime le porte-greffe quand
on a déjà établi plusieurs coursonnes sur le greffon.

Greffes en écusson. — Peu de greffes réussissent aussi
bien sous verre que la greffe en écusson, et
pourtant on entend fréquemment dire
qu'elle y est impossible à cause de la végétation excessive, du manque d'aération, etc.
La greffe en écusson réussit toujours
lorsqu'on peut la pratiquer sur des bois
à tissus bien différenciés, suffisamment en
sève. Or cet état de sève du végétal,
nous en sommes maîtres par nos arrosages
et, sous verre, il n'y a aucune difficulté à
protéger les écussons des coups de soleil
ou des variations de température.

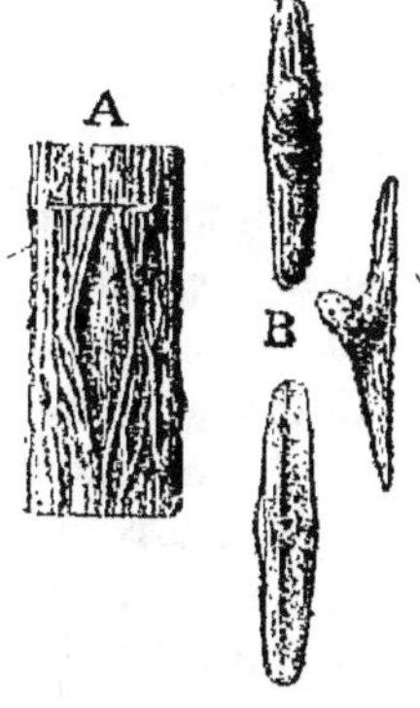

Fig. 59. — Greffe
en écusson.

A, fenêtre dans
laquelle on glisse
l'écusson B.

C'est une greffe (fig. 59) employée constamment pour remplacer les coursonnes
manquantes ou disparues sur les troncs
des vignes, des pêchers et autres arbres
fruitiers. On place aussi des écussons à
la base de bras trop allongés, chancreux, etc.

Dans les serres Rothschild, à Vienne, nous avons vu des
pousses, issues d'écussons destinés à regarnir des parties de
souche, porter des grappes merveilleuses de Muscat d'Alexandrie. En fleur, ces grappes dépassaient 40 centimètres. A Nanterre, sur des pêchers, à troncs dégarnis par la chlorose, on
a pu placer de très nombreux écussons pris sur des souches
de pêchers sélectionnés et regarnir des troncs avec plus de
50 p. 100 de coursonnes nouvelles, qui ont complété les souche
et donné des troncs de toute beauté.

Enfin une serre tout entière, aux Forceries de la Seine, ayant
été plantée de pêchers d'Earliest of All, il fallut, la quatrième
année, remplacer cette variété particulièrement défectueuse
dans le terrain calcaire des Forceries de la Seine par une autre

variété mieux adaptée, la Précoce de Hale. On plaça des écussons au nombre de deux et trois, sur chaque branche principale, un peu au-dessous du point où il faudrait les rabattre l'année suivante. Ces écussons réussirent à merveille. On les laissa se développer, et, quand on eut des pousses de très belle venue, on sectionna peu à peu les branches de la variété qui devait disparaître. Les jeunes pousses du greffon firent, la même année, des pousses énormes de plus de 2 centimètres de diamètre, longues de 2^m,50 à 3 mètres. La seconde année après l'écussonnage, les pêchers étaient tous reformés, sans retard appréciable et avec de très beaux fruits dus aux choix des écussons. *Avec un peu de soin dans le choix des écussons, on peut dire que les greffons qui en naissent donnent des fruits abondants et remarquables surtout chez les variétés coulardes.*

Choix des écussons. — En règle générale, on préfère prélever les écussons sur des pousses de l'année venant d'arbres de plein air ou d'espaliers, dont la maturité ou mieux la vitalité est plus grande. On pent faire venir les branches de très loin. Choisies en voie d'aoûtement bien indiqué, ces branches ont le limbe de leur feuille supprimé presque en totalité. On les enveloppe, groupées en petits paquets très serrés, de plusieurs couches de gros papier, avec un tampon de mousse fraîche à leur base. Une dernière enveloppe extérieure de papier paraffiné permet de faire voyager le colis plusieurs jours.

Les écussons permettent, par excellence, de faire de la sélection, car on peut multiplier tous les yeux bien conformés de la branche qui s'est distinguée par la beauté et la valeur de ses fruits.

L'écusson se fait, comme en plein air, à *œil poussant* ou à *œil dormant*. On le pratique à *œil poussant* au débourrement, lorsque l'écorce (couche corticale et liber) se détache bien du bois. A ce moment, il est souvent noyé par l'excès de sève. Il vaut mieux greffer à œil dormant lorsque, le végétal étant encore bien en sève, sa végétation commence à se ralentir et les pousses à s'aoûter.

La pose de l'écusson est toujours plus aisée sur des bois d'un an ou de deux ans que sur de vieux bois. Néanmoins, en incisant très largement ces derniers, on pratique aisément des volets qui recouvrent l'écusson une fois posé. On serre un peu le tout avec un cordonnet de laine grasse. Un papier parchemin protège la plaie et l'écusson de l'eau provenant des bassinages; le papier laisse toutefois circuler l'air autour de l'œil, qui conserve sa fraîcheur si la soudure se fait dans de bonnes conditions.

Sur des sujets vigoureux, les écussons sous verre sont très vite repris. Au bout d'un mois, on peut retirer la laine, car l'œil et les tissus voisins se gonflent.

L'hiver, en revanche, il est bon de ligaturer les écussons à nouveau sans les serrer ou de les envelopper dans du papier.

Les yeux écussonnés donnent plusieurs pousses lors de leur débourrement; souvent aussi les débourrements sont tellement gros qu'ils cassent ou se décollent.

Greffes herbacées. — Dans les diverses greffes dont nous avons parlé, on travaille avec les tissus formés, aoûtés, du porte-greffe ou du greffon.

On peut aussi effectuer des greffes avec des tissus très jeunes en cours de formation. Dites pour ce motif *greffes herbacées*, ces greffes n'ont pas d'intérêt particulier sous verre.

Avantage des boutures greffées sur les boutures simples. — Lorsqu'un forceur envisage la plantation d'une serre de pêchers, une fois qu'il a fait choix de la variété, il s'occupe de pourvoir celle-ci des racines les mieux appropriées au sol dont il dispose à l'intérieur des serres. Il sait que le pêcher peut être greffé sur lui-même, sur abricotier, sur prunier, sur amandier.

Dans un sol très humide, compact, il a appris que les racines du prunier, qui rampent près de la surface du sol, utiliseront admirablement ce dernier.

Si, au contraire, le sol est calcaire, maigre, sec, il donne à ses pêchers les racines pivotantes de l'amandier, susceptibles d'aller très profondément chercher l'humidité du sous-sol. Dans un sol meuble, léger, riche, sablonneux, il pourra greffer sur franc.

Des observations centenaires ont montré à l'horticulteur quelle admirable ressource présente le greffage, qui lui permet d'*adapter* parfaitement le greffon au sol dans lequel il doit venir. Il ne lui est jamais venu à l'esprit de penser que les racines de prunier allaient modifier la nature du pêcher greffon et amener la production de pêches modifiées, dégénérées par la cohabitation, le mélange des sèves du porte-greffe et du greffon. Quand il a besoin de greffons sélectionnés, il les prend sur les souches donnant des fruits de choix, sachant bien que le greffage lui assure intégralement la multiplication de l'individu sélectionné et non point celle d'un être nouveau, intermédiaire entre le greffon et le porte-greffe, résultat de la combinaison des liquides cellulaires ou de la coalescence des protoplasmas. On a beaucoup parlé, ces années dernières, de cette fusion intime du porte-greffe et du greffon et de la création d'hybrides de greffes susceptibles d'accroître la richesse des variétés de nos divers fruitiers. Jusqu'à présent, aucun *hybride asexué* né des réactions intimes du greffon et du porte-greffe n'existe encore.

La dégénérescence de nos variétés, sous l'action du greffage, n'existe pas davantage, et pourtant nombre de forceurs admettent que le greffage de la vigne, par exemple, est la pire opération que l'on puisse faire et est cause de tous les accidents culturaux : maladies, affolement de la végétation, mauvaise conservation et aussi diminution de qualité des fruits. Les essais suivants montreront combien l'imagination joue un grand rôle dans toutes ces théories basées sur une complète ignorance de la morphologie des arbres fruitiers.

La culture de soixante serres de vignes a amené M. Viala et moi, pour divers motifs, à en replanter ou à en surgreffer près de la moitié.

Les nouvelles plantations ont été faites à la fois avec des boutures et des greffes sur vignes américaines. On a fait aussi des greffes sur les grosses souches de vignes à remplacer. Les greffons et les boutures franches de pied avaient même origine et, par suite, étaient comparables.

Dans les serres à regreffer, de 200 mètres carrés (20 × 10) de surface, complantées de cinquante souches, distantes de $0^m,80$, nous avons adopté la disposition suivante :

Souche 1. — Souche-mère porte-greffe.

Souches 2, 3, 4. — Greffées à quelques centimètres au-dessus du sol.

Souche 5. — Greffée en tête, de façon à conserver cinq ou six bras du porte-greffe.

Souches 6, 7, 8. — Comme 2, 3 et 4.

Souche 9. — Pied mère.

Et ainsi de suite pour les cinquante souches.

Sur quelques souches, greffées en tête, une greffe de Cadillac a été placée sur le tronc, au-dessous des bras du porte-greffe, de façon à avoir une souche dans laquelle la zone de végétation du porte-greffe se trouve comprise entre deux zones de végétation du greffon.

Ces expériences ont été répétées sur des vignes en pot provenant soit de boutures, soit de greffes-boutures, greffées sur vigne américaine.

Des surgreffages permettaient de former des petites souches à trois bras. Le bras le plus bas provenant du porte-greffe, le greffon donnait le second et la variété surgreffée formait le troisième bras. On obtenait ainsi, nourris par les mêmes racines, un Riparia × Rupestris 3306, un Black Alicante et un Muscat d'Alexandrie.

Les combinaisons que nous avons pu ainsi obtenir sur des grosses souches ont été multiples. Donnons-en quelques-unes à titre d'exemple.

Serre 59, plantée en Cinsaut (raisin noir non musqué) à gauche, en Muscat noir de Hambourg à droite, a été surgreffée en 1904 en Muscat blanc Cannon-Hall.

Serre 42, plantée en Saint-Jeannet, raisin blanc tardif, a été surgreffée en Ugni blanc, raisin blanc hâtif.

Serres 36, 37, 38, plantées en Gros Colman, raisin noir très gros, sans saveur aucune, surgreffées en Muscat d'Alexandrie, raisin blanc très musqué, et en Bicane, raisin blanc très neutre.

Nous avons pu suivre ainsi pendant plus de six ans plus de cinq cents souches, véritables individualités suivies dans leur développement avec un soin jaloux. L'ouvrier, chargé d'une serre, intéressé matériellement au rendement, connaît admirablement les végétaux qu'il a à conduire. Leur faciès propre, le nombre de leurs fruits, leur beauté, l'intéressent, et il est bien difficile qu'une variation portant sur le feuillage ou les fruits lui échappe.

Les observations qu'il fait de son côté, pour son compte, sans se soucier d'une théorie ou d'une autre, sont des faits difficilement entachés d'erreurs. Son esprit est en effet libre de l'impression de toutes les doctrines qu'il ne connaît pas.

Variations des organes foliacés. —Sous serre, une alimentation plus abondante et non désordonnée assure à la plante une grande vigueur, qui ne peut que favoriser des variations, Or les greffes se sont montrées constamment plus régulières de végétation que les souches non greffées des serres voisines. Dans la même serre plantée en boutures franches de pied, on trouve souvent des feuilles, les unes entières, les autres pleines, de 0^m,40 de diamètre et de 0^m,10, appartenant à la même variété.

Variations dans les phases végétatives. — Lorsqu'on greffe un Ugni blanc de deuxième époque sur un Saint-Jeannet de quatrième époque, on s'attend à constater une confusion du cycle végétatif des deux variétés alimentées par les mêmes racines. Or, sauf le débourrement, qui se fait presque simultanément, on peut dire que chaque variété accomplit ses phases végétatives selon son mode propre, et finalement on cueille le Saint-Jeannet trois semaines après l'Ugni blanc comme sur les pieds témoins. Et pourtant nous avons vu, pendant deux ans de suite, des bras d'une souche de Muscat d'Alexandrie non greffée porter des grappes présentant une avance de maturité de plus de trois semaines sur les grappes des autres bras.

Sur les greffes d'Ugni blanc portées par des Saint-Jeannet, on aurait pu constater de petites différences dues à l'action du bourrelet de greffage faisant l'effet d'incision annulaire que cela eût été fort normal. De même les Ugni blanc cueillis pourraient, en déchargeant la souche d'une partie de la récolte, aider à la maturité des fruits plus tardifs du Saint-Jeannet porte-greffe.

Lorsque le porte-greffe tardif se compose seulement de la partie souterraine et n'a pas de feuillage, son influence est inapparente sur la maturité, comme nous l'avons constaté avec du Foster's (première époque) greffé sur du Muscat de Frontignan (troisième époque). Cette influeuce n'existe que dans le cas de mauvaise affinité provoquant une mauvaise circulation de la sève par suite de la différence de calibre des porte-greffes et des greffons. C'est une influeuce mécanique et passagère.

Dégustation des fruits. — La dégustation des fruits a une importance également considérable pour juger de l'influence réciproque du porte-greffe et du greffon.

Cette dégustation présente des difficultés. La dégustation est en effet chose très personnelle. Il y a des aveugles du goût, comme il y a des presbytes. En outre, il faut faire choix, sur des caractères extérieurs, de grappes de même maturité. Puis l'extrémité de la grappe et les divers ailerons sont toujours inégalement mûrs. Enfin les grappes d'une même souche et les souches provenant d'un même sarment (par bouture à un œil) présentent des divergences individuelles, qui ne se reproduisent pas chaque année. Nous trouvons parfois des grappes, à saveur normalement neutre, sensiblement musquées lorsqu'elles sont très dorées.

Une dégustation faite dernièrement montre la difficulté d'un accord. Nous étions : un Argentin, un Chilien, trois directeurs d'école de viticulture allemande, d'autres viticulteurs allemands, ce qui, joint au personnel dirigeant de l'établissement, faisait une dizaine de personnes. Deux grappes de même variété et d'égale maturité étaient présentées : l'une avait, huit jours auparavant, des grains nettement musqués. Les résultats furent ceux-ci : trois personnes trouvèrent la grappe à tendance musquée plus sucrée; pour deux autres, elle avait en outre un goût particulier. Deux dégusteurs les considérèrent comme identiques. Les derniers ne purent se prononcer. Pour nous, qui avions trouvé un goût musqué quelques jours auparavant, nous ne pûmes que trouver l'une plus sucrée que l'autre. Enfin les Allemands préférèrent les grappes les moins sucrées, tandis que les Sud-Américains prisèrent davantage les autres. Après cette expérience, nous croyons qu'il faut douter des dégustateurs oracles qui trouvent sans peine la *saveur de fruit greffé*.

Nous avons dégusté et fait déguster maintes fois les fruits des différentes souches greffées et non greffées d'une même serre. Que le porte-greffe soit européen ou américain, nous n'avons jamais trouvé aucune différence entre les grappes. Il en a été de même pour les grappes provenant de porte-greffes neutres de goût.

Jamais nous n'avons encore trouvé que les principes de la saveur musquée, élaborés dans l'un ou l'autre des sujets, passent dans le végétal qui vit si intimement avec lui.

Ce fait négatif nous étonne. Cependant les principes musqués passeraient du sujet dans le greffon et *vice versa* que cela ne prouverait pas que ces êtres réagissent spécifiquement les uns sur les autres.

Néanmoins nous n'acceptons pas l'opinion de certains forceurs qui prétendent pouvoir distinguer à la dégustation un raisin greffé sur vigne américaine d'un raisin survenu franc de pied.

On voit dans le vignoble des souches qui ont des grappes musquées, en 1906 par exemple, année chaude, et qui n'en avaient pas en 1905, à la suite d'un automne pluvieux et froid. Il peut circuler et se former dans les végétaux des corps inertes, aussi inactifs sur une orientation protaplasmique spécifique que l'est la sève ascendante, avec tous les matériaux nombreux qu'elle renferme.

Variations de la forme des grappes. — Dans le vignoble, les variations de nutrition par les divers porte-greffes sont intenses, et l'on constate que les porte-greffes les plus vigoureux donnent des fruits petits, lâches, tandis que les porte-greffes les moins vigoureux donnent des fruits gros, serrés, à gros grains.

Dans les forceries, en proportionnant la fructification à la vigueur des souches, la végétation est très régulière et la forme des grappes ne subit pas de variations avec le greffage. Ce n'est pas à dire que, la première année qui suit un greffage sur grosse souche, on ne constate pas sur les pousses nouvelles des grappes irrégulières de forme, de maturité ; mais ces phénomènes, dus à la circulation de la sève mal établie, entre le porte-greffe et son nouveau greffon, cessent au bout de deux à trois ans.

Des Foster's ont donné, durant deux à trois ans, des grappes à grains ronds greffés, d'une part, sur Muscat de Frontignan, d'autre part sur Aramon $\times$ Rupestris n° 1, Riparia $\times$ Rupestris 3306. Mais, au bout de deux à trois ans, une fois les nouvelles souches bien établies, leurs fruits ont repris leur forme primitive ovoïde, sans qu'il soit possible de distinguer les grappes des souches greffées et franches de pied.

En revanche, aux Forceries Parisiennes, dans une même serre, nous avons fait photographier des grappes de Foster's de souches franches de pied, portées par des palmettes alternes qui se différenciaient étrangement. Les palmettes les plus basses, par suite de conditions végétatives différentes, avaient des grappes formées d'ailerons, portées par des pédoncules dont la longueur dépassait deux ou trois fois celle de la grappe même, tandis que les grappes supérieures se présentaient normales avec des ailerons de quelques centimètres et des pédoncules courts.

Dans le vignoble, les raisins de souches greffées sur divers porte-greffes se conservent d'autant mieux qu'ils sont plus lâches, moins serrés. Sous verre, le ciselage intervient et donne aux greffes une densité uniforme, et nous avons indifféremment gardé sur souches ou en caves des raisins de vignes franches de pied ou greffées.

PLANTATION

Sous verre, on peut planter en toutes saisons, à tout
moment de l'année. On dispose de tous les facteurs qui
permettent à l'arbre replanté de souffrir au minimum de la
transplantation. En effet il est possible de placer les racines
sans grosses détériorations dans un sol frais, bien tassé autour
d'elles, leur permettant de fonctionner aussitôt qu'elles sont
à leur nouvelle place. Quant aux parties hors de terre, on
peut, en leur ménageant la chaleur et la lumière, restreindre
leur transpiration et leur vie jusqu'au moment où les sucs
aqueux du sol leur arrivent à nouveau abondants et d'une
façon régulière.

On peut, pour cette raison, planter sous verre des arbres de
tous âges, mais, peut-être encore plus qu'au plein air, on a
remarqué que les plants très jeunes, greffés d'un an par exemple,
donnaient au bout de très peu d'années les individus les plus
durables, les plus vigoureux et les plus développés.

Cela ne veut pas dire qu'avec les progrès réalisés dans le
transport des plantes à distance on n'arrivera pas à cultiver
et à former au plein air des arbres qui seront mis sous verre
ultérieurement, formés et très développés.

On ne peut arriver à ce résultat que par des contre-
plantations répétées ayant pour but de remplacer les
quelques longues racines qui se forment chez les jeunes sujets,
et qu'on brise fatalement à l'arrachage, par des racines plus
courtes très ramifiées et contenues pour une partie importante
dans un rayon de 1 mètre au maximum autour du tronc. Dans
ces conditions, il est facile de mettre à nu les plus extérieures
et d'enlever celles du centre avec la motte de terre. On peut
alors être assuré que le végétal n'a pas à être décapité ou
rabattu une fois mis en place, pour diminuer son développe-

ment et le mettre en rapport avec les quelques fragments de racines attenantes dans le cas de transplantation ordinaire.

Lorsqu'on plante une serre, il arrive que, quelle que soit la qualité des sujets plantés, certains dépérissent ou végètent peu les premières années de plantation. Il faut être à même de les remplacer non pas à la fin de la végétation, mais le jour même où on les voit fléchir. Pour cela, on cultive en pots un certain nombre de sujets de remplacement. Les pots doivent être de grand calibre, 30-35, surtout si on veut conserver les végétaux plusieurs années. On pratique un rempotage annuel. Avec ces pots, nous avons pu planter en juillet, le mois le plus défectueux de l'année pour toucher un végétal, des pêchers de deux ans qui n'ont pas indiqué avoir souffert de la transplantation. Pour que la motte de terre du pot ne se délite pas, on la mouille avant de sortir la plante de son récipient.

Les sujets, en serre, sont plantés dans des fosses peu profondes. En effet, il n'y a pas à craindre l'arrachement du sol par les vents et le poids de l'arbre, et l'on préfère étaler et orienter les racines dans les couches superficielles du sol plutôt que les enfouir profondément. Elles peuvent toujours s'enfoncer profondément ultérieurement, si c'est leur aptitude.

Les bourrelets de soudure des plants greffés sont au niveau du sol, de façon qu'ils puissent être ou buttés ou dégarnis facilement de leur terre. On praline utilement les racines dans une boue fluide d'argile et de terreau.

Dans une serre, les jeunes plants, pendant deux et trois ans, n'occupent qu'une très faible partie du terrain. On évite d'arroser la serre entièrement pour ne pas laver le sol. On arrose seulement la zone où se tiennent les racines, mais en se rappelant que la partie de terre non arrosée assèche autour d'elle et qu'il faut augmenter les arrosages où sont les racines. En outre, il est bon de bassiner le sol tout entier afin d'éviter de dessécher l'air de la serre.

Les jeunes plants une fois en place, on sème tout autour à la surface du sol 4 ou 5 centimètres de terreau très fait, et on arrose ce terreau avec des purins artificiels (Voy. *Fumure de la vigne*).

TAILLE

Nous n'exposerons pas ici les principes généraux de la taille de la vigne et des arbres fruitiers traités tout au long dans *Viticulture* (P. Pacottet) et dans *Arboriculture fruitière* (Bussard et Duval).

Nous nous contenterons d'envisager les différentes formes que la vigne est susceptible de prendre sous verre et les modes de taille très simples qu'on peut adapter à ces formes. Nous distinguerons la *taille sèche* ou taille d'hiver et les *tailles en vert* pratiquées au cours de la végétation.

TAILLE SÈCHE

La taille sèche précède la mise en végétation. On peut la pratiquer aussitôt que la vigne a fini son cycle végétatif, ce qui a lieu, dès le mois d'août ou de septembre pour les vignes soumises au grand forçage. Mais, dans la pratique, on ne taille pas en septembre ; la mise en forçage n'étant guère effectuée avant la fin de novembre, il est préférable d'attendre les premières fraîcheurs d'octobre qui, dans les serres ouvertes, se chargent de dépouiller les souches de leurs feuilles. Il faut remarquer toutefois que, s'il était nécessaire, on pourrait tailler même avant la chute des feuilles.

Sous verre, on n'est pas arrêté par les grands froids, car les souches sont sèches et n'ont pas à souffrir des gels et des dégels humides que subissent les vignes extérieures. Il est vrai que, par les très basses températures, les sarments deviennent cassants, sans élasticité et se craquèlent ou se brisent lorsqu'on les sectionne ; mais il suffit de chauffer la serre à 3 ou 4° au-dessus de 0 pour éviter cet inconvénient.

Les ouvriers jardiniers se servent pour tailler de sécateurs

qui peuvent être mis entre les mains les plus malhabiles. Ils
ont tort. à notre avis, car il est indispensable, sous verre,
d'avoir des sections très nettes, vite cicatrisées, qui sont rarement obtenues avec le sécateur, surtout si l'on remarque que
les sarments de serres ont toujours une moelle plus impor-
tante, des tissus moins élastiques et en même temps moins fermes qu'en pleine culture. En outre, au dehors, sous l'effet du grand air, les plaies de taille se cicatrisent aisément sans s'infecter ; sous verre, au contraire, elles se trouvent dans une atmosphère humide, confinée ; elles sont bassinées journellement avec de

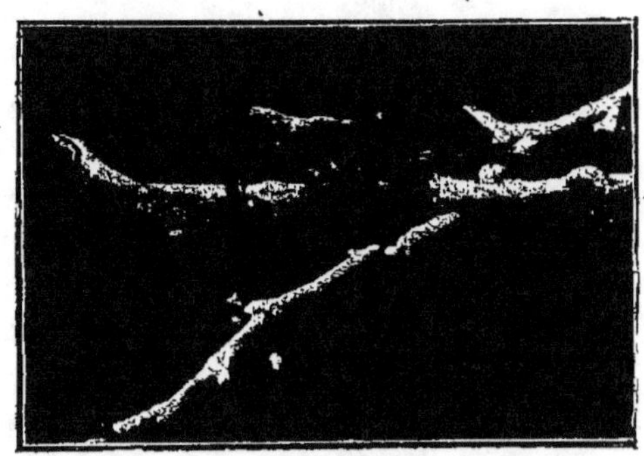

Fig. 60 — Tenant solidement la souche,
l'ouvrier d'un seul coup de serpette
sectionne le sarment verticalement.

l'eau plus ou moins propre, et, si elles sont irrégulières
et fissurées, elles sont infectées fatalement.

La serpette (fig. 60) ne mâche pas les tissus ; elle assure
une section parfaite et permet en outre de sectionner en
biseau, dans un plan vertical, de façon que les gouttelettes
d'eau des bassinages ne soient jamais retenues sur les plaies
de taille. Afin de maintenir la serpette effilée, on coupe au
sécateur les chicots de vieux bois, les bras et les troncs à
décapiter, et l'on refait aussitôt les lésions à la serpette.
Quant aux sarments, la serpette les coupe aisément, quelle
que soit leur grosseur.

En serre où la taille doit être très soignée, on peut suivre les
principes énoncés par Dezemeris, qui consistent à tailler les
sarments aussi loin que possible du dernier œil qu'on conserve,
c'est-à-dire sur le bourrelet même de celui qui tombe (fig. 61).
On peut aussi, s'il s'agit d'un bras à supprimer, laisser un
chicot de 3 ou 4 centimètres au lieu de couper sur la base
même de ce bras ; on évite ainsi de faire sur le tronc une

grosse lésion à recouvrement difficile. Le chicot n'est enlevé que lorsque ses tissus sont secs ou morts, au bout d'un an ou deux ; on opère alors une résection qui laisse une plaie sèche incapable de s'infecter.

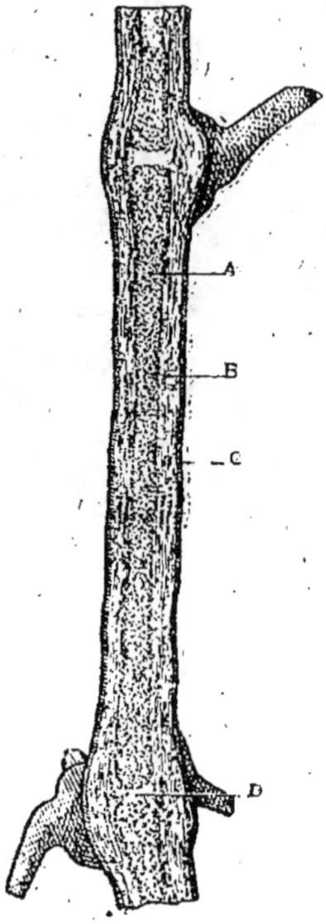

Il est tout à fait inutile, pour la vigne, de recouvrir les grosses plaies d'une substance quelconque. On ne le fait que pour des lésions très étendues ; dans ce cas, on enduit la plaie de mastic à base de poix tel que le mastic Lhomme Lefort. Les plaies de taille sont fréquemment badigeonnées avec du sulfate de fer, qu'on emploie, suivant l'aoûtement des bois, à la dose de 15 (mauvais aoûtement) à 40 p. 100 (aoûtement parfait).

La taille en pratique se divise en deux parties : la *taille prépa-ratoire*, ou nettoyage des souches et la *taille définitive*.

Fig. 61. — Coupe longitudinale d'un sarment.

A, moelle ; B, bois ; C, liber et couche corticale ; D, cloison médiane. Si l'on veut conserver l'œil au niveau de D, il faut à la taille couper le plus près possible de la cloison médiane de l'œil supérieur qui va tomber.

Taille préparatoire.

Elle se fait dans les serres dès qu'on le peut, au mois d'octobre et de novembre. Elle a pour but de supprimer tous les rejets inutiles et de ne laisser sur chaque bras que les sarments propres à en assurer la taille, choisis parmi les mieux situés et du meilleur calibre. Après ce nettoyage, la souche, débarrassée des sarments sans objet ou mal aoûtés, apparaît garnie seulement avec les sarments de choix bien placés. Il devient facile de juger des vides

existant entre les bras et de ceux qui vont se produire par
suite de la présence de mauvais sarments de taille (fig. 62).

On se rend compte alors non seulement des sarments qu'il
faut laisser sur chaque bras pour assurer la taille, mais aussi

Fig. 62. — Taille préparatoire.

L'ouvrier, après avoir détaché les souches, supprime tous les
sarments inutiles ou impropres à la taille.

de ceux nécessaires pour obtenir une végétation dans les vides.

Le nettoyage des souches a encore pour objet de diminuer
les surfaces à décortiquer et à désinfecter. Enfin la circulation
est aussi plus facile entre les souches, ce qui permet de procéder
aisément à tous les traitements.

Taille définitive.

La taille définitive se fait le plus tard possible, quelques jours avant le départ de la serre. Il arrive en effet qu'en arrêtant définitivement le tableau de forçage on fasse passer une serre d'une série à forcer dans une série à ne pas forcer. Or on verra que la taille est un peu différente suivant la date de mise en végétation : en règle générale, on taille plus court une serre à forcer fin novembre qu'une serre qu'on commencera à chauffer seulement en février ou mars.

Cela s'explique aisément, car on sait que, si l'on demande trois quarts de kilogramme de raisins par mètre de vitrage à une serre soumise au grand forçage, on exigera davantage de la même serre moins forcée, soit 1 kilogramme à 1ᵏᵍ,500 ; il s'ensuit une taille appropriée. En outre, une serre de grand forçage, se développant en hiver, est toujours moins vigoureuse et comporte par suite un nombre de sarments plus réduit.

Le jour où l'on taille une serre, les souches sont détachées et maintenues à leur palissage par des crochets en S faits de gros fils de fer. Cela oblige à refaire complètement, après la taille, toutes les ligatures ; de plus l'opération de la taille se trouve facilitée, l'ouvrier pouvant incliner la souche vers lui et l'avoir bien en main.

On commence par tailler l'extrémité de la souche en se gardant d'oublier que c'est la partie non seulement la plus fructifère, mais aussi la plus vigoureuse et que c'est elle qui donne les grappes les plus rebelles et les plus précoces. On a donc toujours soin de tailler les trois ou quatre sarments terminaux un peu plus longs que la variété ne l'exige. Ainsi un Black Alicante dont on taille les autres bras à un œil aura ses coursons terminaux taillés à deux yeux. De l'extrémité de la souche on chemine progressivement jusque vers la base.

Formation des souches. — En serre, toute la végétation doit se trouver dans le même plan constituant un écran de feuillage parallèle au vitrage. Les souches n'ont donc que quelques formes possibles, soit la palmette (palmette simple, palmette double), soit le cordon.

Toutes ces formations sont constituées par un tronc portant des bras pourvus de sarments qu'on taille. Ces bras sont alternes et opposés, disposés régulièrement de chaque côté du tronc principal s'il s'agit de palmettes ; les cordons, eux, ne portent qu'un rang de bras.

Première année de formation. — Quelle que soit leur origine, greffes ou boutures, les souches émettent la première année de plantation un sarment. Ce sarment plus ou moins vigoureux part très près du sol ; on le fait monter verticalement aussi vite qu'on le peut, supprimant les rejets qu'il pourrait faire, pour amener son extrémité, le plus tôt possible, au voisinage du vitrage.

Il se développe, grandit ; on le laisse croître en supprimant toujours les rejets qu'il peut émettre.

On ne rogne son extrémité que lorsqu'on juge son élongation suffisante ; on cesse alors de supprimer les rejets, mais on les écime à une feuille, et cet écimage à une feuille se continue sur les rejets secondaires.

Ces rejets ont pour effet de faire grossir le sarment principal par l'appel de sève qu'ils provoquent. Porteurs de feuilles adultes, ils contribuent aussi à la nutrition générale de la souche, qui assure le développement du chevelu radiculaire.

Seconde année de formation. — La seconde année, le sarment qui partait du niveau du sol par exemple est taillé à 1 mètre. Au-dessous de l'œil terminal destiné à donner le prolongement, on laisse quatre yeux qui vont se développer en donnant naissance à quatre pousses. Ces poussent portent des grappes qu'on a soin, en général, de supprimer en laissant cependant une grappe ou deux par souche, afin de vérifier s'il n'y a pas eu d'erreur à la plantation.

Mais ces jeunes pousses sont en général trop basses pour demeurer ; elles sont supprimées à la fin de l'année après avoir assuré le grossissement du jeune tronc.

Troisième année et années suivantes. — La troisième année, on taille sur le prolongement à 1 mètre de longueur environ, de façon à obtenir un œil qui donnera le prolongement futur et quatre à cinq pousses qui, cette fois, sont définitives et serviront à la formation des bras sur le tronc. Ces jeunes pousses sont fructifères, et il est possible, la troisième année, de laisser une grappe par pousse. C'est le début de la production.

La quatrième année, les jeunes pousses sont taillées suivant la variété à un ou plusieurs yeux; le sarment de prolongement lui-même est coupé à une longueur telle qu'il puisse fournir deux coursonnes de chaque côté et un nouvel œil terminal de prolongement.

On forme ainsi chaque année quatre à cinq bras nouveaux en même temps que le tronc se développe. Avec cette élongation annuelle, on arrive très vite à constituer un tronc qu'on arrête à 60 et 70 centimètres de l'extrémité de la place assignée à la souche.

A ce moment-là, l'œil de prolongement donne naissance à une pousse qui est traitée comme tous les autres sarments, en évitant même d'allonger le tronc.

Pour obtenir un tronc bien droit formé de prolongements annuels, on a soin de prendre alternativement un œil à droite et un œil à gauche, afin que, par compensation, le tronc déjeté tantôt d'un côté, tantôt de l'autre, par les prolongements qui lui ont donné naissance, se trouve toujours ramené dans l'axe même de la souche.

Espacement et développement des souches. — Si l'on suppose des souches plantées en ligne, s'élevant d'abord verticalement pour courir ensuite parallèlement entre elles sous le vitrage, il faut laisser entre les troncs un espace suffisant pour que les pousses annuelles, une fois pincées, puissent s'étaler et être palissées en conservant au moins deux ou trois feuilles au-dessus de la dernière grappe. C'est donc l'intervalle entre les troncs dans la zone où ils portent bras et sarments qui nous guide pour les espacements à la plantation.

Si l'on plantait, sous verre, du Chasselas de Fontainebleau, un intervalle de 0^m,75 entre les troncs suffirait; mais en général on se trouve en présence de variétés à plus grands développement, dont les mérithalles sont plus longs et les feuilles plus étendues. Ainsi, pour des variétés de vigueur moyenne à feuilles plutôt petites comme le Muscat d'Alexandrie, le Bicane, il faut adopter un écartement plus grand, 0^m,80, qu'on porte à 1 mètre quand il s'agit de variétés à feuilles peu découpées, épaisses et larges comme le Gros Colman, le Golden Champion ou le Black Alicante.

Pour des variétés comme le Muscat Cannon Hall, le Buccleuch, qui exigent des tailles longues et parfois des branches à fruits arquées, une distance de 1^m,20 entre les souches n'est pas exagérée. En un mot les espacements sont fonction du développement des pampres et de la dimension de leur feuillage.

Des souches plantées aussi rapprochées ne peuvent infiniment s'étendre. Les racines des différents troncs s'enchevêtrent entre elles, car rares sont les variétés qui, comme la Panse précoce, émettent de grosses racines susceptibles d'aller rejoindre les souches garnissant l'autre côté de la serre. Ce cantonnement des racines oblige donc à limiter le tronc à une longueur qui pratiquement ne doit pas dépasser trois à quatre fois l'espacement entre les souches. Ainsi on donnera à un Muscat d'Alexandrie planté à l'écartement de 0^m,80, 3^m,50 de tronc au plus, longueur comptée portant des ramifications fructifères; le Buccleuch ou le Cannon Hall, plantés à la distance de 1^m,20, pourront comporter une longueur de tronc, portant des tailles, de 4^m,50 à 5 mètres. Le développement des souches est limité; il est subordonné à la surface du sol que peuvent occuper les racines.

Cependant les exemples ne sont pas rares de souches prenant sous verres de très grands développements; il nous a été donné de voir, à la Chevrette, près Deuil, quelques pieds de Chasselas Napoléon garnissant à eux seuls une serre de grandes dimensions et dans la propriété Rothschild, à Vienne (Autriche), des Muscats d'Alexandrie à développement énorme. On remarquera, à ce sujet, que les troncs à très grand développement sont en général alimentés par un système radiculaire très étendu soit dans la serre, soit à l'extérieur.

Mais la formation et la culture de souches à grand développement ne sont pas d'esprit industriel. Il faut en forçage garnir très vite tout le vitrage utilisable avec des troncs et des tailles portant fruit. Or, s'il est facile de réaliser ce problème en quatre ou cinq ans avec beaucoup de souches à faible développement, de très nombreuses années sont nécessaires pour faire occuper à une souche unique toute l'étendue d'une serre, sans compter que de nombreux accidents peuvent détruire la souche ou un de ses bras principaux. Avec de petites souches, il est aisé de combler les vides sans retard en utilisant le développement complémentaire toujours possible et immédiat des souches voisines. C'est du reste par la disparition successive des souches voisines qu'ont pu se former les souches à grand développement dont nous avons parlé.

Espacement des bras. — Dans la formation des souches, chaque année, jusqu'à complet développement, on a assuré la formation des ramifications latérales, c'est-à-dire des bras. Sauf dans le cas de sarments gourmands provenant de repercage, les sarments ne s'insèrent jamais directement sur le tronc ; ils sont portés par les bras.

Normalement les yeux du sarment de prolongement, qui sert à former la souche, étant opposés, émettent des pousses alternes éloignées les unes des autres de deux longueurs de mérithalle et, comme les mérithalles ont des longueurs variables de 5 à 12 centimètres, les sarments destinés à former les bras, puis les bras eux-mêmes, vont se trouver espacés de 10 à 24 centimètres.

Avec le Chasselas et le Bicane, dont les feuilles ont des diamètres inférieurs à ces dimensions, de tels espacements sont suffisants. Avec le Buckland déjà, qui nécessite des tailles longues et plusieurs sarments par bras pour avoir du fruit, ces distances sont trop faibles. Elles le sont encore davantage quand il s'agit de souches à feuillage très développé et à grosses grappes comme le Gros Colman, l'Alphonse Lavallée ou le Gros Maroc ; il convient d'adopter pour ces variétés un écartement d'au moins 40 centimètres.

On y parvient non point en supprimant des bourgeons sur les prolongements de formation, mais en supprimant un sarment sur deux quand ceux-ci ont un an et que le prolongement de la souche a suffisamment grossi. Il ne faut pas attendre plus longtemps, car la suppression des bras plus développés laisse sur la souche de grosses sections difficilement recouvrables.

Remplacement des bras. — Dans le grand forçage, la végé-

tation est toujours irrégulière. Parfois les tailles des bras du
centre débourrant difficilement donnent des pousses chétives
qui s'étiolent ou qu'un accident fait disparaître sans que la

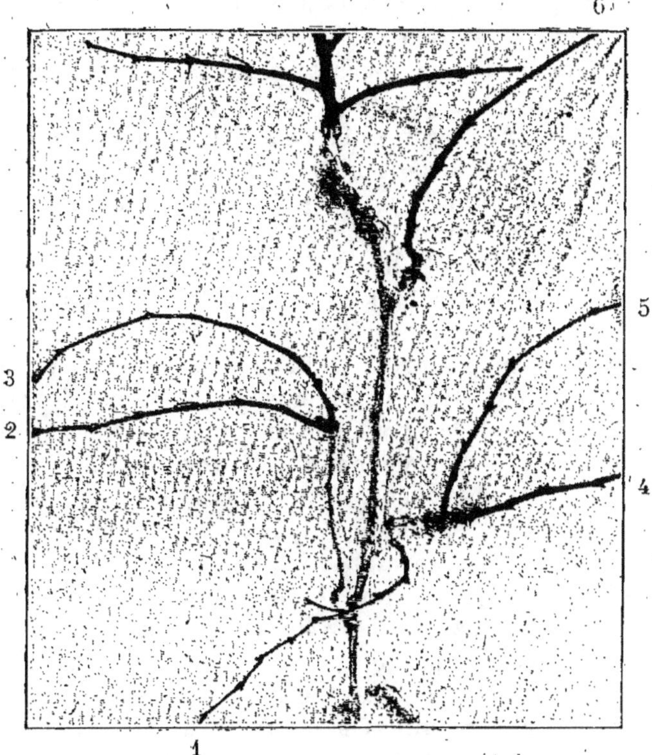

Fig. 63. — Dans cette figure, le sarment 1 est courbé pour remplacer
un bras manquant à gauche. Les sarments 2 et 3 ont poussé à
l'extrémité d'une taille destinée à combler un grand vide du côté
gauche de la souche. On prendra de préférence 4 poussé sur bois
de deux ans plutôt que 5 dû à un reperçage sur vieux bois. 6 à
l'œil près de la base tourné dans un mauvais sens ; on se sert
du deuxième œil pour obtenir une pousse bien placée.

nutrition insuffisante du bras puisse assurer la percée de
nouveaux bourgeons et l'apparition de nouvelles pousses.
Dans ce cas, le bras s'atrophie, et il faut le faire tomber. On
le coupe à 2 ou 3 centimètres du tronc, de façon qu'il forme
un chicot qui se séchera peu à peu et qu'on rasera très pro-

prement au niveau du tronc l'année suivante, quand tous ses tissus seront mortifiés.

Mais il en résulte de grands vides qu'il faut combler. On y arrive en écussonnant au voisinage du bras disparu, à une époque de la végétation qui correspond au mois d'août des écussons de plein air. Ces écussons à œil dormant fournissent l'année suivante une pousse avec laquelle on refait le bras. En attendant, pour occuper l'espace vide, les deux bras voisins sont taillés en fourche, ou bien encore un de leurs sarments est recourbé et allongé le long du tronc dans la zone où le bras manque et fournit des pousses destinées à combler le vide. On peut même tailler plusieurs années sur ces sarments qui forment de petits bras à leur tour, portés par un petit tronc dérivé du premier et qui lui est parallèle.

Allongement des bras. — Dans les vignobles à vin fin, on cherche à faire porter les sarments fructifères par des bras ou des troncs le plus long possible ; en d'autres termes, on tâche d'obtenir la plus grande quantité de vieux bois pour un nombre de sarments donné. A travers ces vieux bois cicatrisés, coudés, étranglés, parfois il s'établit une circulation lente de la sève, qui donne des fruits petits, mais de qualité. Ici le problème inverse se pose ; on veut que raisins, pêches ou pommes soient portés par des pousses venues aussi près que possible du tronc et nourries par des ramifications très courtes, afin que la pression de sève du tronc subisse dans le bras la perte de charge la plus réduite. On assure ainsi au fruit une nutrition abondante et, par suite, un développement maximum.

Il convient donc d'avoir des bras courts, peu cicatrisés ; et pour cela il faut restaurer fréquemment les bras à l'aide des décapitages importants et en profitant du développement de pousses jeunes à la base même des bras.

Or, sur ce bras, on taille chaque année à une longueur variable un sarment qui, pour être fructifère, doit être venu sur du bois de deux ans, de sorte que chaque année le bras s'allonge de la longueur de ce bois de deux ans. On conçoit qu'on ait à le raccourcir fréquemment en utilisant les percées de bourgeons qui se font soit à sa base, soit au niveau des tissus cicatrisés provenant des lésions de taille des années précédentes. Il faut donc faciliter ces reperçages de bourgeons sur les bras et même entretenir à leur base les petites pousses qui apparaissent et qui, une fois bien formées, permettront, le moment venu, de décapiter ces bras. Les bourgeons qui servent à cet usage portent le nom d'*œil de retour*.

Taille proprement dite. — Sur chaque bras, on laisse

Fig. 64. — Un pincement en O sur la pousse 3 a amené les reperçages qui ont donné les sarments 1 et 2. A la taille on ne laisse que le sarment 1, comme l'indique la figure de droite.

un ou deux sarments, qu'on taille à des longueurs variables selon la variété à laquelle ils appartiennent. Les vignes peuvent en effet se grouper, d'après la position des yeux fructifères sur leur sarment, en vignes à taille *courte, demi-longue, longue* et vignes à *branche fruitières.*

TAILLE COURTE. — Dans la taille courte, on se contente d'un œil bien formé à partir de la base. Dans les serres bien tenues de Frankental, Muscat d'Alexandrie, Alphonse Lavallée, on pourrait presque se contenter des yeux de la base des sarments suffisamment fructifères.

Taille longue. — Chez les cépages qui doivent être soumis à la taille longue, le premier œil et le second œil à partir de la base donnent des sarments qui ne sont pas fructifères ou qui, s'ils le sont, donnent des grappes petites, mal formées, en un mot des grappillons. Il est donc nécessaire d'assurer la fructification avec le troisième ou le quatrième œil à partir de la base, et c'est ce qui caractérise la taille longue. On taillera ainsi par exemple le Buckland, le Buccleuch, etc.

Mais il peut arriver que tous les yeux des tailles longues poussent et nous donnent un fouillis de végétation formé par les tiges malingres issues des trois ou quatre bourgeons laissés. On taillera ces variétés à quatre yeux par exemple; ces yeux, au débourrement, poussent irrégulièrement, et bientôt sur les jeunes pousses les grappes apparaissent. Si, pour assurer la récolte des serres, on estime qu'il faille une grappe ou une grappe et demie par coursonne, c'est-à-dire trois grappes par deux coursonnes, on laisse les pousses les plus basses portant des fruits, et l'on supprime au-dessus du troisième œil le bois de l'an passé avec ses pousses. Le quatrième œil tombé, on supprime le sarment n° 2, et on laisse le n° 1, même s'il est infertile, afin d'asseoir la taille pour l'année suivante. Dans ce cas, on le laisse court et on lui conserve très peu de feuilles pour éviter qu'il ne gêne les pousses fructifères. Par ces choix après le débourrement et ces tailles complémentaires, on évite une élongation trop rapide des bras.

Néanmoins cette élongation se produit quand même, et il faut être armé pour y remédier. On y arrive en évitant de léser au cours du décorticage ou des travaux d'hiver les petits bourgeons adventifs et en pinçant très court les pousses des bois de taille au moment de leur développement. Le reflux de sève fait partir les yeux gourmands, qui constitueront l'année suivante des sarments de retour.

Branches fruitières. — On a vu que, dans le but de combler un vide, on pouvait faire courir un sarment d'un bras parallèlement au tronc. Ce sarment, qui porte cinq, six, sept yeux, en a fatalement plusieurs, qui donnent naissance à des pousses fructifères. On conçoit qu'on ait songé à munir les bras de variétés très peu fructifères, telles que le Buccleuch,

le Golden Champion, de semblables branches fruitières. Mais
on ne laisse pas ces branches fruitières droites; on les arque
autour de leur base et on les attache par leur extrémité sur
le tronc. Ces branches présentent l'inconvénient de se développer surtout à leur extrémité, si bien que bras et premiers
bourgeons émettent de rares pousses et finissent par se dégarnir complètement. On tombe alors dans le défaut extrême
des tailles longues, c'est-à-dire que les sarments fructi ères sont

Fig. 65. — *a*, représente un bras avec deux sarments. — Dans *b*, le
bras porte un seul sarment taillé à un œil. — Dans *c*, le bras
porte deux coursons taillés à un œil formant la taille en corne.

à l'extrémité de très longs bras. On y remédie cependant en
laissant sur ces bras au-dessous des branches à fruits des
tailles à un œil, et de cet œil sort un sarment qui permet de
faire tomber l'ancienne branche fruitière, tout en renouvelant
une partie du bras.

Les branches à fruit annuelles sont les meilleures; elles ne
présentent plus aucun avantage du côté de la fructification
lorsqu'elles ont deux ans.

TAILLE EN FOURCHE. — Dans le cas d'absence d'un bras, on
laisse deux tailles à un œil par exemple sur un bras immédiatement voisin; l'une fournit une branche qui se développe à
la place du bras manquant. Si une de ces fourches était constituée par une branche fruitière, nous reviendrions au cas
précédent.

En définitive, un arbre de serre avec son tronc, ses bras bien différenciés, portant les bois de taille, constitue un arbuste aisé à former et à tailler chaque année.

Les erreurs de la taille sèche sont rectifiées par les tailles en cours de végétation, les *tailles en vert*.

TAILLES EN VERT

Tant chez la vigne que chez les autres arbres fruitiers, à partir du moment où les bourgeons éclatent, l'ouvrier de serres va passer chaque jour, supprimant quelques parties du végétal afin de réduire le nombre de feuilles sur les souches à celui que les jeunes pousses peuvent exposer utilement au soleil.

Il cherche aussi à ce que les feuilles arrivent rapidement à l'état adulte afin de leur permettre de travailler le plus longtemps possible avec leur surface maxima au développement du fruit ainsi qu'à celui de la souche et du système radiculaire. Il faut donc qu'il supprime tout ce qui est de trop, tout ce qui est inutile, que ce soient bourgeons, pousses, feuilles ou fruits. Il canalisera aussi la sève vers les parties débiles ou retardées en la refoulant des points où elle est en excès.

Toutes ces opérations, qui se pratiquent jusqu'à la récolte, parfois jusqu'à la chute des feuilles et qui consistent à éliminer une partie des organes verts du végétal, constituent les *tailles en vert*.

S'agit-il de supprimer des bourgeons, on procède à l'*ébourgeonnage*. L'*épamprage* enlève les pousses inutiles, tandis que l'*écimage* les arrête à une longueur voulue. L'attachage des pampres, rendant les vrilles inutiles, nous amène à pratiquer l'*évrillage*. Les feuilles mêmes, quand elles se gênent ou quand elles ombrent en excès le sol, les sarments ou les fruits, sont diminuées par l'*effeuillage*. La production est régularisée par la *suppression des grappes*, et, une fois leur nombre proportionné à la vigueur des souches, le *ciselage* embellit leur forme, agrandit le grain et le fait dorer. Enfin l'*incision annulaire* arrête et fait refluer, vers le grain, la sève enrichie des feuilles.

Ébourgeonnage.

Dans l'atmosphère chaude et confinée des serres, sous la poussée des racines qui se développent dans un sol gorgé d'eau, les yeux se trouvent fréquemment groupés par deux et par trois ; en outre, il se fait des repousses de bourgeons adventis qui se sont formés dans les bourrelets de cicatrice, dans les replis des bras ou du tronc.

Chaque jour un ouvrier passe dès le premier débourrement,

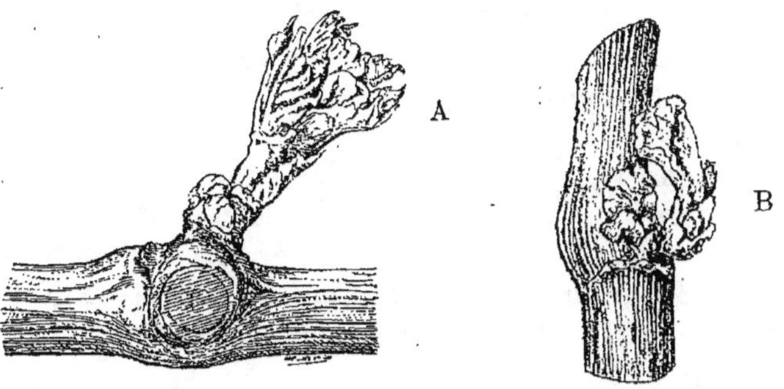

Fig. 66. — A, bourgeon simple ; B, bourgeon double. — Dimensions à laquelle on pratique l'ébourgeonnage.

et, aussitôt les bourgeons bien détachés les uns des autres, il supprime ceux qu'il juge inutiles (fig. 66).

Parfois, doutant de la qualité d'un courson ou d'yeux petits et mal développés, il a laissé un bois de taille complémentaire à l'extrémité d'un bras. Sur ce bois de taille des bourgeons apparaissent ; il les laisse subsister tant que les bourgeons des tailles les plus rapprochées ne sont pas développés ; mais, dès que ces derniers sont gros (3 à 4 centimètres), il supprime non seulement les yeux, mais le bois de taille qui les porte, devenu lui aussi sans objet.

Comme les bourgeons sont alimentés par les matériaux de réserve de la souche, une suppression journalière s'impose afin de faire profiter les bourgeons restant de tous les matériaux de réserve que le tronc et les bras sont encore susceptibles de leur fournir.

L'ébourgeonnage se fait à la main; on casse les bourgeons pour les détacher; rarement on emploie la pointe d'un greffoir bien effilé.

Épamprage.

Par précaution, on laisse toujours plus de bourgeons que de jeunes pousses dont on a besoin. En effet quelques-uns s'arrêtent de croître, d'autres sont cassés ou se détachent sous leur poids; quelques-uns même prennent une direction si mauvaise qu'ils deviennent inutilisables.

Aussi l'ébourgeonnage est-il à peine terminé qu'il faut, et parfois même simultanément, pratiquer la suppression des pousses en excès.

Cette suppression se fait tous les jours et, si elle s'est trouvée retardée par un excès de travail ou par un contre-temps quelconque, il faut bien se garder d'une pratique assez commune, qui consiste à supprimer en une seule fois des pampres dont le nombre représente 20, 30, parfois 50 p. 100 des pampres totaux.

Les ouvriers sont très imprévoyants de ce côté; ils suppriment largement et ne se doutent pas de la perturbation qu'ils produisent et de l'arrêt de circulation de sève qui s'ensuit.

La plante semble stupéfiée et, comme si elle était gelée, elle laisse apparaître des broussins au point de soudure des greffes, à l'insertion des grosses racines, sur les grosses racines même. Il en résulte aussi un retard végétatif de huit à quinze jours, qui coûte beaucoup de charbon.

Notons que, dans les variétés à pampres très cassants comme le Buccleuch, l'Appley Towers, par exemple, on ne supprime les pousses en excès sur un bras que lorsque les pampres nécessaires sont attachés et ne sont plus sujets à casser.

Écimages, pincements et rognages.

Sur toutes les souches, la végétation est irrégulière dès le débourrement. Les yeux des parties terminales ou du sommet de la partie verticale du tronc partent les premiers, se déve-loppent avec force et ont déjà leurs grappes apparues alors

que les yeux des parties moyennes éclatent à peine et que
ceux des sarments chétifs se gonflent seulement. Si on laissait
cette poussée végétative se produire ainsi, beaucoup de ces yeux
ou n'achèveraient pas leur débourrement, ou resteraient sous
forme de pousses chétives, étoilées, susceptibles même de se
dessécher. La suppression de l'extrémité des pousses vigou-

Fig. 67. — L'ouvrier pince l'extrémité des pousses les plus fortes
pour aider au développement des plus faibles.

reuses en excès refoule la sève dans les bras moins favorisés
et régularise le développement végétatif des autres pousses.

Comme pour l'épamprage, il ne faut pas faire des écimages
importants le même jour, car ils auraient l'inconvénient pré-
cédemment signalé de perturber gravement la circulation de

la sève et d'arrêter le développement général de la souche.

Aussi les commence-t-on aussitôt qu'on le peut pour les répartir sur un plus grand nombre de jours; on le pourra dès que les grappes sont nettement apparues. Lorsque les grappes sont bien détachées, on peut voir écimer sur le nœud des feuilles immédiatement supérieures.

Il n'y a pas d'inconvénient immédiat à pincer sur la feuille même opposée au fruit. Il est préférable toutefois de pincer sur la deuxième ou la troisième feuille. Le nombre de feuilles ainsi laissé au-dessus des grappes est très variable, bien entendu avec l'écartement des souches entre elles, c'est-à-dire avec la longueur dont dispose chaque pousse pour se développer.

Généralement, pour que tout l'espace soit occupé par le feuillage, il faut laisser trois à quatre feuilles au-dessus de la grappe, si bien que, après avoir commencé l'écimage à deux feuilles sur les pousses les plus développées, on le continuera pour les autres sur la feuille 3, puis sur la feuille 4, à mesure que la végétation se régularisera. Il est tout à fait inutile, en effet, de supprimer des parties d'organes qui devront se reconstituer. Les premières pousses pincées à une ou deux feuilles voient en effet, les bourgeons axillaires des feuilles se gonfler et donner naissance à des rejets, à des entre-cœurs. Ces rejets sont impitoyablement supprimés. On épargne seulement le rejet terminal destiné à prolonger la pousse écimée et on le pince à son tour à une, deux ou trois feuilles pour que le nombre total des feuilles au-dessus du raisin atteigne le chiffre qu'on s'est fixé, quatre par exemple.

Ces pincements durent toute l'année, tout d'abord parce que les pousses chétives sont pincées tardivement et aussi parce qu'il se refait constamment des rejets à l'extrémité des sarments. On arrive ainsi à avoir de bonne heure des feuilles adultes qui ne croissent plus et travaillent pour l'ensemble du végétal.

Sur les pousses destinées à constituer des prolongements, sur les souches en formation, au lieu de supprimer tous les rejets, on les pince à une feuille ainsi que les rejets secondaires, tertiaires, qui se forment sur les premiers. On utilise ainsi la sève en excès dans ces pousses terminales, en favorisant leur grossissement au détriment de leur élongation. Ces pousses terminales atteignent en effet aisément 8 à 10 mètres.

On les rogne à leur extrémité, et leur sève forme les rejets que nous avons indiqués.

Ces opérations toutes synonymes se font en brisant les sarments au niveau des nœuds. C'est seulement lorsqu'ils sont partiellement aoûtés, c'est-à-dire déjà jaunes, qu'on peut se permettre des rognages à l'aide d'instruments, couteau, serpette ou sécateur.

Si, en plein air, les écimages ont parfois des inconvénients, on peut dire qu'ils n'en ont aucun lorsqu'ils sont pratiqués avec mesure dans l'atmosphère humide des serres. Ils manifestent néanmoins leur action sur le sarment en avançant son aoûtement, c'est-à-dire son jaunissement. Parallèlement ils assurent aux feuilles un état adulte plus précoce ; les grappes avant ou après floraison subissent elles aussi une évolution plus rapide, fleurissent de meilleure heure et grossissent leurs grains plutôt. Sous l'effet de ces lésions de rognages répétés, la plante semble invitée à ne plus croître ; cet arrêt de végétation prématuré coïncide aussi avec une maturation plus hâtive.

Outre ces phénomènes de précocité, l'écimage a sur le développement de la grappe un effet fort marqué : la sève refoulée développe davantage les tissus de la grappe et d'autant plus que celle-ci n'a pas atteint sa dimension définitive. Aussi l'écimage, dès l'apparition du fruit, accroît sa charpente, pédoncules et ramifications.

Comme on a, dans la serre, un nombre de feuilles déterminé et dont la surface totale effective égale à peu près celle du vitrage, chaque grappe dispose d'un certain nombre de feuilles, et ce nombre est suffisant ou insuffisant selon la quantité de grappes. Le rognage ne pourrait avoir une action nuisible que si ce nombre de feuilles était insuffisant. Avec le développement des feuilles, dans les serres et leur parfait fonctionnement, trois ou quatres feuilles, ajoutées aux feuilles situées au-dessous de la grappe (elles sont souvent éliminées pour dégarnir les grappes), sont plus que suffisantes pour assurer une maturité régulière.

Évrillage.

La vrille prend des dimensions énormes par suite de la
végétation en serres; elle se ramifie plusieurs fois, et parfois
même elle émet à la base des ramifications des petits rejets
normalement constitués. Comme ces organes sont inutiles
pour fixér la vigne à son suport, les vrilles sont supprimées
au fur et à mesure qu'elles apparaissent. Ce sont des tire-sève
qui ne servent à rien.

Il en est de même pour les grappes; celle-ci portent une
vrille qui naît au nœud du pédoncule et qui a tendance à se
développer à leur détriment. Cet évrillage des grappes est
fait par des enfants et des femmes, car il ne présente aucune
difficulté. On le fait dès que la vrille florale apparaît.

Suppression des grappes.

Les premiers pincements terminés, les grappes nous apparaissent bien détachées, et nous pouvons juger de leur importance. Il va falloir songer à laisser dans l'ensemble de la serre
un nombre de grappes représentant par exemple 300 kilos de
raisin pour une serre de 200 mètres carrés, soit 1^{kg},5 au
mètre. Cette production équivaut, si les grappes ont un poids
moyen de 400 grammes, à un peu moins de 4 grappes par
mètre. Si la serre est occupée par 50 souches, ce qui donne
4 mètres carrés par souche, chacune d'elles a donc à nourrir
16 grappes, soit pour la serre entière 750 grappes.

Ce calcul assez simple se complique dans la pratique.
Nous avons des souches vigoureuses, des souches plus faibles
et si, en moyenne, les souches doivent porter 16 grappes par
exemple, nous devrons surcharger les plus fortes au bénéfice
des plus faibles.

Avant la floraison même, l'ouvrier évalue les fleurs apparues. Il en trouve généralement dans les variétés fructières
comme le Black Alicante, le Frankental, deux ou trois fois
autant qu'il en veut conserver; parfois aussi avec le Golden
Champion, le Buccleuch, non seulement il n'a pas son nombre

Année 19   .   *Serre.*

Nos des ceps.	NOMBRE DE GRAPPES				RÉCOLTE	
	Côté gauche.		Côté droit.			
	Au cise-lage:	A la récolte.	Au cise-lage.	A la récolte.	Date.	Poids.
1	21	19	16	13	17 octobre.	4kg,300
2	21	19	18	15	30 octobre.	7kg,250
3	25	22	12	7	13 novembre.	2kg,950
4	19	18	13	8	21 novembre.	0kg,700
5	18	13	23	19	22 novembre.	56kg 000
6	25	22	19	14	22 novembre.	28kg,050
7	28	26	27	21	23 novembre.	15kg,450
8	30	25	19	15	23 (conservat'cn).	281kg,300
9	27	24	15	10	Total....	396kg,000
10	25	23	27	21		
11	26	23	18	11		
12	24	19	21	19		
13	33	32	25	22		
14	22	18	16	10		
15	24	20	21	16		
16	31	26	21	19		
17	19	16	23	20	Nombre de grappes . 878	
18	22	20	19	16	Poids moyen par	
19	26	24	20	19	grappes........ 0kg,405	
20	19	18	19	17	Proportion de pre-	
21	15	10	12	6	mier choix...... 78 0/0	
22	17	11	21	19		
23	19	12	23	20		
24	14	9	18	15		
25	21	17	23	20		
	571	486	539	392		

total dé grappes, mais encore elles sont mal réparties.

Une fois le nombre de grappes déterminé, il procède aux premières suppressions; il enlève les grappillons et laisse une, deux grappes par sarment au maximum, suivant la vigueur du sarment. Il arrive à la floraison avec un nombre de grappes double de celui nécessaire. La floraison se fait, et les grappes apparaissent nouées. Il va bientôt ciseler ces grappes, c'est-à-dire dépenser beaucoup de main-d'œuvre pour chacune d'elles; il supprime à nouveau des grappes et, s'il veut en avoir 750, il en laissera 1 000 par exemple, soit un quart en plus.

Il établit alors un tableau de répartition dont nous donnons un exemple ci-contre; en face du numéro de chaque souche, il relève les grappes qu'il a par souche; dans une colonne laissée libre, il inscrira plus tard, un peu avant la maturation, le nombre des grappes qu'il pourra récolter.

A la récolte, il pèse le fruit qui sort de chaque serre, et il obtient ainsi le poids moyen des grappes, poids moyen qui lui servira de base pour les grappes à laisser et les suppressions à faire l'année suivante. Ce poids moyen lui permet aussi de voir, par la comparaison avec les grappes de choix, avec le poids des grappes des serres voisines, s'il peut obtenir plus gros; le poids moyen indique aussi si le raisin a souffert au cours de sa végétation. En général, sauf accident au cours du forçage, le forceur ne commet pas d'erreur supérieure à 10 p. 100.

Ciselage.

Les raisins de serre sont avant tout des raisins d'apparat; ils doivent être irréprochables d'aspect et de forme; la beauté de la grappe flattera le consommateur; la régularité de la forme permettra en outre un emballage et une présentation faciles.

On dira donc que le ciselage a non seulement pour but de supprimer les grains en excès dans la grappe, mais aussi de donner à celle-ci une forme harmonieuse dont l'obtention n'exige qu'un peu de goût de la part des ciseleurs.

La suppression des grains a pour objet d'assurer à ceux qui restent une place suffisante pour leur permettre de prendre un développement maximum. Ces grains plus réguliers, bien disposés, mûrissent régulièrement, et la résistance et la coloration de leur pellicule sont uniformes. N'étant pas comprimés, ils laissent circuler l'air à l'intérieur de cette grappe, et cette aération assure la santé de la charpente même de la grappe, pédoncule et ramifications, si souvent atteintes par le pédicelle et les moisissures. C'est ainsi que le ciselage est le seul remède contre les atteintes du Botrytis, pourritures des grains, pourriture de la rafle. Avec des grains régulièrement mûrs, la qualité de la variété est portée à son maximum ; dans le fruitier, seules se gardent les grappes dont le ciselage ne laisse rien à désirer.

Le ciselage comprend la sculpture de la grappe et la suppression des grains. Le côté plastique est obtenu par une suppression des ailerons trop détachés de la grappe, par un pincement de l'extrémité de la grappe sur 1 à 2 centimètres, région où les grains sont toujours en retard et trop serrés sur l'axe principal. Avec quelques coups de ciseau, on régularise les ramifications exagérées et l'on arrive à obtenir une grappe bien épaulée, à ailerons bien attachés, très ample sur toute sa longueur, tronconique au lieu de conique, comme cela se présente quelquefois.

Le travail peut se faire même avant la floraison. On conseille parfois de supprimer une partie de l'inflorescence de la grappe quelques jours après son apparition, cela au profit des parties restantes. Ce ciselage est difficultueux et ne peut être fait que par des spécialistes connaissant admirablement la variété qu'ils travaillent.

Le ciselage est une affaire d'importance dans un établissement de forçage. Comme il a lieu en même temps que les autres travaux, il ne peut être fait qu'en partie par le personnel ouvrier attaché à l'établissement. En outre, la question de prix de revient est à envisager, Si l'on considère que certaines grappes exigent, pour une ciseleuse, un travail de vingt minutes, on voit qu'il faut avoir recours à la main-d'œuvre bon marché que fournissent les femmes et les enfants. Or ces femmes et ces enfants viennent du dehors et ne savent point ce que c'est qu'une grappe. Il est rare, en effet, que ce personnel d'occasion cisèle plusieurs années de suite, sauf dans les villages, comme c'est le cas en Belgique, où toute la poulation s'emploie au travail des serres. Il faut donc, dès le début de la saison, songer à dresser un certain nombre d'ouvrières qui serviront elles-mêmes à initier les autres ouvrières On confie à une bonne

Fig. 68. — Ciselage. Femme ciselant.

ciseleuse trois ou quatre apprenties, et, si l'accord règne dans ce monde féminin, il suffit de deux ou trois jours pour apprendre à ciseler assez vite et pratiquement assez bien.

Les ciseleuses, assises (fig. 69), debout, montées sur des escabeaux, atteignent aisément les grappes sans avoir à tenir

Fig. 69. — Équipe de femmes ciselant dans une serre.

les bras trop levés. Comme elles ont la tête au milieu des grappes, on les oblige à revêtir un bonnet de baigneuse afin que les corps gras des cheveux ne tachent pas les grains.

Elles doivent aussi avoir les mains très propres.

Fig. 70. — Jeune grappe avant ciselage.

Les grains après la floraison grossissent si vite que les grappes se serrent aussitôt, rendant le travail difficile et d'autant plus que le grain est plus développé. Si l'on peut attendre que le grain ait la grosseur d'un pois pour des variétés telles que le Muscat d'Alexandrie, le Bicane, il faut ciseler, aussitôt le grain noué, les grappes denses à pédicelles courts, telles celles du Gros Maroc, du Black Alicante.

Dans tous les cas, le gros du ciselage doit être achevé lorsque le grain atteint un diamètre de 2 à 4 millimètres, car à ce moment apparaissent sur la pellicule les granulations

Fig. 71. — La même grappe après ciselage.

cireuses qui constituent la fleur ; cette fleur apparue est toujours plus ou moins détruite durant le ciselage malgré toutes les précautions prises et, par conséquent, la valeur de la grappe est très diminuée.

Dans le ciselage, on enlève parfois 60 à 70 p. 100 des grains après nouaison. On commence toujours par faire tomber les grains situés en dessous de chaque ramification de la grappe, celle-ci tenue verticale, la pointe en bas; autrement dit on soulève tour à tour chacune des ramifications en coupant tout ce qui est en dessous. On enlève ensuite tous les grains à la base

Fig. 72. — La même grappe développée.

des ramifications qui pourraient se trouver recouverts par les autres grains, le problème étant de n'avoir aucun grain à l'intérieur, mais de les avoir tous répartis sur le pourtour de la grappe. Il suffit enfin de dégarnir les ramifications portant, après ces deux opérations, des grains en excès (fig. 70, 71, 72).

Aussitôt après la floraison, la grappe se tient à la main, pourvu que cette main soit propre et non mouillée de sueur.

Plus tard on la manipule avec une petite fourchine de bois dont les branches ont 2 à 3 centimètres de long avec 1 ou 2 centimètres d'écartement; le bois en est poli et les pointes arrondies (fig. 68). On fait tomber les grains à l'aide de ciseaux à lames fines, très allongées (10 à 12 centimètres) et arrondies à leur extrémité. Les ciseleuses maladroites éraillent quelques grains et, en cherchant à couper les pédicelles en leur milieu, sectionnent partiellement des ramifications primaires ou secondaires. Ces sections sont fort graves. Comme le ciselage a lieu au moment où l'on tient les serres le plus humides, ces blessures s'infectent et constituent un foyer d'envahissement des moisissures qui éclatera après véraison, lorsque la grappe devient très dense. Beaucoup de cas de pédicelle, dessèchement partiel d'une ramification, n'ont pas d'autre cause.

Le ciselage, après la nouaison, est très important. Il n'est pas définitif toutefois; on le complète par d'autres ciselages plus tardifs, au cours desquels on supprime encore quelques grains (grains en excès, grains lésés ou devenus malades); dans certaines variétés comme le Muscat d'Alexandrie, où suivant l'influence plus ou moins stimulante de la fécondation sur le développement des tissus, le grain s'arrête de grossir à la moitié, aux deux tiers de sa grosseur ou bien encore reste vert, le ciselage enlève tous les grains insuffisamment fécondés.

L'égrenage continue pendant la maturation et pendant la conservation, époque pendant laquelle il faut enlever les grains en voie de pourriture sans que leur jus vienne contaminer la grappe.

Incision annulaire.

Les horticulteurs n'ont pas été sans remarquer, depuis fort longtemps, que les étranglements provoqués sur les bras de taille et les sarments de l'année par une ligature de bois ou d'osier trop serrée avaient une influence marquée sur la fructification, la précocité, le grossissement du grain situé immédiatement au-dessus de cette incision. Ces étranglements sont passés dans la pratique courante de certains vignobles.

Ils agissent sur les tissus herbacés les plus facilement compressibles des sarments, c'est-à-dire sur le liber et les tissus corticaux de l'écorce, tandis qu'ils ne peuvent entraver la circulation de la sève venue des racines qui afflue au feuillage par les tissus du bois, ils enrayent le courant de sève dite descendante qui chemine au travers des tissus cellulaires extérieurs, que nous indiquons plus haut (Voy. *Anatomie, Viticulture*).

On conçoit qu'on ait pensé à supprimer sur les sarments un anneau de tissu extérieur comprenant l'écorce et le liber jusqu'au cambium. Cette suppression constitue l'incision annulaire.

Elle se pratique aux divers âges de la vie du sarment compris depuis le moment où ses tissus, bois et liber, sont bien différenciés (quelques jours avant la floraison) jusqu'à celui où le bois de vert est devenu jaune par commencement d'aoûtement (début de la véraison).

Dès le débourrement, les tissus sont confondus, non séparés, et on ne saurait où arrêter pratiquement la profondeur de l'incision. Après la véraison, les cicatrisations de la plaie se font mal et les sarments en souffrent.

L'incision peut se faire au greffoir. Celui-ci est entré dans les tissus jusqu'à ce qu'on sente la résistance du bois. On fait une incision circulaire à cette profondeur, puis une seconde parallèle à quelques millimètres de la première, et on supprime en une ou plusieurs fois l'anneau d'écorce et de liber ainsi détaché qui se décolle aisément du cambium.

Comme il est difficile avec un rameau attaché de faire cette incision circulaire, on a créé des inciseurs tous basés sur le même principe :

Deux lames courbes parallèles sont maintenues dans une gaine, courbe elle aussi, qui fait office de butoir et règle la pénétration des lames dans les tissus. Ces lames courbes sont associées par paire en forme de mâchoire ; on les fait tourner autour de la branche, à la main, comme dans l'inciseur Renard, ou avec un manche articulé, comme dans l'inciseur Durban.

Si la profondeur de l'incision est réglée définitivement par ce fait qu'elle doit laisser intact le bois, il n'en est pas de même de sa largeur. Pour déterminer celle-ci, voyons ce qui se passe une fois l'incision faite : les deux bords circulaires de la plaie émettent des tissus de cicatrice, tandis que le fond de cette plaie se sèche. Les tissus de cicatrice sont surtout abondants sur la plaie supérieure, point d'interruption de la sève descendante. Ces tissus de cicatrice nés du liber, du cambium et de l'écorce débordent, formant un bourrelet épais qui avance jusqu'à rejoindre un bourrelet cicatriciel à peine apparent formé par l'autre lèvre de l'incision. Ces deux bourrelets cellulaires se soudent ; la circulation se rétablit dans le sarment à travers ses tissus, et, la sève descendante n'étant plus comprimée, l'effet de l'incision disparaît.

Fig. 73. — Inciseur Durban.

Cette formation et cette jonction des tissus de cicatrice est extrêmement rapide en serre, dans l'air confiné, humide, propice aux tissus cicatriciels et d'autant plus qu'elle a été faite sur des tissus plus jeunes. Apparues au bout de quinze jours après l'opération, les lèvres de la blessures sont soudées parfois complètement, au bout de quatre à cinq semaines, avec une incision ordinaire de 3 à 4 millimètres.

Si l'on veut que l'incision continue son effet, il faut la recommencer au même endroit ou en faire une plus haut ou plus bas. Il vaut mieux la recommencer sur le même point pour éviter d'augmenter les points faibles du sarment, car celui-ci peut se casser sous la charge de la récolte, malgré les palissages soignés et nécessaires pratiqués sur les sarments ou les branches incisées.

Nous avons essayé avec succès de placer dans la lésion, pour éviter cette soudure, un obstacle tel qu'une ligature d'osier,

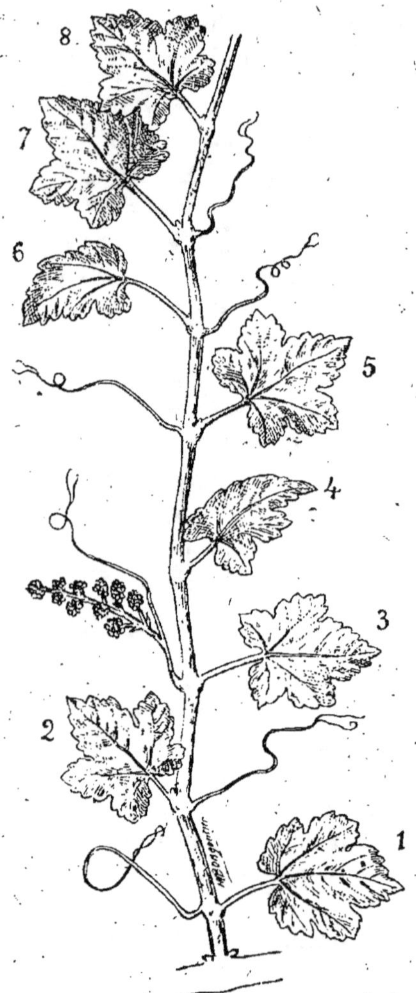

Fig. 74. — L'incision se pratique entre les feuilles 2 et 3.

par exemple. Il serait facile de créer des rondelles de plomb très débordantes qui empêcheraient radicalement cette jonction. On ne peut en effet augmenter d'une façon indéfinie la largeur de l'incision ; sinon non seulement on diminue la solidité du sarment, mais il arrive que les tissus du bois mis à nu sécheraient sur une certaine profondeur, ce qui restreindrait l'arrivée de la sève ascendante.

Nous avons pu toutefois doubler en serre avec de gros sarments la largeur usuelle de l'incision et atteindre 6 à 8 millimètres.

L'incision annulaire faite aux époques indiquées, sans léser le tissu du bois, n'a aucune répercussion fâcheuse sur les souches, sur les sarments même s'ils doivent servir à la taille. Parfois on voit les raisins des rameaux incisés rester plus petits, ne pas grossir ; cela est toujours dû à des incisions mal faites.

L'incision se pratique en général au milieu du mérithalle

immédiatement inférieur à la grappe. Dans la figure 74, on la ferait entre la feuille 2 et la feuille 3.

Nous avons pratiqué l'incision non seulement sur la vigne, mais aussi sur des poiriers, des pommiers ayant jusqu'à

Fig. 75. — Incision annulaire faite entre deux grappes de Frankental. La grappe située au-dessus de l'incision est mûre et à grains plus gros que la grappe au-dessous de l'incision, qui achève sa véraison.

3 et 4 centimètres de diamètre. Nous avons obtenu les mêmes avantages que pour la vigne et sans plus d'inconvénient.

Les incisions sur pêchers, sur abricotiers, sur pruniers ne nous ont jamais donné des résultats bien intéressants. Il semble plutôt qu'il faille s'en abstenir sur ces dernières variétés.

Comme nous l'avons dit, l'incision peut se faire à plusieurs époques selon lesquelles les bénéfices qu'on en retire
pour les grappes sont différents. Quand l'incision est pratiquée avant la fleur, la sève plus abondante refoulée sur
la jeune grappe développe sa charpente; l'effet est du même
ordre que celui d'un rognage, d'un pincement à une ou deux
feuilles au-dessus de cette grappe. Les fleurs sur cette charpente plus forte sont mieux alimentées ; la floraison est plus
rapide, plus régulière et la coulure réduite dans de grosses
proportions. L'incision annulaire marche parallèlement avec la
fécondation artificielle pour assurer la nouaison des variétés
coulardes.

L'incision n'est pas pratiquée pendant la floraison, ni tant
que le premier ciselage n'est point terminé ; mais aussitôt
après, si l'on veut avancer la précocité et exagérer le grossissement du grain, il faut inciser.

Le sarment incisé lorsque les grappes ont des grains
comme des pois se reconnaît à l'entrée dans la serre au simple
aspect des fruits. Quinze jours après l'incision, la différence de
calibre des grappes se fait nettement sentir et atteint 30 ou
40 p. 100.

Cette différence se maintient jusqu'au moment où le grain
achève la formation de son pépin avant la véraison.

Les grappes sur sarment incisé vèrent les premières, et, si
l'on pratique l'incision sur tous les sarments de rang pair, par
exemple du même côté d'une palmette, la véraison est souvent
terminée sur toutes les grappes supportées par ces sarments,
tandis qu'elle commence à peine chez les autres grappes.

Après véraison, les grains conservent-ils leur différence de
calibre jusqu'à la maturation ?

Cela varie avec les espèces et la vigueur de la souche.

Parfois les grappes incisées, tout en mûrissant quinze jours
à trois semaines avant les autres, ne présentent pas de grains
plus gros.

Mais on peut dire que généralement, à égalité de maturité,
les grains des grappes incisées sont nettement plus gros et
atteignent parfois une augmentation de volume de 30 à
40 p. 100 (fig. 75).

Sous un afflux de sève plus important, la forme du grain même est modifiée ; il y a tendance à l'allongement.

En outre, ce grain présente une turgescence qui chez les Muscats d'Alexandrie, par exemple, arrive à bosseler la peau.

L'incision annulaire n'est point critiquée pour les raisins blancs, dont elle ne modifie nullement la tonalité de la pellicule ; en revanche, on lui reproche parfois de diminuer la couleur des raisins noirs.

Ce reproche nous a été fait souvent à Nanterre pour certaines variétés qui, dans le sol blanc et calcaire de l'établissement, se coloraient difficilement, tels le Frankental, le Gros Colman. Pour les variétés noires telles que le Black Alicante, l'Alphonse Lavallée, qui se coloraient bien, dans le même sol, l'incision annulaire n'influait nullement sur la coloration.

Il n'y a donc rien à redouter du côté *couleur*, sauf dans le cas où le sol ne convient point à la variété incisée.

L'incision annulaire ne modifie nullement la saveur et la composition du moût des raisins.

On a fait de nombreuses analyses qui auraient voulu démontrer une richesse saccharine plus grande et moins d'acidité chez les raisins incisés. Cela tient à ce que les raisins incisés étaient analysés déjà mûrs, alors que les autres ne l'étaient point.

La résistance au transport, à la conservation dans les caves, de même que la tenue aux étalages ne sont nullement modifiées et nous pouvons admirer chaque année des collections de raisins de table merveilleuses de conservation, à des moments très reculés de la récolte. Ces collections sont composées exclusivement de grappes portées par des sarments incisés.

On fait l'incision annulaire en général au milieu du mérithalle, situé immédiatement au-dessous de la grappe.

Quelquefois on incise le bras porteur du sarment fructifère ou même le tronc à une certaine hauteur.

En étudiant la fécondation du Cannon Hall, nous verrons qu'on peut même inciser utilement le pédoncule des grappes de cette variété près de leur point d'insertion.

Effeuillage.

On cherche, dans le palissage des sarments, à former sous le vitrage un plan de feuilles adultes susceptible de recevoir et d'utiliser la plus grande partié de la lumière solaire qui traverse le vitrage. Ce plan de feuilles est constitué par un étage ou deux de feuilles qui se recouvrent partiellement. Toutes les feuilles au-dessous n'étant plus éclairées directement ou recevant seulement une lumière diffuse se développent et fonctionnent mal; elles sont donc inutiles tout en constituant une gêne pour l'aération des feuilles ensoleillées et des grappes suspendues sous ces dernières.

L'ouvrier effeuille chaque jour, supprimant les feuilles à l'ombre, dégageant aussi les grappes qui doivent pendre, isolées de tout feuillage, sous les étages de feuilles étalées sous le vitrage.

Ces effeuillages entretiennent de l'ordre dans la végétation; ils mettent en outre la grappe ou les fruits dans une lumière diffuse propice à leur grossissement.

A la véraison des fruits, qu'il s'agisse de pêches, de pommes ou de raisins, il faut assurer progressivement à la pellicule un ensoleillement direct pour lui permettre de prendre rapidement une coloration intense et définitive. Cette action de la lumière directe est très connue; une feuille recouvrant partiellement la pellicule d'une pêche s'y dessine avec ses nervures par une teinte mate qui tranche sur le rouge du reste du fruit. C'est cette propriété qu'on utilise parfois pour reproduire sur les pommes ou les pêches, à l'aide d'une pellicule photographique, des portraits ou des dessins.

Comme on l'a dit, les fruits ne sauraient passer brusquement à une lumière vive sans en souffrir dans leur développement.

De plus un effeuillage abondant en une fois amènerait fatalement une perturbation dans la vie de la souche.

Enfin il faut songer qu'à la véraison les fruits ne sont pas mûrs; ils doivent s'enrichir à ce moment-là de principes sucrés et sapides produits par les feuilles, de sorte qu'on ne peut diminuer le nombre de celles-ci qu'au fur et à mesure que leur tâche est sur le point de se terminer, c'est-à-dire à mesure qu'on approche de la maturation.

Comme les fruits, en serre, mûrissent hors de saison, à des époques où les intensités lumineuses sont faibles, on conçoit qu'il faille effeuiller davantage que dans la nature pour avoir la luminosité nécessaire à la coloration.

Après la maturation, on effeuille presque complètement, surtout si l'on doit garder les raisins sur souches. En effet les feuilles évaporent en quantité et maintiennent au voisinage des fruits une atmosphère humide défavorable à leur conservation.

Pour les pêches, par exemple, le problème est un peu différent. L'arbre ne s'arrête pas de croître au moment de la cueillette des fruits; les bras du tronc portent des branches dont une partie, celle qui a fructifié et qu'on a effeuillée pour ce fait, doit disparaître. C'est à ce moment-là au contraire que les pousses destinées à porter des fruits l'année suivante se forment à la base des brindilles effeuillées dont l'extrémité va tomber.

FORÇAGE

Le forçage des serres comprend deux séries d'opérations. La première a pour objet la mise en état de la serre; la seconde consiste à pourvoir au chauffage, à l'arrosage, à l'aération de cette serre; en un mot à tout ce qui a pour but de réaliser autour de la plante les conditions optima de végétation telles que nous les déterminons dans ce chapitre.

PRÉPARATION DES SERRES

Le premier des travaux préparatoires est la taille, dont nous avons fait un chapitre à part et sur laquelle nous ne reviendrons pas. Puis vient la désinfection de la serre aussi bien en ce qui regarde l'édifice lui-même que le sol et les souches. Il faut songer ensuite à la préparation du sol.

Désinfection de la serre.

Désinfection du sol. — *Sulfure de carbone.* — On pratique le sulfurage du sol dès septembre si les serres sont récoltées. L'effet des vapeurs de sulfure ne peut qu'avancer l'arrêt de la végétation et la chute des feuilles; on a plus de chance à cette saison de détruire les larves de Gribouri et les autres larves qui sont presque en surface et n'ont pas eu le temps de faire leurs coques. Pour les autres serres, on le pratique aussitôt la récolte, en profitant de ce que le sol est tassé après celle-ci et à peine humide. Dans un sol fraîchement labouré, les vapeurs de sulfure s'évaporent trop rapidement à l'air libre, et leur action n'est pas assez persistante.

Pour opérer, on commence à quadriller le sol à l'aide d'un cordeau et d'un morceau de bois pointu ou d'un piochon.

Les trous sont en quinconce à 0^m,50 sur la ligne, avec même
écartement entre les lignes. Les injections sont de 7 grammes,
ce qui fait 28 grammes au mètre. La profondeur varie avec
le sol; il faut descendre à 0^m,25 dans un sol moyennemen

Fig. 76. — Désinfection du sol au sulfure de carbone.

L'ouvrier qui injecte le sulfure est suivi d'un homme qui bouche les
trous à l'aide d'un rondin.

meuble; on augmente la profondeur dans une terre très légère,
et on la diminue dans une terre forte.

Les trous sont immédiatement bouchés avec un rondin de
bois à bout plus gros et arrondi. Les vapeurs se diffusent dans
le sol et dans l'atmosphère des serres. Après l'opération, les
serres sont fermées, et il est interdit d'y entrer. Dans un

espace clos, le mélange de vapeurs de sulfure et d'air constitue
un mélange explosif que la moindre lumière ou cigarette
pourrait faire exploser.

Au voisinage des souches et, par suite, des grosses racines,
il faut opérer avec précaution ; toute racine lésée par le pal
est brûlée par le sulfure liquide et est tuée en dessous de la
brûlure et même en dessous, car le sulfure est absorbé par le
tronçon radiculaire mutilé attenant au tronc.

Il vaut mieux enfoncer le pal avec précaution, le retirer si
on sent la moindre résistance et entourer le tronc d'une couronne de piqûres à 30-40 centimètres. Le long des murs, on
augmente aussi le nombre des injections. On attend huit jours
avant de travailler le sol. Une serre de 200 mètres est sulfurée
en deux heures par deux personnes.

Pour les pêchers, la dose est de 150 kilogrammes à l'hectare.

On pourrait, sans inconvénient grave, sulfurer au cours de
la végétation, avant la véraison par exemple. On constaterait
seulement une légère dépression de la végétation, puis une
reprise accompagnée d'un arrêt tardif.

Sulfo-carbonate de potasse. — Le pal lèse les racines, le sulfure
liquide les brûle. A notre avis, la désinfection des serres
devrait se faire à l'aide du sulfo-carbonate de potasse,
comme l'a indiqué et pratiqué Mouillefert, avec plein succès
en grand, dans le vignoble. Ce sulfo-carbonate de potasse
s'emploie en solution au 1/400, soit $2^{gr},5$ par litre. On arrose le
sol de ces solutions à raison de 20 à 25 litres par mètre carré,
ce qui fait 50 kilogrammes de sulfo-carbonate de potasse au
mètre. Le sulfo-carbonate se dédouble en sulfure de carbone
et en carbonate de potasse, engrais précieux par lui-même et
par les décompositions chimiques qu'il provoque dans le sol.

Désinfection des parois. — Les parois des serres, par
suite de l'action alternative de la chaleur des appareils de
chauffage souvent rapprochés et de l'action de l'eau froide due
aux arrosages et bassinages, se délitent aisément. Il en résulte
des fissures où insectes et cryptogames trouvent des refuges.
Chaque année il est bon de rejointoyer ces parois et de désinfecter leur surface avec des enduits anticryptogamiques qui
empêchent au cours du forçage les murs souvent humides où

les pièces de bois des charpentes de se recouvrir de moisissures, qui ont pour effet d'activer la destruction de leur surface. Une fois rejointoyées, on les brosse vigoureusement avec des brosses dures (brosses de chiendent, brosses à fils d'acier), et l'on pulvé-

Fig. 77. — Désinfection des parois. Pulvérisation de lait de chaux sulfaté.

rise à deux reprises un lait de chaux tamisé ainsi constitué :

      Lait de chaux concentré............   10 litres.
      Sulfate de cuivre..................   1 kilo.
      Savon noir.........................   200 grammes.
      Soufre en fleur....................   200   —

On peut remplacer le soufre et le savon noir (ce dernier a surtout pour effet de permettre au soufre d'être mouillé) par une chaux soufrée préparée de la façon suivante :

On malaxe de la chaux en pâte épaisse avec son poids de

soufre sublimé. On couvre d'eau pour éviter la carbonisation, et on emploie cette pâte pour préparer le lait de chaux de la formule précédente au lieu et place de la chaux ordinaire.

Les poteaux de bois peuvent recevoir sans inconvénient cet enduit. Les carcasses métalliques, au contraire, doivent être repeintes avec soin. Les ouvriers montés sur des tréteaux brossent avec de la paille de fer les parties métalliques sur lesquelles la peinture s'écaille, puis les passent au minium. Le minium une fois sec est revêtu très économiquement d'un end it noir très bon marché ainsi composé :

<pre>
Goudron ....   5 parties.
Résine   2   —
Huile lourde de goudron............   3   —
</pre>

Dans le goudron légèrement chauffé, on ajoute la résine ; on malaxe le tout, puis on incorpore l'huile lourde de goudron. Si l'on ne peut chauffer ce mélange à la vapeur, il faut éviter un chauffage trop intense, de peur de l'enflammer.

On vend à l'heure actuelle des produits analogues en baril, un peu plus chers, mais mettant à sécher moins des deux ou trois jours nécessaires à la composition ci-dessus.

Désinfection des souches. — Dans la désinfection des souches, on doit se poser comme problème de détruire les insectes et les spores de moisissures qui peuvent s'être réfugiés sous les écorces qui s'exfolient chaque année. Or celles-ci sont constituée souvent par plusieurs assises lamellaires de vieilles écorces, que les liquides ou les enduits ne peuvent ni pénétrer ni revêtir d'une façon permanente. Aussi la première solution réside dans les *décorticages*, c'est-à-dire dans la suppression de toutes ces vieilles écorces.

Décorticage. — Les troncs de la vigne ne souffrent nullement de la suppression de ce revêtement toujours long à tomber de lui-même. Malheureusement les décortiqueurs lèsent souvent la fine écorce nouvelle, et ces lésions, si superficielles qu'elles soient, amènent soit des brûlures de tissus à la suite des opérations consécutives au décorticage, soit des infections bactériennes par des bactéries banales, comme nsou

l'avons vérifié bien souvent. Le seul danger réside donc dans
la façon de procéder au décorticage.

Ces débris d'écorces portent dans les serres atteintes de
Grise, par exemple, des plaques d'araignées rouges qu'il faut
éviter de laisser tomber sur le sol. C'est pourquoi il est bon

Fig. 78. — Décorticage.
Les écorces tombent sur la toile tendue au premier plan.

de placer sous les souches à décortiquer de grandes toiles sur
lesquelles tombent et sont rassemblées les débris d'écorces et
même de liens qui peuvent rester attenant aux souches ou
aux fil de fer du palissage. On évite de répandre ces débris
sur le sol, et on les brûle.

Le décorticage est fait par des femmes à l'aide de petits coû-
teaux pointus, mais arrondis à leur extrémité, que l'on glisse
sous les écorces de façon à les lever par longues lanières.

Très simple sur les troncs, le décorticage est au contraire délicat sur les bras et notamment dans la partie des bois de deux ans qui portent les bois de taille. En décortiquant dans ces zones, on détruit fatalement la plus grande quantité des yeux situés à la base même du bois de taille ainsi que tous

Fig. 79. — Ébouillanteuse montée sur truc, accompagnée
d'un wagonnet-réservoir d'eau.

ceux des bras qui pourraient pousser et permettre de raccourcir ce dernier ultérieurement. On perd ainsi de nombreux reper- çages, dont l'absence se fait sentir plus tard.

Les variétés se décortiquent plus ou moins bien; les unes peuvent rester deux ou trois années sans qu'il soit utile de décortiquer autre chose que les parties de bois de deux ans. Nous avons essayé vainement les brosses métalliques, les bandes flexibles armées, qui sembleraient devoir faciliter le

décorticage. Le résultat a toujours été inférieur à celui obtenu
à l'aide d'un couteau, comme nous l'avons indiqué plus haut.

Ébouillantage. — Le meilleur des désinfectants pour les
souches une fois décortiquées est certainement l'eau bouillante,
aussi voisine que possible de 100°. On se sert pour chauffer

Fig. 80. — Ébouillantage. L'opérateur muni d'une cafetière
à long bec arrose la souche de bas en haut.

cette eau d'ébouillanteuses en usage dans le vignoble, montées
sur wagonnets, si l'on dispose de rails, ou sur chariots. Ces
ébouillanteuses sont amenées en tête des serres; on pourrait
même, sans inconvénient, les faire entrer dans les serres si
celles-ci s'y prêtaient. L'eau chaude tirée dans des cafetières
à bec et à double enveloppe (pour éviter les déperditions de
chaleur) est versée de bas en haut, afin qu'elle arrive sur

les parties sèches à la plus haute température possible.

Nous avons essayé sans grand succès d'amener l'eau sur les souches directement de l'ébouillanteuse à l'aide d'un tuyau de caoutchouc ; l'eau ne se refroidit point, mais manque de pression et, dans le cas où on voudrait se servir de ce système,

Fig. 81. — Brossage au sulfate de fer.

il vaudrait mieux chauffer l'eau dans une petite chaudière tubulaire, chez laquelle une petite soupape de sûreté permettrait d'avoir une pression intérieure de 100 à 200 grammes.

Sulfatage. — On peut remplacer l'ébouillantage ou même le compléter par un sulfatage.

Le sulfate de fer est transporté dans des pots de terre pourvus d'anse en corde. On le répand à l'aide de brosses à un titre le plus concentré possible. Quelquefois même on fait chauffer l'eau à 50° pour dissoudre davantage de cette substance insecticide, et on l'emploie à cette température. Dans ces conditions,

on arrive à utiliser des solutions renfermant 30 à 35 p. 100 de
sulfate de fer. A ce degré de concentration, ces solutions mangent les vêtements des ouvriers, qui doivent porter des habits
qu'ils ne redoutent pas de voir détruits.

Fig. 82. — Chaulage des souches.

Chaulage. — Le chaulage a une action protectrice non seulement au moment de son emploi , mais même plus tard. Les
insectes n'aiment point grimper le long de troncs chaulés et,
si l'on a soin d'ajouter à la chaux un corps comme le soufre,
suceptible d'émettre des vapeurs sulfureuses, on obtient comme

résultat d'écarter quelque peu les ennemis des souches.

Ce chaulage se fait en brossant la souche avec un pinceau imbibé d'un lait de chaux concentré. On y incorpore le soufre soit en utilisant la chaux soufrée préparée comme nous l'avons dit antérieurement, soit en y introduisant 10 ou 20 p. 100 de soufre en fleur rendu mouillable à l'aide du savon noir (solution aqueuse savonneuse à 1 à 2 kilogrammes par hecto).

Il ne faut pas exagérer la dose de soufre, sinon on obtient des enduits granuleux qui tombent et s'écaillent aisément sous la simple action du bassinage.

Désinfection de l'atmosphère. — La désinfection de l'atmosphère est une façon impropre de parler; il vaudrait mieux dire désinfection des serres par voie gazeuse. Il est certain que les désinfections partielles et toujours incomplètes, faites comme nous l'avons indiqué plus haut, pourraient être toutes remplacées en rendant l'air des serres, espaces clos, toxique à la fois pour les insectes et pour les moisissures cachés aussi bien sur les souches que dans les anfractuosités des murs ou des piliers de construction.

Nous avons donc essayé sans grand succès, entre les différents insectes, l'acide sulfureux provenant de combustion du soufre, l'acide sulfureux liquide et l'acide cyanhydrique. Les résultats peu heureux que nous avons obtenus sont dus, d'une part, à l'absorption et à la fixation par le sol d'une partie des gaz toxiques introduits dans la serre et à la connaissance incomplète des doses à employer par mètre cube d'air à une température et une humidité terminée. Nous sommes arrivés au contraire à d'excellents résultats en introduisant les souches dans des récipients mieux clos qu'une serre et plus réduits permettant une désinfection plus complète, parce qu'il était plus facile d'élever les doses toxiques aux chiffres convenables. Pour les souches, nous avons employé avec succès l'acide sulfureux mesuré au sulfitomètre Pacottet lancé dans des tuyaux de tôle fermés à une extrémité par un tampon et à l'autre extrémité, par laquelle on introduisait la souche, à l'aide d'un collier de toile que l'on venait serrer sur le tronc de la souche même, une fois celle-ci à l'intérieur de la chambre de désinfection.

Préparation du sol.

La préparation du sol comprend son labour et sa fumure.

Fig. 83. — Labour d'une serre.

Labour du sol. — Le sol des serres, malgré le paillage dont on peut le recouvrir, est tassé durant toute l'année par le passage incessant des ouvriers et l'action de l'eau provenant des arrosages en gros jets et des pulvérisations de feuillage. Ce damage du sol représente plusieurs fois celui des grandes cultures de plein air. Au cours de la végétation, on y a remédié par des *binages*, des *crochetages* légers du sol fatalement superficiels pour ne pas amener la destruction des radicelles à fleur de sol. Pour rendre au sol sa légèreté, sa facile pénétration par les racines, sa capacité hygroscopique, il faut le remuer profondément. Ce remuage assure ainsi une aération intense, base des fermentations microbiennes et des réactions chimiques dont il est le siège.

Le moment le plus propice est celui qui suit le sulfurage, afin que le sol reste ouvert et soumis au gel aussi longtemps que possible. Parfois on attend ou on provoque la chute des feuilles afin d'enterrer en même temps ces dernières ainsi que les herbes spontanées avec les herbes engrais verts qui couvrent le sol.

Le but de ce travail indique qu'il doit être aussi profond que possible ; il n'est limité que par la destruction possible des radicelles un peu importantes. Il ne faut point se soucier si l'on brise quelques radicelles de surface, quelques pinceaux de ces radicelles développés au point où il se fait des égouts d'eau. La plante, dans un forçage bien conduit, a le temps d'émettre un nouveau jeune chevelu avant son débourrement.

Pour éviter de couper ou de léser les grosses racines, le labour d'hiver augmente de profondeur à partir des troncs jusqu'au centre de la serre, suivant en cela les racines qui plongent peu à peu, même si elles sont traçantes.

La saison n'importe point au labour sous serre. Rarement il gèle pour rendre le travail impossible, et si le froid permet de former des mottes, par le labour, il n'y a que des avantages, car ces mottes se désagrègent aisément lorsque l'on veut niveler le sol au départ du forçage.

Le sol des serres est en général sec et dur. Quelques jardiniers le mouillent pour faciliter le labour. Si peu que la terre soit argileuse, la mouille avant le labour détruit son état d'ameublissement et la transforme en mottes dures comme des débris de briques. Il faut du temps et beaucoup de travail pour rendre la terre meuble.

Il vaut toujours mieux labourer à sec, prendre le pic pour
les allées. Si l'on veut attendrir la croûte, faire une mouille
légère et attendre plusieurs jours que la terre soit fraîche
et non humide. L'instrument de labour pour serre est par

Fig. 84. — Épandage du terreau.

excellence la bêche à dents, triandine à trois dents ou mieux
quatre.

Près des souches, l'ouvrier ne se sert point du pied. Il
soulève le sol plutôt qu'il ne le retourne, à 8 ou 10 centimètres
de profondeur. A 1ᵐ,5, il peut labourer à 20 centimètres de
profondeur. Il peut alors enfoncer sa bêche verticalement. Il
s'arrête à la moindre résistance pour le cas où il rencontrerait
une racine. Bien entendu, il chemine en ligne foulant
toujours le sol non défoncé. Lorsqu'il veut profiter de ce
labour pour enfouir du fumier, ou un engrais un peu volu-

mineux, il l'épand régulièrement dans toute la serre et glisse dans le petit sillon qu'il ouvre le fumier reposant sur la tranche de terre voisine. Celle-ci retournée recouvre l'engrais.

MISE EN FORÇAGE PROPREMENT DITE

Tableau de forçage. — Au début de la saison du forçage avant de chauffer aucune serre, on détermine ce qu'on appelle le tableau de forçage. Le cultivateur de serre doit en effet réaliser deux problèmes : 1° répartir son travail sur le temps le plus long possible de façon à pouvoir le faire avec un personnel déterminé sans embauchage supplémentaire ; 2° avoir de la récolte à vendre autant que possible dès que les premiers fruits forcés paraissent et d'une façon continue jusqu'à la fin de la saison des fruits primeurs, pour recommencer à récolter à nouveau en automne, lorsque les prix deviennent intéressants.

C'est son tableau de forçage qui va lui permettre d'arriver à ce résultat. Il sait qu'une variété de pêche, par exemple, l'Amsden, met cent jours pour venir et qu'une serre de cette variété en grand forçage se récolte en quinze jours trois semaines. Il fera donc partir des serres tous les quinze jours et s'arrangera, connaissant le temps nécessaire pour récolter chaque variété, à avoir du fruit d'une façon constante. Il doublera ou triplera le nombre de serres destinées à donner aux époques de grande vente, tels la semaine du Grand Prix ou le moment des grandes fêtes. Cela ne veut point dire qu'il ne se produira pas de chevauchements de récolte de deux séries de serres parties à quinze jours d'intervalle. Mais, dans le cas de récolte trop abondante et forcée, il recourra à la conservation au frigorifique pour quelques jours.

Dans le tableau de forçage, on doit tenir compte aussi de questions secondaires ; il faut livrer aux chauffeurs qui veillent jour et nuit un nombre de serres qui puissent les occuper et en même temps leur permettre d'utiliser pratiquement la chaleur fournie par les appareils de chauffage.

On conçoit en effet aisément que chauffer une serre avec un

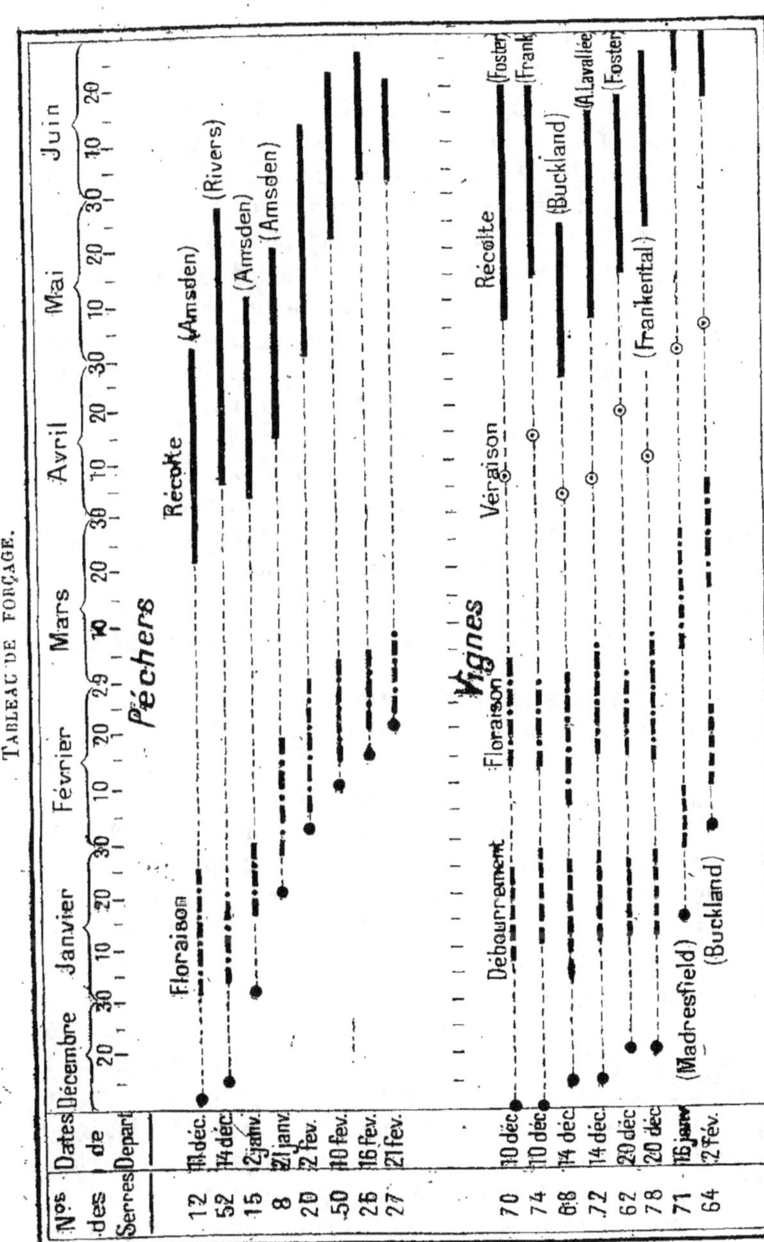

Tableau de forçage.
Pêchers
Vignes
Nos des Serres
Dates de Départ
Floraison
Récolte
Débourrement
Floraison
Véraison
Récolte
Décembre Janvier Février Mars Avril Mai Juin
12 1 déc. (Amsden)
52 14 déc. (Rivers)
15 2 janv. (Amsden)
8 21 janv. (Amsden)
20 2 fév.
50 10 fév.
26 16 fév.
27 21 fév.
70 10 déc. (Madresfield)
74 10 déc. (Buckland)
68 14 déc. (Buckland)
72 14 déc. (A.Lavallée)
62 20 déc. (Foster)
78 20 déc. (Frankental)
71 15 janv. (Foster)
64 2 fév. (Frank)

générateur assez puissant pour en alimenter dix, par exemple, ne serait pas une opération économique.

La date de départ du forçage une fois arrêtée peut souffrir des modifications commandées par les circonstances du moment. Chaque année il se produit en hiver, aux environs de Paris, par exemple, des périodes de plusieurs jours alternativement froides et tempérées. Nous pourrions citer celle de 1910, où, depuis le 20 décembre, on a joui jusqu'à la fin de janvier de températures dépassant même la nuit 8°, c'est-à-dire la température de départ des serres. Dans ce cas-là, pour profiter de cette aubaine, on peut avancer comme date de départ une ou deux séries, qui bénéficieront ainsi d'une température clémente sans besoin de chauffage.

Pour établir le tableau de forçage, on s'inspire des résultats végétatifs des années précédentes ; ceux-ci sont conservés dans les dossiers sous une forme aussi schématique que possible dont le tableau page 269 montre un exemple.

Somme de chaleur à fournir aux plantes de forçage.

Ce serait une grande satisfaction pour l'esprit et une grande facilité pour la direction d'une serre si l'on pouvait connaître exactement, pour une variété déterminée de pêchers ou de vignes, le nombre de jours nécessaires à son forçage et la somme de chaleur à lui fournir pendant ce temps. On répartirait cette somme suivant une couche progressive au début de la végétation, s'élevant diversement aux différentes phases de la vie de cette variété. On a beaucoup étudié cette question, qui est pourtant bien loin d'être résolue.

Les diverses variétés d'arbres fruitiers, de leur débourrement à la maturité de leurs fruits — nous disons à la maturité des fruits, parce que cette maturité la plus hâtive possible est le but de tous nos efforts — exigent un temps plus ou moins long, qui les fait classer grossièrement en variétés, hâtives, mi-tardives, tardives. C'est surtout pour la vigne que cette classification a pris une grande précision avec Pulliat.

Cet auteur, prenant le Chasselas comme terme de comparaison, a appelé cépages de première époque tou ceux qui, poussés côte à côte, mûrissaient en même temps que lui, comme le Pinot, par exemple. Les *cépages précoces* mûrissent quinze jours avant le Chasselas, les cépages de *deuxième époque* quinze jours après, et l'on passe ainsi par périodes des quinze jours aux troisième et quatrième époques, si bien qu'entre la maturité d'un cépage précoce et celle d'un cépage de quatrième époque il y a une différence de deux mois.

Si l'on admet que les cépages de première époque poussent en cinq mois sous le climat moyen de Paris, on voit qu'il faut quatre mois et demi de végétation à un cépage précoce pour amener, depuis son débourrement, son fruit à maturité et six mois et demi à ceux de quatrième époque.

Nous avons dit que ces durées serapportaient au climat moyen de Paris. Elles s'allongent ou diminuent si l'année est froide et chaude, et cela dans des proportions considérables. Ladrey rapporte dans son *Traité de viticulture* les exemples de cas de maturation en des temps très divers observés sur le Pinot en Bourgogne.

	Débourrement.	Floraison.	Maturité.
1845.......	29 avril.	18 juin.	8 octobre.
1850.......	17 mai.	18 juin.	8 septembre.

Autrement dit, le Pinot, en 1850, a pu mûrir ses fruits en trois mois vingt-trois jours, tandis qu'en 1845 il avait demandé cinq mois huit jours, et cela avec une livraison de même date, fait sur lequel nous reviendrons plus tard.

Ainsi donc nous voyons que la période de cinq mois assignée aux cépages de première époque peut être modifiée profondément. Dans la réalité, elle passe de trois mois et demi à cinq mois et demi, écart formidable entre les extrêmes, que le forçage nous permettra aisément de réduire.

Ces conceptions nous montrent toutefois, que dans le choix des espèces à forcer, la précocité relative joue un rôle capital et nous permet de placer les variétés de fruit soit dans la classe des cépages à faire en première saison, c'est-à-dire susceptibles d'être forcés, soit dans ceux d'arrière-saison qu'il est bon en général de retarder.

Comme les fruits précoces demandent moins de temps pou

mûrir et, par suite, moins de chaleur, on est porté à croire
que l'on chauffe pour les récolter en première saison les raisins, les pêches, etc., les plus précoces. C'est une erreur, car,
dans les cépages précoces, il ne rentre aucune variété qui
mérite d'être avancée, et comme cépages, hâtifs on récolte des
raisins tels le Buckland, le Fosters, le Frankental, qui normalement sont de première époque. Il en est de même des pêches.
L'Earliest o. All a été abandonnée malgré sa précocité, et de
plus en plus on cultive, de préférence à la Précoce Amsden,
la Précoce de Hale, plus tardive de quinze jours, mais supérieure à la première. Enfin il n'est pas rare de chauffer pour
récolter au printemps des fruits tardifs que le marché exige,
ou qui, payés plus cher, compensent par leur rendement le
charbon brûlé en excès.

Prédébourrement. — Au plein air, on escompte le temps
nécessaire au cycle végétatif de la vigne à partir du moment
du débourrement floral ou de la feuillaison. En forçage, il n'en
est plus de même. Avant de voir les bourgeons grossir et
éclater, il faut chauffer le sol, l'air, la plante, pendant un temps
plus ou moins long. Cette période, du jour où l'on chauffe jusqu'au moment du débourrement, constitue pour nous forceurs
le *prédébourrement, période variable avec les espèces, variable
avec l'époque du début du chauffage et l'état de préparation de la
plante, période plus ou moins longue, plus ou moins coûteuse par
conséquent.*

Ce prédébourrement correspond, chez la plante, à un travail
cellulaire et à un travail souterrain extrêmement importants.
C'est à ce moment que les tissus se réveillent, se gonflent
d'eau, voient leurs réserves se solubiliser sous l'action de dias-
tases faisant partie du contenu cellulaire chez les racines; il y
a croissance très rapide et émission des radicelles, qui, lorsqu'elles entrent en jeu, provoquent cette circulation de sève
intense qui amène la vie et le développement des parties
externes. Cette exsudation si intense par les lésions du
liquide séveux (pleurs de la vigne) marque cette évolution
cachée et termine le prédébourrement.

La durée du prédébourrement paraît en général d'autant
plus réduite que la variété de fruit à forcer est plus précoce.

Un Fosters, de deuxième époque de maturité débourre avant un Black-Alicante chauffé parallèlement; un pêcher Amsden (hâtif) avant un pêcher Alexis Lepère (tardif).

Cette durée est surtout variable avec l'*Hivernage* subi par la plante (Voy. *Hivernage*) et aussi, toutes autres conditions égales, avec le mois où l'on commence à chauffer. Les phénomènes d'hivernage aident le débourrement, l'avancent, mais il ne faut pas oublier que la plante a la mémoire du temps et que, plus elle avance vers le moment de son débourrement normal, plus elle y est préparée par une vie latente peut-être, mais en tout cas existante et capable d'une lente transformation, d'une lente évolution.

La question d'époque est énorme. Nous sommes en décembre, par exemple ; non seulement les ours sont les plus courts mais aussi les plus sombres. Janvier, février ont des jours de plus en plus lumineux. Qui donc nierait les effets de réveil, réveil vital, suractivité due à l'effet de la lumière ?

Ainsi la période du prédébourrement varie-t-elle de vingt-cinq jours en novembre pour une variété comme le Fosters, à trois et quatre jours à la fin de mars. Dans ce dernier cas, elle s'est accomplie en dehors de nous, sans l'intervention de notre chauffage.

Nous donnons ci-dessous quelques chiffres intéressants se rapportant aux observations faites à Nanterre.

On constate, au printemps qui sait une année très chaude, des débourrements très précoces, comme si la plante, ayant achevé de mûrir de très bonne heure ses tissus l'année précédente, désirait évoluer plus rapidement le printemps suivant. Cette observation du plein air se confirme toujours en serre. Une serre de Foster's chauffés au 15 décembre en 1909 aura un prédébourrement de vingt jours, tandis qu'une serre voisine non chauffée l'année précédente exigera trente jours avant de débourrer. Il en est de même des pêchers et des autres arbres fruitiers forcés.

Au point de vue pratique, cela nous amène à préparer la plante à un grand forçage, c'est-à-dire à un forçage partant de la fin de novembre ou du début de décembre par des chauffages de plus en plus précoces les années précédentes. C'est ce que nous appellerons la *préparation des arbres au grand forçage.*

Cette diminution du temps du prédébourrement, cette facilité dans la feuillaison n'est pas obligatoire. On force très bien en grand forçage une plante non chauffée l'année précédente. Seulement nous nous rappellerons qu'il faut dépenser plus de charbon et chauffer avec une progression plus lente de la température les plantes qui n'ont pas encore subi de forçage.

Nous voyons donc que la période du prédébourrement est à ajouter en forçage à celle qui s'étend du débourrement à la récolte, si nous voulons savoir le temps nécessaire à la production d'un fruit forcé.

Si maintenant nous reprenons la seconde partie, qui va du débourrement à la maturité, nous voyons qu'elle est très variable ; il suffit de nous en rapporter à l'exemple, signalé par Ladrey, du Pinot qui dans un cas a mis trois mois vingt-trois jours pour mûrir et dans l'autre cinq mois huit jours, et l'on conçoit que du temps moyen de cinq mois nécessité généralement, on puisse descendre et se rapprocher au temps minimum employé par la nature de trois mois vingt-trois jours.

Nous devons tendre vers une *durée minima de chauffage*, ou mieux vers une *durée optima de chauffage*. Qu'est-ce qui différencie fces deux durées. Dans la durée minima, nous allons affoler le végétal en lui fournissant des doses maxima de chaleur, d'engrais, d'humidité ; nous avancerons sa maturité, mais au détriment de la qualité et de la coloration des fruits, au détriment de la maturité des bois, défaut grave pour les forçages futurs. En outre, nous allons demander à nos appareils de chauffage tout ce qu'ils peuvent donner. Ils nous fourniront beaucoup de calories ; ils nous les feront payer cher en charbon, en usure du matériel, sans que le développement du végétal réponde proportionnellement à plus de chaleur fournie. Nous chercherons plutôt la *durée optima*, qui nous permet de faire travailler nos chauffages, nos arbres dans d'excellentes conditions, économiquement sans diminuer la résistance de leurs tissus à tous les accidents, sans compromettre leur durée et les récoltes futures.

La durée optima, sous verre est très inférieure à la durée moyenne en plein air. Nous supprimons les périodes froides, les abaissements de température nocturne qui retardent une végétation, celle -ci, d'autres jours, peut manquer d'eau ou avoir une alimentation précaire. Il est vrai que nous avons une diminution de vitalité due à l'air confiné, mais le résultat final est intéressant. C'est ainsi qu'un plant de Frankental, qui demande en moyenne cinq mois et demi pour mûrir, donne aisément des grappes mûres au bout de cinq mois en grand forçage, au bout de quatre mois et demi en moyen forçage, prédébourrement compté. Si nous retranchons un prédébourrement de vingt jours en grand forçage, de dix jours un moyen forçage, nous arrivons à des durées, comparativement à celles du plein air, de quatre mois dix jours, quatre mois cinq jours.

En résumé, *le forçage nous réduit les phases végétatives du Frankental de 20 à 25 p. 100, soit du cinquième au quart de la durée moyenne du plein air.*

Ces réductions sont sensiblement les mêmes pour toutes les vignes et autres plantes forcées. Elles sont même plus importantes pour les pêchers, car les pêches, pour mûrir, s'attardent souvent en été par insuffisance d'humidité atmosphérique.

Les temps optima sont variables avec divers facteurs, non seulement avec la durée du prédébourrement, mais aussi avec *l'effort que l'on veut demander à la plante, c'est-à-dire avec la récolte dont on chargera la plante.*

Veut-on des beaux fruits en serre, il les faut peu nombreux. Il les faut encore moins nombreux si on veut les obtenir avec le maximum de précocité!

Consultez les forceurs belges. Dans leur situation spéciale. ils vous diront qu'avec leurs serres ils ne doivent pas laisser plus de 0^{kg},500 de raisin au mètre couvert de Frankenta s'ils veulent le récolter fin mars, début avril; 0^{kg},750 pour vendanger fin avril-début mai, 1^{kg},250 en juin. Ils ne dépassent ces chiffres que pour les serres non forcées, qui assistées mûriront fin août-septembre en leur donnant 2 kilogrammes et plus.

Les forceurs qui, en tardifs, sont arrivés à 3 kilogrammes au mètre couvert avec des variétés tardives, pesantes, récoltées en octobre, comme les Barbarossa, le Black Alicante, ont dû chauffer en août, septembre, octobre, suivant les années.

Pour les pêches, il en est de même. En grand forçage, quatre pêches au mètre carré couvert sont suffisantes, six en moyen forçage ; huit pour les serres parties en février. Les serres assistées peuvent porter dix pêches au mètre.

Les retards dus à une récolte excessive par rapport au départ du forçage peuvent atteindre aisément quinze jours, trois semaines. C'est autant de jours à chauffer en plus pour vendre des fruits qui, plus tardifs, à beauté égale, subissent une moins-value de 20 à 30 p. 100 et plus.

Enfin la durée du forçage est fonction de l'ensoleillement et de l'humidité, qui modifient beaucoup la puissance de la végétation.

Totalisation des sommes de chaleur. — Il aurait été de la plus grande utilité de recueillir les diagrammes de température, d'hygrométrie, d'intensité et de durée solaires des années où les raisins, par exemple, ont mûri dans un laps de temps très court. On aurait pu connaître quantitativement les conditions optima de fonctionnement de ces facteurs et, en les totalisant, arriver à des chiffres intéressants surtout en rapportant l'importance de ces facteurs aux divers stades de la vie des arbres fruitiers à l'étude.

Jusqu'à présent, on ne s'est soucié que de la température. De Gasparin, Ladrey, Rister, Angot ont recueilli dans les vignobles les températures du debourrement à la récolte et les ont totalisées. Insistons sur ce fait qu'ils ignorent le prédebourrement.

En outre, les uns comme Angot, ont opéré avec des appareils placés sous abris, à 2 mètres de haut ; les autres, comme Gasparin, se sont servis de la température maxima indiquée par un thermomètre placé au centre d'une sphère creuse en cuivre mince, noircie intérieurement et exposée au soleil. Ces auteurs ont négligé l'action due à la réverbération et au rayonnement du sol, qui nous oblige à tenir les raisins à une certaine distance du sol, si nous voulons les voir mûrir. Enfin ils n'ont tenu compte ni de l'hygrométrie plus ou moins favorable, ni de l'ensoleillement.

Dans le Midi de la France, il n'est pas rare de voir la végétation stupéfaite des semaines entières par suite de la sécheresse de l'air. En Suisse, dans le Valais, les arrosages permettent de mûrir des cépages de deuxième époque, qui sans cela
ne mûriraient point.

Aux Forceries de la Seine, nous avons recueilli chaque année
des séries de diagrammes de température et d'hygrométrie
dans de nombreuses serres pendant dix ans. M. Viala a publié
dans son *Ampélographie* quelques chiffres tirés de ces diagrammes :

	Sommes à partir de 0°.	Sommés à partir de 9°.
Buckland	2 469°	1 461°
Foster's	2 572°	1 447°
Frankental	3 035°	1 775°

Ces totalisations sont faites sans tenir compte du prédébourrement. Le prédébourrement pouvait représenter pour
ce Foster's vingt et un jours, fournissant les températures
complémentaires et les totaux suivants :

FOSTER'S

TEMPÉRATURES.

Comptées à partir de :	Après débourrement.	Au débourrement.	Totales.
0°	2 572°	289°	2 861°
9°	1 447°	117°,9	1 565°

Dans ces essais, le cycle végétatif du débourrement à la
maturité avait été de :

Pour le Buckland	144 jours.
— Foster's	140 —
— Frankental	166 —

Notons aussi que, pour tous ces essais, on ne tient pas compte
de la période qui suit la récolte. Pour la vigne, la période est
celle de la *défeuillaison*, sauf pour les variétés très précoces
qui continuent encore de végéter utilement une fois vendan-
gées. Or nous avons dit que ces variétés très précoces étaient
exceptionnellement forcées et sans intérêt.

Il n'en est pas de même pour le pêcher, le prunier, l'abricotier, etc. Le pêcher une fois récolté a besoin de faire une seconde végétation de nouvelles pousses pour remplacer les branches à fruits sectionnées. Cette période ne dure pas pour un pêcher récolté en avril jusqu'en août-septembre, comme on pourrait le croire. Dès le début de juillet, il s'arrête de végéter, mûrit ses pousses. Ses feuilles, si elle tombent difficilement, sont inertes, mortes, et le végétal entre en vie latente, où il reste jusqu'au forçage d'hiver (sauf dans le cas de lésions, grêles, mutilations, etc.). Cette période de végétation post-maturité mériterait d'être plus connue qu'elle ne l'est présentement. Elle est de plus intéressante, car c'est d'elle que dépendent les réserves destinées aux racines et à la floraison qui précède la feuillaison dans le forçage des fruits à noyau.

Consommation du charbon.

Le forceur doit suivre la consommation de charbon dans son établissement durant le forçage et comparer cette consommation à la dépense de chaleur qu'il a à fournir suivant la température des serres et celle de l'extérieur. Il est indispensable qu'il sache si ses foyers, ses chaudières fonctionnent bien et surtout si les ouvriers chargés de la surveillance des feux font rendre au charbon tout ce qu'il peut donner. Combien de fois n'avons-nous pas remarqué, avec les foyers flamands, dans les différents services de chauffage, que les chauffeurs usaient des quantités fort diverses de charbon pour le même nombre de serres à tenir à des températures comparables. Les uns brûlaient dans le jour et la nuit 70 à 80 kilos, les autres 100 kilos, et, tandis que les premiers obtenaient d'une manière constante la température réclamée, on constatait dans les serres des seconds des variations de température de plusieurs degrés, souvent en dessous des températures exigées. Tout cela parce que les uns, observateurs, savaient avec un peu de cendre ou un coup de tisonnier à propos régler la combustion, tandis que les autres, par négligence ou même par incapacité à s'adapter à ce travail, avaient toujours des feux ou trop couverts ou trop ardents.

Il en est de même pour les générateurs à vapeur, avec lesquels un bon chauffeur peut économiser 10 à 20 p. 100 de charbon, tout en évitant les surchauffements de ses chaudières.

On vérifie la conduite des feux par la *comptabilité-charbon*. A Nanterre, cette comptabilité se fait tous les dix jours. Les serres à foyer flamand reçoivent une avance de 200 briquettes par exemple (de 8 à 10 kilos). Les briquettes restantes sont comptées au bout de dix jours de chauffage, et leur nombre est ramené à 200. On a ainsi la consommation par dizaine de jours. Dans le cas de charbon en morceaux, il y aura lieu, pour un contrôle aisé, de renouveler plus fréquemment la provision ; celle-ci sera portée, par exemple, à 1000 kilos tous les cinq jours. Le charbon sera placé dans un encadrement en planches de ciment et sa hauteur, dans ce coffrage, permettra d'évaluer son volume et, par suite, son poids.

Pour les générateurs chauffant plusieurs serres, l'approvisionnement doit se faire chaque jour.

Le directeur a, sous ses yeux, les diverses séries de serres chauffées, la température à tenir les diagrammes de la température extérieure. Il sait très vite voir avec ces données si les chauffeurs se sont bien acquittés de leur état. Par hasard, il constate qu'une serre se fait remarquer par une consommation notablement *plus élevée ; cette élévation provient presque toujours de la grille ou du foyer en mauvais état ou d'un ramonnage insuffisant.* C'est qu'en effet quatre ou cinq serres chauffées en même temps dans les mêmes conditions exigent entre les mains du même chauffeur les mêmes quantités de charbon ou des quantités ne différant que de quelques kilos.

Le directeur est amené aussi à établir un rapport entre la quantité de charbon consommée et la différence entre la température moyenne des serres et la température moyenne extérieure, et il sait d'avance la consommation de sa serre. Ces observations lui apprennent par exemple que, si un grand vent froid survient, il peut laisser tomber utilement la température de 2 ou 3° pour ne pas brûler du charbon en quantité hors de proportion économique avec le résultat atteint. Il totalise la consommation par dizaine et par serre, et, lorsqu'il arrive à la véraison, il peut comparer s'il a dépensé plus ou moins de charbon par rapport aux années précédentes et dans le cas où il aurait voulu gagner quelques jours en chauffant davantage, ce que lui coûte en charbon brûlé cette avance. C'est aussi un moyen de calculer ce que coûte en charbon le kilo de raisin ou la pêche de chaque variété en grand, moyen et petit forçage. Comme les autres dépenses culturales sont sensiblement les mêmes, il faut savoir si la variété de fruits qu'il force lui paye son charbon et, en outre, quelle est la variété qui lui paye le plus cher.

Voici, pour fixer les idées, comment on peut totaliser les quantités de charbon dépensées en grand et moyen forçage ou en se contentant d'assister la végétation. (Tableau p. 281.)

Cette totalisation générale du charbon brûlé chaque dizaine donne la marche de la consommation générale et, par suite, règle l'époque des approvisionnements. Il ne faut pas oublier qu'un établissement de forçage brûle aisément 500 tonnes de charbon par hectare couvert et par an et que la dépense en résultant atteint 30 à 40 p. 100 des frais généraux. Le directeur doit donc donner tous ses soins à la meilleure utilisation du charbon. Nous allons voir comment il va surveiller la marche de la température et de l'hygrométrie à l'intérieur des serres.

Détermination de la température et de l'hygrométrie des serres.

Place des thermomètre et hygromètre. — Au cours de nos essais destinés à mesurer la température des serres, nous avons pu voir quelles différences énormes de température pouvaient exister aux divers points d'une serre, différences variables avec les types de chauffage, leur distribution et les dimensions de la serre. On ne peut point, comme nous l'avons fait, avoir dans chaque serre, suivant des tranches perpendiculaires ou parallèles au grand axe, des dizaines de thermomètres indiquant les températures aux points où ils sont. Leur installation serait onéreuse et leur consultation impossible, surtout pendant la nuit, et en outre ces résultats différents ne feraient qu'inquiéter inutilement le personnel de chauffage et de garde.

CONSOMMATION DE CHARBON.

ÉPOQUE de mise en forçage.	Désignation des serres.	Du 22 novembre au 1er décembre	Du 2 au 11 décembre.	Du 12 au 21 décembre.	Du 22 au 31 décembre.	Du 1er au 10 janvier.	Du 11 au 30 janvier.	Du 21 au 30 janvier.	Du 31 janvier au 9 février.	Du 10 au 19 février.	Du 20 au 29 février.	Du 1er au 10 mars.	Du 11 au 20 mars.	Du 21 au 30 mars.	Du 31 mars au 9 avril.	Du 10 au 19 avril.	Du 20 au 29 avril.	Du 30 avril au 8 mai.	Du 9 au 18 mai.	Du 19 au 28 mai.	Du 29 mai au 7 juin.	TOTAL par serre.
	Nᵇˢ	Kilos	Kilos	Kilos	Kilos	Kilos.	Kilos.	Kilos.	Kilos.	Kilos.	Kilos.	Kilos.	Kilos.	Kilos.	Kilos.	Kilos.	Kilos.	Kilos.	Kilos.	Kilos.	Kilos.	Kilos
24 novembre	73	603	936	981	1 674	1 220	1 411	1 769	1 489	1 657	1 310	996	694	672	582							
15 décembre	64			441	1 116	1 198	1 400	1 814	1 523	1 724	1 881	1 232	1 131	1 310	1 387	974	716	896	593			
22 décembre.	26			504	1 215	1 120	1 276	1 624	1 422	1 769	1 904	1 377	1 411	1 265	996	1 176	1 232	1 120	772	257		
	25				1 170	1 086	1 321	1 702	1 512	1 814	1 870	1 276	1 388	1 153	918	1 008	1 097	1 108	694	44	126	
1er janvier....	55					772	1 310	1 836	1 489	1 702	1 848	1 276	1 299	1 198	1 209	1 344	1 131	750	560	313		
	29					638	1 243	1 657	1 232	1 568	1 758	1 198	1 344	1 097	1 041	1 153	1 075	1 086	784	280		
15 janvier.....	61						436	952	896	1 680	1 836	1 310	996	828	638	582	660	694	683			
21 janvier.....	8							1 041	784	1 142	1 825	1 232	1 288	1 120	840	716	705	728	817	291		
Chauffage du réservoir d'eau.					450	1 179	1 355	2 240	3 382	2 800	2 240	1 680	1 444	560								
Total par décade.																						

Le directeur de l'établissement peut, pendant quelques jours, se rendre compte, comme nous l'avons fait, de la distribution de la température; puis il fixe le point qui paraît lui donner la température moyenne de la zone où se trouve la végétation et place le thermomètre en un endroit accessible; ce dernier est en général pendu au centre de la serre et au voisinage du feuillage. Dans les serres très hautes, c'est l'observation seule qui permet d'indiquer la hauteur à laquelle il faut le placer. Dans les serres ordinaires, on le met à hauteur d'homme, de façon qu'il soit aisément lisible. En tout cas, il est toujours possible, en quelque point qu'on le mette, de déterminer la correction à faire subir aux températures qu'il indique pour obtenir la température moyenne au niveau du feuillage.

Appareils enregistreurs. — Si les thermomètres et les hygromètres enregistreurs étaient de prix plus abordables, nous donnerions certainement le choix à ces appareils, qui ne se contentent point de nous indiquer la température, mais nous l'inscrivent à une heure déterminée; ils nous fournissent ainsi des courbes dont la marche surveille mieux le chauffeur que le contremaître le plus vigilant. Ils nous relèvent toutes les variations dues à des ouvertures trop ouvertes ou trop longtemps ouvertes; ils nous notent le passage des chauffeurs à leur foyer, et enfin nous pouvons conserver avec eux des courbes-repères qui nous permettent, les années suivantes, de chauffer de même façon ou d'améliorer notre chauffage.

Peu répandus encore, ces appareils (création Marey) permettront de réaliser dans le chauffage des serres des progrès incalculables. On les met aux lieu et place des thermomètres habituels, en ayant soin de les recouvrir d'abris légers les protégeant de l'eau des bassinages et de l'ensoleillement direct. Côte à côte est placé l'hygromètre enregistreur, qui nous donne l'humidité relative, c'est-à-dire la proportion de vapeur d'eau dans l'atmosphère par rapport à sa saturation complète. Comme nous avons, pour chaque point de la courbe de l'hygromètre, la température correspondante, il nous est possible de connaître exactement le poids d'eau renfermé dans l'air à un moment donné. Les thermomètres enregistreurs sont vérifiés fréquemment une ou deux fois pendant chaque saison avec des thermomètres de précision dits *thermomètres-frondes*.

Les hygromètres, plus déréglables que les thermomètres, sont vérifiés chaque mois. Il suffit d'entourer leur cage d'un linge mouillé. Au bout de quelques instants, leur aiguille doit marquer 100. Une petite clé permet de mettre l'aiguille dans cette position, si elle n'y est pas.

Des thermomètres maxima et minima placés en divers points de la serre complètent la série d'appareils avec lesquels on dirige la température et l'humidité. Beaucoup de forceurs prétendent se dispenser de ces appareils ; ils affirment qu'ils sentent la température et l'humidité d'une serre par le seul fait d'y pénétrer. Nous avons trop souvent vérifié l'erreur de nos sens et celles commise par des forceurs les plus réputés pour admettre ces affirmations. Nous avons toujours tenu la main à ce que nos premiers ouvriers regardent et sachent les chiffres fournis par les appareils placés extérieurement et intérieurement. Nous leur demandions souvent les minima et les maxima des nuits et des jours précédents et la marche générale de la température, relèvements ou abaissements. Ces observations les ont toujours beaucoup aidés dans la conduite de leur service.

Observations météorologiques. — Il est donc bon de compléter les observations faites dans les serres par les observations de l'extérieur. Ces dernières sont faites le plus utilement à l'aide d'une petite station météorologique dont le dispositif est fourni par Angot :

« Pour avoir la température de l'air aussi exactement que possible, il faut placer les thermomètres loin de tout bâtiment, à 2 mètres environ de hauteur au-dessus d'une pelouse gazonnée pour éviter les réverbérations. Les instruments seront garantis de l'action directe du soleil et de la pluie par un abri formé, par exemple, d'un double toit légèrement incliné vers le sud et muni à l'est et à l'ouest de deux petits volets verticaux qui protègent les instruments du soleil à son lever et à son coucher. Cet abri doit être aussi léger que possible et bien dégagé de tout côté pour que la libre circulation de l'air ne soit nullement entravée. »

Sous cet abri, nous plaçons également l'hygromètre enregistreur. Au sommet, un aéromètre qui nous donne la vitesse du vent. L'ouvrier sait qu'il doit fermer ses serres pendant la journée ou abaisser les paillassons durant la nuit sitôt que la vitesse du vent atteint par exemple 8 mètres par seconde ; nous pouvons lui donner ainsi un ordre net et précis.

Il en est de même pour l'hygromètre ; il n'ouvre jamais les serres renfermant du raisin mûr à l'automne lorsque l'hygrométrie extérieure dépasse 90°. Dans les mêmes conditions, il n'aère pas sa salle de conservation de fruits. Il peut placer aussi sur une tablette voisine du petit hangar météorologique un *actinomètre* qui lui donne l'intensité lumineuse solaire. Cette intensité, qui lui cause chaque année de nombreuses brûlures, est corrigée par l'ouverture de tous les panneaux de ventilation des serres et aussi par le chaulage de leur surface.

Jusqu'à présent on chaule et on déchaule sans trop savoir ce que l'on fait.

Au printemps, les gelées sont à craindre dans les serres non chauffées. Pour compléter la surveillance nocturne, on installe un thermomètre avertisseur électrique, qui met en marche une sonnerie placée au chevet du directeur et de l'ouvrier de garde. Aux Forceries de la Seine, nous avons eu même à un moment donné des paillassons et des toiles qui se déroulaient automatiquement aussitôt que la température nocturne s'abaissait à 0°.

Un pluviomètre donne la quantité d'eau qui tombe sur les terres extérieures aux serres et permet d'arroser celles-ci au profit des racines hors serre des arbres forcés.

Le jour est proche où, avec quelques centaines de mètres de fil conducteur ou de tube conducteur, le directeur pourra lire sur un cadran dans son bureau la température des serres, aussi bien de jour que de nuit, et téléphoner ses ordres aux chauffeurs, à moins qu'il ne préfère de son cabinet régler lui-même le tirage et la marche des chaudières.

Hivernage.

L'hivernage est la suite naturelle de l'aoûtement, mais, pas plus que pour ce dernier phénomène, on ne peut en donner de définition précise, ni traduire les transformations qui le constituent tant anatomiquement que physiologiquement.

Dans l'aoûtement, le bois mûrit ; dans l'hivernage, il semble que cette maturation se conclut et qu'en outre il se produit dans les cellules des transformations inapparentes qui ont pour but de préparer une vie cellulaire plus intense dont les résultats seront les caractères printaniers des plantes avant le débourrement.

L'hivernage est un mot *exact*, en ce sens qu'il faut que l'hiver manifeste d'une façon intense son action sur les tissus végétaux ; il faut que la plante ait froid, qu'elle ait très froid pendant quelques jours. Ce froid intense, au lieu de créer des lésions, facilite le débourrement.

On peut rapprocher l'action du froid (que les uns ont dit être une action de dessiccation, de déshydratation des tissus) de celle de l'éther, de celle aussi de l'acide sulfureux, qui tout en stupéfiant les tissus semblent faciliter ultérieurement un développement plus rapide.

En tout cas, en forçage, l'hivernage se manifeste d'une façon bien nette. Une plante qui n'a pas hiverné, qui n'a pas subi une période de gel, débourre extrêmement lentement, a des accidents de débourrement, et sa fructification laisse souvent à désirer.

Il semble que les cellules ne sont pas prêtes à une nouvelle évolution. Seules quelques-unes se décident à partir irrégulièrement.

Aux Forceries de la Seine, trois serres de pêchers mises en forçage en novembre sans avoir subi de froid ont vu tous leurs bourgeons floraux et foliacés se sécher sans pourtant que la plante en souffre, et c'est seulement près de trois mois après, lorsqu'une évolution cellulaire facilitée par une poussée de sève intense a pu recréer des bourgeons adventifs, que la serre a pu débourrer et reprendre au cours de l'année toute sa vigueur.

Cette évolution cellulaire s'est traduite par des gonflements énormes de petites branches au niveau des yeux; à l'emplacement des bourgeons, de grosses protubérances ont apparu quelquefois de la dimension d'une noisette, et de ces protubérances sont nées des bouquets de tigelle, mais non de fleurs.

La question de l'hivernage est si importante que les serres chauffées dès novembre mettront, par exemple, un mois et plus avant de débourrer, tandis qu'en décembre cette période se réduira à vingt jours, à quinze jours en janvier; en février, la préparation des tissus est telle que les serres voient éclater leurs bourgeons huit jours après la mouille du sol et le chauffage.

Il en résulte des conséquences pratiques très curieuses; c'est ainsi que des serres de vignes ou de pêchers parties fin décembre rattrapent comme végétation et maturation de leurs fruits celles parties le 10 décembre, par exemple.

Ainsi, pour les pêchers sous les climats de Paris, on peut admettre qu'il est à peu près inutile de chauffer avant fin décembre et pour les vignes avant le 15 décembre.

Peut-on aider l'hivernage ? Il semble bien que là dessiccation du sol et de l'atmosphère aide à ce phénomène, mais il ne faut pas oublier non plus ce que nous avons dit au début, c'est que l'hivernage est le complément de l'aoûtement et qu'il est d'autant plus facile d'avoir une serre bien hivernée que ses souches sont mieux aoûtées.

On a hiverné artificiellement depuis plusieurs années les oignons de fleurs, du muguet, par exemple, afin de pouvoir les faire végéter et débourrer en décembre. L'hivernage des vignes en pots, des pêchers en pots, est une chose qui peut se faire sans aucune difficulté. Le jour où les établissements de forçage disposeront d'un frigorifique, on pourra même porter des plants de gros calibre, végétant dans des caisses, dans des salles refroidies à — 5° par exemple, à hygrométrie de 50, pour avancer l'hivernage.

Peu utile pour les vignes et les pêchers, cette pratique peut être très avantageuse pour les plantes florales et des plantes fruitières, telles que les cerisiers.

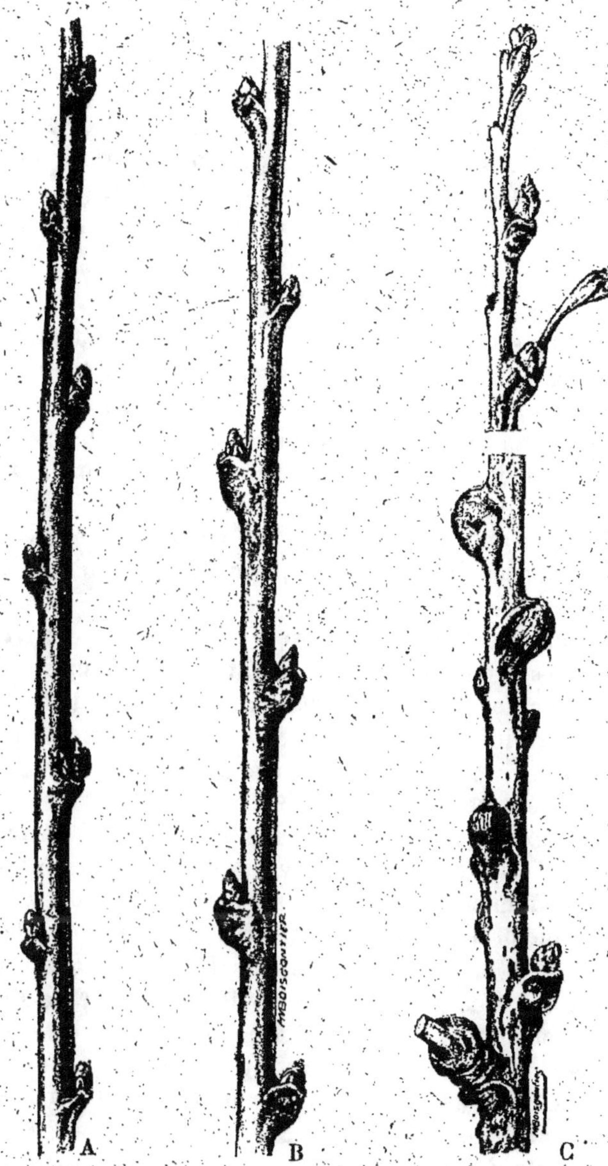

Fig. 85. — Rameaux de pêchers. A, rameaux normaux; B, C. Au niveau des yeux, protubérances dues à une insuffisance d'hivernage à la suite du séchage des bourgeons.

CONDUITE DES SERRES.

Pour conduire une serre, il faut se préoccuper de savoir suivant quel rythme et quelle répartition au cours du cycle végétatif on doit fournir à la plante forcée, aussi bien à ses racines qu'à ses organes extérieurs, la chaleur et l'humidité dont elle a besoin.

Conduite de la température.

Nous avons vu quelle quantité de chaleur était nécessaire pour amener une variété d'arbres fruitiers de la vie latente hivernale à son débourrement, et de son débourrement à la maturation de ses fruits et de ses bois. Mais nous n'avons pas dit comment devait se répartir cette température aux divers stades de la vie végétative de la plante.

Prenons-en une en particulier, la vigne, et voyons quelles sont les données qui vont nous permettre de fournir à celle-ci sa température optima.

Température aux diverses phases végétatives. — Les mesures extérieures, les observations faites sous verre, ont montré que la vigne débourrait au voisinage de 9°, si cette température lui était fournie pendant un certain temps. Nous sommes fixés : nous devrons faire débourrer notre vigne en lui fournissant ce minimum de 9°.

Si nous prenons sa floraison, elle se fait dans d'excellentes conditions à des températures variables selon les variétés et dont nous donnons des exemples pour fixer les idées.

Le Frankental, le Foster's, fleurissent et se fécondent bien à 16 à 18°. Les Muscats demandent une température plus élevée, ainsi que les cépages coulards. A 20°, le Bicane se féconde incomplètement ainsi que le Muscat d'Alexandrie. On obtient de bien meilleurs résultats avec 22° pour le premier et 24° pour le Muscat d'Alexandrie. Cette température peut être utilement dépassée pour le Cannon Hall. Mais dans la nature, du débourrement à la floraison, la végétation n'est pas restée stationnaire. Elle s'accroît d'une façon incessante et progressive, et nous répéterons sous verre ce qui se fait dans la nature, c'est-à-dire que, depuis le début du forçage jusqu'à l'éclosion des fleurs, nous élèverons progressivement la température pour arriver sans à-coups à celle même de floraison.

La fécondation passée, on peut estimer que le cépage n'a pas besoin d'une température égale ou supérieure à celle de sa floraison. Aussi, pour les uns, pour le Muscat par exemple, nous nous contenterons de la maintenir, tandis que pour les autres, comme le Frankental, nous l'élèverons peu à peu, de façon à avoir environ 20° au moment de la maturation.

Ce sont ces bases naturelles qui vont nous guider. L'ascension est facile à déterminer. Un Frankental en grand forçage met deux mois du début du chauffage pour atteindre sa floraison. En ces deux mois, nous avons à faire passer la température de 8-9° à 16-18°. Cela représente une élévation de 8-9° à obtenir en huit semaines, élévation que nous pourrons régler à raison de 1° par semaine ou 2° tous les quinze jours. Ces élévations sont à notre choix et dépendent de la souplesse de nos chauffages. La véraison a lieu quarante jours avant la maturation. C'est donc 2° à répartir en cinq semaines, soit 1° par demi-période.

Pour le pêcher, le problème est du même ordre. Si nos vignes ordinaires débourrent à 8° (les vignes japonaises débourrent sous la neige), on peut estimer que les pêchers, notamment les variétés de forçage, se contentent de 5 à 6° pour débourrer et fleurir. Nous ne devons pas oublier que la première manifestation végétative de ces arbres est la floraison, lorsqu'ils sont forcés. Aussi n'est-ce point sur la température de débourrement que nous tablons, mais sur celle de floraison. La floraison exige 13° ; elle a lieu en grand forçage trois à quatre semaines après le début du chauffage. Nous commencerons donc à 8-9°, et nous atteindrons dans le mois, à raison de 1° par semaine, les 13°, température optima pour la fleur.

La pêche exige beaucoup moins de chaleur que le raisin. Sa température optima après la floraison, température optima pour la végétation et surtout la beauté et la qualité de ses fruits, est 15°, température bien voisine de celle de la floraison.

Le cerisier forcé fleurit aussi avant sa feuillaison. Cette floraison se fait au voisinage de 8°, température extrêmement difficile à maintenir sous nos climats, surtout par les jours lumineux, où sous verre la température monte aisément à 15-16°. Aussi chauffe-t-on toujours très légèrement, souvent à une température inférieure à la température optima de floraison, de façon à réduire les écarts de température dus aux coups du soleil. On maintient 5 à 7° quand on le peut, car souvent la température moyenne extérieure pendant la journée dépasse ce chiffre. La floraison terminée, on adopte les températures du pêcher après fleur, c'est-à-dire 13-15°.

Températures diurne et nocturne. — Constance de la température. — Les températures de chauffage une fois données aux ouvriers, quelle tolérance va-t-on leur permettre? L'expérience montre qu'en plein hiver un coup de soleil élève la température de 10° en quelques minutes. Doit-on exiger d'eux qu'ils se précipitent sur les ventilateurs pour abaisser ces écarts vis-à-vis de la température indiquée? Si nous sommes à la période du prédébourrement, nous nous en soucierons très peu, et si nous aérons à ce moment-là, ce sera pour profiter de ce coup de chaleur qui nous protège d'un abaissement de la température.

Il n'en serait plus de même à la floraison, durant la formation du noyau. Durant ces périodes délicates, il faut exiger du personnel des chauffeurs qu'ils se maintiennent aux températures indiquées avec des écarts maxima de 3° en plus ou en moins et de faible durée. Durant les autres périodes, on peut, comme pendant le prédébourrement, être moins rigoureux.

Par imitation de ce qui se passe dans la nature, où les nuits sont notablement plus froides que le jour, on s'est demandé s'il ne serait pas utile de maintenir des températures nocturnes inférieures aux températures diurnes, tant au point de vue de la végétation que de l'économie du chauffage. Ces variations de température sont-elles si utiles qu'on veut bien le dire? Il n'existe point d'expériences positives à ce sujet. Schribaux prétend que les plantes germent mieux à des températures variables de l'ordre de celles du jour et de la nuit qu'à des températures constantes. Il se peut aussi que ces variations de température stimulent la circulation de la sève et la vie cellulaire comme elles le font pour nous-mêmes. Nous avons tous éprouvé l'atonie vitale qui s'empare de nous lorsque nous restons plusieurs jours dans des appartements chauffés à température constante et, en revanche, l'excitation vitale due aux douches froides, au grand air, etc. Il se peut qu'il y ait des phénomènes du même ordre pour la plante; et la pratique a accepté cette manière de voir. On tient toujours la nuit une température moyenne inférieure de 2° à la température diurne. Les nuits très froides même, on peut, pendant une partie de la nuit tout au moins, laisser la température tomber de 3 à 4° au-dessous de la température diurne.

Cela diminue ainsi l'écart avec la température extérieure et réduit l'effort complémentaire que nous demandons à nos appareils de chauffage durant les nuits pendant lesquelles la température extérieure baisse de 5-10° et plus, ce qui oblige de leur demander, à un moment où la surveillance des feux et du personnel est difficile, un effort maximum.

Chaleur et humidité du sol.

Pour faire débourrer une plante, il faut fournir de la chaleur et de l'humidité non seulement à ses organes extérieurs, mais à ces racines : le sol est rendu chaud et humide par des mouilles de fond à l'eau tiède.

Au cours de la végétation, le sol perd, par écoulement dans le sous-sol, par évaporation et par transpiration des végétaux, une quantité d'eau qu'il faut constamment lui restituer : cette restitution se fait à l'aide des arrosages et bassinages.

Mouilles de fond. — Ces mouilles ont pour objet de rendre au sol des serres toute l'humidité qu'il est susceptible de retenir. Pour aider l'aoûtement, faciliter l'hivernage et éviter tout mouvement des plantes sous verre, on a laissé le sol se sécher pendant toute l'arrière-saison, si bien qu'au moment de chauffer non seulement le sol n'est pas frais, mais il est sec jusqu'à une certaine profondeur.

L'eau que l'on va ajouter aura pour effet de mouiller le

sol, et aussi de l'échauffer, si bien que, dans les mouilles de fond, nous avons à nous occuper à la fois du volume d'eau à donner et de la température de cette eau. On commence le forçage en maintenant une température constante de 8-9°. C'est aussi la température que doit avoir le sol.

Des thermomètres à longues tiges, dont les boules sont placées en profondeur chaque 10 centimètrès, nous indiquent la température de la terre ; en les additionnant jusqu'à 50 centimètres et prenant la moyenne, on obtient la température du sol. L'eau doit être d'autant plus chaude que cette température est plus basse. Supposons le sol à 5° : nous arroserons avec une eau ayant 20°. Si le sol était à 0°, nous emploierons de l'eau à 25°. Souvent aussi le sol a une température voisine de 8° et, dans ce cas, on se contente de l'eau non chauffée, qui, souterraine ou de rivière, a une température au moins égale à 8°.

L'eau chaude, échauffe le sol non seulement par les calories qu'elle peut lui fournir, mais aussi parce que, comme l'ont démontré récemment *Müntz et Gaudechon*, l'arrosage d'une terre sèche élève la température de cette dernière par suite d'une combinaison exothermique entre l'eau et le sol. En outre, l'humidité engendre la fermentation de toutes les matières organiques à l'intérieur du sol, et ces fermentations sont des sources appréciables de calories.

On chauffe souvent à l'aide de mouilles de fond les couches superficielles de la terre à une température très supérieure à celle de 8°. Dans ce cas, on se sert du sol comme d'un radiateur de chaleur humide, qui échange peu à peu avec l'air de la serre sa température en excès.

La masse d'eau à donner pour mouiller le sol de fond est extrêmement variable avec la nature du sol et du sous-sol et leur profondeur respective. Les sols s'imbibent plus ou moins vite de quantités variables d'eau, et les sous-sols les drainent ou les aident à maintenir l'eau. En premier lieu, il faut donner cette eau en plusieurs fois, afin qu'elle puisse imbiber à fond les molécules terreuses entre lesquelles elle va glisser et gonfler les particules organiques, qui font alors fonction d'éponge.

A Nanterre, nous fournissons dans un sol très perméable 6 000 litres d'eau par mètre carré, en quatre arrosages, à douze heures au moins d'intervalle.

Deux jours après le dernier arrosage, lorsque l'eau s'est répartie, s'est logée dans le sol, on peut vérifier l'état d'humidité par des prélèvements faits à l'aide de sondes creuses (type Gustave Dollfus). Ces sondes fournissent des échantillons du sol, puisés à la profondeur que l'on veut. On fait sécher les échantillons qui, pesés humides et secs, montrent la quantité d'eau dont ils sont imbibés. Parallèlement on suit la marche des thermomètres.

On peut dire que la thermométrie du sol et son humidité sont deux facteurs parfaitement négligés, alors qu'il doit y avoir une relation étroite entre cette température et cette humidité d'une part et la poussée de sève dans le végétal, base de sa puissance végétative. Quoique ayant recueilli des *documents intéressants à ce sujet, il nous reste encore beaucoup à faire avant de publier des chiffres définitifs. De toutes façons, le forceur, dès qu'il prend possession de son terrain de forçage, doit déterminer la capacité de rétention de son sol pour l'eau. Des sondages rapides et fréquents au cours de la végétation lui disent, une fois ce travail fait, si son sol manque d'eau.*

Puur que les mouillés de fond donnent tous leurs effets et que le sol des serres soit mouillé d'une manière uniforme, il faut que la surface du sol soit très meuble et recouverte d'un paillis épais qui empêche le tassage de sa surface par le jet d'eau. En outre, si l'on ne veut pas voir l'eau courir et se ramasser en des points donnés, il faut que le sol de la serre soit plan ou bien, s'il est en pente, qu'il soit divisé, par des bourrelets, en planches d'autant plus réduites que l'inclinaison est plus forte. A l'intérieur même de ces planches, on rompt le ruissellement de l'eau à l'aide de rigoles très rapprochées, peu profondes, perpendiculaires à la pente.

Les terres extérieures aux serres sont suffisamment arrosées l'hiver qu'on n'ait point à s'en occuper. Elles sont protégées contre le refroidissement et chauffées par un manteau de 5 à 10 centimètres de fumier frais, pailleux, étalé à leur surface.

L'eau destinée aux mouilles de fond est chauffée par de grosses chaudières placées sous le réservoir d'alimentation ; celles-ci une fois allumées peuvent fournir un courant continu d'eau tiède.

Lorsque l'on dispose de la vapeur, on peut chauffer l'eau dans la serre même, en faisant arriver l'eau dans un baquet dans le fond duquel un serpentin finement troué fournit un courant de vapeur. Dans ce cas, l'eau est répandue à l'arrosoir, instrument que l'ouvrier préfère à la lance, surtout pour les mouilles de fond.

Les mouilles de fond demandent, d'après ce que nous avons dit, pour être effectuées deux jours au moins. Si la température est douce, on les pratique avant de chauffer, sinon elles ont lieu les serres closes. Faites avec de l'eau tiède, elles réchauffent celles-ci et les humidifient. On augmente encore l'humidité de l'air par des bassinages fréquents non seulement des souches, mais aussi des parois des serres, et par des arrosages périodiques.

Arrosages et bassinages. — Durant toute la végétation, il va falloir rendre au sol l'eau qui s'écoule dans le sous-sol, celle qui s'évapore par la surface de la terre et celle émise par les plantes au cours de leur respiration.

Pour les arrosages, on observe les mêmes principes que pour les mouilles de fond. Avant et après le débourrement, l'eau doit toujours être à une température voisine ou mieux supérieure à 10°. Dans le cas de chaleur excessive, ou pour lutter contre certains insectes qui redoutent l'eau froide, on emploiera par exception de l'eau souterraine, qui paraît très froide en été, mais dont la température inférieure atteint cependant au moins 10 à 12°.

Lorsqu'il faut arroser et bassiner une centaine de serres, le problème est complexe et demande beaucoup de méthode, si l'on veut faire intervenir la question économique. Il faut donner à la plante toute l'eau nécessaire et éviter d'entraîner dans le sous-sol les engrais minéraux extrêmement solubles semés en surface. Cette condition nous oblige à arroser peu et souvent ; mais, d'un autre côté, s'il pleut extérieurement ou s'il fait froid, on ne doit pas arroser pendant tout le mauvais temps. La plante ne peut attendre qu'à la condition d'avoir des réserves d'eau dans le sol pour plusieurs jours.

Enfin il faut aller vite. Sauf en hiver, les bassinages doivent se faire du point du jour à huit heures du matin au plus tard et le soir de cinq heures, au plus tôt à la nuit. Cette question de vitesse oblige à avoir des jets puissants qui tassent le sol. Il faut enfin connaître le débit de ses jets quand ils marchent seuls ou simultanément.

Pour les arrosages et les bassinages des serres, on doit disposer de deux sortes de prises d'eau. Les bassinages se font avec des prises d'eau de 20 millimètres de section qui peuvent desservir 10 mètres de longueur de serre de chaque côté du robinet, soit 20 mètres. On les installe dans les serres sur l'allée centrale. Les arrosages nécessitent des bouches d'au moins 50 millimètres de section. Celle-ci se branchent directement sur les canalisations maîtresses de 100 millimètres.

Avec ce mode de branchement, le prix de revient élevé des bouches (à cause des vannes de cuivre de gros calibre) empêche d'en multiplier le nombre. Il faut les placer de façon à desservir six, huit serres, avec le minimun de longueur de tuyaux de caoutchouc de ce calibre. Ces derniers sont lourds, encombrants à déplacer, même sur les brouettes pourvues de cylindres enrouleurs dont on se sert.

Des bouches de 50 millimètres, même avec les pertes de charge dues aux coudes, aux dépôts qui se font dans les tuyaux, débitent aisément 10 mètres à l'heure avec une pression de quelques mètres.

Pratiquement, avec le déplacement des tuyaux, la mise en train, un ouvrier fournit 1 000 litres d'eau à une serre de 200 mètres en huit minutes. Ces débits s'obtiennent lorsque trois, quatre bouches fonctionnent en même temps.

Les débits de gros calibre exigent des arroseurs vigilants qui répartissent bien l'eau qu'ils ont à donner. Aux Forceries de la Seine, avant la pose des grosses bouches, il fallait six et huit hommes travaillant presque en tout temps pour arroser 2 hectares couverts. La seule dépense d'arrosage dépassait 600 à 900 francs par mois.

Pour bien arroser, on établit un tableau d'arrosage. Dans

une colonne verticale, les serres sont représentées par leur numéro. En face, dans des colonnes journalières, on indique les mouilles et les bassinages. Les mouilles représentent, par exemple, 1000 litres par serre de 200 mètres carrés et se donnent deux fois par semaine pour chaque serre, l'une à trois jours, l'autre à quatre jours d'intervalle. On les inscrit tous les samedis en les répartissant dans les jours de la semaine de façon à ce que l'on arrose tous les jours. Les bassinages s'indiquent aussi, si bien que — le débit des divers robinets étant connu — on peut totaliser à chaque instant ou à chaque fin de mois la quantité d'eau reçue par le sol.

Des traits de couleur indiquent les périodes diverses : débourrement, floraison, etc. On évite ainsi d'arroser quand il ne faut pas. Chaque soir, l'ouvrier qui dirige les arrosages vient relever les serres à arroser pour le lendemain et pointe le travail fait dans la journée. Il est ainsi facile de vérifier les serres qui n'ont pas été arrosées pour une cause ou une autre.

Si le temps interdit d'arroser (pluies, périodes froides), on supprime les arrosages ; mais les arrosages supprimés représentent une ou deux mouilles de fond, et il est facile, lorsque le temps devient favorable, de rendre à la terre la quantité d'eau normale qui n'a pu lui être donnée.

Pour les bassinages, on procède de même. S'il fait très chaud et que l'on soit obligé de bassiner matin et soir, on supprime les mouilles proportionnellement au cube d'eau dépensé pour les bassinages complémentaires.

De cette façon, on sait toujours l'eau qu'a reçue ou que doit recevoir une serre. Si l'aspect du feuillage, l'époque de la végétation, les sondages du sol montrent qu'il faut accroître ou diminuer les arrosages, il est facile de les faire plus fréquents ou de les espacer tous les cinq, six, sept, huit jours (Voy. tableau d'arrosage et de bassinage, p. 297).

En un mot, l'eau coûte, soit qu'on la paye à un concessionnaire, soit qu'on la monte au château d'eau. Son utilisation est dispendieuse ; elle entraîne aussi de grosses sommes d'engrais dans le sous-sol. Mal appliquée, elle peut provoquer de gros désordres végétatifs (coulure, éclatement, pourriture).

Arrosages et bassinages.

ANNÉE 19 .   MOIS DE   .

Nᵒˢ des serres.	23	24	25	26	27	28	29	30	TOTAL en temps	en m. c.
				Vignes.						
15	B	Fleur.								
16	B	4'	B	B	B	4'	2B	B		
17	B	4'	B	B	B	4'	B	B		
23	Fleur.									
25	Fleur.									
3	4'-B	B	B	B	4'	B	B	4'		
4	4'-B	B	B	B	4'	B	B	4'		
5	4'-B	B	B	B	4'	B	B	4'		
6	Fleur.									
9	4'-B	B	2B		4'	B	B	4'		
				Péchers.						
22	2B	2B	2'	2B	2B	B	4'	B		
24	2B	2B	2'	2B	2B	B	4'	B		
26	Fleur.									
27	Fleur.									
31	Fleur.									
32	B	4'	B	B	B	4'	B	B		
10	B	4'	B	B	B	4'	B	B		
11	Fleur.									
12	2B	B	B	Fleur.						
13	B	B	4'	B	B	B	4'	B		
13	B	B	4'	B	B	B	4'	B		

B = Bassinage.

Un arrosage de 4 minutes équivaut à 500 litres.

Hygrométrie et aération.

Avant débourrement. — Suivons une serre pendant tout le forçage. Durant la prédébourrement, la température s'élève progressivement jusqu'à atteindre 15° au moment où les premiers bourgeons éclatent. Pendant cette période, la plante est maintenue *à l'étouffée*, dans une atmosphère humide qui ne doit pas tomber au-dessous de 70°. On y arrive en plaçant sur les chauffages, qu'ils soient à gaz chaud (système flamand), à thermosyphon ou à vapeur, des bacs d'eau qui évaporent lentement. Avec le chauffage à vapeur, même à très basse pression, on peut laisser échapper une partie de la vapeur dans la serre, au niveau du sol. Il faut éviter que cette vapeur, en nuages apparents, monte jusqu'aux bourgeons, qu'elle grillerait, si peu chaude soit-elle. Dans ce but, nous nous sommes servis utilement de piles de gros pots de terre retournés les uns sur les autres. La vapeur provenant d'un petit tube de fer, posé sur le sol et percé, remplissait le pot inférieur placé sur le sol, passait par le trou du fond dans le pot supérieur, et ainsi de suite. La vapeur très détendue s'échappait en couronne à peine apparente autour des rebords des pots. Le pot supérieur avait son trou de fond bouché.

Lorsqu'on utilise des gros tuyaux de tôle dans le chauffage par la vapeur, ces tuyaux présentent des fissures aux emboîtements, fissures suffisantes pour émettre de la vapeur très détendue. Il faut même calfater partiellement les joints pour éviter un débit de vapeur excessi.

On peut encore disposer au-dessus des tuyaux de chauffage des bacs perforés de manière à laisser tomber l'eau goutte à goutte; sur les radiateurs à basse température des thermosiphons et des chauffages à vapeur, ces gouttelettes, immédiatement vaporisées, donnent un dégagement d'humidité supérieur à celui des bacs ordinaires.

Enfin les bassinages à l'eau chaude sur les souches, les vitrages, les parois, saturent l'atmosphère d'humidité. On répète ces bassinages jusqu'à quatre fois par jour. Les branches et troncs s'imprègnent de l'eau qui les mouillent et sont plus vite prêts à entrer en végétation.

Durant le prédébourrement, on aère peu, surtout les premiers jours. On commence seulement à ouvrir lorsque les bourgeons se gonflent en profitant des coups de soleil, qui, échauffant brusquement l'atmosphère de la serre, assurent un renouvellement rapide de l'air confiné de la serre. L'aération pendant

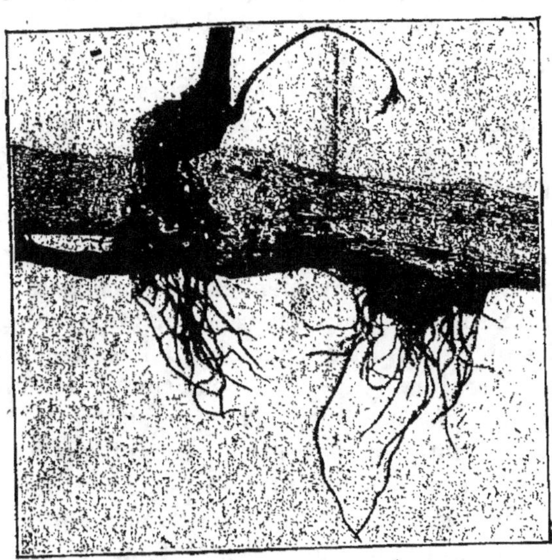

Fig. 86. — Racines adventives développées sur les troncs sous l'influence de l'humidité élevée maintenue dans les serres au cours de la végétation.

cette période dure à peine vingt minutes. Ce temps va croître à mesure que les bourgeons se gonflent. L'aération devient utile comme stimulant végétatif. Elle assure aussi la santé des bourgeons, qui sont mouillés par les bassinages et par les pleurs des plaies de taille, qui souvent coulent le long des sarments. Enfin les plaies de taille elles-mêmes qui se sont recouvertes, du fait de leur suintement, de lames gommeuses remplies de bactéries et de moisissures, ne se cicatrisent que si elles peuvent se sécher.

Après débourrement. — Le renouvellement de l'air, autour des pampres, des fleurs, des raisins, va devenir indispensable au fur et à mesure du développement de la végétation. S'il est facile que l'air se meuve, se renouvelle avec l'intensité d'une douce brise tant que vignes ou pêches débourrent, il n'en est plus de même lorsque la végétation forme un rideau de feuilles continu. En effet, le soleil ne frappe plus le sol des serres et ne peut provoquer ce courant d'air chaud ascendant qui se dégage sans cesse du sol chauffé. L'aération est alors réduite au courant d'air, qui, pénétrant par les fenêtres d'aération les plus basses, glisse, bien lentement, entre le vitrage et le feuillage pour s'échapper par les orifices supérieurs. L'intensité de ce mouvement d'air étant très faible, il faut en augmenter la durée, c'est-à-dire qu'il faut aérer tout le temps que la température extérieure le permet. On ne ferme que durant les grand coups de vent, qui occasionnent entre les serres des mouvement tourbillonnaires dont les effets brutaux se font sentir dans celles-ci. On réduit l'aération pendant les pluies froides abondantes, qui abaissent brusquement la température. L'aération n'a comme mesure que le charbon brûlé en supplément pour maintenir la température de l'air à l'intérieur des serres pendant que les vantaux sont ouverts. Or ce charbon brûlé en excès est en relation, d'une part, avec la différence de température qui existe entre l'air extérieur et la température à maintenir et, d'autre part, avec le débit du renouvellement.

En hiver, par économie, on aère d'un façon réduite et aux heures ensoleillées, pendant lesquelles la serre reçoit un complément, souvent même un excès de chaleur solaire. Au printemps et en été, l'aération la plus complète possible est le grand moyen de lutter contre les montées subites de température. En outre, comme la température moyenne diurne s'élève, atteint et dépasse la température moyenne des serres, on conçoit que l'aération doive et puisse augmenter constamment et n'a comme limite que celle que l'on pourrait réaliser en supprimant et le vitrage et les parois des serres.

Floraison. — Du débourrement à la maturation, il y a pourtant dans l'aération des modalités dues aux périodes végétatives que traversent les plantes. C'est ainsi que, pendant la floraison, l'aération avec un air sec favorise l'éclatement des bourgeons floraux, parfois longs à s'ouvrir. Dans la vigne, le rejet du capuchon qui libère étamines et ovaire n'est possible que par la dessiccation de ce capuchon. L'aération déplace aussi le pollen. L'air ensoleillé évite la chlorose ou mieux l'anémie des organes sexuels, cause si fréquente, en air confiné, de fécondation défectueuse.

Nouaison. — Après la floraison, on diminue l'aération et on augmente l'humidité. On cherche à ce que le grain, le fruit grossisse, et l'atmosphère calme et humide à 50° à 70° lui est favorable ; mais dans cette atmosphère la pourriture menace, surtout après les bassinages destinés à laver la grappe de ses débris floraux. L'aération exagérée enraye le mal, et souvent on se sert du courant d'air sec produit par un chauffage intense et momentané pour sécher les points où l'humidité s'est condensée.

Jusqu'à la véraison, la plante est tenue aérée d'une façon moyenne et maintenue dans une atmosphère humide. De cette façon, on réalise le développement maximum des tissus et particulièrement des fruits.

Véraison. — Avec la véraison commencent divers phénomènes qui exigent une aération plus intense et une diminution de l'humidité (35 à 55°). Les organes verts, spongieux, de gros calibre, vont s'aoûter, se durcir, se lignifier. Les raisins se serrent et enferment sous leurs grains une charpente qui, si elle est trop tendre, va s'altérer aisément dans l'air confiné et obscur de la grappe.

Enfin, si l'on ne veut pas voir les fruits, les grains éclater, l'aération doit maintenir et régulariser la poussée de sève des racines en augmentant l'évaporation. C'est qu'en effet, à la véraison, l'émigration des matériaux nutritifs et de réserve qui se faisait à ce moment-là vers les noyaux, les pépins, n'a plus sa raison d'être, la croissance des premiers, la maturité de ceux-ci étant terminées, surtout en serres. Il en résulte que la plante évacue toutes ses réserves aqueuses vers le fruit. Celui-ci, nous le savons, a une pellicule susceptible de se distendre énormément, puisque le fruit de sa véraison à sa maturité double, triple de diamètre. Mais, si cette pellicule est soumise à une tension brutale au lieu d'une tension progressive et très prolongée, elle éclate. Une aération intense du feuillage favorisant l'évaporation peut seul abaisser la tension de la sève dans le fruit.

Parfois, pourtant, lorsque l'éclatement a commencé, on l'enraye en supprimant toute aération et en maintenant la plante dans une atmosphère très chaude (30 à 40°). La plante se trouve dans l'état d'un homme placé dans une chambre de sudation. Elle se protège en transpirant immédiatement beaucoup et crée autour de ses fruits une atmosphère humide en même temps que chaude, qui facilite la dilatation des cellules épithéliales. Au bout de deux ou trois jours durant lesquels on n'a ni arrosé, ni bassiné, l'excès d'eau du sol a diminué; la tension de sève se rapproche de la normale; on peut alors aérer sans crainte et très largement.

MATURATION. — A la maturation, un air sec (30 à 40° hygrométriques), combiné avec une ventilation puissante, améliore la qualité du fruit et son pouvoir de conservation; mais dans ces conditions le fruit reste de calibre moyen. On peut alors soumettre le fruit pendant quelques jours à un étuvage destiné à le gonfler. Pour cela le sol est arrosé abondamment d'eau dégourdie, tiède même, afin que les racines gorgent l'arbre de sève ascendante. L'aération est réduite afin que l'atmosphère puisse être tenue humide (60 à 70° et plus), et l'on gonfle ainsi le fruit au détriment de sa qualité et de sa conservation; mais on a une grosse compensation du côté du poids et de la grosseur, c'est-à-dire de la beauté.

APRÈS RÉCOLTE. — Après maturité et récolte des fruits, s'il s'agit de raisins, les serres sont aérées au maximum, le sol tenu sec ainsi que l'atmosphère.

Le maximum d'aération est nécessaire. On a un seul écueil à éviter, qui est la dessiccation des racines et des branches. Pour les racines, le danger est faible à partir du mois d'août. Ce sont seulement les sécheresses de juillet que l'on pourrait redouter. Or on mouille et bassine jusqu'à cette époque, car les serres les premières forcées continuent à présenter un mouvement de végétation.

Les branches, dès la récolte, bénéficient de l'air extérieur, car toutes les fenêtres sont ouvertes, et l'on démonte même une partie du vitrage latéral, ou supérieur, si on le peut. Néanmoins, par les vents du nord secs et froids, on peut bassiner légèrement la surface du sol des serres afin que la terre dégage un peu d'humidité. Les souches, sous verre, lorsqu'on les abandonne, ne bénéficient pas ou pas aussi complètement des bassinages naturels, pluies, rosées, brouillards de l'automne. Malgré que la sécheresse soit un des facteurs de l'hivernage, il ne faut pas l'exagérer.

Le pêcher, pendant sa récolte, vit dans une atmosphère humide (70 à 80°), nécessaire à son grossissement et au bouquet de ses fruits. Cette atmosphère est continuée après la cueillette, car, à ce moment-là, les branches à fruits, branches de taille pour l'année prochaine, sont encore des tigelles à peine débourrées et débourrant, Si l'on veut lancer ces tigelles, il faut une atmosphère humide (70 à 80°) et calme. C'est seulement en juillet-août, lorsqu'on constate qu'elles cessent de croître ou qu'elles sont suffisamment longues, qu'on diminue l'humidité pour amener l'aération à son degré maximum.

Pendant l'automne, il ne doit plus se faire de feuilles nouvelles ; mais, en revanche, il faut éviter que les feuilles adultes sèchent brutalement. Elles doivent mûrir, se décolorer et tomber peu à peu. Les gelées doivent aider à la chute des feuilles plutôt que de les griller. Contre la dessiccation des brindilles, les précautions générales sont à observer durant tout l'hivernage.

Chauffage contre les gelées. — Par suite de l'échauffement de l'air sous verre, même dans les serres ouvertes et ventées, les arbres des forceries débourrent de meilleure heure que les végétaux extérieurs. Il en résulte qu'ils sont sujets à des gelées de printemps plus nombreuses et qui sont d'autant plus rigoureuses qu'on est ou que l'on s'éloigne à peine de l'hiver. L'avance de débourrement, variable avec les années, atteint facilement quinze jours, trois semaines. Elle est encore plus considérable lorsque la fin de janvier et le mois de février sont doux et humides.

Il faut à tout prix protéger les végétaux contre les refroidissements nocturnes, dont le maximum est atteint au lever du soleil.

Tout d'abord on peut utiliser le chaulage intense des vitrages ou les paillassons et les bâches, qui ont un double effet. Évitant l'échauffement des serres pendant le jour, ils retardent la végétation. Ils restreignent le refroidissement sous verre par les nuits froides. En outre si, malgré l'obstacle qu'ils opposent au refroidissement, les végétaux sont portés à une température de — 2 à — 3°, suffisante pour que le soleil les grille au matin, l'ombrage des abris est suffisant pour leur permettre de dégeler sans dommage.

Si on ne veut pas employer les abris, il faut chauffer. On se sert de chauffages fixes des serres. Si ceux-ci manquent, on emploie des moyens de fortune. On installe des cloches avec de longs tuyaux inclinés utilisant la chaleur des gaz chauds. On peut, à la rigueur, se servir de brasiers.

Des thermomètres avertisseurs, placés au dehors, sonnent chez le directeur et l'ouvrier de garde lorsque la température atteint 2°, 1°, 0°. Le personnel réveillé allume aussitôt.

Ces gelées sont susceptibles de se reproduire en septembre et durant octobre. Il faut là encore se protéger efficacement contre des gelées qui pourraient effeuiller prématurément les arbres.

Serres assistées. — On appelle ainsi des serres qui débourrent sans chauffage, mais qui ont besoin, à cause des variétés qu'on y cultive, d'être protégées non seulement des gelées printanières et automnales, mais aussi de tous les abaissements de température pouvant les amener au-dessous d'une température limite variable avec les espèces.

Les Muscats, et en particulier les Muscats de Hambourg, ne réussissent bien qu'à la condition de végéter à une température toujours supérieure à 10°. Or, en 1909 particulièrement, et en bien d'autres années, on constate des périodes froides pendant lesquelles la température nocturne atteint 5 à 6°. Il faut *assister* ces serres-là, c'est-à-dire les chauffer légèrement, afin qu'elles soient complètement protégées des refroidissements. Pendant la floraison, ces variétés ont rarement sans assistance la température de 21 à 24°, qui est utile à une bonne floraison.

Il en est de même de leur maturation. Les Muscats

d'Alexandrie ne dorent bien qu'au-dessus de 15 à 18°. Or souvent, en septembre, au moment où le grain jaunit, il survient des températures nocturnes très inférieures à celles indispensables. Si bien que certaines variétés, sans être forcées, exigent d'être chauffées fort souvent, au début et à la fin de leur végétation.

Ensachage. — L'eau des bassinages donnés au cours de la végétation, particulièrement nombreux si l'on a à lutter contre la Grise, défleurit les grappes; de plus, les eaux calcaires laissent souvent sur le grain des dépôts blanchâtres qui diminuent la valeur des raisins.

L'ensachage permet de conserver au grain une pruine intacte. On ensache à la véraison, alors que la pruine commence à se former et que la grappe définitivement ciselée n'a plus à être touchée.

On se sert de sacs en papier parcheminé aussi grands que possible pour éviter tout contact entre le papier et les grappes; en outre, un ou deux fils de fer circulaires, noyés dans le papier, ou quelques nervures en carton, donnent de la rigidité au sac et lui assurent une forme prismatique ou cylindrique.

Tous les essais d'ensachage faits à Nanterre ont donné d'excellents résultats; aucun n'a montré que la coloration du grain ait eu à souffrir de cette pratique.

L'ensachage exige une surveillance très attentive des grappes qu'ils sont destinés à préserver. Il faut regarder fréquemment sous les sacs et éteindre, en projetant de la fleur de soufre sur les grappes, le moindre foyer d'oïdium qui viendrait à apparaître.

L'ensachage est une opération assez coûteuse par la quantité de sacs qu'elle nécessite ainsi que par la main-d'œuvre pour la pose et l'enlèvement; mais ces frais sont largement couverts par la plus-value que l'ensachage assure au raisin.

On laisse les sacs jusqu'à la maturation du fruit; on les met de côté, car ils peuvent servir plusieurs années. On a seulement le soin de les désinfecter en les enfermant dans des caisses hermétiquement closes, où l'on fait séjourner pen-

dant vingt-quatre heures de l'acide sulfureux à la dose de
50 grammes par mètre cube.

Les pêches étant toujours brossées au moment de la vente
n'ont aucun bénéfice à tirer de l'ensachage.

Paillage.—Si l'on veut maintenir la serre avec son sol frais
et humide et son atmosphère sèche, on a recours au paillage.
Cette opération consiste à étendre sur la terre une couche de
deux à trois doigts d'épaisseur de paille longue sur laquelle on
marche pour desservir toute la serre. Cette paille de surface
évite la dessiccation du sol, le maintient frais et restreint son
évaporation. Il en résulte une atmosphère sèche.

En outre, par sa couleur la paille renvoie sous le feuillage
toute la lumière qu'elle reçoit. Les raisins semblent mieux
mûrir dans cette atmosphère plus sèche et plus lumineuse.

Il est difficile, sans altérer cette paille, de répandre à sa surface les engrais minéraux. Il faut donc avoir soin d'ajouter
ceux-ci et de les dissoudre par une mouille de fond copieuse
avant le paillage même.

On emploie de la paille de seigle, plus dense, plus souple,
s'étalant mieux, cette paille est à peu près perdue, car elle
renferme tous les insectes et toutes les moisissures qui sont
tombés à sa surface. En général, on la recueille et on la
porte sur le terreau, où elle se pourrit en donnant un fumier
léger, du paillage.

Placée avant la véraison ou à la véraison même, la paille
est enlevée aussitôt que les raisins sont coupés.

CONSERVATION DES FRUITS

La conservation des fruits s'impose impérieusement au cours de nos cultures sous verre; elle peut être de *quelques jours* ou de *quelques mois*.

L'opportunité de la conservation de quelques jours se manifeste soit au cas de surcharge momentanée du marché, soit qu'on veuille accumuler des produits en vue d'une date d'écoulement favorable, tels les jours qui précèdent le Grand Prix ou les grandes fêtes mondaines. Il arrive encore que, par suite de conditions exceptionnelles de température, des serres appelées à mûrir successivement par des départs de forçage espacés de quinze jours se rejoignent à la maturité; le cas se présente chez les pêchers notamment; une période froide, sombre, peut provoquer l'arrêt d'une série de serres sans influencer autant la série suivante, moins avancée. Si cette période de froid est suivie brusquement d'une période chaude, la première série conserve son retard et est rattrapée à la maturité par la série qui devrait mûrir après elle. Ce fait se produit chaque année avec les serres de pêchers en mai. L'envoi de la récolte sur le marché est alors régularisé par une conservation de quelques jours.

Il est inutile d'insister sur l'importance de la conservation de longue durée. C'est grâce à elle qu'à toute époque de l'année on peut voir apparaître sur les tables, avec la fraîcheur du fruit qui vient d'être cueilli, les plus beaux produits de nos serres et de nos vergers; et c'est au point que, s'il y a encore des saisons de production, il n'est pour ainsi dire plus aujourd'hui de saisons pour la consommation.

Dans la conservation qui doit durer plusieurs mois, on peut utiliser des installations définitives, destinées à servir chaque année, au lieu d'installations de fortune, suffisantes en général pour les conservations de quelques jours.

Jusqu'à présent, on s'est contenté, pour conserver les fruits, de locaux protégés contre les changements de température par des parois isolantes; mais nous arrivons au seuil d'une époque où les établissements de cultures sous verre devront être pourvus de chambres refroidies ou frigorifiées, qui élèveront la conservation au niveau d'une opération rationnelle, scientifique, aux résultats prévus. L'usage de ces chambres correspondra à l'emploi dans les transports des wagons refroidis, et c'est dans les fruitiers frigorifiques que les fruits prendront, avant leur emballage, les températures basses auxquelles ils seront soumis durant leur transport, à leur arrivée chez les commissionnaires en fruits, et enfin dans les glacières des grands restaurants et des maisons particulières.

La conservation des fruits se distingue de celle des fleurs en ce que la vie végétale active est extrêmement réduite chez les fruits; dans la conservation des fleurs, il faut songer à maintenir non seulement l'éclat de ces dernières, mais aussi l'état de fraîcheur du feuillage qui les accompagne, et l'on sait que celui-ci a, au point de vue de la chaleur, de la lumière et de l'humidité, des exigences tout autres que les fruits, dont la respiration peut être sans inconvénient extrêmement ralentie.

Pour conserver un fruit, il faut savoir quand le cueillir et comment le traiter, depuis le moment où on le sépare de l'arbre qui le porte jusqu'à l'instant où il quittera le fruitier pour être envoyé sur la table du consommateur. Pour cela il est nécessaire d'envisager d'abord les phénomènes physiologiques qui se passent dans le fruit au cours de cette prolongation de durée qu'on lui assure par la conservation et qu'on peut appeler la *survie du fruit conservé*. Ces phénomènes se traduisent par des transformations qui peuvent être augmentées ou diminuées par l'ensemble des conditions extérieures dans lesquelles on le place, c'est-à-dire par *l'ambiance*; on étudiera donc en second lieu l'influence de l'ambiance. Enfin on examinera comment les conditions les meilleures se trouvent réalisées, par quels dispositifs plus ou moins économiques, plus ou moins industriels, et l'on sera amené tout naturellement à étudier l'édification, l'installation et l'aménagement des fruitiers et des chambres refroidies.

SURVIE DU FRUIT CONSERVÉ

Sarment. — Si l'on coupe une grappe de raisin avec son sarment avant la complète maturité du bois, qui, on le sait, suit celle du fruit et si, dans un flacon contenant de l'eau, on introduit une des extrémités du sarment, celui-ci continue à jouer le rôle d'un véritable canal d'amenée de la sève du végétal dans le fruit ; l'eau s'est simplement substituée à la sève.

Pour que cette circulation soit assurée, il faut que, aussitôt la section faite, les vaisseaux ne se remplissent point d'air, dont les bulles en chapelets empêcheraient toute ascension de l'eau vers le fruit. On évite ces chapelets d'air en rafraîchissant sous l'eau, très peu de temps après la cueillette, la section inférieure du sarment. Aussitôt cette résection faite, le sarment est introduit dans la bouteille où il va s'alimenter ; à il continue à absorber de l'eau et à la pousser avec une certaine pression vers le fruit. On s'en rend compte aisément ; la moindre lésion du fruit le fait suinter abondamment par suite de la pression interne.

L'extrémité supérieure du sarment se cicatrise par dessèchement des cellules au voisinage de la plaie et obstruction gommeuse des vaisseaux ; cette dessiccation spontanée montre qu'il est bien inutile de recouvrir de cire ou de paraffine cette extrémité du sarment, puisque l'obstruction se fait d'elle-même.

Les sarments se conservent ainsi très bien et arrivent à donner, si on les porte à la lumière et à la chaleur, des jeunes pousses très saines.

La circulation de l'eau dans les sarments est réduite par deux causes : 1° par l'apparition sur la plaie de taille terminale de bouchons gommeux, parfois bactériens ou mycéliens, que le charbon du flacon n'arrive pas toujours à empêcher ; 2° par la formation, au niveau des mérithalles, d'une cloison qui fractionne le sarment et gêne la circulation de l'eau. L'obstruction à la base pourrait être évitée en recoupant l'extrémité du sarment à 1 ou 2 centimètres plus haut; mais il n'en est pas de même pour les cloisons des mérithalles, et leur formation explique que des raisins portés par des sarments plongeant dans l'eau perdent leur turgescence et se fanent même en atmosphère légèrement humide, parce que l'eau ne leur arrive plus.

On conçoit que, si l'on récolte des raisins très mûrs avec des bois à cloisons médianes formées, ces raisins peuvent ne point pourrir; mais il se conservent mal, se desséchant inévitablement.

Grain. — Composition. — Le grain de raisin, au cours de sa maturation, est le siège d'une accumulation constante de sucre produit par les feuilles, et, lorsque celles-ci n'existent plus, le sucre ne peut pas augmenter.

On doit cependant se demander si le raisin n'en consomme pas pour les besoins de sa vie cellulaire interne. Des expériences répétées pendant six ans nous laissent penser que le sucre n'est point touché ou, du moins, ne l'est que dans des proportions extrêmement infimes; nous n'avons jamais trouvé d'enrichissements et jamais de dispositions marquées.

Il en est autrement pour les acides. Les acides malique, tartrique, citrique, qui constituent l'acidité du raisin, sont les éléments de vie des cellules du grain. Tant que les cellules vivent, elles détruisent donc des acides et dans des proportions d'autant plus élevées que leur activité vitale est plus accentuée. En fait, à l'analyse, on trouve une diminution constante des acides des fruits à mesure que leur conservation se prolonge; au goût, ces fruits deviennent plats, sans saveur et ne sont, en un mot, que de l'eau sucrée. On dit que le raisin *se sucre*.

Mais, puisque les pertes d'acidité résultent de la survie du fruit, on conçoit qu'on puisse les réduire, les supprimer presque si l'on arrive à diminuer l'activité de la vie cellulaire et notamment des fonctions respiratoires. On verra, en étudiant l'influence du milieu, comment on parvient à assurer le ralentissement des fonctions vitales chez le fruit.

Enfin la disparition des acides pendant la conservation nous indique qu'il faut cueillir les raisins avant leur maturité, c'est-à-dire encore acides, car l'acidité exagérée à la récolte s'atténue, devient même insuffisante au bout de quelques mois.

Aspect. — L'aspect du grain n'a pas moins d'importance que sa qualité. On cherche à ce que les grains soient très turgescents, très fermes, et il faut pour cela que leur provision d'eau soit renouvelée constamment, puisque la pellicule évapore beaucoup. Par suite, on éliminera, au moins pour les raisins de luxe, la conservation à *rafle sèche*.

Toutes les fois que les raisins se fanent en salle de conservation, on peut se demander si cela est dû au non-fonctionnement du rameau ou à une hygrométrie insuffisante du fruitier. La plupart du temps, c'est le rameau qui peut être mis en cause, et pourtant on ne s'en occupe jamais.

Lorque la circulation est mauvaise, des accidents de pédicelle surviennent comme pour les grappes au cours de la végétation. Quant à l'hygrométrie ambiante, on ne peut lui imputer la fanaison des grains que très rarement, car on voit des grains qui s'affaissent, alors même que l'hygrométrie est très élevée.

La conservation du raisin peut désormais se résumer très simplement d'après ces données physiologiques. Il s'agit, en premier lieu, de fournir au grain l'eau nécessaire à sa turgescence et ensuite réduire ses combustions cellulaires en l'obligeant à une vie respiratoire aussi ralentie que possible.

INFLUENCE DE L'AMBIANCE

On se propose, dans une salle de conservation, de maintenir le raisin en état de vie latente sans perte de son poids ni de turgescence, avec une constitution chimique de son moût aussi voisine qu'il est possible de celle qu'il possède au moment de la récolte.

L'ambiance est constituée par l'ensemble des facteurs, lumière, chaleur, humidité, aération, etc, qu'on fait agir sur le fruit dans des conditions données pour provoquer cette vie ralentie que nous recherchons.

Lumière. — Nous savons déjà que les combustions cellulaires se font au détriment des acides du moût, et Müntz a montré que cette destruction des acides était fonction de la lumière et d'autant plus importante que ces raisins sont plus ensoleillés. Dès lors, il suffit, pour la réduire, que les raisins de conservation soient aussi peu éclairés que possible; une obscurité absolue s'impose même.

Chaleur. — Les combustions cellulaires sont aussi fonction de la température; elles sont manifestes à une température de 8° et s'élèvent avec celle-ci. Elles se ralentissent à mesure qu'on abaisse la température. Il faudra donc nous maintenir à une limite voisine de ce chiffre, et naturellement inférieure, c'est-à-dire de 6 à 8°.

On remarquera que la température de 8° est aussi la limite minima d'un développement quelque peu important de moisissures; c'est là un motif de plus pour ne pas la dépasser.

En revanche, on pourrait avantageusement abaisser la température au-dessous de 6 à 8°. Malheureusement, dans une salle de garde où l'on ne dispose pas du froid artificiel, on ne descend pas aisément plus bas que 5 à 6°, et, les températures inférieures ne peuvent être constantes, qualité indispensable de la température, que dans des chambres réfrigérées.

A cette température pratique de 6°, les modifications internes du grain sont encore loin d'être négligeables. Si l'on analyse tous les mois des grappes sensiblement de même maturité, conservées dans l'obscurité à 6°, on constate que la richesse en sucre ne varie guère, sauf dans le cas où, le grain perdant de sa turgescence par dessiccation, il y a un début de concentration. Il n'en est pas de même des acides qui disparaissent, comme l'indique le tableau ci-dessous :

Diminution de l'acidité des raisins au cours de leur conservation en fruitier.

	Muscat d'Alexandrie.	Panse précoce.	Barba-rossa.	Black Alicante.
A la récolte....	3^{gr},8	5^{gr},3	4^{gr},9	
15 novembre...	3^{gr},04	4^{gr},4	3^{gr},72	5^{gr}.08
11 décembre...	2^{gr},74	4^{gr},01	2^{gr},74	4^{gr},12
15 janvier......	2^{gr},3	2^{gr},92	2^{gr},92	3^{gr},05
15 mai.........	»	»	»	1^{gr},07

L'acidité est exprimée en acide sulfurique.

En décembre nous avons reçu des raisins kabyles et des

Ohannès d'Espagne conservés sur souche, et dont l'acidité était voisine de 1 gramme en SO^4H^2.

Au voisinage de 0°, la vie latente est obtenue et, par suite, les modifications intérieures sont presque nulles. Au point de vue de la température, l'emploi des frigorifiques dans la conservation semblerait donc répondre entièrement à nos desiderata; on est cependant arrêté par ce fait que le raisin, une fois soumis à une très basse température, nécessite pour se réchauffer des précautions qui, si elles ne sont pas observées, en rendent la conservation ultérieure plus difficile, tout en diminuant quelque peu le bouquet. Il en résulte que les températures voisines de 0° ne seront possibles et pratiques que lorsque l'emploi des frigorifiques sera généralisé, c'est-à-dire le jour où les salles de conservation réfrigérées seront combinées avec des transports dans des voitures ou des wagons réfrigérés eux-mêmes et où les grappes trouveront, à leur arrivée dans les hôtels et chez les marchands de comestibles, des caves froides pour y attendre le moment de leur présentation et de leur vente.

Ce que l'on a dit de l'action vitale de la chaleur et de la lumière fait saisir aisément la supériorité que présente la conservation en fruitiers (salle de garde) sur la conservation sur souches. En fruitier clos, on accumule par mètre cube une quantité de fruits vingt fois supérieure à celle des serres, et on peut donner aisément à ces fruits ainsi groupés tous les soins qu'ils exigent, tout en les maintenant à l'abri des déprédations journalières et des ravages de leurs ennemis, les oiseaux et les rats. On les met en même temps dans les meilleures conditions de chaleur et de lumière. Dans une serre, au contraire, il est difficile et toujours très coûteux de diminuer la lumière, et il est pour ainsi dire impossible d'éviter les variations de température; car, en raison même de la nature de leurs parois, les serres sont exposées à des coups de chaleur, à des coups de froid, qui n'existent pas ou sont très réduits dans les salles de conservation.

Humidité. — Un facteur aussi important que la chaleur est l'humidité. Il faut que celle-ci soit suffisante pour éviter la dessiccation du grain, et l'on peut dire que plus elle est voisine de 100°, c'est-à-dire du point de saturation de l'air par la vapeur d'eau, moins le grain est sujet à se dessécher.

Il faut pourtant éviter de s'approcher de cette teneur maxima, qui pourrait provoquer, à la suite d'un léger abaissement de la température, des condensations à la surface des grains.

D'un autre côté, les moisissures commencent à se développer dès que l'hygrométrie atteint 60 à 70°, si bien que l'on est amené, pour s'en protéger, à diminuer l'hygrométrie maxima qui nous est utile, surtout lorsque les salles de garde sont à une température qui leur permette de vivre.

Dans les fruitiers, on maintient une hygrométrie voisine de 80 à 90°, que l'on restreint entre 80 et 85°, si l'on a une température élevée dépassant 8°. On la laisse aisément monter jusqu'à 90° pour des températures de 5 à 6°.

L'hygrométrie élevée présente encore l'avantage d'éviter les déplacements de poussières, si riches en germes, qui se déposent sur le sol et les parois des salles.

Pour diminuer l'hygrométrie des salles de conservation, on se sert de substances avides d'humidité. Ces substances peuvent être des acides comme l'acide sulfurique, l'acide phosphorique, ou des matières sèches comme la chaux, le chlorure de calcium.

Les acides sulfurique et phosphorique sont très actifs; on les redoute cependant, car leur manipulation par des ouvriers peu expérimentés présente quelque danger.

La chaux et le chlorure de calcium sont d'un emploi plus facile. La chaux se jette à même sur le sol ou s'étale sur des planches reposant sur ce dernier; de l'état de chaux vive elle passe à l'état de carbonate de chaux, car elle absorbe à la fois l'humidité et l'acide carbonique de l'air.

Le chlorure de calcium est vendu dans des fûts de bois à raison de 35 francs les 100 kilogrammes. Ces fûts sont conservés dans un endroit très sec, sinon tout le chlorure deviendrait déliquescent et se prendrait en masse. Pour l'employer, on pose des entonnoirs remplis de chlorure sur des bouteilles qui reçoivent l'eau absorbée. Pour une action plus énergique, on place le chlorure sur des claies en osier reposant sur des plateaux de zinc à bords relevés.

Quand on dispose du froid, il est facile d'abaisser l'hygrométrie en condensant l'humidité en excès sur des tubes ou des parois refroidies, sur lesquels un givre abondant se dépose. Ce givre se résout en gouttelettes qu'on recueille dans une gouttière placée au-dessous de ces surfaces refroidies et qu'on évacue au dehors.

Aération. — Le fruit émet de l'acide carbonique, dont la présence a pour effet de diminuer l'activité de sa vie cellulaire ; c'est un peu la fonction de tous les corps gazeux que nous cherchons à ajouter dans l'air des fruitiers pour ralentir l'activité du grain, et diminuer en même temps la germination et le développement des moisissures.

Il semblerait donc qu'on ait intérêt à aérer le moins possible, surtout parce que cette aération est souvent accompagnée de modifications presque immédiates de la température. Pourtant l'expérience a montré qu'une aération très réduite donnait d'excellents résultats, comme on l'a vérifié pour les fruits et les viandes dans toutes les salles refroidies. Cette aération sèche la surface des fruits. Elle renouvelle aussi une atmosphère confinée qui se charge d'odeurs, odeur de chambre fermée, composée des odeurs des parois, du mobilier, etc. Le fruit contracte aisément cette odeur désagréable.

Gaz inertes et vapeurs antiseptiques. — *Échanges gazeux.* — Une fois que les fruits ont terminé leur véraison, la substance verte chlorophyllienne disparaît et, avec elle, la possibilité pour le fruit de fonctionner comme un organe vert, c'est-à-dire d'émettre de l'oxygène. Le fruit mûr se contente de respirer ; il émet de l'acide carbonique. L'air des salles de conservation est donc enrichi naturellement en acide carbonique ; il devient peu favorable à la vie des cellules du fruit aussi bien que des moisissures, et les échanges gazeux s'en trouvent extrêmement réduits.

On a songé à diminuer encore la valeur respiratoire de l'atmosphère des fruitiers et, par suite, à réduire les échanges gazeux en introduisant des gaz inertes ou des vapeurs antiseptiques ayant pour but de rendre le milieu impropre à une vie cellulaire active.

Gaz inertes. — ACIDE CARBONIQUE. — Si l'on introduit

de l'acide carbonique dans les fruitiers, on réduit l'oxygé-
nation, la respiration des fruits; mais il subsiste de
l'oxygène favorable au développement des moisissures, et,
comme le milieu s'oppose par sa nature à la circulation des
ouvriers, toute surveillance est impossible.

Il faut donc concevoir, pour la conservation des fruits, dans un
gaz antirespiratoire comme l'acide carbonique, une atmosphère
exclusivement composée de ce gaz et, pour cela, il faut aspi-
rer l'air existant, en balayer les traces par des dégagements
d'acide carbonique et finalement remplir de ce gaz le local de
conservation.

Mais dans une pièce ordinaire, l'acide carbonique étant plus
lourd que l'air s'écoulera rapidement à travers les interstices
des parois et des ouvertures. On pourrait imaginer un
dispositif qui comprendrait des puits remplis d'acide
carbonique, dans lesquels seraient descendus les fruits avec
leurs châssis. Même avec cette façon de procéder, on éprouverait une certaine difficulté à maintenir le gaz absolument pur.

Azote. — On pourrait, il est vrai, associer l'acide carbonique
à l'azote, gaz inerte par excellence, que la facilité actuelle
de liquéfaction des gaz met à notre disposition en grande
quantité et à des prix qui, d'après Claude, ne dépasseraient
guère 20 francs la tonne.

Il est certain que l'emploi des gaz inertes se substituant
aux basses températures est une question qui se pose à l'heure
actuelle. Ces gaz étant amenés froids à la partie inférieure
de puits-récipients contenant les fruits à conserver, on saisit
très bien qu'on puisse déplacer et faire déborder l'air des
récipients et remplacer cet air par un gaz inerte.

Vapeurs antiseptiques. — Alcool. — On a pensé
recourir à des substances gazeuses antiseptiques comme les
vapeurs d'alcool. On oubliait que ces vapeurs d'alcool, — et la
ville de Cognac en est un exemple, — sont plutôt favorables au
développement de certaines moisissures. L'alcool est à abandonner.

Formol. — Les vapeurs de formol, si actives qu'elles soient
contre les moisissures, ne sont pas à recommander. Elles
s'insolubilisent très vite au contact des matières organiques

et sont surtout actives à des températures (60°) très supérieures à celles de nos fruitiers. Elles communiquent une odeur et saveur caractéristiques, retrouvées dans le grain, dues aux oxydations intenses qu'elles produisent.

ACIDE SULFUREUX. — Le gaz sulfureux s'obtient par la

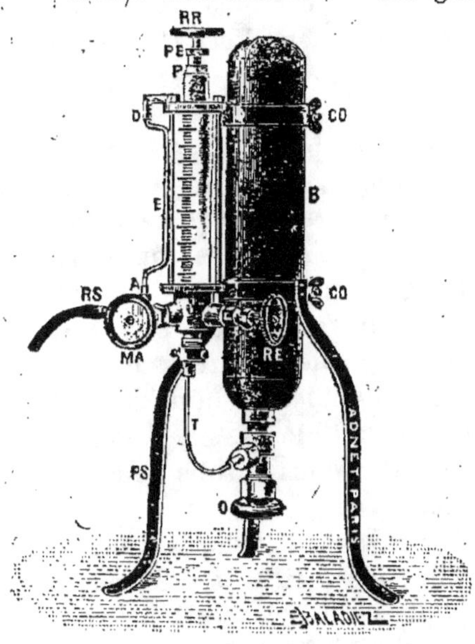

Fig. 87.—B, bouteille d'acide sulfureux liquide; PS, support; CO, colliers de maintien; E, sulfitomètre Pacottet; T, raccord double femelle: RE, robinet d'entrée; RR, robinet de purge d'air; RS, robinet de sortie.

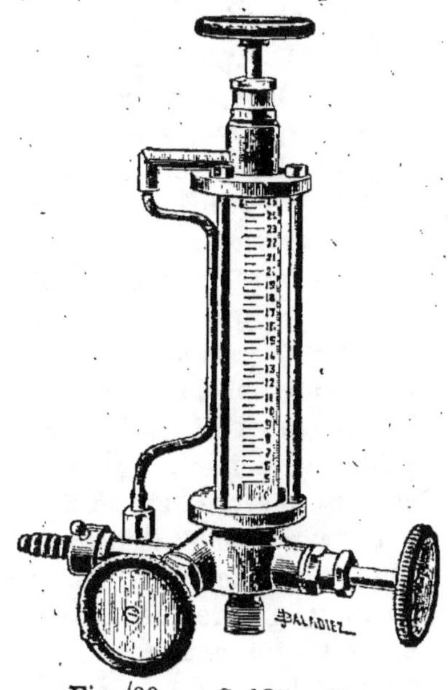

Fig. 88. — Sulfitomètre.
Modèle de 60-70 grammes divisé en grammes et fractions de grammes.

combustion du soufre ou provient de l'acide sulfureux liquide mesuré dans ce cas à l'aide de sulfitomètres.

APPAREIL DOSEUR OU SULFITOMÈTRE (fig. 88). — Cet appareil se compose essentiellement d'un tube jaugeur en verre très épais, dont les deux extrémités s'appuient sur des plateaux de cuivre qui le ferment. Trois tiges de cuivre vissées dans le plateau inférieur assemblent tube et plateaux. Des écrous, reposant sur le plateau supérieur, assurent le serrage du tube jaugeur sur les plateaux. Les joints sont faits avec une matière spéciale, logée dans une gouttière annulaire creusée dans les plateaux.

Le plateau inférieur est relié à deux canalisations, l'une pour l'arrivée du liquide, l'autre pour la sortie. Ces deux canalisations sont commandées par deux robinets à volants, du système à pointeau, munis de presse-étoupe. Les deux orifices aboutissent dans une cuvette creusée dans le plateau et que recouvre le tube jaugeur.

Le plateau supérieur porte un robinet à pointeau de forme conique qui met en communication la partie supérieure de l'éprouvette avec un tube métallique capillaire. Ce tube métallique se branche sur le tuyau de sortie de l'acide sulfureux du jaugeur. Grâce à ce robinet et à ce tube capillaire, on peut faire échapper l'air que renferme ce tube jaugeur lorsque le liquide pénètre dans l'éprouvette. Sans cela il se formerait un mélange d'air et de gaz acide sulfureux dont la pression empêcherait l'ascension du liquide. Il faut que cet échappement se produise d'une façon très lente, sinon l'acide sulfureux se met à bouillir violemment dans le tube jaugeur, et toute mesure devient impossible.

Pour arrêter l'ascension du liquide dans le tube jaugeur, il suffit, du reste, de fermer le robinet et aussitôt la pression du gaz, qui se dégage et remplit l'espace vide, contre-balance la pression qui existe dans la bombe-récipient. De même en ouvrant le robinet on règle l'ascension plus ou moins rapide de l'acide sulfureux liquide.

En résumé, grâce à ce robinet pointeau spécial et au tube capillaire de dégagement, on peut, sans perte appréciable, obtenir l'ascension du liquide dans le sulfitomètre sans plus de bouillonnement ou d'ébullition que s'il s'agissait d'huile.

Grâce à l'aide du robinet de sortie, le liquide s'échappe aussi lentement qu'on le veut du tube jaugeur et va se répandre sous forme de liquide ou de gaz dans les canalisations de fer perforé qui le répartissent également dans tout le cellier. Une graduation en grammes, gravée dans le verre, permet de savoir exactement et à tout instant la quantité de liquide que l'appareil a débité.

L'acide sulfureux liquide utilisé pour le soufrage des salles de garde vaut 20 à 30 francs les 100 kilogrammes. Il n'a pas besoin d'être chimiquement pur.

Il ne faut pas penser, à cause de la décoloration partielle des rafles et en prévision de la circulation des ouvriers dans les salles, faire usage de doses un peu élevées de gaz sulfureux. On ne l'emploiera guère qu'à des doses paraissant inutiles, mais suffisantes cependant pour gêner les spores de champignon en voie de germination, ou enrayer leur développement. Ces doses ne doivent pas dépasser un demi-gramme par mètre cube.

Tandis que, avec l'acide sulfureux liquide et une canalisation appropriée, il est possible de répartir le gaz à la température que l'on veut dans l'ensemble de la salle de conservation, la combustion du soufre a l'inconvénient de produire un courant chaud et ascendant de vapeurs sulfureuses qui brûlent les sarments voisins. En outre elles se diffusent malaisément, parce que, étant à température élevée, elles vont s'accumuler sous le plafond de la salle de garde.

Chocs thermiques. — Il faut éviter à tout prix dans la conservation des raisins, comme des autres fruits d'ailleurs, les variations de température, aussi bien les abaissements que les élévations. Ces changement de température surtout s'ils sont brutaux peuvent avoir pour résultat un défaut de turgescence du fruit, une distension de la pellicule, par suite des contractions et dilatations auxquelles ils donnent lieu. Ils produisent aussi une sorte d'excitation des tissus qui fait sortir le fruit de sa vie latente, et fatalement la reprise de la vie cellulaire aboutit à cette maturation exagérée que nous avons cherché à éviter par tous les moyens.

Absorption des odeurs. — Quand on ouvre un colis de pêches emballées dans de la paille de bois, par exemple, ce bois fût-il le plus inodore, on constate que l'emballage a le goût de fruit et le fruit une odeur d'emballage.

Cette absorption des odeurs, si connue (Voy. *Viticulture*), doit nous préoccuper énormément tant dans le choix des bois des supports que dans celui des matériaux formant la paroi intense des salles de conservation. C'est ainsi que les supports ne pourraient pas être faits en sapin, qui est un bois très odorant ; de même les vernis des parois et des boiseries sont à redouter à cause de l'odeur des solvants et des vernis.

Une salle de conservation ne doit pas donner, lorsqu'on y pénètre, l'impression d'air confiné, d'atmosphère de cave avec ses odeurs de moisissures et de matériaux humides si caractéristiques.

C'est pourquoi on procède à la désinfection des parois, pour laquelle on ne doit d'ailleurs employer que des substances inodores, comme la chaux, le sulfate de cuivre, par exemple.

Infection par les microorganismes. — On préconise souvent de garnir les ouvertures d'aération des fruitiers de parois filtrantes susceptibles d'arrêter les germes venant du dehors.

On oublie que les raisins arrivent couverts de ces germes et que les ouvries qui procèdent à la rentrée des produits dans le fruitier les véhiculent abondamment.

Pour éviter les germes venant du dehors, il vaut mieux immobiliser dans des locaux d'attente (salle d'attente, couloir circulaire) l'air qui sert au renouvellement de l'atmosphère confinée et qui se débarrasse ainsi sur les parois et sur le plancher des poussières qu'il peut contenir ; l'immobilité de l'air jointe à son humidité empêche le déplacement trop aisé des poussières chargées de germes.

Il y aurait lieu de recourir à des parois filtrantes seulement dans le cas où les chambres de conservation prendraient leurs ouvertures d'aération sur des chemins ou des passages où la circulation intense provoque des soulèvements de poussière. Il en serait de même pour les climats secs et poussiéreux.

L'emploi aux ouvertures de plaques de verre perforé, en réduisant les courants d'air, diminue l'accès des poussières.

On peut recouvrir les ouvertures d'aération d'une gaze légère qui filtre l'air.

On la renouvellera de temps en temps.

On fixe cette gaze sur un tambour de bois qui s'encadre dans les ouvertures.

FRUITIERS

Les fruitiers sont en général installés dans des chambres ou des recoins inutilisés du sous-sol, du rez-de-chaussée ou du grenier

De plus en plus, il faut se persuader que les fruitiers nécessistent une construction spéciale souvent plus économique que des adaptations ou des aménagements de locaux non préparés.

Chacune des situations en sous-sol, en rez-de-chaussée, en grenier, comporte des avantages et des inconvénients.

Fruitiers en sous-sol. — Les fruitiers en sous-sol ne sont possibles que dans les terrains sablonneux, s'égouttant facilement, dans lequels le plan d'eau souterrain reste toujours éloigné du sol de la cave ; c'est seulement dans ces conditions qu'on peut obtenir un fruitier à parois sèches, sans suintements sous l'effet de l'humidité venue du dehors.

Ceci réalisé, on est encore obligé d'écarter l'eau de pluie, d'arrosage ou de quelque origine au moins à 1^m,50 des murs extérieurs du sous-sol. On y arrive aisément en construisant des parvis de ciment partant du mur et en pente vers le terrain extérieur ; si, pour une raison quelconque, l'établissement de ces parvis n'était pas possible, il faudrait, à l'aide d'une tranchée, recouvrir la paroi extérieure des murs d'une couche de ciment atteignant en profondeur un niveau inférieur à celui du sol des caves. De cette façon, les gros murs du fruitier seront toujours secs intérieurement, et l'on n'aura pas d'infiltration à redouter.

Les fruitiers en sous-sol présentent l'avantage d'être protégés par le sol même des variations de température. Pouvant être aérés par des prises d'air placées au niveau du sol, ils profitent pour leur réfrigération de l'air froid qui recouvre ce dernier ; cet air est toujours plus froid que les couches qui le surmontent, toujours plus froid en hiver, par exemple, que les couches d'air au niveau d'un premier étage. En revanche, l'air froid ne peut pas être échangé avec l'air intérieur aussi aisément qu'il le serait à un premier étage où le vent, les mouvements de l'air ont une action manifeste pour faciliter les échanges entre l'intérieur et l'extérieur.

On peut dire, en règle générale, qu'un sous-sol n'a presque

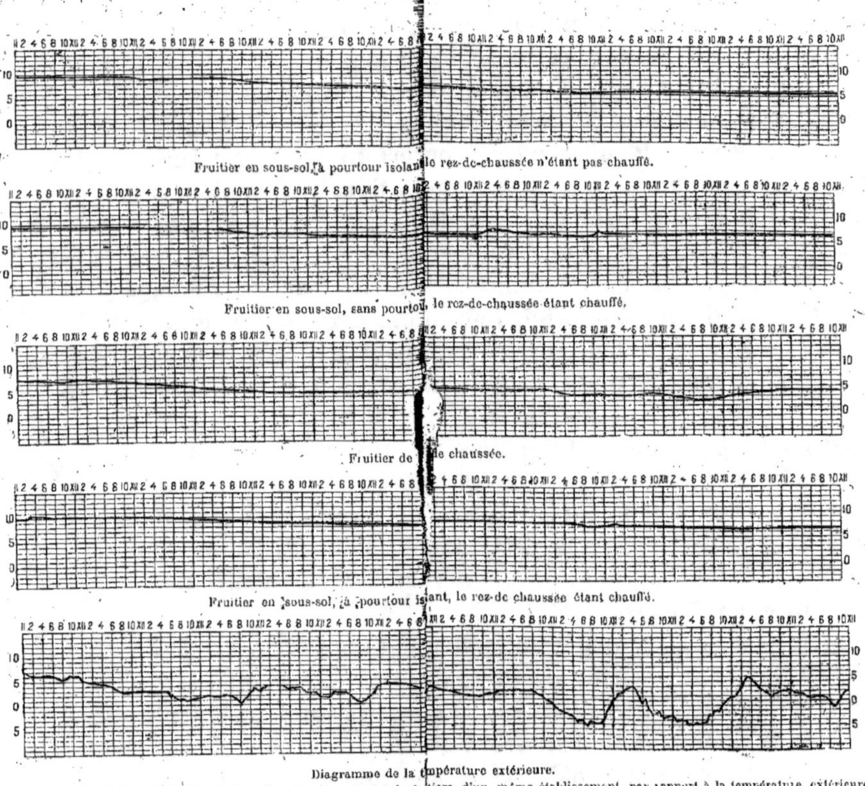

Fig. 89. — Variations de la température dans les divers types de fruitiers d'un même établissement, par rapport à la température extérieure

jamais besoin d'être chauffé. Il est facile à tenir obscur ; cette obscurité est aussi son défaut, car elle oblige à s'éclairer à la lumière artificielle, bien inférieure à la lumière solaire pour les soins délicats à donner aux fruits. En revanche, la lumière artificielle est sans action sur les fruits. Parfois les fruitiers ne sont que partiellement en sous-sol ; on les enterre seulement à la moitié de leur hauteur par exemple. On les fait ainsi bénéficier des avantages des fruitiers de rez-de-chaussée.

Fruitiers de rez-de-chaussée. — On y pénètre de plain-pied pour effectuer toutes les opérations ; ils sont donc d'un service facile. Mais leurs parois latérales vont suivre les variations de la température extérieure ; une installation pour réchauffer et refroidir l'air intérieur devient donc nécessaire.

L'humidité des murs n'est pas à craindre dans ces fruitiers au-dessus du niveau du sol, surtout si l'on a soin de crépir fortement les murs exposés du côté de la pluie ; en revanche, les murs sont à des températures inégales et, par suite, la paroi au midi distille vers la paroi plus froide au nord, si ces parois ne sont pas protégées des variations de température.

L'aération de ces fruitiers est facile, et l'éclairage durant les travaux intérieurs a lieu à l'aide de la lumière du jour.

Fruitiers de grenier. — Ces fruitiers ont besoin d'être très protégés, même s'ils sont recouverts d'un faux grenier. Par contre, ils sont très secs, surtout si l'on entretient bien les toits et les chéneaux qui les surmontent ; ils sont même plutôt trop secs, car fatalement il se produit toujours des échanges avec l'air extérieur. Ils sont d'aération et d'éclairage aisés, et leurs dépendances sont toujours fort claires, mais ils coûtent malheureusement très cher à isoler.

Les fruitiers de rez-de-chaussée, comme les fruitiers installés à des étages supérieurs, doivent être autant que possible pourvus de doubles parois. Un bon système consiste à les entourer d'un couloir de circulation les isolant des murs extérieurs.

Unité ou pluralité des chambres de conservation. — Si l'on veut éviter de pénétrer trop souvent dans les fruitiers, il faut les diviser en plusieurs compartiments indépendants. Une seule chambre est fatalement très grande, sa température moins bien répartie, et il faut plusieurs semaines pour la remplir et des mois pour la [vider. Notons encore qu'un remplissage prolongé est défectueux, parce qu'on amène constamment dans le fruitier des raisins à des températures variables qui modifient et l'hygrométrie et la température.

Pour éviter l'ouverture répétée de la porte du fruitier et en diminuer la circulation à l'intérieur, il faut le diviser en compartiments dans lesquels on enferme séparément les quantités qu'on a l'intention de conserver pour une époque déterminée. On mettra dans le même compartiment la quantité qu'on pense écouler aux environs des fêtes de Noël, par exemple, évitant ainsi les salles insuffisamment remplies, dans lesquelles la conservation est extrêmement difficile parce que l'hygrométrie est trop faible.

Il paraîtrait logique de diviser encore chaque section du fruitier affectée à la conversation pour une époque déterminée en sous-compartiments, où l'on mettrait séparément les diverses variétés de raisins, seules ou groupées ; mais on augmenterait le nombre des locaux inutilement, car, en réalité, nous connaissons mal les conditions spéciales exigées par chaque variété ; aussi, dans la pratique, les place-t-on côte à côte.

Dans tous les cas, on évitera de loger ensemble des pommes et des raisins ; on fera un local spécial pour les pêches, tandis que poires et pommes pourront au contraire voisiner.

Description du fruitier et de ses dépendances. — Nous donuons dans les figures 90, 91 et suivantes un exemple de fruitier en sous-sol aménagé pour la conservation des raisins.

La salle de conservation proprement dite est entourée d'une double paroi constituée, d'une part, par le gros mur extérieur, d'autre part, par une cloison intérieure aussi peu conductrice de la chaleur que possible, généralement en briques creuses ou en liège.

Les murs extérieurs et les cloisons intérieures sont séparés l'un de l'autre par un espace de $0^m,50$ environ de large, formant pourtour et appelé *retour de chat*. Le gros mur est percé de soupiraux S prenant l'air à la surface du sol et munis de volets pleins, qui permettent une fermeture hermétique. Dan

21*

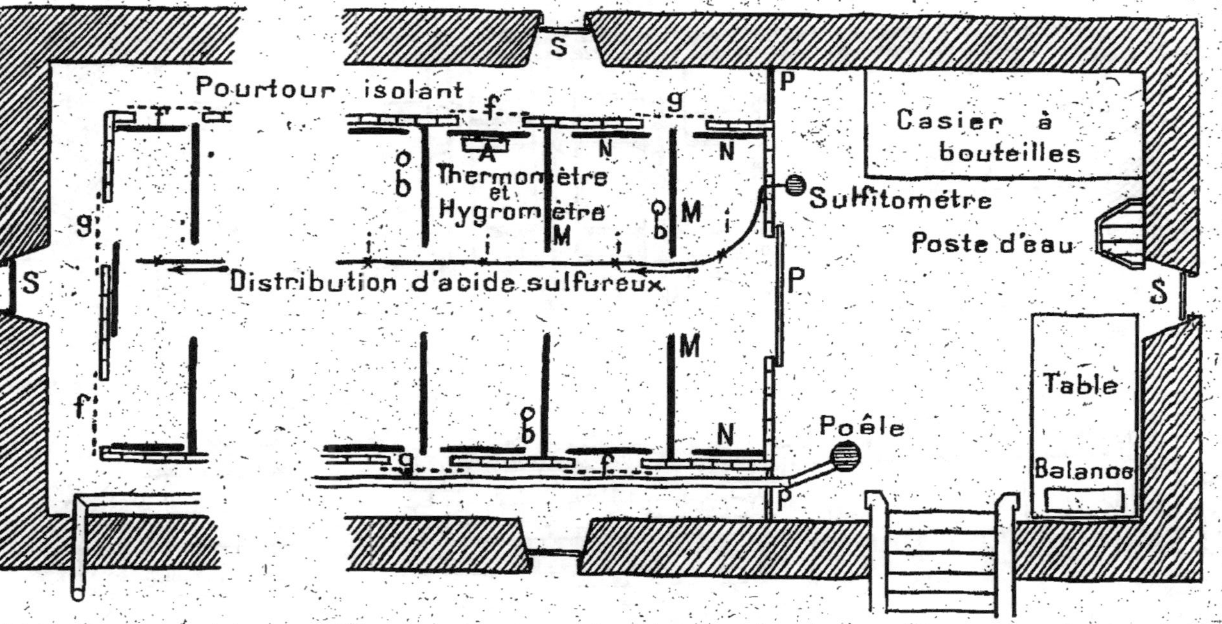

Fig. 90. — Plan d'une cave de conservation.

S, soupiraux; f, ouvertures supérieures; g, ouvertures inférieures; P, porte de la salle aux grappes; p, portillons du pourtour; M, châssis porte-bouteilles de milieu (double); N, châssis porte-bouteilles de côté (simples); b, récipients à chlorure de calcium; i, orifices de dégagement du gaz sulfureux; A, appareils enregistreurs.

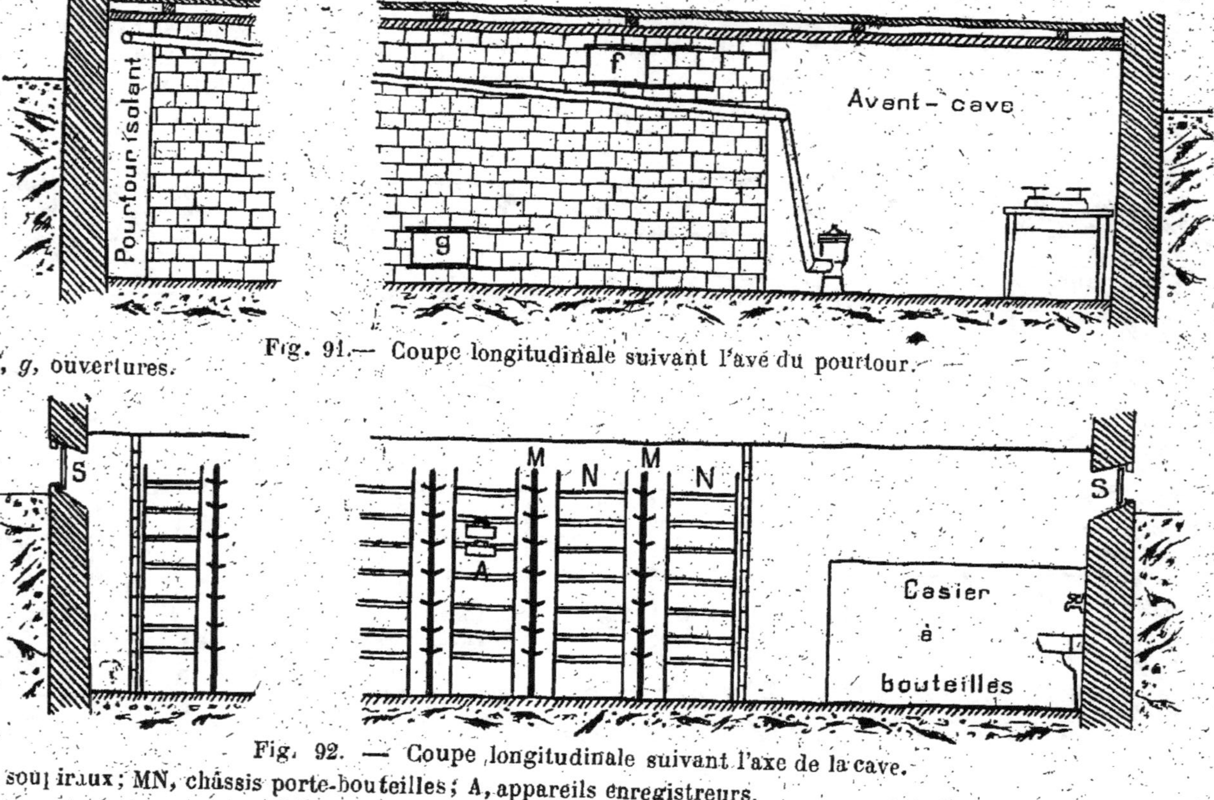

f, g, ouvertures.

Fig. 91.— Coupe longitudinale suivant l'avé du pourtour.

Fig. 92. — Coupe longitudinale suivant l'axe de la cave.

S, soupiraux; MN, châssis porte-bouteilles; A, appareils enregistreurs.

la cloison intérieure, sont ménagées des ouvertures espacées de 2 en 2 mètres et situées alternativement l'une en haut (*f*), la suivante en bas de la cloison (*g*) ; ces ouvertures sont fermées par des plaques de verre perforées, mobiles sur des glissières, qui ont pour but de ne laisser passer l'air que très divisé, afin d'éviter, à l'intérieur du fruitier, des courants d'air peu favorables à la vie latente du raisin.

Le couloir-pourtour a principalement pour objet de parfaire

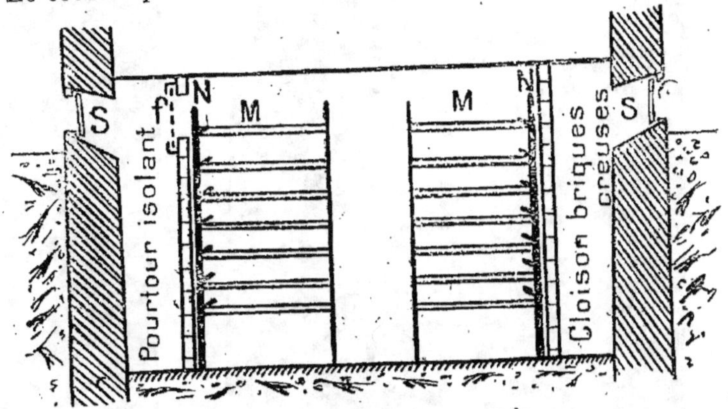

Fig. 93. — Coupe transversale.
S, soupiraux ; *f*, ouverture ; MN, châssis porte-bouteilles.

l'isolement ; il joue aussi le rôle d'une chambre de repos où l'air d'aération se dépouille des poussières qu'il tient en suspension avant de pénétrer dans le fruitier ; enfin il sert de chemin de service pour les manœuvres d'ouverture et de fermeture des volets, restreignant ainsi les allées et venues des ouvriers à l'intérieur de la salle de conservation une fois remplie.

En ce qui concerne la nature de la face interne des cloisons intérieures, on se trouve en présence de deux principes opposés. Les uns préconisent des parois lisses, lavables, à angles arrondis, sur lesquelles la poussière ne se dépose pas. D'autres recommandent au contraire les surfaces rugueuses, afin que les germes puissent s'y déposer et être immobilisés ; dans ce cas la paroi est rendue aseptique au moyen de pulvérisations de sulfate de cuivre.

Le sol du fruitier est constitué fréquemment par une couche
de ciment ; on doit se rappeler cependant que le ciment
donne une atmosphère plutôt sèche, et, si l'on redoutait cette
sécheresse, il vaudrait mieux employer soit le sol lui-même,
soit un carrelage.

Une hauteur de plafond de $2^m,25$ est suffisante ; on n'a

Fig. 94. — Châssis installé dans la salle de garde avec ses bouteilles
garnies de sarments portant des grappes de Blak Alicante.

pas d'intérêt à la dépasser, car, en vue de faciliter la surveillance des grappes et leur ciselage, on ne peut guère employer
des châssis de plus de 2 mètres de haut.

Les châsis porte-bouteilles sont mobiles afin de pouvoir
être sortis et désinfectés ; ils sont en bois aussi lisse que
possible, sec et non susceptible de pourrir. Il est en effet
indispensable d'employer le bois pour les supports, car le fer,

par suite de sa conductibilité, subit toutes les variations de température et se rouille par condensation ; d'autre part, dans les cas de combustion du soufre, le fer fixe trop aisément les vapeurs sulfureuses et sulfuriques, se ronge très vite et ne présente aucune solidité. Le bois des châssis est brut, dépourvu de toute peinture à cause des odeurs.

On dispose les châssis de façon à utiliser la place le plus complètement possible, tout en laissant entre eux des passages suffisants pour le service ; la largeur entre châssis est variable avec la dimension des grappes. On se contentera d'intervalles de 0m,90 entre les châssis pour le Chasselas, et l'on atteindra 1m,10 à 1m,20 pour les variétés à grappes grosses comme le Black Alicante et le Muscat d'Alexandrie. La contenance des châssis diffère aussi suivant les dimensions des variétés que l'on conserve ; un châssis double de 1 mètre de large et 2 mètres de haut, avec sept étages de bouteilles, permet de loger 126 grappes de Chasselas, ou 84 grappes de Black Alicante, mélangées de 0kg,400 à 1 kilogramme, ou bien encore 70 grappes de Black Alicante de 1 kilogramme, ce qui correspond à des intervalles respectifs entre les bouteilles de 0m,15, 0m,20 et 0m,25 (fig. 94).

Le fruitier est traversé sur toute sa longueur par un tuyau relié à un appareil doseur d'acide sulfureux placé en dehors dans l'antichambre du fruitier ; ce tuyau est percé tous les mètres de petits orifices *i* destinés à distribuer l'acide sulfureux ; si la cave est longue, on peut augmenter soit le nombre, soit le diamètre des orifices, à mesure qu'on approche de l'extrémité du tuyau, afin d'avoir un débit uniforme en chaque point.

Des appareils enregistreurs, hygromètres et thermomètres, placés au milieu du fruitier, permettent de suivre les variations de température et d'hygrométrie.

Enfin des récipients à chlorure de calcium *b* sont disposés de place en place en nombre plus ou moins grand suivant les besoins d'assèchement de l'air.

Pour l'éclairage des fruitiers, on a dû proscrire les lampes à pétrole ou à essence, qui donnent des odeurs, et l'on a recours soit à la bougie, soit à la lumière électrique. Dans ce dernier cas, une excellente disposition consiste à avoir à la partie supérieure du fruitier des glissières de contact composées de deux fils sur lesquels on fait glisser les lampes au point où l'on en a besoin ; une seule lampe peut servir ainsi à l'éclairage de tout un fruitier.

Annexe. — Antichambre. — Au fruitier proprement dit est annexé un local où l'on installe tout le matériel nécessaire au service du fruitier et à la confection des emballages. Le local doit être assez vaste, éclairé par la lumière du jour et d'un accès facile. On y trouvera l'appareil sulfitomètre en communication avec la salle aux fruits par une conduite de distribution ; un poêle pour le réchauffement dont la tuyauterie s'engage dans le couloir-pourtour isolant ; cette tuyauterie doit être parfaitement étanche, le raisin étant très sensible au goût de fumée. On y rencontrera en outre un poste d'eau pour le rinçage des flacons ainsi qu'un emplacement pour caser les bouteilles à mesure qu'elles deviennent disponibles. Une table et une balance permettront d'emballer les fruits sur place, évitant ainsi un nouveau transport durant lequel le raisin pourrait se défleurir.

En résumé, un semblable aménagement réduit au minimum la circulation dans la salle aux fruits. Toutes les opérations, refroidissement, aération, réchauffement et désinfection s'effectuant soit par le pourtour, soit par le local annexé au fruitier, les ouvriers n'ont à pénétrer dans ce dernier que pour lire la température et l'hygrométrie et pour surveiller la conservation.

Préparation du fruitier. — NETTOYAGE ET DÉSINFECTION. — Les châssis porte-bouteilles sont sortis une fois la conservation terminée et sont exposés au soleil. Cette insolation est la meilleure désinfection, parce qu'elle supprime l'humidité du bois et détruit les germes de surface. Si les châssis sont sales, on les lave avec un peu d'eau savonneuse sodique (1 kilogramme de carbonate de soude et 1 kilogramme de savon noir pour 100 litres d'eau). Une fois bien secs, on peut les pulvériser avec du sulfate de cuivre à 1 p. 100.

Dès le début de juillet, les salles de conservation sont vidées de tout ce qu'elles renferment et nettoyées à fond ; le sol est lavé à la soude et les parois chaulées ; puis on laisse les salles se sécher et s'aérer au maximum, en évitant toutefois l'accès du soleil, qui pourrait les chauffer outre mesure.

Lorsque septembre approche, on procède à la désinfection des parois en les pulvérisant à l'aide de solutions de sulfate de cuivre à 4 p. 100, ou mieux de bouillies bourguignonnes ou bordelaises, qui ne sont autres que des solutions de sulfate de cuivre neutralisées à la soude ou à la chaux (Voy. *Viticulture*).

On introduit parfois, dans les bouillies, du formol à raison de 1 litre par hectolitre, mais, comme le formol a une odeur accusée, on doit aérer énergiquement après la pulvérisation.

La désinfection des parois, plafond, murs, plancher, est complétée par une désinfection à l'aide de vapeurs toxiques de formol ou d'acide sulfureux.

L'emploi du formol nécessite des appareils spéciaux, et en même temps une température de l'atmosphère de 50 à 60° supérieure à celle du fruitier.

L'acide sulfureux, plus commode et plus maniable, est utilisé à la dose de 10 grammes par mètre cube ; on le distribue du dehors avec la canalisation indiquée plus haut (p. 331), et on le laisse agir tant que les vapeurs sont perceptibles à l'odorat, c'est-à-dire une huitaine de jours. Il n'est nullement besoin d'aérer après cette sulfuration, car, si on peut y pénétrer, c'est qu'il n'y a pas d'acide sulfureux en excès.

Refroidissement. — Une fois le fruitier bien sec et ses parois désinfectées, il faut songer à le refroidir. Les appareils enregistreurs, placés les uns, à l'air libre, à 2 mètres au-dessus du sol, les autres au niveau des ouvertures, indiquent les refroidissements nocturnes qu'on va pouvoir utiliser pour rafraîchir le fruitier. On ouvre la nuit et on ferme dès que la température extérieure est voisine de celle du fruitier refroidi. On recommence ainsi plusieurs nuits de suite. Il faut se rappeler que, si l'on ouvrait le fruitier par des journées humides, quand il est refroidi, l'air irait se condenser sur les parois froides et sèches à l'intérieur. C'est à ce moment qu'il faut posséder les fermetures les plus hermétiques.

'On arrive aisément à avoir, dès le 20 septembre, une température de 12 à 13°. Les salles de conservation sont alors prêtes
pour la rentrée des fruits qui va se faire en commençant par

Fig. 95. — Récolte des grappes destinées au fruitier.
A gauche, l'ouvrier coupe les grappes et les passe à une ciseleuse
qui les nettoie. Celle-ci les dépose alors soit dans une caisse basse
sur fond de ouate, soit entre les barres d'un châssis vertical.

les variétés les plus hâtives, parfois les variétés précoces non
forcées encore invendues.

Notons qu'on peut utilement renouveler la sulfurisation des
salles avec des doses de 5 grammes par mètre cube, trois ou
quatre jours avant leur remplissage.

Rentrée des grappes au fruitier. — Les grappes sont
coupées avec une portion du sarment qui les porte, dont la
longueur varie avec les variétés et la forme des bouteilles d

conservation; on est seulement limité par ce fait qu'il faut laisser, attenant à la souche, un fragment de sarment suffisant pour assurer la taille. La partie de sarment, au-dessous de la grappe, pourra donc comprendre plusieurs mérithalles; cependant, comme il y a, au niveau de chaque bourgéon, une cloison qui constitue un obstacle à la circulation, il est inutile d'exagérer la longueur de cette partie.

La partie du sarment au-dessus de la grappe ne comporte qu'une longueur de mérithalle et se termine à la cloison d'un nœud; on a ainsi une longueur suffisante pour saisir l'ensemble de la grappe et la manipuler aisément. Cette extrémité de sarment étant vivante, se cicatrise à la façon habituelle et ne laisse pas suinter le liquide; aussi il est à peu près inutile de recouvrir sa section avec des corps tels que la cire, la paraffine, la vaseline, dans le but d'empêcher la dessiccation du sarment.

Les grappes, une fois coupées, sont immédiatement rentrées au fruitier. On doit prendre toutes les précautions nécessaires pour conserver leur pruine intacte; on choisira un temps sans pluie, et, durant le transport de la serre au fruitier, on évitera tous les contacts, tous les frôlements qui pourraient défleurir le grain. Quand les serres avoisinent le fruitier, on peut porter les grappes à la main, deux à trois grappes dans chaque main, maintenues en éventail par l'extrémité de leur sarment. Pour les serres plus éloignées, on emploie des châssis spéciaux à plusieurs étages; chaque étage est formé de deux lattes parallèles. On introduit entre elles deux l'extrémité du sarment qui appuie sur l'une et est maintenue par l'autre grâce au poids de la grappe. Ces châssis sont portés par deux hommes ou placés sur des wagonnets.

Dès qu'elles arrivent au fruitier, les grappes sont prises une à une par le chef du fruitier, qui plonge l'extrémité du sarment dans un seau d'eau et en rafraîchit la section inférieure. Nous avons vu qu'on procédait à cette opération afin que les vaisseaux ne se remplissent pas de bulles d'air qui empêcheraient l'ascension de l'eau vers le fruit. Puis le sarment est aussitôt plongé dans la bouteille où il va s'alimenter.

Liquides des bouteilles. — e liquides sont absorbés par le sarment et conduits dans le grain, sous une certaine pression d'autant plus élevée que le raisin est récolté moins mûr.

Puisque le liquide de la bouteille est absorbé par le sarment et conduit à la grappe, on voit déjà que ce liquide ne pourra pas être un liquide antiseptique dans la crainte d'une absorption de cet antiseptique par le grain. Il faut donc que ce liquide soit un liquide neutre, c'est-à-dire de l'eau.

Cette eau doit être très limpide, car il faut pouvoir vérifier qu'elle n'est pas le siège d'une putréfaction. Dans ce cas, elle perd sa limpidité. Ces putréfactions seront d'autant plus faibles que l'eau sera moins riche en substances minérales et organiques. L'eau distillée, l'eau de pluie, conviennent très bien. En général, l'eau des concessions d'eau est suffisamment pure.

Si on ne disposait pas d'une eau convenable, il serait facile de la purifier sur un filtre à sable et charbon installé dans un tonneau défoncé.

Si pure qu'elle soit, l'eau en contact avec le sarment va dissoudre un peu du contenu cellulaire des cellules cicatricielles du sarment, ce qui tendra à provoquer une fermentation bactérienne ou un développement de moisissures susceptible de former un bouchon glaireux sur la section du sarment. L'emploi du charbon de bois ou de braise de boulanger, en menus morceaux, évite cet inconvénient. Quelques morceaux de la grosseur d'une noix assurent la parfaite conservation de l'eau des bouteilles.

Absorbée par le sarment, l'eau verra pendant la conservation son niveau baisser dans les bouteilles. L'évaporation, si faible qu'elle soit, contribue aussi à la perte du liquide. Il faut éviter que l'extrémité du sarment ne se trouve à sec. On y parvient en enfonçant très profondément le sarment ou en ajoutant de l'eau dans le flacon à l'aide d'un petit arrosoir muni d'un bec très fin. Ce remplissage est toujours défectueux à cause de l'eau qui peut tomber sur les grappes.

Les bouteilles de conservation en verre laissent voir l'état de limpidité de l'eau qui ne doit pas se troubler et la propreté de leur paroi interne. Chaque année, une fois les raisins enlevés, on les nettoiera à la soude, puis à l'eau, et, une fois égouttées on les rangera à l'abri des poussières.

Conduite du fruitier. — Le fruitier est sous la direction d'un premier ouvrier qui passe dans chaque compartiment au moins tous les deux à trois jours. On lui adjoint une ou plusieurs femmes qui feront le nettoyage des grappes. Celles-ci procèdent comme pour le ciselage sur souches et suppriment tous les grains qui paraissent altérés. Elles s'éclairent à l'aide de bougies que l'on fixe dans des supports à défaut de lumière électrique et évitent de laisser tomber les grains malades par terre, où il s'éclatent, souillent et contaminent le plancher. Elles retirent aussi les grappes atteintes de début de pédicelle, qui sont expédiées comme deuxième choix avant d'avoir leur rafle desséchée. Ces femmes sont vêtues, pour pénétrer dans les fruitiers, de blouses collantes serrées au corps pour éviter de défleurir le raisin.

L'ouvrier indique, dans un cahier qu'il soumet à la direction, les températures et hygrométries observées ainsi que tout ce qui lui paraît anormal. Il est chargé de la sulfurisation, qui se pratique tous les quatre jours durant une quinzaine à la suite du remplissage du fruitier, puis s'espace ensuite pour se faire tous les dix, vingt jours.

Des sulfurisations complémentaires peuvent être faites si une invasion de *Botrytis* se manifeste à l'ombilic des grains ou sur les rafles. Toutes ces observations et travaux sont relevés comme l'indique le tableau ci-contre (p. 337).

Frigorifiques.

Sous un climat comme celui de Paris, le refroidissement de fruitiers tel qu'il a été exposé n'est possible que durant les périodes froides de la fin de l'automne et de l'hiver, et ces fruitiers sont inutilisables pour une conservation de printemps ou d'été ; dans le Midi de la France, les froids d'hiver et d'automne sont déjà insuffisants. On conçoit donc qu'il faille recourir au froid artificiel pour avoir des salles de conservation à des températures favorables, au printemps et en été, à la latitude de Paris, et durant toute l'année dans les pays méridionaux comme l'Italie, l'Algérie, l'Espagne, etc.

On pourrait objecter que des caves très profondes permet-

Mois de janvier 19 .   *Conservation.*

CAVE N° 1.

DATE.	HEURE de la visite.	TEMPÉRATURE	HYNGRO-MÉTRIE.	GAZ sulfureux par mc.	OBSERVATIONS.
1	7 h. mat.	2°, 5	84		
2	6 h.	3°, 5	80		Temps sec et froid.
3	7 h.	5	82		
4	4 h.	4,5	80		Renouvellement du chlorure de calcium.
5	5 h. 30	4	81		
6	5 h.	5	85	1/10 gr.	
7	6 h.	4	92		
8	6 h.	4	92		Nettoyage des grains avancés.
9	6 h.	4,5	93		
10	7 h.	4,6	92		
11	6 h.	5,1	95		
12	5 h. 30	6	95		
13	6 h.	6	95		
14	7 h.	6,5	95		
15	6 h.	7	95		Les entonnoirs à chlorure de calcium sont doublés.
16	5 h.	6,9	93		
17	7 h.	6,7	90		
18	9 h.	6,5	91		
19	7 h.	6	90		
20	6 h.	5,5	87		
21	5 h.	5,5	89		
22	6 h.	5	87		
23	5 h.	5	87		
24	6 h.	5	87		
25	7 h.	4	87		
26	7 h.	4	83		
27	6 h.	3	85		
28	8 h.	3	84		
29	6 h.	3	84		
30	4 h.	3	83		
31	10 h.	3	82		

traient d'obtenir des températures basses et régulières ; les
observations des températures dans les caves de Champagne
montrent qu'on ne peut pas espérer atteindre des températures
inférieures à 9-10°, même sous 20 mètres de craie. A cette
profondeur, des caves coûteraient plus cher à établir que des
locaux en surface, refroidis à l'aide d'une installation frigorifique.

Si l'exploitation est peu importante, on peut, lorsqu'il
s'agit de fruits de primeurs très chers, comme les premières
pêches, se contenter d'armoires refroidies placées dans un
local quelconque. Ces armoires peuvent même prendre des
dimensions assez grandes. Certains wagons réfrigérés sont de
véritables armoires ambulantes, installées avec des petits
moteurs indépendants de 3 à 4 chevaux-vapeur. Ces petits
frigorifiques sont peu économiques par mètre cube d'espace
refroidi ; aussi est-il souvent préférable, pour une conservation accidentelle et de quelques jours, de porter les produits
dans les frigorifiques municipaux ou privés des grands centres
de vente.

Chaque année, à des époques diverses, durant les mois de
mai et juin notamment, nous avons pu ajourner la mise
en vente de lots de pêches importants dont l'apparition
en masse aurait lourdement chargé le marché. Les pêches
restaient au frigorifique au plus quinze jours ou trois semaines.
Dans cette situation particulière, on conçoit combien il était
plus économique d'utiliser des frigorifiques existants, fonctionnant régulièrement, que d'installer dans l'établissement même
soit des armoires à froid, soit des salles réfrigérées.

Lorsqu'on opère sur une vaste échelle, il devient intéressant
d'avoir à sa disposition une installation frigorifique qui permet
de réaliser une conservation de longue durée avec le minimum
de soins et le maximum de sécurité. L'emploi des nouveaux
moteurs a d'ailleurs abaissé ces dernières années le prix de
revient de la frigorie d'une façon considérable. Les moteurs
à gaz ou à pétrole, par leur mise en marche rapide, se prêtent
parfaitement à un service discontinu, tandis que les moteurs
alimentés par le gaz pauvre conviendront plus particulièrement aux situations qui exigent une marche continue de huit à

dix heures par jour ; la dépense par cheval-vapeur atteint 0 fr. 12 à 0 fr. 14 avec les moteurs à essence et tombe à 0 fr. 02, 0 fr. 025 avec les moteurs à gaz pauvre. Le prix de la frigorie est dans les mêmes proportions selon le moteur employé.

Conditions de la conservation en frigorifique. — Température. — Nous avons vu que la première qualité d'un fruitier est de pouvoir être porté à une température basse susceptible d'être maintenue. Le froid artificiel nous rend indépendants des variations de la température extérieure ; réglable à volonté, il donne immédiatement et maintient un temps illimité une température aussi basse qu'on le désire.

Cette basse température permet de réaliser l'état de vie latente le plus absolu et, par suite, la composition du fruit, au lieu de se modifier très rapidement, ne subira que des variations lentes qui assureront à ce fruit une comestibilité de bien plus longue durée. C'est ainsi qu'un raisin qui en trois mois aura perdu 60 à 70 p. 100 de son acidité dans un fruitier ordinaire n'en verra disparaître que 20 à 30 dans un frigorique. Au surplus, grâce à ces basses températures, le fruit se trouve soustrait d'une façon radicale aux moisissures, dont le développement n'est plus possible au voisinage de 0°.

L'application du froid artificiel n'est pas sans présenter certains inconvénients. Comme on dépasse parfois 0°, c'est-à-dire le point de congélation de l'eau, il arrive que dès — 3°, — 4°, l'eau de constitution du fruit se prend en petits glaçons intercellulaires, qui, s'ils fondent trop rapidement, sont susceptibles de détruire les cellules internes et celles de la pellicule. En un mot le fruit gèle. Il faudra donc de grandes précautions pour faire prendre au fruit sa température de garde ou pour le ramener à une température voisine de celle qu'il aura à supporter pendant son transport, son exposition, c'est-à-dire depuis sa sortie du frigorifique jusqu'à son apparition sur la table du consommateur.

On résoud la difficulté en plaçant les fruits dans des anti-chambres annexées au frigorifique où on les refroidit ou les réchauffe progressivement.

On n'a pas seulement recours au refroidissement lent de

l'antichambre; au lieu de laisser les fruits *à l'air*, étalés sur les supports, on les amène au frigorifique dans des emballages, non hermétiquement fermés, qui forment eux-mêmes un obstacle à un refroidissement brutal à leur entrée comme à un réchauffement trop rapide à leur sortie.

Il faut remarquer, en raison de la température maintenue, inférieure à celle du développement des moisissures, que la question du non-entassement des fruits, si importante dans les fruitiers, perd de sa valeur dans les chambres frigorifiées ; on y entasse beaucoup plus de fruits par mètre cube, car il suffit de laisser seulement entre les étagères des passages nécessaires à la manutention des emballages et entre ces derniers des intervalles tels que l'air refroidi puisse circuler et les pénétrer partout.

Humidité. — Comme on aère très peu les fruitiers ordinaires, on aurait toujours, sans les corps absorbants d'humidité, une hygrométrie élevée. Il n'en est pas de même dans les salles frigorifiées. Les tuyaux de circulation, les diverses surfaces refroidies qui servent à distribuer le froid, sont autant de condenseurs d'humidité, de sorte que l'hygrométrie est souvent basse et d'autant plus que les surfaces refroidissantes sont à une température basse plus éloignée de la température propre de la salle de conservation.

Il en résulte la nécessité de remplacer dans ces installations quelques tubes de radiation de froid très puissants par un développement plus considérable de tuyaux portés à une température moins basse. On voit aussi qu'il est avantageux d'accumuler beaucoup de fruits par mètre cube, afin de diminuer pour chacun l'évaporation inévitable due à ces condensations sur les réfrigérateurs.

Comme on est complètement à l'abri des moisissures, on peut tenir sans crainte une hygrométrie très élevée voisine de 100°, qui empêche le fruit de se faner et de se rider.

Absorption des odeurs. — Perte de bouquet. — Il est un fait connu que les fruits de frigorifiques sont en général dépourvus de parfum et de saveur. Conservés dans des emballages, ils ont parfois aussi un mauvais goût qui, pour être dû aux substances dans lesquelles ils sont enveloppés, n'en a pas moins pour cause le manque de ventilation des chambres froides.

Toute ventilation d'un frigorifique constitue une perte de froid; aussi, afin d'éviter cette perte, les chambres froides sont-elles ouvertes beaucoup plus rarement que les fruitiers ordinaires. Il en résulte que les odeurs propres aux emballages, aux matériaux de construction, au mobilier des pièces froides, s'accumulent et sont absorbées par les fruits, si faibles que soient les échanges gazeux.

Quant au bouquet, les fruits conservés à basse température n'en développent point. Le bouquet dérive de la vie chimique même du fruit pendant l'achèvement de la maturation. Si nous supprimons et réduisons ces phénomènes, il arrive que l'on reçoit et mange les fruits frigorifiés sans qu'ils soient mûrs à point. Ils n'ont donc pu perdre leur odeur et leur saveur caractéristiques sous l'action du froid, comme on le croit communément.

Ainsi donc, on placera en frigorifique les fruits préparés et emballés dans les emballages même où ils seront expédiés; seulement ces emballages ne seront pas ligaturés ni serrés, de façon à laisser pénétrer aisément le froid.

On maintiendra une hygrométrie aussi voisine que possible de 100°, 95° par exemple.

On abaissera la température d'autant plus que la conservation devra durer plus longtemps; on se contentera de 4° pour une conservation de trois à quatre mois; on tombera à $1 + 2°$ pour une durée de six à huit mois. Dans tous les cas, on ne dépassera jamais une température inférieure à $- 2°$ de crainte d'arriver à la congélation intégrale du fruit, qui nuirait au maintien de sa turgescence, c'est-à-dire à son aspect de fruit frais.

Il est bien entendu que les températures indiquées varient avec les espèces de fruit.

Description de quelques appareils. — Lorsqu'on dispose de glace ou que l'on peut facilement s'en procurer pour cultiver des fruits primeurs de grand luxe, on peut se servir des armoires glacières.

Ces armoires pourvues de doubles parois de bois et de

portes hermétiques, ont leur isolement complété par l'addition
de poudre de liège entre les deux parois. Un seau à glace à la
partie supérieure refroidit l'air intérieur.

La maison Singrün (d'Épinal) a muni des armoires-glacières
de grand calibre d'une petite machine réfrigérante du type

Fig. 96. — Armoire-glacière Singrün avec réservoirs de glace
et petite machine à glace annexe exigeant 1/4 de cheval.

dit rotatif, pouvant marcher avec une petite dynamo de la
force de 1/3 à 1/4 de cheval.

Cette petite machine à glace peut du reste marcher de façon
intermittente, car elle permet de refroidir et de congeler l'eau
de mouleaux cylindriques placés dans le réservoir à saumure.
Cette réserve de froid assure une température uniforme et
invariable à l'intérieur du meuble, même pendant de longs
temps d'arrêts pouvant atteindre deux jours et plus.

MM. Corblin et Douane ont utilisé, depuis 1902, pour la conservation des fruits délicats et en particulier des pêches, un

appareil frigorifique à alvéoles susceptible de maintenir les fruits à l'abri de la lumière et des variations de température dans un volume d'air réduit à son minimum. La disposition générale de cet appareil évite le renouvellement de l'air et supprime la pénétration du personnel.

La chambre à air froid est remplacée par un frigorifère con-

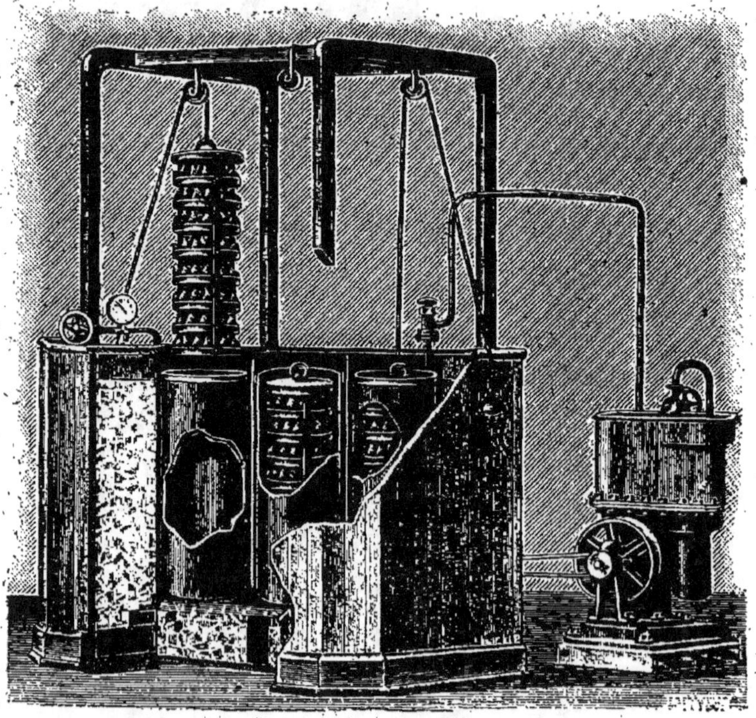

Fig. 97. — Appareil frigorifique Corblin et Douane.

tenant des récipients de formes diverses dans lesquels on intro-duit en les entassant dans les emballages ou en étalant sur des étagères les fruits à conserver.

Les récipients sont clos, sauf au moment où on retire leur contenu à l'aide d'une poulie si les fruits sont placés sur des étagères. Ces récipients contiennent de l'air froid, qui, à cause de sa densité, les remplit sans chercher à se mélanger avec l'air extérieur. Les récipients ou alvéoles sont complètement entourés de saumure refroidie par un appareil frigorifique. Dans cette saumure, on peut ajouter des mouleaux remplis d'eau qui se congèlent et constituent des accumulateurs de température.

Au point de vue de leur conservation, dans l'appareil les fuits délicats tels que les pêches se sont conservés très bien, soit qu'on les ait enfermés emballés ou entourés de papier, d'ouate, de sciure de bois, soit qu'on les ait posés, tels quels, sur les étagères. Le volume restreint d'air s'est montré très favorable à leur garde, sans altération.

A la sortie de ces appareils, il faut éviter des échauffements trop rapides.

Conduite de la conservation dans les chambres à froid. — Nous résumerons les précautions essentielles qu'il faut prendre pour assurer une bonne conservation aux fruits délicats, tels le raisin; la pêche, la cerise, la fraise.

1° Les fruits aussitôt cueillis sont apportés dans une chambre froide (au-dessous de 10°) et sèche, où ils se rafraîchissent et se sèchent superficiellement;

2° On les trie de la façon la plus parfaite;

3° On les emballe dans des emballages de petits volumes, rigides. Les couvercles sont posés, prêts à être fermés pour qu'on n'ait point à toucher les fruits à leur sortie du frigorifique;

4° La réfrigération dans l'antichambre du frigorifique puis dans celui-ci doit être aussi rapprochée que possible de la cueillette, sinon des moisissures se développent, s'arrêtent sous l'action du froid et repartent avec plus de virulence lorsque le fruit se réchauffe;

5° La masse des fruits doit être maintenue à une température constante et identique dans tout le frigorifique. On y arrive par un brassage de l'air réparti à l'aide d'une gaine distributrice de refoulement;

6° L'air circule tout autour des emballages;

7° Les machines frigorifiques disposent d'accumulateurs de froid, bacs à glace, suffisamment puissants pour éviter des réchauffements en cas d'arrêt;

8° Une aération journalière, si faible soit-elle, nous protégera de l'absorption des mauvais goûts ;

9° A la sortie du frigorifique, si on ne dispose pas de voitures refroidies, les fruits se réchauffent lentement dans l'anti-chambre.

Notons que les fruits refroidis reprennent leur saveur et leur parfum au bout de deux à trois jours à la température de 12 à 15°.

Enfin la dépense pour 100 kilogrammes de fruits ne doit pas dépasser 1 franc par mois.

Les basses températures exigent une cueillette du fruit dans des conditions de maturité que nous ne connaissons pas encore, différente à coup sûr de celle des fruits destinés aux fruitiers habituels et toujours plus avancée.

Des études ultérieures permettront aisément de faire disparaître des caractères défectueux, tels que l'absence d'odeur, la saveur insipide, qu'on a souvent remarquées chez les fruits refroidis, critique justifiée pour l'instant, dépréciative surtout, mais qu'il est permis à l'avenir de rectifier.

Conservation sur souches.

Les fruitiers avec leur agencement spécial et leur matériel de supports et de bouteilles représentent des sommes impor-tantes. Aussi, pour les raisins à vendre dans le mois ou les deux mois qui vont suivre leur récolte, évite-t-on les frais de rentrée au fruitier en les conservant autant que possible sur souches.

D'ailleurs, en Belgique, il nous a été donné de voir en avril des serres de Frankental dont le raisin conservé sur souches, depuis le mois de septembre précédent, voisinait avec des serres de raisins de même variété qui achevaient leur matura-tion. Il s'agissait là d'une conservation de plus de huit mois sur souches, à peu près réussie, car on remarquait les rafles encore vertes et les grains presque turgescents. Néanmoins la pellicule avait perdu toute élasticité ; elle était devenue extrê-mement coriace, et la chair très aqueuse donnait l'impression d'eau sucrée sans parfum et sans acidité.

Cet exemple montre que les défauts de la conservation sur souches sont d'accentuer les phénomènes de surmaturation (disparition des acides et des parfums) que l'on cherche à limiter dans les fruitiers.

Lumière. — Cette surmaturation s'explique aisément, car le facteur qui différencie la conservation sur souches et la conservation en fruitiers est principalement la lumière. Heureusement la luminosité est très réduite en hiver. On cherche cependant à supprimer l'insolation directe par l'interposition entre le vitrage et les grappes d'un papier noir épais formant écran. Quand les serres sont munies de paillassons, ces derniers sont abaissés pour assombrir l'intérieur. Enfin, à défaut de paillassons, des chaulages très épais atténuent les variations de luminosité et par suite de température.

Chaleur et froid. — Pendant la conservation de leurs fruits, en hiver comme au cours de la culture, les serres sont exposées à des élévations et des chutes rapides de température; par les temps froids, elles ont un degré très peu supérieur à celui de l'air extérieur, c'est-à-dire voisin de 0° et souvent inférieur.

Ces questions de chaleur et de froid montrent déjà que la conservation sur souches est très difficultueuse dans les pays froids, comme la Russie, l'Autriche, l'Allemagne, ou dans des pays qui jouissent de jours ensoleillés même en hiver, comme la France et les contrées plus méridionales. Elle est donc l'apanage des pays comme l'Angleterre et la Belgique, où la luminosité est réduite, les grandes variations de température peu fréquentes, et qui jouissent en outre d'une certaine humidité. Mais on va voir que, même dans ces pays se prêtant le mieux à la conservation sur souches, celle-ci demandera plus de soins et plus de dépenses si on la prolonge quelque peu dans l'hiver que la conservation en fruitiers.

Contre la chaleur, nous ne possédons comme moyen d'action que la ventilation, toute autre réfrigération étant impossible; malheureusement l'aération donne lieu à des mouvements d'air importants peu favorables à l'état de vie latente.

Contre le froid, il faut chauffer dès que la température arrive au voisinage de 0°, non pas qu'on craigne le gel du raisin, car celui-ci une fois mûr supporte aisément — 3° à — 5°, mais on veut éviter les chocs thermiques que provoquerait le moindre coup de soleil en élevant aisément en quelques minutes la température de la serre de 15 à 20°.

On peut se servir pour ce chauffage des appareils ordinaires des serres; toutefois ils sont en général trop puissants. Il faut songer qu'on n'a besoin que d'un chauffage intermittent, limité le plus fréquemment à la durée de la nuit.

Quand les serres de conservation ne disposent pas d'appareils de chauffage, on se contente de cloches pourvues de tuyaux inclinés, placés dans le plan du grand axe de la serre. Ces tuyaux peuvent avoir une portée d'au moins 10 mètres et dégagent leurs gaz par des ouvertures ménagées à cet effet au faîte du vitrage. Ainsi établis, ils maintiennent une certaine température sans aérer le raisin par déplacement d'air chaud.

Il faut signaler que les tuyaux placés sur les côtés des serres (disposition de la figure 27) provoquent un courant d'air sec qui lèche les grappes et les sèche ; de quelque façon qu'on s'y prenne, on est toujours en présence de variations de température qui entretiennent la vie du grain, et il arrive un moment où les cellules vieillies de la pellicule deviennent inertes. La peau du grain n'est plus élastique et le grain se contracte.

Les serres de conservation chauffées exigent une surveillance peut-être plus attentive que les serres en végétation. Par suite d'une saute de température ou d'un chauffage un peu excessif, il peut arriver que la température s'élève jusqu'à 14-15° durant une nuit couverte. Le lendemain, on est fort surpris de voir tous les grains porter à l'ombilic la houppette mycélienne du *Botrytis cinerea*. Nous avons vu des serres envahies, en une nuit, à la suite de semblables coups de chaleur en espace clos, c'est-à-dire humide.

Humidité. — Dans les serres de conservation, les variations d'humidité sont considérables. Tout d'abord le sol émet constamment de l'humidité et d'autant plus qu'il est plus éclairé, c'est-à-dire réchauffé. On pourrait réduire son action en le couvrant de paille.

En second lieu, les feuilles qui entourent les grappes une

fois la maturation achevée meurent ; mais elles ne tombent pas, faute de froid ; elles se dessèchent sur place et émettent de la vapeur d'eau au voisinage des grappes. Il faut les supprimer.

La serre constitue en outre, par rapport à l'air extérieur, une enceinte tantôt plus froide, tantôt plus chaude que lui. Aussi, lors des élévations de la température extérieure, voit-on des condensations se produire sur les parties métalliques et surtout sur les raisins, plus longs à se réchauffer. Les jours où le froid est utile à la conservation, on est obligé de chauffer uniquement pour balayer l'humidité des grappes par un courant d'air sec.

Il en est de même par les jours de brouillard. Le brouillard finit par pénétrer dans la serre close et réalise dans celle-ci une atmosphère confinée et humide plus propice au développement des moisissures que l'air humide extérieur. On est encore amené à chauffer pour sécher, alors que, ces brouillards étant relativement chauds, il y aurait plutôt lieu de refroidir.

Aussi, malgré toutes les précautions, tandis que dans les fruitiers les enregistreurs d'hygrométrie donnent des courbes à oscillations très lentes dont l'amplitude ne dépasse pas 10 à 12°, on enregistre dans les serres de conservation les variations d'hygrométrie les plus désordonnées.

Les travaux d'ouverture et de fermeture des serres, les soins nécessités par le chauffage ne sont pas les seuls inconvénients de la conservation sur souches.

Il y a à redouter aussi, sur les grappes, les poussières produites par toutes les manipulations.

Aux oiseaux et à tous les rongeurs, les serres offrent des grappes et une température clémente qui les attirent ; les moineaux et les rats entrent par des trous qui les laissent à peine passer et que les ouvriers souvent ne soupçonnent pas.

Le chauffage des serres, où l'on conserve du fruit, s'oppose à l'hivernage des souches. Il les maintient dans un milieu sec ; privés des pluies et des neiges qui les mouillent, les souches et les sarments souffrent d'une dessiccation prolongée qui nuit à leur vitalité. Il en est de même des racines qui subissent des poussées, commencent à végéter, s'arrêtent et recommencent à nouveau. Cette fatigue des végétaux doit entrer, pour un gros chiffre, dans l'estimation des dépenses relatives à ce genre de conservation.

Il est à noter encore que les accidents de pédicelle sont fréquents dans les grappes restées sur souches.

Ainsi donc il faut chauffer, refroidir, aérer des espaces énormes contenant quelque 100 grammes de grappes par mètre cube, tandis que nos fruitiers permettent d'en loger quelques dizaines de kilogrammes. La conclusion pratique n'est pas difficile à tirer : on conservera sur souches un à deux mois au plus après la maturité, et encore vaudrait-il mieux enfermer les grappes dans des salles quelconques aménagées provisoirement.

EMBALLAGE ET TRANSPORT

Emballages.

Les fruits de forceries sont vendus dans les criées des halles aux marchands de comestibles qui se chargent de les présenter dans les dîners d'apparat, ou de les expédier pour des fêtes qui ont lieu souvent bien loin du lieu de production. Dans ces dîners, comme dans les hôtels, ils réapparaissent plusieurs fois sur les tables, aussi longtemps qu'ils restent frais, et on ne les fait manger qu'au moment où on voit qu'ils vont perdre leur fraîcheur.

Ces conditions de vente et d'utilisation exigent des emballages très soignées. Ils doivent être faits de matériaux très propres (carton, bois, sarments, osier, lanières de bois), car on prend l'habitude de les présenter sur la table dans leur emballage d'origine. On se contente d'orner ces emballages de rubans, de fleurs, de mousse, destinés à rehausser la beauté des fruits. Il faut donc que ces emballages aient une forme gracieuse, facile à décorer. N'oublions pas aussi que, dans la vente des fruits au poids, comme cela a lieu pour les raisins, l'emballage est compris dans le poids et payé largement par le client. Les fruits de forçage sont très chers. On les vend donc par petits lots, par mannettes, par petits colis. Ces petits colis permettent de les distribuer aux acheteurs sans les sortir de leurs emballages. Ces emballages de petit calibre peuvent seuls être servis sur les tables ou aider à leur ornementation, comme nous le disions plus haut. Ils sont du reste d'autant plus petits que les fruits sont plus rares, plus beaux et partant plus chers. Lorsque les premiers raisins apparaissent sur le marché ou lorsque les grappes sont très belles, on se contente de les emballer, grappe par grappe, et l'on obtient un prix très supérieur à

Fig. 98. — Récolte et emballage des raisins. Cueillis par un ouvrier, ils sont apportés au maître emballeur après avoir été nettoyés par une ciseleuse.

celui auquel on pourrait prétendre en faisant des emballages de plusieurs grappes, déduction faite des frais supplémentaires d'emballage.

Il en est de même des pêches. Les premières sont mises en mannettes de deux, trois, quatre au plus. Lorsqu'elles deviennent plus abondantes, on augmente ce nombre pour les fruits moyens, et on le porte à six, huit, dix, douze. On ne dépasse pas ces chiffres pour conserver des emballages petits. Mais, à cette époque, on continue de faire des caisses de deux, trois, quatre, cinq fruits, leur nombre étant inversement proportionnel à leur beauté et à leur prix par conséquent.

A ces fruits de luxe correspondent des emballages de luxe par leur forme et leur matière. Ces emballages présentent toute garantie de solidité et d'élasticité pour résister aux chocs du transport et de la manipulation. Ils doivent avoir une autre qualité. Ils doivent être disposés pour mettre en valeur le *fruit* tant par leur forme que par leur couleur.

Nous étudierons deux sortes d'emballages, ceux convenant aux raisins dont l'emballage est spécial, ceux propres aux pêches, fruits les plus délicats, mais qui peuvent permettre aussi d'emballer tous les autres fruits, tels que les pommes, prunes, abricots, figues, etc.

Emballage des raisins. — On distingue l'emballage des raisins de premier choix et ceux de choix inférieur. On se contente, pour les choix inférieurs, de les placer dans des paniers d'osier pourvus d'une anse. Les parois verticales sont faites de petites baguettes espacées. Un papier fort, recouvert d'un papier de soie, tapisse les côtés et le fond. Il n'y a pas plus de deux rangs de grappes l'un sur l'autre. On peut aussi employer les caissettes à Chasselas, petites boîtes en bois, rectangulaires, à fond plat. Mais les grappes de serre ne se laissent pas étaler puis comprimer comme les grappes lâches et faciles à aplatir des Chasselas.

Pour les raisins vraiment de luxe, qui doivent être exhibés non seulement on ne les entasse point les uns sur les autres, mais on s'arrange à ce que les grappes, les couvercles des emballages enlevés, apparaissent isolées ou séparées les unes des autres, saillantes. Dans tous les emballages, on les couche

Fig. 99. — Salle d'emballage. L'ouvrier à gauche brosse les pêches. Celui de droite pèse les corbeillons de raisins.

sur des coussins de paille de bois de 3 à 4 centimètres d'épais-seur, bombés. Ces coussins sont entourés d'un boudin de paille enveloppé de papier de soie. Ces coussins sont placés soit dans des caisses rectangulaires moins profondes que l'épaisseur du coussin (fig. 100), ou bien dans des corbeillons très légers un peu tron-coniques.

Fig. 100. — Grappe attachée sur le coussin de paille de bois telle qu'on la vend pour les tables et étalages.

Les caisses sont réali-sées, sauf le fond de planche, à l'aide de gros sarments, qui, cloués ou attachés, constituent des côtés très élégants et très aisés à décorer.

Sur ces coussins, les fruits sont attachés par des brins de raphia fixés eux-mêmes aux parois des caisses. Pour l'expédition, les raisins sont recouverts d'un papier de soie, d'une lame de coton, et on applique par-dessus une caissette ou un cor-beillon de même forme que le support du cous-sin (fig. 99); caissette et corbeillon faisant office de couvercle ap-puient sur le fruit par l'intermédiaire d'un pe-tit matelas de paille de bois formant un creux

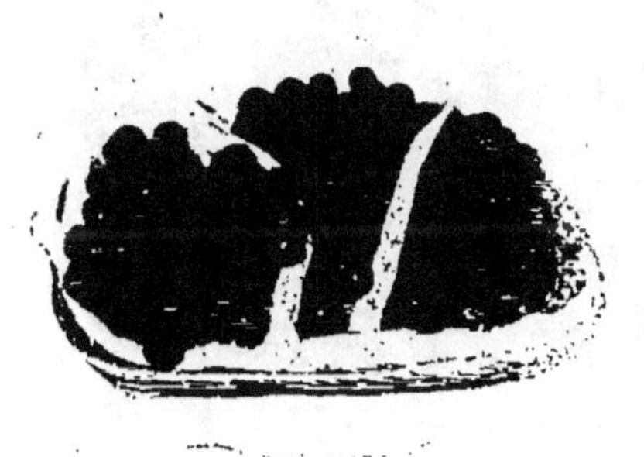

Fig. 101. — Grappes de raisins dans des corbeillons en copeaux de bois.

en son centre. On serre le tout par une cordelette, et les emballages ainsi terminés sont placés sur un rang dans des cageots plats.

Très serrés dans ces cageots, ils ne peuvent être secoués pendant le trajet. Ces cageots sont à claire-voie, démontables ou non pour le retour. Comme ils laissent admirablement circuler l'air autour des caissettes qu'ils renferment, on peut les empiler les uns sur les autres dans les wagons.

Les petits paniers, au contraire, sont placés dans les wagons

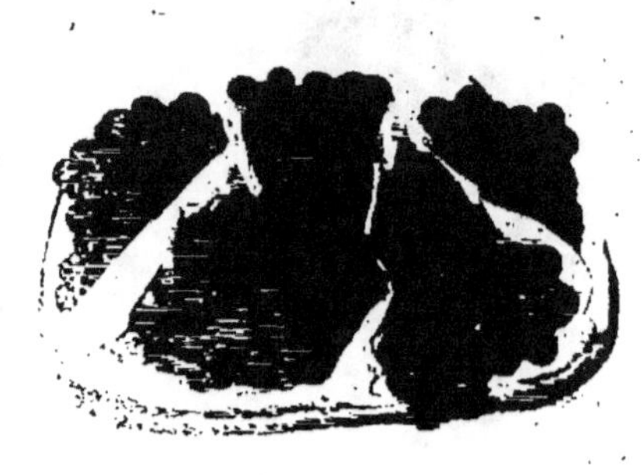

Fig. 102. — Grappes de raisins sur corbeilles.

sur des rayonnages autour desquels on peut circuler. Lorsqu'une voiture peut transporter les fruits jusqu'à la criée, on se contente parfois de les attacher côte à côte sur des plateaux d'osier portant un rebord de 2 à 3 centimètres, juste suffisant pour permettre de maintenir en place un coussin plat de paille de bois maintenu dans du papier de soie.

Emballage des pêches (fig. 105 et 106).

Fig. 103. — Grappes de raisins sur plateaux d'osier.

— Comme les raisins, les pêches ne sont jamais superposées. On les place dans des caissettes de la façon suivante :

Dans les caissettes, des boudins de paille de bois forment des logettes carrées un peu plus grandes que le fruit. Ces boudins sont recouverts d'une épaisse couche de ouate, qui épouse la surface des rouleaux.

Le fond des logettes est garni d'un morceau de coton supplémentaire. Les pêches de même calibre et de même coloration sont placées dans ces logettes, où elles s'enfoncent d'un tiers de leur diamètre. Pourvues d'un fragment de branches et d'une ou deux feuilles vertes que l'on étale sur le coton blanc, l'effet est très heureux. Recouvertes de coton et d'une boîte de même forme et même dessin de logettes, les pêches sont embrassées dans des alvéoles, dont toutes les parois sont élastiques. Des petits tasseaux latéraux empêchent les boîtes de se disjoindre. On les cordelle pour plus de sécurité. Il faut d'autant plus de soins (la longueur du trajet mise à part) que le fruit est plus mûr et la température plus élevée. Les fruits meurtris sont la proie des moisissures, et on voit toute l'importance qu'il y a à faire à une basse température des transports de fruits refroidis.

Chaque boîte de pêches, comme chaque plateau de raisins, doit renfermer des fruits de même grosseur, même coloration, d'égale beauté en un mot. C'est le fruit le plus laid de la boîte qui fait le prix de tous les autres.

Les boîtes de pêches ainsi préparées peuvent être envoyées au loin, enveloppées d'un papier fort, les isolant contre froid ou chaleur.

Dans le frigorifique, on se contente de supprimer les attaches des emballages, afin que le froid les pénètre plus aisément.

Transport des fruits.

Les fruits de primeurs, production des forceries, ont une valeur suffisante pour qu'on puisse les grever de transports plus onéreux, mais aussi plus soignés, que les fruits ordinaires.

Choisis, triés avec soin, quittant l'établissement de forçage sans un défaut, sans une tare, il faut leur éviter, durant tout le

Fig. 104. — Récolte des pêches.
Les pêches sont transportées posées sur des lits de coton dans des caisses plates.

voyage, des meurtrissures ou des altérations de moisissures.

Un fruit se meurtrit par son seul poids, lorsqu'on le pose
sur une étagère en bois. Les moindres parties saillantes des
supports forment coin dans sa chair, même s'il est immobile dans la salle de garde, et d'autant plus qu'il approche
de sa maturité. Avec les trépidations fatales du voyage, on

Fig. 105.

Fig. 106.

Fig. 105 et 106. — Emballage des pêches.
Fig. 105. — Préparation des plateaux. — Fig. 106. Plateaux achevés.

peut s'attendre à des meurtrissures d'autant plus accusées
au sommet du wagon.

En premier lieu, la rapidité du transport diminue le danger.
Il en est de même de la parfaite suspension des wagons ou voitures dans lesquels ils voyagent. De ce côté, vitesse et suspension,
on a fait de grands progrès. Les emballages sont aussi très
parfaits. Si bien qu'il ne reste à améliorer, autour des fruits,

au cours du transport, que deux facteurs, aération et température.

De plus en plus, les Compagnies renoncent à empiler en tas dans les wagons les colis de fruits et primeurs. Les expéditeurs retiennent des wagons qu'ils font voyager à charge complète et dont ils sont maîtres de l'aménagement intérieur. Cet aménagement consiste en étagères séparées par des couloirs de circulation. Sur ces étagères, les emballages reposent, et le renouvellement d'air autour des caisses ou corbeilles est possible.

Les emballages rustiques sont par eux-mêmes très isolants, et les fruits refroidis mettent vingt-quatre et trente-six heures pour prendre la température ambiante. Si le trajet ne dépasse pas vingt-quatre heures, on peut se contenter de ce refroidissement préalable ou le compléter par une réfrigération totale du contenu du wagon avant le départ.

Les Américains du Nord utilisent beaucoup ce procédé. Les wagons une fois chargés sont refroidis par circulation d'un lent et puissant courant d'air froid et sec. On les ferme hermétiquement. S'ils sont munis d'un double toit blanchi, le transport se fait dans de bonnes conditions pour des trajets de vingt-quatre heures. Sinon il faut recourir aux wagons refroidis.

Utilisés en France pour le lait, la viande, les primeurs du Midi, les wagons frigorifiques sont encore peu nombreux. En Amérique du Nord, on estime que plus de 90 000 wagons appartenant tant aux Compagnies qu'aux particuliers assurent le transport des fruits d'un bout à l'autre de cet immense territoire. Parfois les fruits de grande culture ont à parcourir plus de 5 000 kilomètres du lieu de production au lieu de consommation. Les fruits de primeurs de forçage ont ces mêmes distances à parcourir, quelquefois plus grandes encore, à bord des bateaux, où l'amarrage est toujours difficile et le parcours moins rapide.

Les wagons frigorifiques sont en général refroidis avec de la glace. Des blocs de glace sont placés aux extrémités du wagon, fondent et diffusent leur froid.

Avec cette disposition, la réfrigération est irrégulière.

Dans d'autres wagons, la glace est placée dans des cheminées, dans des hottes verticales réparties à l'intérieur du wagon et que l'on charge de glace par l'extérieur. Mieux encore, la glace est placée sur des grillages horizontaux qui la maintiennent.

Fig. 107. — Arrivée d'un train de primeurs en gare de Paris (Austerlitz).

Notre préférence va aux wagons refroidis à l'aide de radiateurs minuscules très nombreux, attachés au sommet du wagon et que parcourt une solution saline refroidie.

Cette solution est refroidie par une machine à glace placée en tête du wagon et actionnée par un arbre fixé sur un des essieux du wagon.

Nous estimons que le problème du transport en wagons
refroidis sera résolu lorsque la machine à vapeur motrice
transformera une partie de sa vapeur en froid, qui circulera
sous forme de solution saline refroidie de wagon en wagon.
Une vanne rgélant la circulation dans chaque wagon assurera

Fig. 108. — Train de primeurs.

Le wagon ouvert laisse voir son aménagement intérieur ainsi que
la disposition des corbeilles à fruits sur les rayons.

la température convenable et variable dans chaque voiture.
Quoi qu'il en soit, avec les wagons frigorifiques actuels, les
établissements de forçage voient s'accroître l'étendue de leurs
débouchés; en même temps ils ont la faculté de s'éloigner des
centres de consommation pour se placer dans les conditions
les plus favorables à leur réussite,

MALADIES DES SERRES

Au grand air, à la lumière, les plantes se développent avec leurs formes normales.

Dans les serres mal établies, l'aération excessive très faible, la luminosité combinées à une fumure et à des arrosages intenses, provoquent des étiolements, des déformations de tissus qui sont l'origine des accidents tératologiques que l'on y rencontre. L'étude du chauffage nous a montré que dans les serres les plantes subissent accidentellement, dès le printemps, des variations de température plus subites et plus importantes qu'au grand air si bien que les *accidents météoriques* sont très nombreux dans les serres. Ils le sont d'autant plus qu'aux écarts de température solaire s'ajoutent les *accidents dus aux chauffages*.

Les infiniment petits, bactéries, moisissures se développent volontiers dans les milieux où l'air est confiné et humide. Malgré cela les maladies cryptogamiques sous verre plus intenses, sont moins nombreuses qu'au plein air. C'est ainsi que le *mildiou de la vigne*, la *cloque du pêcher* ne s'y développent point. En revanche, on y voit le *Botrytis cinerea* de saprophyte devenir parasite, c'est-à-dire manifester une *virulence* excessive. Cela tient à ce que les conditions d'humidité, d'immobilité de l'air, d'éclairement indirect favorisent les cryptogames en même temps qu'elles modifient défavorablement la résistance vitale des végétaux. La *réceptivité* des végétaux sous verre est en effet toujours très grande.

Les *insectes* trouvent dans les serres un feuillage tendre, gorgé de sève et un sol meuble, riche en terreau, où ils sont protégés des grands froids par l'intérieur de la serre et par les chauffages. Aussi ils s'y multiplient à coup sûr et très vite. En outre, réveillés de meilleure heure, ils travaillent ou mieux nuisent plus longtemps.

ACCIDENTS MÉTÉORIQUES

Grêle.

Les serres sont, depuis l'emploi du verre cathédrale, protégées contre les lésions de grêlons. Dans tous les cas, le vitrage, si faible soit-il, a une efficacité réelle, et seules quelques branches risquent d'être atteintes au point où les vitres sont mises en morceaux.

Ces arbres ou souches atteints sont traités, quand ils ont des sarments ou des pousses encore jeunes, comme les serres grillées par les gaz de combustion, c'est-à-dire que l'on supprime peu à peu les tiges lésées à mesure que s'en développent de nouvelles, de façon à ne pas diminuer brusquement, dans l'intérêt des racines, l'importance du feuillage.

On évite de conserver dans la formation des souches, de leurs prolongement et des bras, des fractions de rameaux portant des plaies de grêle, car celles-ci sont toujours chancreuses et diminuent la solidité et la vitalité de la partie du végétal qui les porte.

Gels.

Les serres peuvent souffrir des grands froids de l'hiver et des gelées printanières. Des abaissements accidentels de température, dus à des arrêts des appareils de chauffage ou à leur insuffisance, endommagent parfois aussi la végétation durant l'hiver. Plus dangereuses, quoique moins apparentes, sont les chutes de température au printemps et à la fin de l'été.

Dans les serres, maintenues sèches et bien closes, les grands froids passent inaperçus. On pourrait, du reste, augmenter la protection du vitrage par des chaulages très épais, ou à l'aide de paillassons, de toiles, de paille maintenue entre des lattes. Les doubles vitrages, employés dans le centre et le nord de l'Europe, sont aussi très efficaces. En général, on se contente de butter avec de la terre bien sèche, ou du fumier pailleux décomposé, seulement frais et non humide, les greffes nouvelles, les jeunes plants.

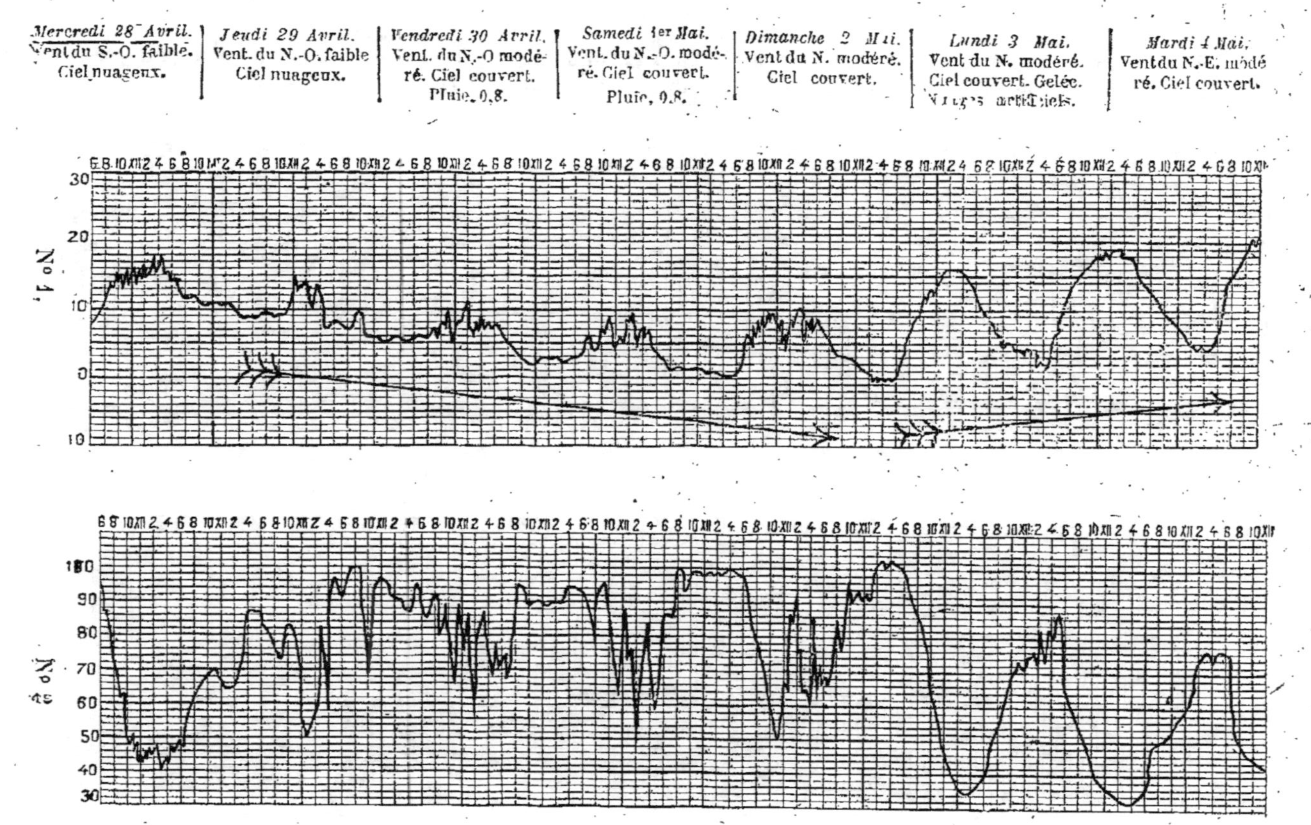

Mercredi 28 Avril.
Vent du S.-O. faible.
Ciel nuageux.

Jeudi 29 Avril.
Vent. du N.-O. faible
Ciel nuageux.

Vendredi 30 Avril.
Vent. du N.-O modé-
ré. Ciel couvert.
Pluie. 0,8.

Samedi 1er Mai.
Vent. du N.-O. modé-
ré. Ciel couvert.
Pluie, 0,8.

Dimanche 2 Mai.
Vent du N. modéré.
Ciel couvert.

Lundi 3 Mai.
Vent du N. modéré.
Ciel couvert. Gelée.
Nuages artificiels.

Mardi 4 Mai.
Vent du N.-E. modé-
ré. Ciel couvert.

No 1.

No 2.

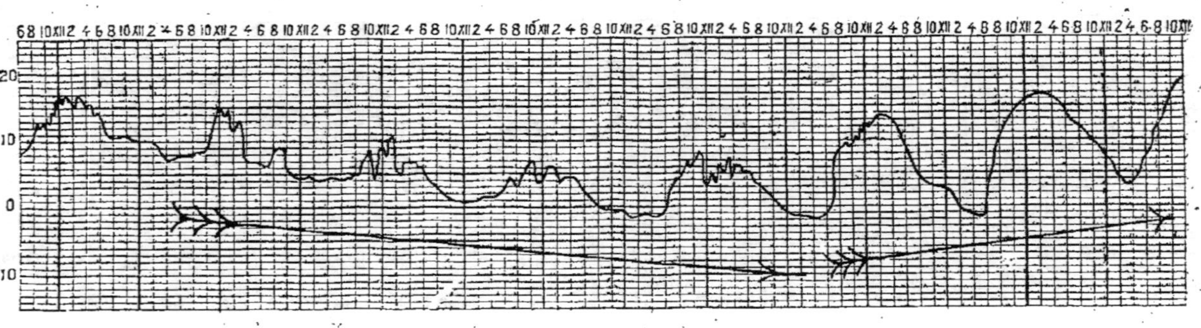
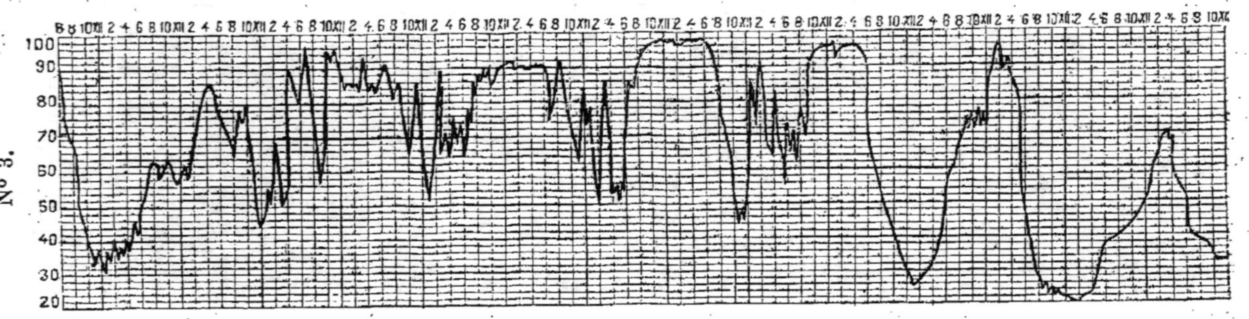

Fig. 169. — Gelées printanières. Diagrammes de température et d'hygrométrie relevés en 1909 dans deux stations voisines : l'une (nº 1 et nº 2) au sommet d'un coteau, l'autre (nº 3 et nº 4) dans un point bas. (Vignobles Vᵉ Pommery, Reims.)

Dans les grands froids, accompagnés de vents violents, beaucoup de forceurs n'ont pas d'appareils de chauffage suffisants pour maintenir la température du tableau de forçage, ou bien leur chauffage devient défectueux parce qu'on court le risque de brûler les foyers ou de surchauffer les tuyaux ou radiateurs. Dans ce cas, on laisse tomber la température à 8°. Au-dessous de ce chiffre, une température un peu persistante compromettrait la vigueur et la récolte des plantes. On allège la tâche des appareils de chauffage par un calfeutrage à l'aide de paille, de mousse, de chiffons et l'emploi de paillassons durant la nuit.

Gelées printanières. — Nous savons que les serres se refroidissent très vite la nuit et ont au matin, à peu de chose près, la température extérieure ; elles ont donc à redouter les gelées printanières au même degré que les plantes extérieures.

Nous donnons ici les diagrammes thermométriques et hygrométriques des jours qui précèdent les gelée printanières. On y lira aisément la marche chaque jour descendante des températures minima jusqu'aux jours dangereux.

Si, en avril-mai, les nuits sont très claires à la suite de pluies froides, de chutes de grésil, il faut veiller. Gustave Dollfus conseillait de faire le point de rosée, avec un thermomètre mouillé, à neuf heures du soir, les nuits dangereuses. Si ce point de rosée est au-dessous de zéro, il faut se tenir sur le qui-vive.

Il est plus simple de se servir d'avertisseurs électriques, qui sonnent au chevet du chef de service lorsque, à minuit, par exemple, la température est à 1-2° au niveau du sol. En outre, le personnel de chauffage des serres forcées vient le prévenir ces basses températures étant atteintes. Si l'on dispose d'un chauffage quel que soit, on allume à trois heures du matin, lorsque le thermomètre atteint 0°,1 à cette heure. Nous avons vu des forceurs utiliser des cloches à charbon suivies d'un tuyau de dégagement ascendant de 8 à 10 mètres de long, placé au centre et dans l'axe longitudinal de la serre.

Pour éviter le gel, sans production de chaleur, il ne faut pas penser aux fumées, aux nuages artificiels, qui souvent ponctuent de petites lésions les feuilles des plantes au grand air. Les fumées grilleraient tout en espaces clos. On peut avoir recours aux paillassons. On installe depuis plusieurs années des déclanchements électriques qui permettent à ceux-ci de se dérouler à partir d'une certaine température. Si le déroulement n'a pas lieu, une sonnerie réveille le chef de service.

Si l'on dispose de peu de surface de serres, de beaucoup d'eau et d'un personnel suffisant, le moyen le plus efficace est, sans contredit, l'arrosage abondant des plantes et du sol. A la saison des gelées de printemps, l'eau du sol ou de rivière a au moins 10° de température, par exemple, et il en faut peu pour réchauffer le sol et les plantes.

Dans le cas où l'on serait surpris, on fait soigner les serres gelées comme les serres grillées. On peut conserver quelques grappes si le désastre est partiel, car il n'y a pas intoxication des tissus comme avec les fumées : on fume du reste aussitôt avec des engrais azotés solubles (nitrates, purins) pour donner un nouvel élan à la végétation.

Refroidissements.

Les gelées printanières peuvent nuire, en Europe, environ jusqu'au 20 mai. Mais, si les abaissements de température à l'aurore ne tombent pas au-dessous de 0, on a vu cependant, en 1903 par exemple, le 2 juin, des températures nocturnes de + 2, et presque chaque année, à la suite de pluies abondantes, il se produit des chutes de température considérables. Dans les serres, dès le printemps, il n'est pas rare, après un coup de soleil, de lire 40-50 au thermomètre. Si bien que les serres non chauffées, dont les températures minima sont celles extérieures subissent des variations de température considérables atteignant 45°. On conçoit que les tissus végétaux déprimés par ces chocs thermiques permettent à la pourriture grise, saprophyte, de devenir parasite. Comme conséquences des troubles de circulation, pédicelles, arrêt de développement dans la croissance des grappes, etc., se manifestent quelques jours après. Les mêmes refroidissements se produisent en septembre et empêchent le développement du grain à la maturation, au moment où il est susceptible, dans une atmosphère favorable, de dépasser son volume normal. De légers chauffages évitent ces inconvénients.

Étiolement.

Les serres souffrent de ciels couverts. Dans les serres accolées les unes aux autres, les parties basses des souches sont normalement très peu éclairées et reçoivent plus de lumière diffuse que de lumière directe. En mai-juin, par exemple, les plantes sont en pleine période de croissance; si elles sont en outre dans des sols humides par arrosages, par nature du terrain (sols argileux compacts), les nouvelles pousses allongent démesurément leurs entre-nœuds, les pétioles de leurs feuilles, les pécondules des grappes. Ce phénomène est encore accusé par l'action des engrais azotés employés très copieusement à ce moment. Ces tissus restent mous, sans rigidité, pauvres en chlorophylle; ils sont étiolés.

Aux Forceries Parisiennes à Thiais, nous avons observé plusieurs années consécutives des souches de Fosters dont les grappes présentaient des pédoncules d'autant plus longs qu'elles étaient plus près du sol, à la base des parois latérales de serres accolées, ombragées par leur disposition même. Ces pédoncules atteignaient jusqu'au double de la longueur de la grappe. Inutile de dire que les grappes elles-mêmes étaient lâches et toujours de petit volume, au lieu de denses qu'elles sont normalement. Ces phénomènes d'étiolement exagérés par un temps sombre et froid sont des manifestations du préjudice causé par les refroidissements et le manque de luminosité.

La résorption, le rougeot et la chlorose des jeunes pousses résultent aussi de températures momentanément défavorables.

Résorption et rougeot.

Dans les serres non chauffées, les vignes profitent de l'accumulation de chaleur, due à celles-ci, pour débourrer fort tôt au printemps. Les jeunes pousses se trouvent ainsi soumises aux froids nocturnes de fin mars et avril, et il n'est pas rare de voir les jeunes feuilles qui poussent près du vitrage se décolorer par des taches diffuses, comme si le contenu cellulaire et la matière verte (chlorophylle) évacuaient les tissus de la feuille.

Cette résorption se manifeste encore chez les jeunes pousses qui croissent dans les serres forcées, que l'on abandonne à elles-mêmes, lorsque la récolte est faite. Ce phénomène augmente si ces pousses subissent un développement de Grise. Dans ce dernier cas, la résorption est persistante, tandis qu'elle cesse généralement avec des conditions meilleures de développement. Quelquefois cependant la résorption se termine par un grillage de ces feuilles débiles sous l'action d'un soleil un peu ardent.

Lorsque la feuille est plus grande, plus résistante et a atteint la moitié ou les deux tiers de sa grandeur naturelle, surtout s'il s'agit de vignes à raisins rouges, on constate, à la suite de refroidissement. un *rougissement des bords du limbe* ou un *rougissement total de la feuille*, désignés sous le nom de *Rougeot*.

Les feuilles plus âgées, sur le même sarment, ne se modifient point.

Ce rougissement est souvent suivi d'un desséchement des bords du limbe, véritable brûlure des tissus bordée par une auréole rouge vineux.

Coulure et fécondation artificielle.

La floraison, sous verre, est souvent aléatoire par suite d'un étiolement, d'une inertie particulière des fleurs venues en espace clos et qu'un renouvellement d'air ensoleillé ne vivifie pas. Si certaines variétés, tels le Frankental, le Black Alicante, le Fosters, etc., se fécondent et nouent généralement bien, en revanche d'autres se fécondent incomplètement seules, ou ne se fécondent pas du tout, même si on les place durant leur floraison dans des conditions de lumière, d'hygrométrie et de température très satisfaisantes. Il faut donc remédier à ce défaut organique d'origine morphologique, physiologique ou pathologique.

Les variétés, qui coulent, millerandent, sont, en général, reconnaissables au moment de la floraison par l'examen de leur fleur. Les fleurs normales de vignes ont les étamines fertiles, toujours aussi longues ou plus longues que l'ovaire (fig. 110

et 111), ce qui permet au pollen de ces étamines de féconder leur propre fleur.

Les variétés coulardes ont en général l'organe mâle de leur fleur mal constitué. Les étamines sont plus courtes (fig. 112 et 113) que l'organe femelle, ce qui rend le mécanisme de la fécondation plus difficile.

En outre, si l'on examine les an-thères des cépages ayant leurs fleurs ainsi constituées, tels le *Muscat d'Alexandrie* et le *Bicane*, on remar-

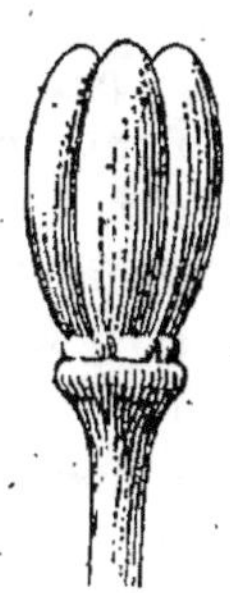

Fig. 110. — Fleur normale de vigne (*Canon Hall*) avant floraison (G. = 6/1).

Fig. 111. — Fleur normale de vigne à étamines longues (*Canon Hall*) au moment de la chute du capuchon (G. = 6/1).

que qu'ils renferment un pollen aggloméré non poussiéreux. Ce pollen, contrairement à ce qui a lieu pour la plupart des autres variétés, ne germe pas ou germe très iné-galement dans l'eau sucrée. Si on le dépose sur le stigmate d'une fleur d'une variété quelconque, il ne pousse pas le plus souvent de boyau polli-nique ; il n'est

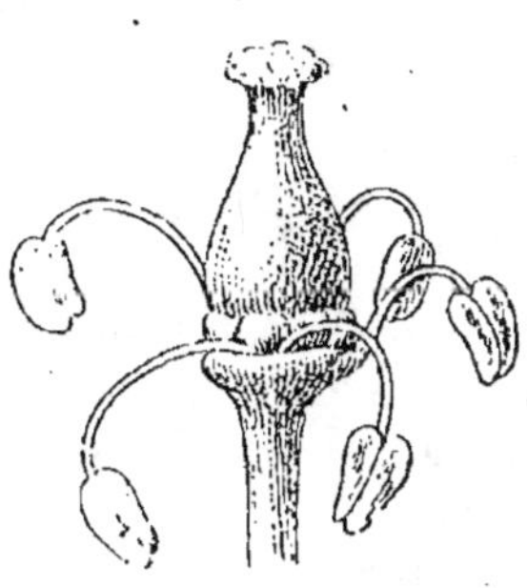

Fig. 112. — Fleur de Bicane, à étamines courtes, dont on a enlevé le capuchon.

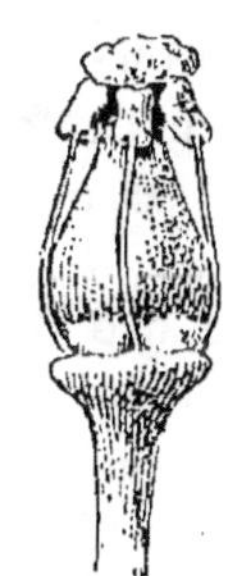

Fig. 113. — Fleur de Bicane en florai-son.

donc pas, dans la majorité des cas, capable de fécondation.

Dans les serres à vignes, où le Muscat d'Alexandrie, le Bicane et les autres cépages à fleurs mal conformées sont cultivés seuls et isolés, l'avortement des fleurs se produit. J'ai vu une serre de Chasselas Napoléon, après floraison, présenter toutes ses grappes avortées à l'exception d'un grain sur une grappe située près de la porte et qui avait été sans doute fécondé accidentellement. A côté de ces cépages, à fleurs coulardes par mauvaise constitution, d'autres à fleurs normales coulent autant que les précédents pour des causes étudiées plus loin.

Fécondation insuffisante. — Lorsqu'une fleur n'est pas fécondée, l'ovaire se dessèche et tombe, mais il arrive aussi que la fécondation est insuffisante, soit que le grain de pollen ait un pouvoir fécondant insuffisant, soit que le boyau pollinique n'ait fait que pénétrer dans le canal du stigmate sans atteindre l'ovule et assurer la formation du pépin.

Dans ces deux derniers cas, l'excitation cellullaire résultant de la fécondation de l'ovule et qui normalement se communique à ses enveloppes est insuffisante. Or ces enveloppes sont les feuilles carpellaires de l'ovaire, qui, par leur développement, constituent la pulpe et la pellicule du grain, partie qui nous intéresse spécialement. Il en résulte que, dans une grappe de Muscat d'Alexandrie mal fécondée, on se trouve, la nouaison passée, en présence de grains qui vont croître très irrégulièrement. Les uns restent gros comme des pois; une partie des autres va atteindre une dimension intermédiaire entre les premiers et les grains de taille normale.

Parmi ces derniers, à la maturité, on constatera encore des différences. Les uns ne se dorent pas et restent vert foncé; les autres ont une tendance fâcheuse à se flétrir. Le cisclage a pu faire disparaître, à la nouaison, une partie des grains restés petits; mais il est impuissant à réparer le mal lorsque la grappe a son volume et sa forme définitive.

Le forceur a donc non seulement à assurer la fécondation, mais aussi à obtenir l'excitation cellulaire résultante maxima qui se traduira par un grossissement exagéré du grain et une maturation plus parfaite. Il est amené à appliquer l'observation de Millardet, qui a vu que l'excitation est d'autant plus parfaite que le pollen provient d'une espèce plus éloigné de la variété fécondée.

Les variétés de vignes à notre portée, d'espèce la plus éloignée de nos vignes européennes sont, sans contredit, les vignes américaines. Celles-ci ont des raisins très différents des variétés européennes. Plus petits généralement, à peau et pulpes dures, à saveur étrange, on s'est demandé si l'effet de la fécondation des variétés européennes par leur pollen n'allait pas plus loin que la simple excitation cellulaire de la pellicule et de la pulpe de nos raisins. N'y aurait-il pas par l'introduction d'un pollen très différent, une modification dans l'aspect et la valeur gustative des variétés européennes? Cette opinion est accréditée chez de nombreux forceurs, qui rejettent la fécondation artificielle *a priori*, dans cette croyance dont l'expérience leur démontrerait l'inanité.

Pendant dix ans, il a été fécondé, chaque année, aux Forceries de la Seine, plus de vingt serres de Muscat d'Alexandrie, Muscat Canon Hall, Muscat de Hambourg, Bicane, Alphonse Lavallée, Buccleuch, Alwick Seedling, etc., par du pollen de variétés européennes, Frankental, Fosters, Black Alicante et du pollen de vignes américaines, Rupestris et ses hybrides.

Jamais on n'a pu constater un changement quelconque dans la forme, la couleur et le goût des grappes fécondées.

Récolte et conservation du pollen. — Dans un établissement de forçage, on peut recueillir le pollen de variétés à pouvoir fécondant dont la floraison précède ou est simultanée de la floraison des variétés à féconder. Si ces variétés fleurissent les premières, on recueille le pollen des autres serres pour l'employer l'année suivante.

Il est possible de cultiver sous verre, aux coins des serres, des variétés dont les fleurs sont à pollen abondant et fécondant. Parmi celles-ci, l'Aramon Rupestris Ganzin n° 1 se distingue entre toutes. Sa fleur est exclusivement mâle (fig. 115) et ses étamines fort riches en pollen. Si on ne veut point en disposer des pieds dans la serre, on peut en planter au dehors quelques souches dont on peut provoquer, en un pays donné, la floraison à des époques variables, en étalant les branches sur le sol ou contre des murs, à exposition variable. Ses jeunes pousses sont pincées à une ou deux feuilles au-dessus des grappes pour faciliter et hâter leur développement.

Dans les pays du nord, le plus simple est de s'en procurer

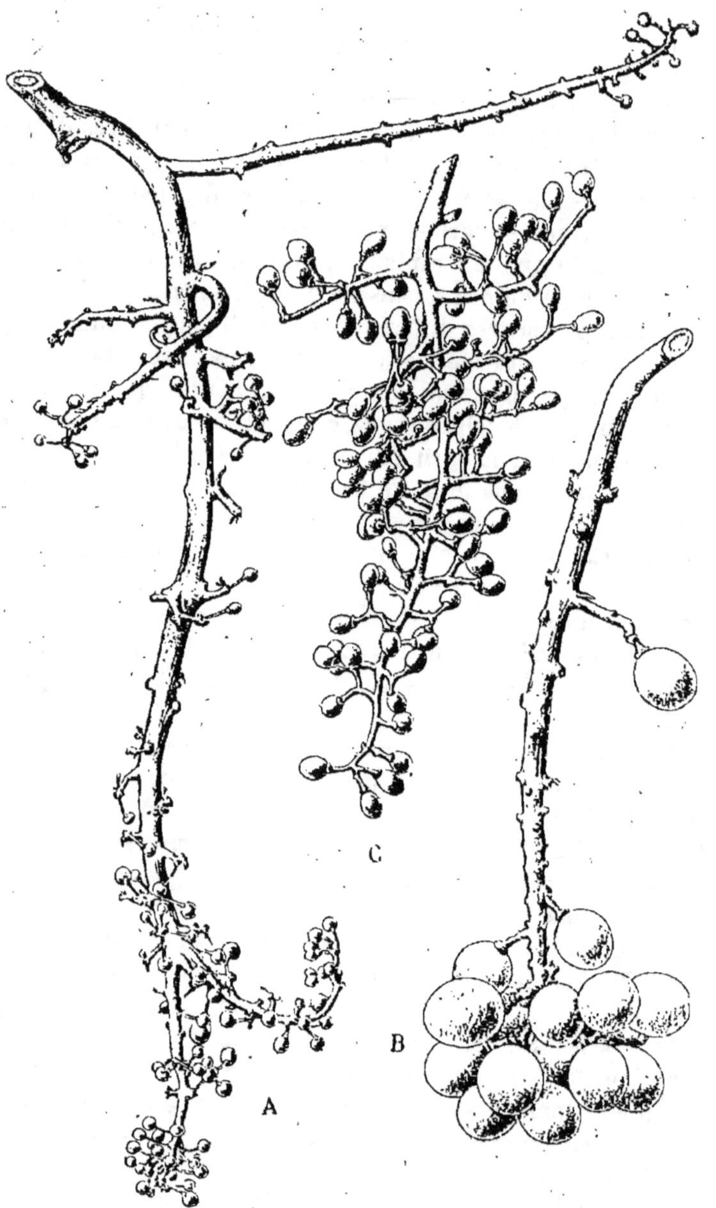

Fig. 114.

A, grappe de *Canon Hall*, après floraison; B, grappe de *Canon Hall* au moment où les grains ont la moitié de leur grosseur; C, grappe de *Muscat d'Alexandrie*, fécondée après floraison et ciselage. (Réduction 1/2, P. Viala et P. Pacottet.)

provenant des vignes de pieds mères du Midi de la France.

Pour récolter le pollen, on procède, aux heures ensoleillées chaudes et sèches de la journée (entre midi et deux heures), au secouage des pampres fleuris au-dessus d'un cadre de bois recouvert d'un papier glacé, cela tant que dure la floraison. Il tombe sur ce carton des grains de pollen mélangés de débris floraux. Un tamisage sur des tamis de soie très fins nettoie ce pollen.

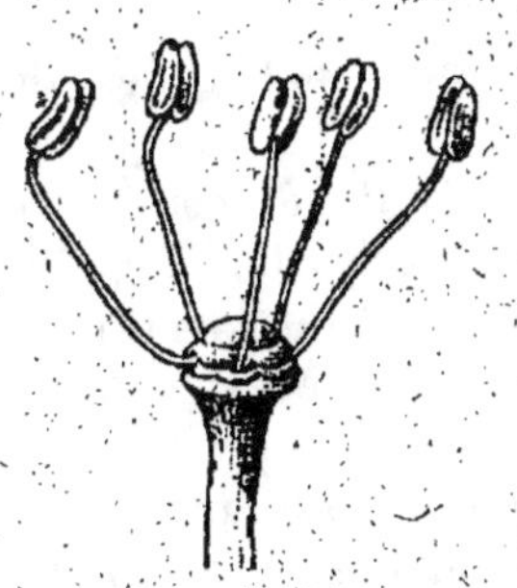

Fig. 115. — Fleur mâle d'Aramon- Rupestris Ganzin n°1 (G. = 4/1).

Si n veut le conserver, on le fait tomber en couches minces sur des feuilles de buvard. On le fait sécher deux jours à l'ombre dans une pièce sèche; les feuilles chargées de pollen sont placées entre des feuilles doubles, empilées en tas, pressées, ficelées et suspendues dans une pièce à l'ombre. Il faut éviter les variations excessives, de température. Pulliat a conservé du pollen plus de trois ans, et j'ai pu faire germer de ce pollen encore trois après.

La valeur de ce pollen est vérifiée par un simple essai de germination. On ajoute quelques grains de pollen à une goutte d'eau placée sur la lamelle d'un microscope. A la température de 20 à 25°, les boyaux polliniques, de germination doivent apparaître au bout de quelques heures.

Utilisation du pollen. — Le pollen pulvérulent est excessivement fin, et il est difficile de se le procurer en masse importante. Il faut donc en être ménager. On l'emploie à l'aide de petits soufflets spéciaux, genre soufflets à punaise, que l'on fait fabriquer à cet usage. Aucun essai pourtant intéressant n'a été fait pour le ménager avec des poudres inactives destinées à en faciliter l'épandage.

L'épandage du pollen se fait aux heures chaudes de la journée. Un ouvrier passe devant celui qui répand le pollen et secoue vigoureusement les branches fleuries. Il frappe fortement avec le doigt sur le pédoncule des grappes ou même fait glisser la grappe dans sa main fermée. Tout cela a pour but de

faire choir le capuchon des fleurs et de découvrir le stigmate.
Ce dernier est parfois, au lieu d'être simplement humide,
pourvu d'une goutte de liquide sur laquelle adhère le pollen,
qui germe et tombe avec cette exsudation excessive. Les secousses indiquées éliminent cet excès d'eau.

Les premières fleurs ouvertes de la grappe sont celles des
grosses ramifications des épaulements.

La floraison se poursuit jusqu'à l'extrémité de celle-ci et
dure six à huit jours. C'est dire que la pulvérisation de pollen
doit être faite sur la partie fleurie et répétée tant que tous les
capuchons ne sont pas tombés. De la sorte, on est sûr d'avoir
des grappes fécondées sur toutes leurs faces.

Pour les variétés peu coulardes, on se contente quelquefois
de soufrer avec un soufflet puissant. L'action du soufre est nulle;
seul le courant d'air produit met le pollen en mouvement dans
toute la serre et le propage d'une grappe à une autre.

On a beaucoup recommandé aussi le mélange de cépages,
dont les uns sont destinés à féconder ceux qui sont coulards.
Le voisinage des cépages fécondants nécessite pour être efficace que leur floraison dure tout le temps de celle des fleurs
à féconder. L'expérience nous a montré aussitôt qu'il était
bon dans ce cas de disperser le pollen à l'aide d'un soufflet
puissant. A Thiais, un millerandage important, annuel, dans
des serres, les unes de Fosters et Bicane associés, les autres
de Black Alicante, Gros Colman, Parc de Versailles, Muscat
d'Alexandrie intercalés, nous a montré que ce mélange n'était
pas suffisant. En résumé, le plus simple et le plus sûr est la
fécondation artificielle, pratiquée comme nous l'avons dit,
avec du pollen frais ou conservé.

Floraison du Muscat Canon Hall. — La fécondation artificielle est utile pour les grappes du Canon Hall, mais elle est
insuffisante. Nous devons nous y arrêter, car ce raisin est le
plus beau des Muscats et fait des prix énormes lorsque l'on
obtient des grappes à peu près régulières. Les fleurs du Muscat
Canon Hall sont régulières, leur pollen fécondant; mais elles
sont portées à la floraison par des pédicelles énormes issus
d'une rafle peu ramifiée. Sur cette rafle s'insère (fig. 116 et 117)
des ramifications latérales très courtes; porteurs de gros bou-

quets de petites fleurs à pédicelle court. Ces pédicelles, filiformes à leur insertion, sont peu adhérents.

Il suffit de la moindre secousse, principalement au moment
de la floraison, pour que les pédicelles se détachent et tombent.

Fig. 116. — *Canon Hall*, fragment
de l'axe de la rafle portant un
bouquet de vingt fleurs insérées
sur le mamelon. (Réduction 3/4,
P. Viala et P. Pacottet.)

Fig. 117. — *Canon Hall*, fragment de l'axe de la rafle portant une ramification sessile
avec moignon. (Réduction
3/4, P. Viala et P. Pacottet.)

Leur point d'insertion forme un moignon qui laisse sourdre
un liquide épais, blanc laiteux.

P. Viala et P. Pacottet ont admis que, chez ces cépages à très
puissante végétation, les variations dans la pression de sève
provoquent à l'extrémité des ramifications des coups de bélier
fort à craindre vu la différence de circulation existant dans
un pédoncule atteignant jusqu'à 7 millimètres de diamètre et
dans des pédicelles filiformes groupés en bouquets sur une
tête de ramification.

J'ai fait greffer, en Argentine, des sarments de Muscat Canon
Hall très coulards, et j'ai pu vérifier que, sous un climat très
sec, très lumineux, l'obstruction à la circulation de la sève
apportée par un greffage récent donnait d'excellents résultats.

De très belles grappes ont été produites ainsi sans fécondation. J'ai vu des échecs, en France, même avec le greffage ;
mais j'estime qu'ils furent dus à ce que l'on avait à faire des
greffes très vigoureuses sur des troncs très forts. Il faut qu'il
existe un manque d'affinité tel entre le porte-greffe et le greffon que la pression de sève, dans le greffon, soit abaissée par
le bourrelet de soudure.

Pour remédier à ce défaut constitutionnel, on a essayé, avec des résultats divers, de ralentir le courant de sève général de la souche ou de la grappe. On diminue l'absorption des racines en maintenant l'humidité des serres aux environs de 80-90. L'incision annulaire, sur le sarment, au-dessus de la grappe, des ligatures à la corde ou au fil de fer, des incisions, des torsions du pédoncule, aident à la floraison.

Tous ces expédients ne réussissent pas toujours quand on ne sait pas dans quelle proportion on doit ou on peut ralentir la circulation. Des variations de température, des rognages excessifs modifient les résultats attendus.

Grappes secondaires. — On a remarqué, depuis les débuts de la culture du Canon Hall, que les rejets provenant du pincement des jeunes pampres étaient toujours pourvus de grappes secondaires.

Celles-ci sont beaucoup plus petites que les grappes apparues sur les pampres primaires. Pédoncules et rafles sont moins développés et à cette disposition correspond une fécondation naturelle excellente. Les grappes secondaires ne coulent point. Si bien que, dans le cas où l'on n'a pas réussi la première floraison, on peut obtenir une récolte avec ces grappes secondaires, non sans valeur, quoique plus réduites et à grains un peu plus petits. On les fait apparaître par des pincements importants.

Fleurs en étoiles. — Dans les serres très vigoureuses, arrosées trop abondamment à la floraison, on constate que l'épanouissement de la fleur de vigne se fait comme dans les fleurs normales du pêcher, cerisier, etc. Les pétales, au lieu de se détacher par leur base, s'ouvrent par leur sommet, formant un capuchon que les étamines rejettent. C'est un indice de coulure que l'on corrige, soit en diminuant fumure et arrosage, soit par une taille plus longue.

Fleurs encapuchonnées. — Le Golden Champion, son hybride le Buccleuch voient leur capuchon floral tomber tardivement. L'auto-fécondation se produit sans celui-ci, mais cette auto-fécondation est insuffisante et donne des grains n'atteignant pas la grosseur qu'on leur demande.

Des variations de température et d'humidité, aisées à produire, facilitent la chute du capuchon, et l'on y aide par de secousses du pédoncule, soufrage violent, frottement de la grappe dans la main.

Fleurs chlorotiques. — Lorsque les souches d'une serre ont souffert d'un accident ou maladie, Mildiou, Oïdium, surcharge de récolte, les fleurs apparaissent nombreuses, petites et n'ont point leur couleur verte habituelle. Il en est de même lorsque ces fleurs croissent à l'abri et à l'ombre de plusieurs rangs de feuilles, par des séries de jours d'hiver brumeux et peu lumineux. La fleur semble se faner dans des conditions normales, puis les grains de la grosseur d'un grain de pois se mettent à tomber sans cause apparente. On évite, par des rognages un peu intenses, l'anémie due au manque d'air et de lumière. Quant à l'anémie pathologique due à un mauvais état de la plante, on y remédie par la suppression de la plus grande partie des fruits et par de copieux arrosages nutritifs. Les pampres auxquels on conserve leurs fleurs sont pincés à deux et trois feuilles au-dessus de celles-ci.

Poils capités.

Dans les vignes très vigoureuses, en plein air et sous verre, lorsque l'at-

Fig. 118. — Jeune bourgeonnement recouvert, feuilles et tiges, de poils capités (grandeur naturelle).

Fig. 119. — Poils capités, très grossis, portés par une nervure.

mosphère est humide, on voit souvent les jeunes pousses, pampres et feuilles, se recouvrir de petites glandes perlées (fig. 118) qu'au premier abord on prendrait pour des œufs d'insectes. Ces petites proliférations (fig. 119) sont des productions des cellules de l'épiderme, qui, au lieu de pousser des poils courts ou cotonneux, émettent des poils globuleux à leur extrémité et très renflés. Ces poils n'ont aucune durée. Ils se dessèchent et noircissent très rapidement. Ils témoignent simplement d'une grande poussée de sève.

TÉRATOLOGIE

Fasciation.

Beaucoup de végétaux présentent cette particularité tératologique. La vigne en offre des cas dans le vignoble, mais c'est en serre que ces monstruosités sont répandues et se sont manifestées parfois, dans certaines serres, avec une généralisation telle qu'elles rendaient difficile le choix des grappes à laisser et la bonne répartition de ces grappes sur les souches.

La fasciation la plus fréquente est celle des rameaux. Deux ou plusieurs rameaux s'aplatissent et s'accolent sur une certaine longueur dès leurs bases, constituant un sarment lamellaire. Ces rameaux se détachent à partir d'une certaine hauteur et reprennent leurs formes primitives. Parfois la jonction est tellement complète pour les premiers mérithalles que la fasciation ne se soupçonne pas.

Dans ces fasciations, les longueurs des mérithalles des sarments constituants ne sont pas les mêmes. Si bien que des feuilles apparaissent sur le sarment fascié en un véritable désordre et parfois en bouquet, lorsque cinq ou six sarments sont accolés (fig. 120).

Dans les Forceries de la Seine, on s'est trouvé, plusieurs années successives, en présence des serres de Buckland forcés, où la fasciation atteignait la plupart des sarments de tête des souches. Les sarments fasciés et accolés au nombre de cinq, six, sept, huit, terminaient la lame de 2 à 3 centimètres de large qu'ils formaient par une tête de saule, véritable bouquet de feuilles, de petits bourgeonnements et de grappes qui, au nombre de trois, cinq, six partaient du même

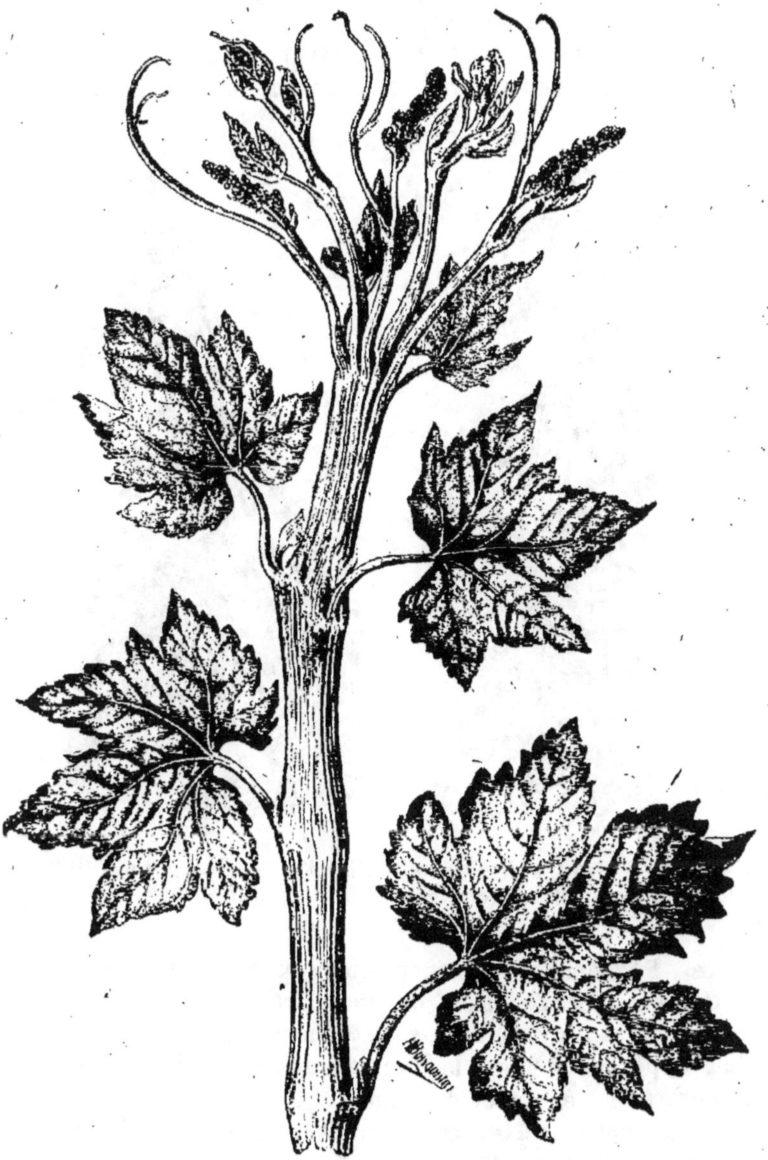

Fig. 120. — Rameau de *Buckland* fascié. (Photo Péchoutre.)

point. [Le choix des grappes et la suppression du feuillage inutile étaient fort complexes.-

Les grappes (fig. 121 et 122) portent au nœud du pédoncule des vrilles qui sont des rameaux principaux déviés et dégé-

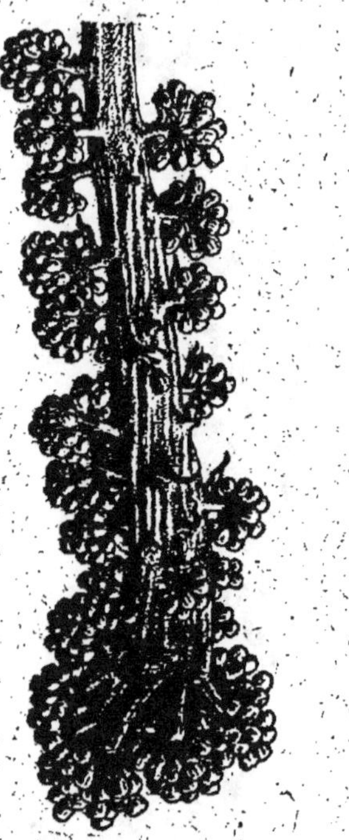

Fig. 121. — Grappe de *Canon Hall* fasciée à son extrémité.

Fig. 122. — Grappes multiples de *Buckland* fasciées.

nérés. Pédoncules, rachis principaux subissent souvent le phénomène de fasciation sur une partie de l'axe principal, et, à des niveaux différents, se détachent deux, trois extrémités de grappes qui rendent la grappe fasciée fourchue et étalent son extrémité en queue de paon.

Les grappes fasciées sont, pour leur rendre leur forme primitive, de ciselage difficile.

Il faut, dès que la grappe apparaît, bien détachée, avant la floraison, resséquer les diverses branches de la fourche pour n'en laisser qu'une.

Cet accident se rencontre aussi chez les feuilles. Parfois le

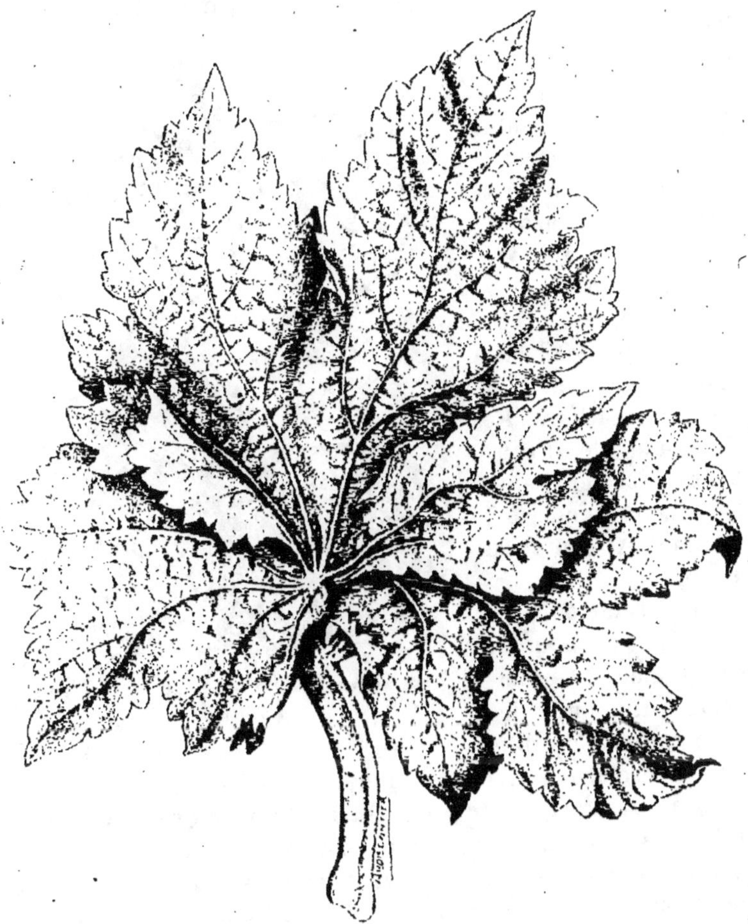

Fig. 123. — Feuille de *Buckland* fasciée.

pétiole montre, sur une certaine longueur, des formes nettes de fasciation. D'autres fois, il est à peine aplati.

Le limbe de la feuille, au lieu d'être tri ou quinqué-·obé, présente alors huit, dix, douze lobes accolés sur une certaine longueur et dans des plans différents (fig. 123).

Il n'est pas jusqu'aux grains eux-mêmes qui ne s'accolent avec pédicelles fasciés (fig. 124).

Comme on l'a dit, ces fasciations de sarments terminés par des grappes en bouquet et des grappes fourchues présentent des inconvénients pour les tailles en vert et le ciselage. Par la culture, on doit chercher à les réduire au minimum.

Les divers cépages ont des tendances variables à ces déformations. Le Buckland, le Frankental fascient surtout leurs rameaux ; le Black Alicante, ses grappes.

La fasciation provient de la poussée simultanée du bourgeon principal des yeux souvent doubles

Fig. 124. — Grain fascié d'*Alphonse Lavallée*.

en serre, sous une enveloppe unique, et des bourgeons adventifs nombreux et prêts à se montrer. La fumure excessive du sol, l'arrosage à l'eau chaude, l'air confiné chaud et humide dans lequel on tient les sarments avant leur débourrement amènent chez ceux-ci une poussée de sève et favorisent un développement désordonné des jeunes pousses. Il faut joindre à cela un départ brusque de végétation et qui n'est pas préparé par une élévation aussi progressive et lente des températures moyennes du printemps qu'à l'extérieur.

N'y a-t-il pas autre chose qui provoque une excitation cellulaire ? N'y a-t-il pas une réaction des tissus infestés l'année précédente par des bactéries toujours fréquentes dans les tissus des vignes forcées chaque année ou par les piqûres de la grise ? Charrin admettait cette hypothèse que nous acceptons ; M. Pechoutre cherche à résoudre ce problème aux Forceries de la Seine.

Les serres de Buckland, qui ont présenté, à Nanterre, des cas exagérés de fasciation, étaient toujours envahies par la grise au moment de la récolte. Forcées, en grand forçage chaque année, elles étaient naturellement fumées abondamment. Comme elles étaient près du chauffage central, abondamment pourvues de vapeur, les températures basses progressives n'étaient pas toujours observées.

Verrues.

Les *verrues* sont des altérations des organes de la vigne, feuilles et rameaux, spéciales aux cultures sous verre. Elles semblent très répandues. P. Viala et P. Pacottet, pour l'étude qu'ils en ont faite, en ont reçu de divers établissements de Belgique. M. Cordonnier (de Bailleul, Grapperies du Nord), leur en avait adressé présentant une certaine gravité. En général, ces déformations de la plante inquiètent les forceurs, quoique gênant fort peu la vie de la plante. Elles sont néanmoins une preuve que, soit la construction des serres où elles apparaissent, soit leur conduite, laisse à désirer.

Les verrues se présentent, sur la face inférieure des feuilles, sous forme de protubérances mamelonnées qui ont une fois et jusqu'à une fois et demie l'épaisseur du limbe, quand les verrues sont nombreuses et confluentes ; elles ont l'aspect d'une peau chagrinée, d'un vert peu différent de celui de la page inférieure du limbe. Elles conservent cette teinte pour la plupart des cépages jusqu'à la fin de leur période vitale ; elles ont seulement une tonalité plus mate, comme veloutée, dans un vert légèrement plus tendre que celui du parenchyme. Il est rare que la plus grande partie du limbe soit couverte de verrues tangentes et confluentes ; le plus souvent, il n'y a que des plages plus ou moins étendues entre les nervures qui ne sont jamais, même les nervures secondaires, englobées. Ces plages tranchent alors nettement par leur épaisseur, sur le plan inférieur de la feuille. Dans les cas les plus accusés, la feuille entière est couverte, sur le revers, d'un tapis de verrues presque continu, zébré seulement par les nervures principales plus claires, jaunâtres ou faiblement cuivrées suivant les cépages.

On n'observe pas de verrues même isolées sur le pourtour du limbe ou sur les dents, pas plus que sur le pétiole, les vrilles, la rafle ou les grains.

Les tissus de la face supérieure ne sont pas affectés par la déformation. Dans les régions des plages ou des points qui vont devenir verruqueux, on aperçoit sur l'épiderme une irisation d'aspect plus lustré, plus vernissé que le reste de la cuticule, comme si une laque légère y avait été déposée. Puis, plus tard, au moment de l'arrêt de croissance en surface des feuilles, ces points ou ces plages vernissés de la face supérieure prennent une teinte d'abord plus claire, ensuite plus jaune que le reste du limbe. Ce jaunissement passe ensuite à la teinte feuille morte.

A la période d'arrêt de croissance du limbe, les verrues, à la face inférieure, sont encore d'un vert mat. La décoloration générale qui gagne tous les tissus, avant la chute des feuilles, s'étend aussi sur les régions verruqueuses plus jaunes, plus brunies. Les feuilles tombent, mais les verrues restent proéminentes, même quand le parenchyme est déjà sec.

Les feuilles à duvet abondant, telles celles du gros Colman, du Muscat Dr Hogg, dissimulent les verrues sous les poils qui les recouvrent. Celles dont les nervures sont couleur carmin et dont les tissus élaborent beaucoup de matière colorante, comme l'Alphonse Lavallée, ont des verrues carminées. A la défoliaison, cette couleur devient rouge vineuse terne.

Il est rare que les verrues soient détruites en cours de végétation.

Elles s'affaissent parfois ou se dessèchent lentement sans déformation du limbe. Dans les serres surchargées d'humidité, très chaudes, les tissus déjà mortifiés des verrues sont le siège du développement de la pourriture grise (*Botrytis cinerea*) et d'autres champignons qui lèsent les tissus voisins. Dans son forçage, Cordonnier, de Bailleul, les considère comme nuisibles à la vie des feuilles.

Les verrues sont rares sur les rameaux. Elles se manifestent par un léger boursouflement en bandes ou en plages allongées, à contour mal défini, et sont toujours limitées sur la partie du rameau exposée directement à l'éclairement. La partie boursouflée est d'un vert mat un peu plus clair que

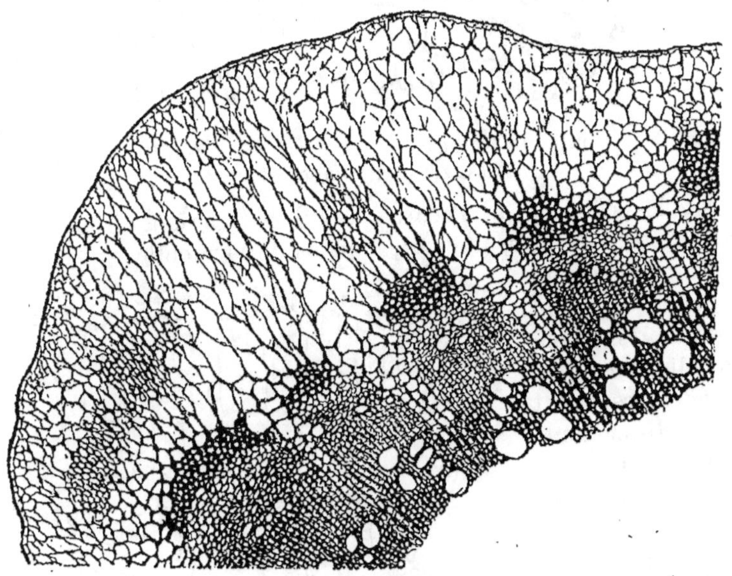

Fig. 125. — Tissus corticaux d'un pampre recouvert de verrues. Les cellules de l'écorce se sont allongées considérablement dans le sens radial (P. Viala et P. Pacottet).

celle des rameaux herbacés, et elle apparaît plus tardivement que sur les feuilles.

Les verrues prennent, à la fin de la végétation, la même teinte d'aoûtement que celle du rameau ; elles sont alors à peine tranchées et peu visibles.

Les verrues sont le résultat d'un étirement plutôt que d'une *prolifération des cellules*, provoqué par l'excès d'intensité lumineuse sur les organes en pleine période de croissance exagérée.

Dans les rameaux (fig. 125), cet étirement intéresse seule-

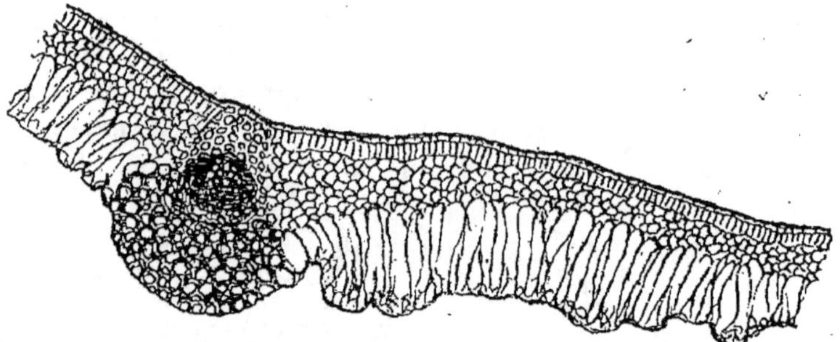

Fig. 126. — Coupe du limbe et d'un pétiole d'une feuille verruqueuse
(Viala et P. Pacottet).

ment les cellules de l'écorce avant les régions libériennes
sans déformation du liber, du bois et de la moelle.

Les feuilles nor-
males de vigne sont
formées d'un rang
de cellules en pa-
lissades reposant
sur un tissu lacu-
leux, comprenant
plusieurs couches
de cellules irrégu-
lières séparées par
des lacunes. Ces
tissus sont compris
entre deux épider-
mes formés d'un
seul rang de cel-
lules accolées avec
des stomates aux
pores abondants
(fig. 126, 127 et
128). Dans le cas de

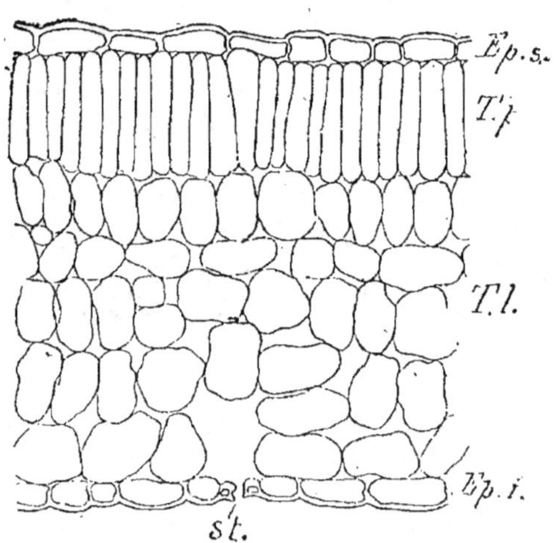

Fig. 127. — Coupe dans une feuille de vigne.

Ep. s., épiderme supérieur; T. p., tissu
palissadique; T. l., tissu lacuneux; Ep. i.,
épiderme inférieur; St., stomate.

verrues, les cellules du tissu lacuneux s'allongent perpendiculairement au limbe et donnent l'aspect d'un faux tissu palissadique placé sous l'épiderme inférieur.

Les verrues ne se produisent pas dans le nord de la France, quelle que soit la période de végétation où se trouve la vigne, durant les mois d'hiver. Ce n'est qu'en mai, juin, juillet et août, lorsque le ciel est très lumineux, que les verrues se développent sur les feuilles.

Depuis décembre jusqu'à fin avril, la lumière n'est pas assez

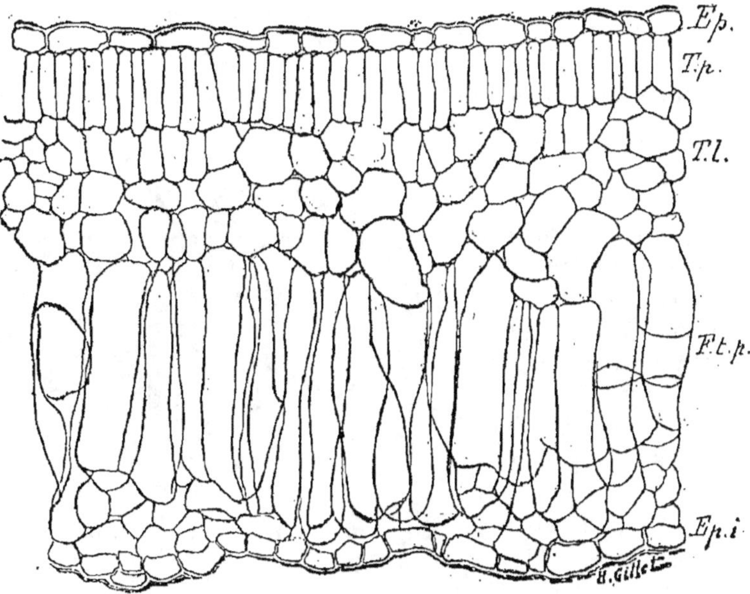

Fig. 128. — Coupe dans une feuille de vigne défor.née à sa surface inférieure par une verrue (Viala et Pacottet).

Ep, épiderme supérieur ; *T. p.*, tissu palissadique ; *T.'l.*, tissu lacuneux ; *Fl. p.*, faux tissu palissadique ; *Ep. i.*, épiderme inférieur.

intense. Leur production est favorisée par la grande vigueur des plantes, c'est-à-dire par une fumure abondante ou exagérée, aidée par des arrosages abondants. L'état hygrométrique élevé (70-90°) et une forte température (20-35°) prédisposent les organes en croissance à former des verrues sous l'action intense et directe de la lumière. Pour atténuer cette action des radiations lumineuses et calorifiques sur les vignes soumises au forçage sous verre et éviter la production des verrues, on ne peut qu'indiquer l'ombrage par les toiles ou les badigeonnages par les laits de chaux ou autres, plus ou moins denses, faits pendant les périodes des jours les plus lumineux. L'aération dans la masse foliacée des rameaux et dans l'ensemble de la serre, au moyen des ventouses, ajoute aussi, dans une faible mesure, aux effets utiles de l'ombrage.

Raisins piquetés.

Quel que soit le mode de chauffage des serres, il arrive fatalement que des grappes se trouvent soumises à un rayonnement calorique intense. Outre l'ercissement, l'arrêt de végétation que provoque une chaleur excessive, il arrive que les grains ainsi exposés paraissent couverts de petits points jaune brun, proéminents, très apparents (fig. 129).

Fig. 129. — Grains de raisin piquetés par une exposition à une chaleur excessive.

Ces petits points sont dus à un développement exagéré des dimensions des lenticelles, couronnes de cellules subérisées, qui entourent les pores du grain. Ce phénomène se produit extérieurement, les années très chaudes, sur la face des sarments exposés au midi-ouest.

Grains martelés.

Chez les variétés à gros grains et à pellicule épaisse poussant vigoureusement, l'ombilic est souvent jusqu'à la maturation, et parfois d'une façon définitive, refoulé complètement au fond d'une dépression.

Les bords de cette dépression sont en général lisses, mais

parfois aussi ils présentent deux ou trois plis, très accusés, partant de la cavité vers le point d'attache du grain (fig. 129).

Grains doubles.

Parfois des grains éclatent et laissent apparaître par la cicatrice un second grain de volume généralement plus réduit.

Fig. 130. — Grains de raisins martelés.

Ce dernier a tendance à s'ouvrir lui-même comme si un troisième allait sortir du second.

Fig. 131. — Grains doubles.

Ce même phénomène se produit pour les pêches, les oranges. Les botanistes donnent diverses explications de ces phénomènes.

Grappe chou-fleur.

Parfois l'axe principal de la grappe prend un volume excessif et ses ramifications secondaires et tertiaires se soudent entre elles. Les pédicelles sont à peine détachés, très renflés et terminés par un moignon informe provenant de plusieurs fleurs soudées et déformées. Il y a là une monstruosité du même ordre que celle présentée par les choux-fleurs (fig. 132).

ACCIDENTS DE NUTRITION

Les plus importants sont la *chlorose*, la *brunissure des feuilles*, le *court-noué*.

Court-noué.

Dans le court-noué, les pousses sont grêles, les mérithalles excessivement courts, surtout à la base des rameaux. Les entre-cœurs ou rejets apparaissent en grand nombre et, quoique très malingres, se ramifient aussitôt. Il en résulte un aspect buissonnant, souffreteux.

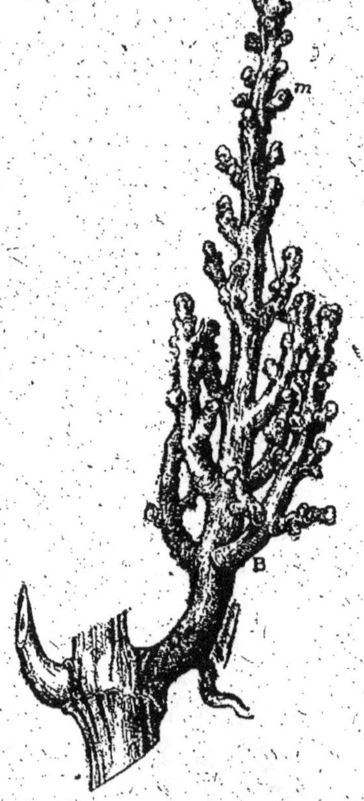

Fig. 132 — Grappe chou-fleur.

Les feuilles conservent des dimensions très petites et présentent des dents petites, très fines ; on dit qu'elles sont en *feuilles d'orties*.

Les grappes sortent malingres et se fécondent mal ou se sèchent.

A la chute des feuilles, les rameaux apparaissent bossués, exagérément boursouflés au niveau des nœuds. Parfois gercés sur leur surface externe, ils sont moelleux, cassants et s'aoûtent imparfaitement.

Les serres à vignes présentent des souches isolées ou toutes leurs souches atteintes de court-noué. Ce rachitisme est consécutif à un mauvais développement des racines et à l'insuffisance de radicelles, soit que les grosses racines soient mal adaptées au sol, lésées par des insectes, ou qu'elles ne soient pas suffisamment nourries par le feuillage. Ce dernier cas est la suite fréquente de forçages intenses et répétés, provoquant un affaiblissement général, ou la conséquence de surproduction, ou d'une altération du feuillage (grise, oïdium, fumées, etc.).

Brunissement.

Lorsque l'on arrose le sol de serres d'arbres fruitiers avec des solutions de purin ou d'engrais chimiques insuffisamment dilués, on constate, le matin du jour qui suit l'arrosage, que l'intérieur du parenchyme de la feuille a bruni par place. Ce brunissement, plus intense à la base des nervures, se diffuse tout le long de celles-ci. Si ce brunissement se généralise, la feuille noircit, se fane et tombe.

Cet accident se produit peu après le débourrement, lorsque l'absorption par les racines est extrêmement intense. Celles-ci conduisent dans les tissus des doses trop élevées d'engrais minéralisés solubles qui brûlent les tissus. L'unique remède consiste à noyer de suite le sol d'eau. Les vignes se sauvent très bien ainsi ; les pêchers, plus sensibles, perdent toujours des feuilles même peu atteintes.

Brunissure.

La brunissure des plantes de grand air, caractérisée par des plages brunes compliquées de tons rougeâtres sur la face supérieure des feuilles, est rare en serre,

Chlorose, panachure.

Il nous faut distinguer entre ces deux accidents, l'un toujours grave, la *chlorose* ; l'autre sans importance, la *panachure*.

Panachure. — A Nanterre, on a pu observer une souche de Buckland conduite en palmette oblique de 5 mètres de long, dont les quatre ou cinq dernières coursonnes portaient des feuilles panachées jaune et vert ou complètement jaunes ; ces feuilles se développaient et végétaient normalement. Parmi les fleurs de ces pampres, les unes étaient complètement jaunes à la floraison, et cependant la croissance se faisait normale. Dès son apparition, le grain était jaune, puis s'éclaircissait à la véraison. A sa maturité, il se présentait jaune-ivoire. Le moût de ces grappes ne présentait aucune différence dans sa composition avec celui des grappes normales. Seules, à la dégustation, la pellicule paraissait dépourvue de saveur propre.

La multiplication de ces sarments a redonné des vignes jouissant de cette propriété parfois plus accusée. On se trouve en présence de variations botaniques qui, si elles avaient de l'intérêt, auraient pu se fixer, comme on l'a fait pour les arbustes et plantes d'ornement.

Chlorose. — La chlorose ou jaunisse, elle, est au contraire redoutable peut-être plus en serre que dans le vignoble. Elle se manisfeste en général au début de la végétation, souvent lorsque celle-ci est le plus intense, c'est-à-dire un mois après le débourrement.

Au début de la chlorose, la teinte verte du feuillage perd son intensité. La feuille se décolore sur le pourtour et entre les nervures. La décoloration s'étend bientôt à toute la feuille, tandis que les bords, puis le limbe par bandes, et enfin toute la feuille se dessèche. Sa décoloration se propage aux rameaux herbacés. L'élongation de ceux-ci s'arrête. Des ramifications secondaires, puis tertiaires, très courtes, naissent à l'aisselle des bourgeons, et la plante prend un aspect buissonnant, rabougri, désigné sous le nom de cotis ou de court-noué.

Toute perturbation dans l'alimentation d'une plante, qu'elle soit due à des variations brusques de température, au manque ou à l'excès d'un aliment, peut être une cause de chlorose, et nous pouvons produire la chlorose en modifiant brutalement la nature ou la circulation de la sève.

Chlorose par variations brusques de température. — A l'air libre, au mois de juin notamment, on voit souvent les pousses jaunir à la suite d'abaissements brusques de température.

Aux environs de Paris, dans la région d'Enghien, les arbres fruitiers jaunissent souvent brusquement et complètement à la suite de pluies qui remplissent le sol d'eau froide. Cette eau gêne la respiration et modifient l'absorption des racines. Ces mêmes phénomènes se reproduisent en serre, par l'emploi exagéré d'eau glacée, ou par des grands abaissements de température avec vent qui ne permettent pas de maintenir la température correspondante à l'état de développement de la plante.

Chlorose par excès d'un aliment. — A l'institut Pasteur, P. Mazé a fait des recherches du plus haut intérêt en provoquant la chlorose chez des plantes de maïs très développées, auxquelles on offrait des solutions nutritives trop riches en un élément, par exemple la potasse.

A ce groupe de chlorose se rattache les chloroses calcaires. La chaux, sous sa forme calcaire, est parmi les éléments nutritifs utiles à la plante le seul corps qui puisse généralement se trouver en grand excès dans le sol. Au lieu de 2 p. 100 de calcaire qui serait nécessaire pour satisfaire aux besoins des vignes et pêchers, pendant de longues années, nous en avons trouvé aux Forceries de la Seine des quantités qui n'étaient pas moindre de 20 à 50 p. 100.

L'importance de la teneur pour 100 d'un élément tel que le calcaire aliment est, bien entendu, modifiée pour l'assimilabilité de cet aliment. Celle-ci dépend de la forme du calcaire dans le sol, c'est-à-dire de son état moléculaire. Dans le sol, en effet, on trouve le calcaire à l'état de dépôts poreux de formations récentes, dépôts incrustants, tuf, tuffeaux, restés très assimilables, ou de craies, etc. Dans le Jurassique, il se présente en bancs de roches denses, souvent cristallisées ; les calcaires provenant de ces dernières sont souvent peu solubles et partant à peine assimilables.

Si les vignes françaises se montrent plus résistantes au calcaire que la plupart des vignes américaines, il n'en est pas moins vrai qu'elles chlorosent également. Les vignes américaines, elles, sont comme les pêchers : dès que la teneur en calcaire atteint dans la terre fine 10 p. 100, des manifestations chlorotiques morbides peuvent se produire.

Nous avons parlé d'assimilation ou mieux de dissolution de ces calcaires. Tout ce qui va les faciliter et les faire passer en plus grande abondance dans la plante va accroître la chlorose. Ainsi s'explique l'effet des arrosages trop abondants, l'action des fumiers dont les fermentations et les composés acides sont des agents puissants de solubilité du calcaire, c'est-à-dire d'exagération de la chlorose.

Chlorose par insuffisance d'alimentation. — Prenons une vigne en pot, vigoureuse et saine, ayant déjà des pousses de 40 à 50 centimètres de long en pleine végétation. Lésons brutalement bois et liber au niveau du collet des racines. Les jeunes pousses continuent de croître, mais les feuilles nouvelles apparaissent jaunes et ne redeviendront vertes qu'au moment où la plante aura réparé ses lésions et que le courant de sève ne sera plus réduit.

Ce que nous produisons expérimentalement dans les pots a lieu fréquemment pour les arbres de forçage. Une vigne, un pêcher, manifestent brusquement en sol non calcaire du jaunissement de tout ou partie de leur souche. Mettons les racines à nu, inspectons-les. Nous allons trouver des lésions d'outils ayant sectionné ou mâché de grosses racines, des perforations de racine par le pal ou des brûlures faites durant le traitement au sulfure de carbone. Parfois l'ensemble du chevelu présente des racines mortes à la suite des piqûres du Phylloxera, ou bien des nécroses profondes, allant jusqu'à la moelle, des racines principales rongées récemment par des larves de Gribouri, d'Otiorhynques. Quelquefois des éclatements de racines, sous la poussée de la sève, mal cicatrisés, sont en cause.

Lorsque l'on fait cette inspection des racines dans des cas de chlorose se produisant peu après le débourrement, on constate une absence complète d'émission de petites radicelles. Les feuilles malades à l'arrière-saison ou épuisées par un excès de production n'ont pu envoyer des réserves aux racines, et celles-ci, qui ne reçoivent rien des jeunes pousses nées des réserves du tronc et du sarment, ne peuvent émettre en nombre suffisant ces radicelles, les seuls suçoirs des sucs nourriciers du sol.

Chlorose par croissance exagérée. — Les pêchers et les vignes débourrent au printemps avec une force extrême, facilitée par l'humidité de l'air et du sol. Si le temps n'est pas très ensoleillé, il se passe dans la serre ce qui a lieu dans une pièce mal éclairée, chaude et humide, où l'on tient des plantes d'ornement. La formation de la chlorophylle est tellement réduite dans les tissus jeunes élevés en air confiné que les jeunes pousses paraissent jaunes. Quelques jours de grand soleil remettent les choses au point.

On constate ces chloroses peu durables sur les rejets qui suivent un rognage intense des vignes, ou chez les jeunes pousses des pêchers, futures branches fruitières que l'on fait développer rapidement après la récolte des fruits.

Remèdes des chloroses. — Tous les cas de chlorose, quels qu'ils soient, se traduisent par une formation insuffisante de chlorophylle, substance verte des feuilles. Sans cette substance active, le travail cellulaire d'élaboration de celles-ci n'a plus lieu. La plante ne se nourrit plus, s'étiole, dépérit. Il faut donc avant tout assurer la formation de cette chlorophylle.

Aucun agent ne s'est montré jusqu'à ce jour un adjuvant plus actif que le fer. Quel que soit son mode d'action, la chlorophylle réapparaît avec l'arrivée du fer dans les tissus de la feuille. Dans tous les cas de chlorose, il faut donc faire pénétrer du fer dans la plante, en nous adressant pour cela aux racines, aux troncs, aux feuilles.

Absorption du fer par le tronc et les sarments. — *Traitement du Dr Rassiguier.* — Le Dr Rassiguier opère sur les plantes surtout à fin et au début de la végétation. Il se sert comme porte d'entrée des plaies que nécessitent la taille : celles-ci sont badigeonnées avec des solutions de sulfate de fer à une température de 15 à 30°.

Les solutions de sulfate de fer ne peuvent pas dépasser 38 à 40 p. 100, degré où l'eau à la température ordinaire est saturée par ce sel. Pour arriver pratiquement à ce titre, il faut même porter l'eau de solution à 50°. Ces solutions, très acides brûlent un peu les tissus, surtout si ceux-ci sont souffreteux et mal aoûtés. On peut abaisser les solutions à 15 ou 20 p. 100. En outre, pour ne pas altérer les tissus que l'on veut conserver, on laisse à la taille des chicots de 2 à 3 centimètres, profondeur à laquelle les tissus peuvent être corrodés.

L'époque la plus favorable pour les badigeonnages est à la chute des feuilles, lorsque la sève est dite rentrante. L'absorption par les tissus à cette saison est facilitée, tandis qu'au printemps, lorsque la sève est montante, c'est-à-dire cherche à s'échapper, bien peu de fer peut pénétrer dans les tissus.

On peut utiliser ce mode d'absorption du fer en faisant des plaies au moment de l'aoûtement des tissus, soit par une taille prématurée, soit à l'aide de plaies superficielles. Sur des tissus insuffisamment ligneux, le sulfate de fer pénètre, mais brûle ; il est préférable de recourir à des sels de fer, à base d'acide végétal, tel l'acide citrique. En forçage, la valeur des fruits permet l'emploi du citrate de fer. Avec lui aussi, on peut songer à faire absorber du fer par des plaies rafraîchies et baignant dans une solution à 1 p. 100 de ce sel à l'aide de petits réservoirs annulaires que l'on confectionne dans l'établissement.

Absorption par les feuilles. — La feuille absorbe suffisamment les solutions que l'on pulvérise à sa surface pour qu'on puisse faire absorber le fer par cette voie. A la suite de pulvérisations à 200 et 300 grammes par hectolitre, on voit des taches vertes diffuses se former au point où les gouttelettes ferreuses sont tombées. Ces solutions ferreuses brûlent quelquefois. Il est utile de les pratiquer à la tombée du jour ou de grand matin, pour éviter une crispation des feuilles.

Les pulvérisations peuvent être faites aussi fréquentes qu'on le veut. Elles laissent sur la feuille un dépôt ferrique gris rouillé. Les pulvérisateurs ordinaires en cuivre sont attaqués par le sulfate de fer. Il vaut mieux utiliser les appareils à pression d'air en verre ou à revêtement de plomb.

Absorption par les racines. — Le procédé le plus simple consiste à semer sur le sol du sulfate de fer dit *en neige*, c'est-à-dire moulu aussi finement qu'il est possible. On arrose ensuite.

Dans les serres, où les surfaces sont toujours restreintes, on peut utiliser le sulfate de fer à haute dose, vu le bas prix de ce produit (environ 5 francs les 100 kilos).

Ces hautes doses ne sont pas nocives à cause de la transformation du sulfate de fer sur la terre et dans le sol. A l'air, le sulfate de fer que l'on nous vend passe de l'état de sel ferreux, verdâtre et soluble, à l'état de sel ferrique, gris-rouille très peu soluble. Le sulfate ferreux, qui pénètre solubilisé dans le sol, rencontre des alcalins sous forme de carbonates et de bicarbonates, notamment de carbonate de chaux.

Cet élément calcaire décompose le sulfate de fer et le transforme presque immédiatement en sulfate de chaux et carbonate de fer insolubles. L'eau du sol dissout un peu de ce carbonate de fer, qui est absorbé par les racines. L'emploi des hautes doses en forçage est rationnel et ne provoque aucun accident.

Le sulfate de fer épandu sur la terre descend, grâce aux arrosages, assez rapidement dans le sol. On peut activer son action en le présentant à la plante en solution. On peut utilement arroser les plantes chlorosées avec 10, 20, 30 litres d'eau renfermant 100 grammes de sulfate de fer au litre. Les arrosages se font en couronne, à 50 centimètres à partir du tronc et à raison de 10 litres par mètre carré occupé par les racines. Ce traitement peut se répéter tous les dix à quinze jours tant que la plante n'est pas redevenue verte.

Les hautes doses n'ont aucun inconvénient dans la plupart des sols qui renferment des bases : potasse, soude, chaux, etc. Dans les sols sableux, au contraire, il ne faut pas dépasser 10 à 20 grammes au mètre carré pour éviter d'acidifier l'eau du sol. Dans les sols calcaires, ces doses peuvent être notamment plus élevées. Dans des serres de pêchers, à racines délicates, nous avons appliqué couramment 100 à 200 grammes de sulfate de fer par mètre carré, et cela à plusieurs reprises au cours de la végétation. Dans certaines serres, on a ainsi appliqué plus de 10 000 kilogrammes de sulfate de fer à l'hectare annuellement.

Avec P. Viala, nous avons non seulement sauvé vingt serres de pêchers mourant de chlorose calcaire dans un sol renfermant de 20 à 52 p. 100 de calcaire, mais ces arbres ont repris leur vigueur et ont fourni des récoltes abondantes de beaux fruits parfaitement colorés. Il faut se rappeler que l'action des sels de fer sur la coloration des fruits est toujours très utile.

Dissolution et manipulation du sulfate de fer. — Le sulfate de fer acide que livre le commerce attaque le fer et le cuivre. On le fait dissoudre dans des fûts de bois armés de cercles de bois ou dans des bassins de ciment armé. On manipule ces solutions avec des brocs de bois ou des pots de terre munis d'anses en corde. Pour badigeonner, les pinceaux sont en bois, pourvus d'une houppe d'étoupe serrée à la ficelle.

Pour fondre les cristaux, on les suspend, dans l'eau, enveloppés dans un nouet de toile.

A côté de vignes chlorotiques par excès de calcaire, mais pourvues de bonnes racines et végétant dans des sols riches, on trouve ces mêmes vignes dans des sols pauvres. En outre, si le fer est un médicament, il ne régénère pas les tissus appauvris des plantes souffreteuses par insuffisance de radicelles et de bonnes racines. Il faut apporter à ces plantes une alimentation immédiatement prête à être absorbée et aussi abondante que possible. On y arrive en répandant sur le sol les terreaux riches et ferrugineux que nous avons appris à faire au chapitre des engrais. L'arrosage amène aux racines les sucs nutritifs de ces terreaux, rendus assimilables par leur fermentation.

A défaut de ces terreaux, on a recours aux solutions minérales, aux purins minéralisés. Rappelons seulement que les phosphates et les sels de fer s'insolubilisent réciproquement à un degré tel qu'il ne faut pas les employer simultanément.

TROUBLES DE CIRCULATION

La sève, chez la vigne, circule à haute tension, tension nécessitée par une surface foliaire considérable et très active comme évaporation. La feuille de vigne est largement pourvue, surtout sur sa face inférieure, de cellules stomatiques en communica-

tion avec un tissu lacuneux capable d'émettre de grandes quantités de vapeur d'eau, comme nous l'avons mesuré. On conçoit
que tout ce qui touche à cette circulation, suppression de feuillage, gel du feuillage, refroidissement extérieur, insuffisance

Fig. 133.

A, broussins sur une souche; B, broussins sur un sarment.

d'absorption par les racines, excès d'évaporation, provoque des
lésions considérables ou des phénomènes bizarres qui se traduisent sous forme de *folletage*, *broussins*, *pédicelles*, *coulures
du Muscat Canon Hall*, *pleurs des feuilles*.

Broussins.

Si sur une vigne, un pêcher, etc., on pratique, au cours de
a végétation, des suppressions, des pincements, des rognages

importants des pampres et branches en pleine voie de développement, on diminue immédiatement l'utilisation de la sève ascendante. Celle-ci, lancée avec une force qui peut atteindre comme pression plus de 10 mètres de hauteur d'eau, comme l'ont démontré les mesures de Hales et de Neubauer, provoque des coups de bélier, c'est-à-dire que brusquement la pression de la sève est doublée, triplée même dans tout le système circulatoire.

Cet excès de pression se manifeste surtout dans les points où existent des rétrécissements, des obstacles à la circulation, tels les arcures des branches fruitières, les soudures des greffes. En ces points, la sève se diffuse, s'extravase entre les tissus cellulaires et forme des masses pseudo-cellulaires extérieures, au niveau des greffes, au collet des racines, aux coudes des branches. Ces masses portent le nom de broussins. Elles sont très fréquentes dans la culture des vignes greffées en pots au niveau de la greffe. Il en est de même pour les jeunes greffes sur gros tronc (fig. 133).

Fig. 134. — Broussins sur racine de pruniers Saint-Julien, porte-greffes de pêchers forcés.

Chez les pêchers greffés sur prunier, on est obligé de sectionner constamment les rejets des racines. Au bout de peu d'années, on trouve en terre, à 10-15 centimètres de profondeur, des broussins nés sur les racines, et atteignant la grosseur de la tête d'un enfant (fig. 134).

Il est bon de sectionner les broussins avec des instruments parfaitement tranchants et de désinfecter les cicatrices au sulfate de fer pour les vignes, au jus d'oseille pour les pêchers. Pour ces derniers surtout, il est bon de recouvrir les plaies de mastic Lhomme-Lefort.

Folletage. — Apoplexie.

Durant toute leur végétation, les plantes des forceries sont sujettes à des accidents brutaux, capables d'anéantir vignes, pêchers vigoureux, en quelques heures. Ces maladies soudaines portent le nom d'*apoplexie* ou *folletage*. On voit soudainement, à une heure quelconque de la journée, les feuilles puis les rameaux se flétrir brusquement en deux ou trois heures et se dessécher ensuite. Un pampre détaché d'une souche et laissé au soleil, à côté de la souche folletée, ne se fane pas plus vite.

Cet accident est surtout fréquent, dans la période de grand développement de ces plantes, en juin-juillet, pour les serres froides. Il est dû à un manque d'eau dans les feuilles par suite d'une différence brusque entre la transpiration par les feuilles et l'absorption par les racines. La plante se sèche et l'examen des racines n'accuse rien d'anormal. Le sol lui-même est suffisamment humide pour fournir toute l'eau nécessaire, sans toutefois que nous sachions si l'eau arrive suffisamment vite par capillarité aux parties en contact avec les racines. Les arbustes sont frappés de même façon, greffés ou non, de telle sorte que la différence de calibre entre le porte-greffe et le greffon, l'action du bourrelet de soudure ne peuvent être invoqués.

Le folletage ne frappe quelquefois qu'une partie du végétal. Dans ce cas, l'ablation de la partie atteinte peut être utile ; on a vu néanmoins l'apoplexie continuer son œuvre sur le reste du végétal après cette opération.

Quand un arbuste est au début d'une attaque d'apoplexie, on l'ombre complètement et on le pulvérise toutes les heures avec de l'eau fraîche ; on peut supprimer aussi les branches en excès et diminuer par des rognages la surface foliaire. Ces traitements, que j'ai fait pratiquer à diverses reprises, n'ont jamais donné de résultats bien satisfaisants. La plante reste souffreteuse très longtemps, et généralement il faut la rabattre complètement près du sol.

Certaines variétés sont plus fréquemment atteintes que d'autres ; on a pu voir, dans une serre de Saint-Jeannet, un cer-

tain nombre de souches être frappées successivement en même
temps que des vignes en pots placées dans cette serre et dont
les plants provenaient de sarments de ces souches.

Maladie des pédicelles.

Dans la culture des vignes sous serrre, aucune maladie ne
détruit aussi sûrement et aussi soudainement la récolte que
la maladie dite du pédicelle, car elle rend inutilisable les
plus belles grappes. Cet accident se produit, en général, au
moment de la pleine véraison, quelquefois un peu avant.
Il est toujours précédé d'une période de mauvais temps ou
de brusques changements de température, et frappe surtout
les raisins des serres froides ou assistées, au moment de leur
véraison, c'est-à-dire, pour les précoces, en juin-juillet, pour
les non précoces, en août-septembre. C'est du reste dans ces
mois que se produisent les sautes de température les plus
considérables dans le nord de la France et les autres grandes
régions de forçage.

Les pédicelles atteints de cette maladie se dessèchent sans
que les ramifications sur lesquelles ils s'attachent ou les grains
qu'ils portent paraissent en souffrir. Au bout de peu de temps,
il est vrai, les grains, dont le pédicelle est sec, ne recevant
plus de nourriture, se fanent sans mûrir, puis se dessèchent
ou pourrissent, suivant le degré d'humidité de la serre. Les
ramifications, elles-mêmes, finissent par s'altérer, soit que la
cause d'altération des pédicelles les ait aussi éprouvés, soit
que la nécrose des tissus du pédicelle se communique à eux.
Dans ce dernier cas, les champignons des tissus morts ou
affaiblis, tels le *Botrytis Cinerea*, doivent activer la dessiccation
des ramifications de la grappe.

A son début, le pédicelle se manifeste par un anneau brun
plus ou moins étendu, parfois un point brun noirâtre sur une
partie quelconque du pédicelle.

Divers auteurs ont attribué le pédicelle à l'action de microorganismes. L. Ravaz a pensé au *Botrytis Cinerea* Cugini et
Macchrati, d'une part, Prilleux et Delacroix, de l'autre, décri-
vent une maladie bactérienne des grappes.

Paul Nypels, en Belgique, qui a le mieux résumé la question, après de nombreuses observations et inoculations, a conclu à la nature non parasitaire de cette altération.

J'ai repris la question et n'ai pu trouver aucun organisme, microbe ou champignon, dans les tissus, au début de l'invasion, bien entendu, car les microorganismes de décomposition qui surviennent dans les parties atteintes, quelques jours après l'apparition du pédicelle, ne peuvent être pris en considération.

M. Gravis, après une étude du pédicelle, l'a attribué à une nutrition troublée. Ubanski admet l'intervention d'un refroidissement brusque succédant à une période de grandes chaleurs. D'après lui, les plantes très fumées, fortement taillées, sont plus atteintes que les autres. En outre, les grappes protégées par un feuillage épais ont moins à souffrir.

J'admets volontiers que le pédicelle dérive d'une nutrition troublée, ou mieux d'un grand trouble circulatoire provoqué par des variations brusques de température, chez les variétés très vigoureuses et à régime de circulation de sève extrêmement intense. Prenons un exemple : parmi les variétés les plus atteintes en fréquence et en intensité se trouve le Muscat Canon Hall. Tous les ans, au moment de la véraison, il est rare que les plus avancées ou les moins avancées des grappes comme maturité ne soient pas pédicelles. Cela est tellement régulier que j'ai pu penser à une cause parasitaire, restée latente jusque-là, éclatant brusquement au moment où la sève devient sucrée, moins acide, c'est-à-dire au début de la véraison. Or ce Muscat Canon Hall présente, lors de sa floraison, des accidents des pédicelles, tels que ceux-ci tombent, par suite des coups de bélier produits par variations brusques de pressions de sève. Trés rares sont les souches qui échappent et conservent quelques grappes plus ou moins dégarnies. Cette variété, très vigoureuse, à bois gros peu dense, pourvue d'un système circulatoire trés développé, est des plus sensible au froid. Pour la protéger du pédicelle, le meilleur est encore de la cultiver en serre close légèrement chauffée afin de diminuer les à-coups de température.

A côté de ce pédicelle physiologique, il faut citer les attaques des ramifications florales par le *Botrytis*. Celui-ci commence ses dégâts un peu avant la fleur, pendant celle-ci et surtout lorsque le raisin vient de nouer. Le ciselage en aérant la grappe, par suppression de trois quarts de ses grains, guérit ou prévient les lésions du champignon. Les parties de rafle attaquées se cicatrisent, et le *Botrytis* reste dans les tissus à l'état sclérotique. Deux mois après, les grains ont grossi, se sont serrés et le centre de la grappe n'est plus ni aéré, ni ensoleillé. Après des bassinages par temps humide, ou à la suite de un, deux à trois jours de pluie, le *Botrytis* se réveille, envahit une ramification et tout ce qui est au-dessous de la région pourrie se dessèche ou tombe. Ces attaques de *Botrytis* n'ont rien de commun avec le pédicelle physiologique.

Contre la maladie du pédicelle, il faut assurer à la plante un jeu de racines excellent, et lui conserver, par l'ensemble de sa culture, un développement régulier. Il faut surtout éviter les pincements, les rognages intenses, qui ont toujours une grosse répercussion sur la circulation de la sève, c'est-à-dire sur le jeu des racines et leur développement. De légers chauffages protègeront les souches de changements brusques de température et par suite les grappes du pédicelle.

Le pédicelle apparaît aussi durant la conservation des grappes sur souche ou en chambre. Il est dû au *Botrytis*, mais plus souvent encore c'est un simple desséchement des ramifications de la grappe qui ne sont plus alimentées.

Pleurs des feuilles et dépôts blanchâtres.

Le matin, aux premières heures du jour, à certaines époques du printemps, et avant les bassinages, on constate que les feuilles de vigne portent à l'extrémité de chaque dent des gouttelettes d'eau très grosses qui tombent sur le sol, puis d'autres se reforment. Vers les neuf heures, elles sont disparues complètement, mais leur évaporation laisse des dépôts blanchâtres qu'au toucher on reconnaît granulés et cristallisés

Ces phénomènes se produisent surtout en mai, à la suite de

chutes importantes de pluie peu froide, par un temps quelque
peu brumeux et lourd. Ils sont dus à un excès de pression
de la sève dans la feuille qui se traduit par une sudation de
sève à travers les déchirures des tissus les plus jeunes et les
moins résistants.

Ces tissus sont justement ceux constituant les dents sur
le pourtour du limbe de la feuille.

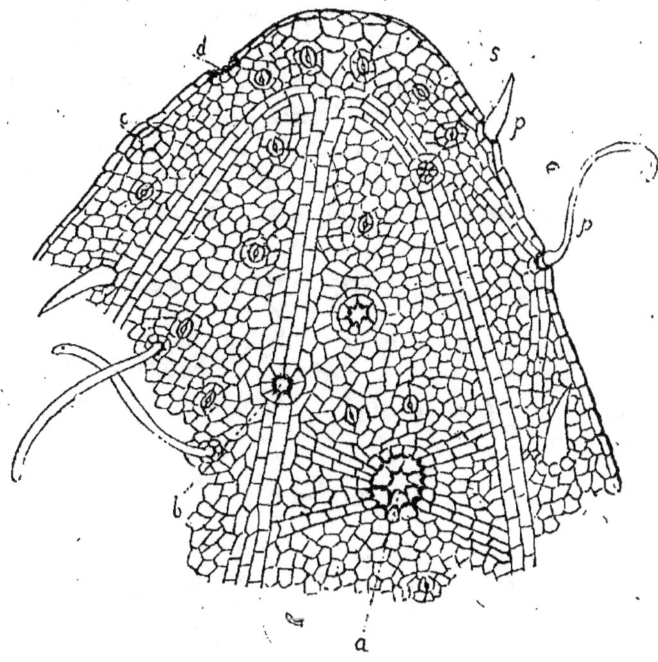

Fig. 135. — Épiderme supérieure dans la région d'un mucron.
pp', poils; s, stomates; a, b ,c, d, différents orifices de sortie du
liquide cellulaire.

Ces déchirures se produisent au niveau des cicatrices à
peine fermées que laisse, dans les cellules de l'épiderme,
l'arrachement des poils de la jeune feuille au moment du
débourrement. Celle-ci est en effet enveloppée dans un feutrage
dû à l'enchevêtrement des longs poils dont son épiderme supérieur est recouvert. Quand elle se développe et croît, il se

produit des arrachements qui laissent des cicatrices en boutonnière susceptibles, les premiers jours, de s'ouvrir sous la moindre pression (fig. 135). Ces pleurs et les dépôts blanchâtres que l'on pourrait confondre avec du Mildiou ne doivent pas nous arrêter une fois leur origine indiquée.

Gomme ombilicale.

Nous avons observé, au mois d'avril, dans les serres belges d'Hoeylaert, sur des grappes de Frankental conservées sur souches depuis l'année précédente et sur la même variété achevant sa maturité, des gouttes de matières gommeuses qui perlaient autour de l'ombilic. Cette exsudation du grain est due vraisemblablement à des poussées printanières violentes de sève en rapport avec un sol surchargé d'eau.

ACCIDENTS DE CHAUFFAGE

La mauvaise répartition de la chaleur dans les serres provoque l'*ercissement* et des *brûlures*. Il en est de même des dégagements de gaz chauds de combustion et des échappements de vapeur.

Brûlures.

Brûlure des troncs. — Dans les chauffages flamands, les gaz sortent à une température très élevée du fourneau et portent, à la sortie de celui-ci, les tuyaux de briques ou de tôle à de hautes températures ; ceux-ci radient contre les troncs voisins des arbres fruitiers. Ces radiations frappent les tissus corticaux, les tissus libériens et les dessèchent. La zone cambiale de multiplication ne fonctionne plus, et les troncs présentent une bande longitudinale de tissus qui ne croissent plus et prennent un aspect blanchâtre par suite de l'introduction de l'air dans les cellules des tissus. La partie du tronc qui ne reçoit pas les radiations chaudes ne souffre pas; néanmoins l'arbre dépérit assez vite.

On supprime cet inconvénient en munissant les zones surchauffées des tuyaux d'une seconde enveloppe communiquant à l'air libre. Cette seconde enveloppe peut être de terre ou de tôle.

Brûlure du feuillage. — Malgré la vérification des poteries et des tuyaux de tôle que traversent les gaz chauds, des canalisations de vapeur, il arrive fréquemment que ces tuyaux laissent échapper des gaz, des fumées ou de la vapeur. Les premiers empoisonnent en même temps qu'ils brûlent ; les seconds se contentent de brûler.

Dans le cas de l'émission de vapeur, il arrive souvent que seuls les rebords des feuilles, tissus plus jeunes et qui collectent l'humidité provenant de la condensation de celle-ci, sont brûlés, tandis que les autres parties de la feuilles sont intactes. Avec les gaz de combustion, tous les tissus sont plus ou moins intoxiqués.

Si ces accidents se produisent au début de la végétation, on peut considérer la récolte comme compromise, et il ne faut songer qu'à sauver les plantes et préparer de nouvelles pousses saines afin de refaire des bois de taille pour l'année suivante.

Une fois la serre ventilée, s'il s'agit de gaz chauds, il faut badigeonner aussitôt à la chaux, — et d'autant plus que l'on est avancé en saison, — les vitrages afin d'éviter les coups de soleil qui pourraient achever le grillage des tissus brûlés. Bien qu'il n'y ait plus à compter avec la récolte, on continue à chauffer la serre très modérément vers 13-15°, jusqu'à ce que les pousses nouvelles et l'avancement de la saison permettent de supprimer le chauffage.

S'il survient au printemps et à l'automne des refroidissements atmosphériques, on assiste la serre par de légers chauffages pour que sa température ne soit jamais inférieure à 10-12°. C'est seulement à ce prix que l'on peut assurer la bonne maturation des jeunes bois végétaux intoxiqués poussés tardivement.

En revanche, par les beaux jours, on donnera une aération maxima. Des fumures assimilables (purin artificiel à faible dose) très répétées, des arrosages moyens que l'on diminue dès fin août assurent l'alimentation de la plante. Inutile de dire que l'on supprime toutes les grappes, même celles qui, aussitôt après l'accident, paraissent indemnes, car les fruits n'arrivent pas à terme.

Occupons-nous du feuillage brûlé et intoxiqué. Les premiers jours il faut bien se garder d'y toucher, car, si l'on veut éviter des arrêts de sève, il est utile que les parties saines des sarments ou des feuilles continuent de fonctionner. Or on ne les distingue qu'au bout de quelques jours. A ce moment, on procède alors à des écimages des extrémités atteintes, suppressions des feuilles flétries, nouvelle taille plus courtes des coursons dégarnis afin de favoriser les départs des yeux latents. Ces tailles, en serre, se font un peu chaque jour. Les feuilles crispées, grillées sur les bords, sont supprimées seulement après un nouveau débourrement, lorsque le jeune feuillage est déjà abondant. Il vaut mieux les retirer, car leurs tissus lésés semblent élaborer une sève peu favorable à la santé de la plante, surtout lorsque l'ulcération est due aux gaz de combustion.

La résistance aux brûlures des gaz et de la vapeur augmente avec l'âge du feuillage et des fruits. Les lésions peuvent être superficielles et gêner seulement durant quelques jours les fonctions des feuilles. La peau des pêches réagit et, en 1909, toutes les pêches d'une serre étaient verruqueuses à la maturité, par suite de la réaction des cellules épidermiques, lésées par un dégagement accidentel de fumées sulfureuses.

Ercissement.

Nous avons vu aux chapitres du chauffage et de la conduite des serres la nécessité qu'il y avait à maintenir, dans leur atmosphère, une certaine humidité (60-70 d'hygrométrie) extrêmement favorable à la vie cellulaire de la plante. Si, dans les périodes de grand travail de la plante, après la fleur, quand elle développe son feuillage et mûrit ses graines (pépins, noyaux), c'est-à-dire dans la période qui précède la véraison, cette humidité atmosphérique lui fait défaut, elle en souffre, d'où retard dans la maturation.

Cette souffrance est surtout intense pour les plantes et grappes qui, par leur situation, sont exposées, baignées dans le courant d'air violent sec et chaud qui part des parties surchauffées des tuyaux de tôle, dans le chauffage flamand, des radiateurs, dans les chauffages à la vapeur. Tous les organes verts, en activité, sont *stupéfaits* sous l'action de ce courant d'air trop chaud, dont la température, aidée par l'action solaire, fait dépasser aux tissus la température maxima de la vie cellulaire. Ces tissus, pour ne pas se dessécher, ferment leurs pores ; les échanges gazeux avec l'atmosphère ne se font plus, et c'est une vie réduite, une immobilisation vitale qui en résulte.

Le feuillage ne se flétrit pas. Il *durcit et cesse* de fonctionner, c'est-à-dire de produire les matériaux de réserve, sucre, parfums, matériaux azotés pour les pépins, qu'attend le grain après sa véraison. Puis les feuilles tombent prématurément.

Le grain, qui à la véraison se décolore lentement par migration de la chlorophylle des cellules de la peau, devient vert bleu. Au lieu de se dorer ou de devenir bleu, noir, à mesure que la maturation avance, il prend une teinte vert transparent. Il a tendance à rester petit ou, s'il grossit, c'est à force d'arrosage au pied de la souche, et sans se sucrer. Sa dégustation montre bien qu'il ne prend pas la saveur caractéristique du cépage, mais il donne un arrière-goût étrange. Son acidité reste assez élevée parce que les cellules du grain comburent mal leurs sels acides qu'elles utilisent pour leur vie propre.

Les sarments jaunissent tout d'un coup, souvent par plaques, au voisinage des nœuds ; puis ils prennent la teinte du bois mûr d'une façon prématurée. On est tout étonné de les trouver avec les caractères des bois mal aoûtés. Ils sont cassants, d'un vert trop accusé, et leur moelle est brune ou noire. Les yeux sont petits, resserrés, trop pointus, le liège excessif, les lenticelles très accusées. A la chute de l'écorce, au printemps suivant, celle-ci se détache mal, comme si la plante n'avait pas la force d'expulser les tissus dont elle doit normalement se débarrasser. Ses jeunes pousses naissent aplaties, fasciées, malingres, et ne se rétablissent que par la suppression du chauffage. Que l'on tempère ce courant d'air sec ou mieux que l'on se contente par des dispositifs divers de le rendre humide et d'une humidité croissante avec sa température, et tous ces accidents disparaissent comme par enchantement.

Nous rapporterons une observation très complète sur l'ercissement dans les serres.

Dans une serre, chauffée à la vapeur, les radiateurs à ailettes débutaient dans la serre par un tuyau de fonte de $2^m,50$ de long dépourvu d'ailettes. Au-dessus de ce tuyau, le chauffage était moins puissant, et il y eut, jusqu'à la véraison, un retard de végétation de quinze jours à trois semaines par rapport aux souches situées au-dessus des tuyaux à ailettes. Non seulement ce retard fut regagné, à la véraison, par les souches et les grappes qui ne supportaient pas le courant d'air chaud et sec, produit par la surface considérable des ailettes, mais ces grappes arrivèrent à maturité très dorées, à grains gros et succulents, tandis que, dans l'autre tranche de la serre, délimitée comme au cordeau par le début des ailettes, les raisins mûrirent tardivement et de la façon la plus irrégulière. Ils restèrent petits, durs, et de vert bleu devinrent vert transparent sans se colorer. Beaucoup s'affaissèrent en un point, comme s'ils étaient frappés de coup de pouce. Sous cette dépression de la pellicule, la pulpe était dure, pierreuse, vert jaune foncé ou brune. Peu juteux, à peine sucrés, la pulpe durcifiée non comestible, ils laissaient dans la bouche une certaine amertume. Cette amertume différait notamment de celle que prennent les grains meurtris par les grêlons. Elle avait quelque analogie avec le goût de cuit, de raisiné acerbe que prennent les raisins à véraison lorsqu'ils sont gelés ou frappés d'un coup de soleil.

Rappelons que ces deux derniers accidents ne frappent pas les raisins à maturité, mais surtout les grappes et grains en véraison.

Chez les pêchers, les fruits tombent ainsi que les feuilles, et l'arbre pousse difficilement lorsque les conditions changent et s'améliorent.

Flétrissement.

Dans l'ercissement, la gêne fonctionnelle semble due à la perte d'eau trop rapide des cellules; mais celles-ci restent turgescentes. Il n'en est plus de même dans le *flétrissement*, qui, lui, s'accompagne d'une dépression des organes foliacés.

Ceux-ci perdent toute rigidité, se fanent. Si cet état se produit à la fin de la journée, la plante regonfle ses tissus durant la nuit. Ce flétrissement, que l'on a remarqué journellement dans les serres en juillet-août, n'a aucun inconvénient, car la longueur des nuits permet à la plante de faire des réserves d'eau, base de la turgescence de ses tissus.

Coup de pouce.

Au mois de juin, début de juillet, lorsque des jours d'extrême luminosité succèdent à une série prolongée de jours brumeux avec pluies fréquentes abaissant la température, on constate souvent des grains présentant un commencement d'altération, décoloration ou noircissement partiel de la pellicule.

Ces grains appartiennent à des grappes qui ont passé fleur depuis quelques semaines, mais qui devront encore attendre quelques jours avant de vérer, c'est-à-dire qu'elles sont en pleine formation du pépin. Comme pour le mildiou et le black-rot, les grains atteints sont disséminés dans la grappe. Mais ils sont en général plutôt situés sur la face de la grappe exposée au soleil couchant. Si l'on en trouve quelques-uns sur des grappes qui paraissent situées à l'ombre, au moment où on les examine, c'est que, à cette saison, la croissance très rapide des pampres et l'augmentation de poids de la grappe change aisément la situation relative de celle-ci par rapport au feuillage qui peut l'ombrer. Souvent aussi on constate que ces altérations, que nous allons décrire, sont situés en plus grand nombre à un certain niveau de la grappe, épaulement ou extrémité. Disons de suite que cela tient à ce que ces deux parties de la grappe sont toujours à des époques de développement différent et par conséquent ont des sensibilités diverses aux agents extérieurs.

Le coup de pouce, à son début, se manifeste par une tache diffuse plus claire sur un point de la pellicule du grain. A la fin du jour, cette tache jaunit, s'étend, s'irradie, laissant apercevoir les lignes plus foncées des tissus vasculaires de la pellicule et de la surface de la pulpe. Deux à trois jours après, la tache s'est teintée en jaune plus foncé, et elle a pris sa dimension définitive. Sous une légère pression du doigt, on sent que la pellicule est dure et n'est plus élastique. Elle s'affaisse bientôt, se gondole comme si on l'avait affaissée avec le pouce et qu'elle n'ait pu reprendre sa situation primitive (fig. 136). De là le nom de *coup de pouce* donné à cet accident.

Cette tache du grain, limité et ne croissant plus, est brune au bout de six à huit jours, puis elle devient brun violacé et bleu plombé, si le grain reste exposé au soleil. Sous son aspect brun elle donne absolument l'idée d'un grain atteint de Rot brun, mais dans lequel l'infection se serait limitée à une partie du grain, contrairement à ce qui se passe généralement pour cette maladie. Lorsque la pellicule est devenue bleu plombé, sa surface chagrinée représente, si on ne regarde pas attentivement, une tache d'un Rot quelconque, black-rot ou mieux de *Phoma flacicola* ou de *Phoma reniformis*, qui n'envahissent généralement qu'une partie du grain. La pellicule se

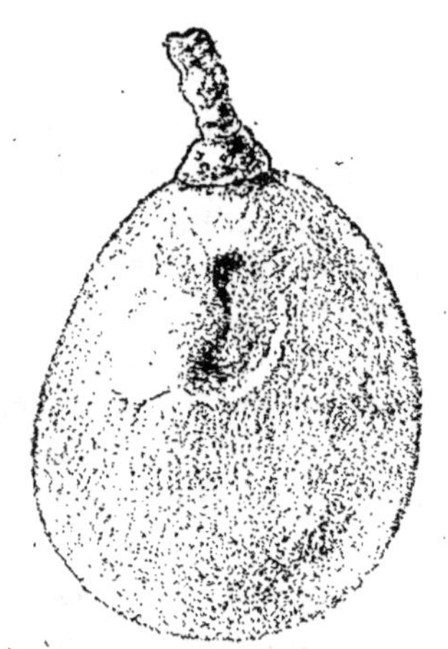

Fig. 136.—Grain atteint du coup de pouce au début de l'affaissement de la pellicule (grandeur naturelle).

détache de la pulpe lésée qui se contracte davantage (fig. 139). Cet accident se manifeste surtout chez les vignes cultivées sous verre en serres froides ou assistées.

Parfois, dans ces dernières, par suite de l'air confiné et relativement humide dans lequel sont les grappes, les grains atteints semblent, au bout de quelques jours, être envahis dans toute leur masse. Ils prennent absolument l'aspect brun livide généralisé des grains mildiousés.

Ajoutons aussi que ces grains, au bout de quinze jours, se détachent de la grappe et tombent à terre, à la moindre secousse, comme le feraient des grains atteints de Rot brun.

L'étude de ces grains, à forme Rot brun, a montré que,

en serre, à la suite de la mortification d'une partie de la pellicule, celle-ci se laissait envahir par des champignons vulgaires *Aspergilus*, *Mucor*, *Penicillium*, etc., ainsi que par des nombreuses bactéries banales qui détruisent la pulpe. C'est, du reste, ce qui se passe pour les grains atteints de Rot brun. Jamais le mycélium du Mildiou n'est pur dans le grain, mais avec lui pénètrent des levures, des bactéries, des

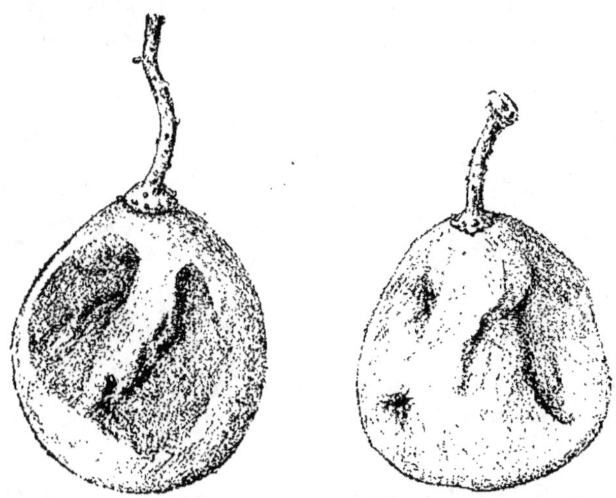

Fig. 137 et 138. — Divers aspects du coup de pouce huit jours après le début de la maladie (grandeur naturelle).

moisissures vulgaires, ouvriers plus actifs de la décomposition de la pulpe que le champignon du Mildiou lui-même.

Aux Forceries de la Seine, on s'est trouvé, pendant dix ans, en présence de coup de pouce se produisant fin juin et plus spécialement sur certaines variétés. Ces grains lésés et qui tombent bientôt ont beaucoup d'importance chez des grappes de raisins de luxe qui sont frappées, lorsque toutes les suppressions de grains, que l'on fait par une série de ciselages, sont terminées. Les grains perdus créent des vides que ceux qui restent ne peuvent plus combler et, s'ils sont situés sur une même face de la grappe, celle-ci est alors complètement déformée, sa valeur très diminuée. La perte est encore plus grande chez les raisins, à grains très gros et à fécondation difficile, tel le Muscat Canon All, qui ont toujours des grappes très dégarnies.

La première question était de chercher à déterminer la cause de cette maladie; infection cryptogamique ou microbienne, accident physiologique, accident météorique. Grâce au retour annuel de ces accidents, il était facile, dans des serres, où les moindres détails sont immédiatement observés, de suivre la marche des lésions dès leur première apparition, jusqu'à la chute du grain. Des inoculations furent

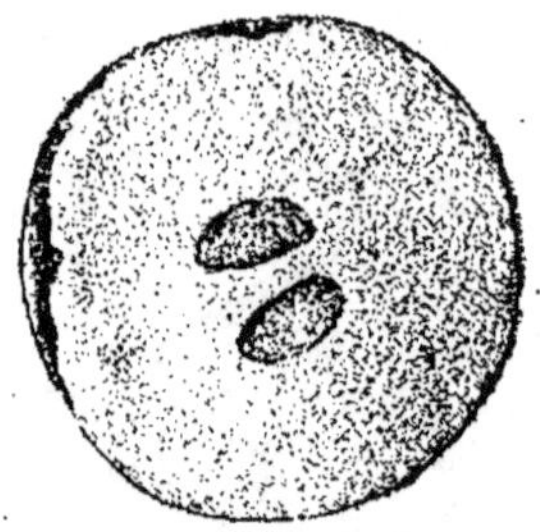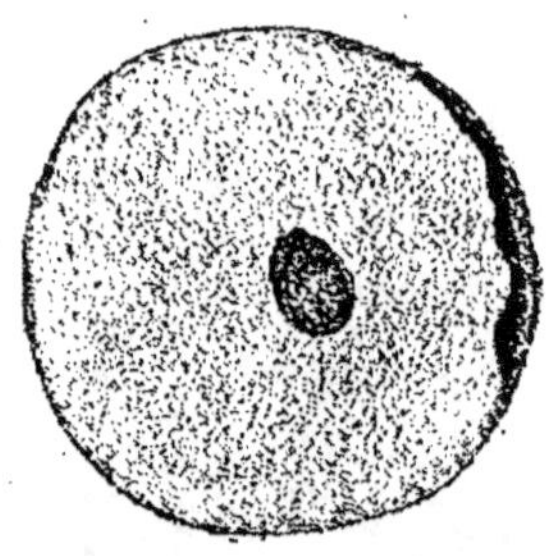

Fig. 139. — Coupes de grain atteint de coup de pouce. La pulpe se contracte et se détache de la pellicule.

faites avec de la pulpe et des parties de pellicule provenant de grains stérilisés extérieurement et ouverts aseptiquement, dans les serres mêmes. Des centaines de tubes, de milieux divers, furent essayés successivement sans que rien ne se développât. On fit, tout aussi en vain, des inoculations de grains à grains voisins.

L'examen microscopique ne permet de révéler aucun micro-organisme. Il reste, en présence, la cause physiologique, l'accident météorique. Une origine physiologique se trouvait en désaccord avec les faits observés. Dans des serres, orientées nord et sud, les grappes les plus atteintes et les plus régulièrement étaient celles des premiers pieds plantés près du pignon sud de la serre. Ceux-ci recevaient surtout les rayons du soleil, l'après-midi, en même temps que les réflexions caloriques et lumineuses d'un terrain silico-calcaire blanchâtre situé devant la section sud de ces serres. Or il a suffi de planter ce sol d'arbres et de légumes et de supprimer ainsi ces réflexions dangereuses, pour rendre très rares ces accidents qui apparaissaient auparavant sur les grappes en tête des serres après chaque journée très lumineuse de fin juin. L'origine physiologique est à éliminer.

En 1907, le 25 juin au soir, j'étais avisé qu'une forte invasion de coup de pouce se manifestait à Nanterre aux Forceries de la Seine et, le lendemain, je recevais de M. R. Salomon de Thomery, ainsi que d'un forceur de Loir-et-Cher des grains atteints de coup de pouce. Cette attaque brusque, simultanée, sur des variétés différentes en trois points éloignés, mais jouissant du même climat, ne laissait plus de doute sur son origine météorique, surtout si l'on veuts se rappeler que, avant cette date, le temps avait été particulièrement sombre et humide.

On peut affirmer que le coup de pouce est une brûlure, brûlure que nous dirons du premier degré, due à un soleil intense apparaissant après des journées sombres et fraîches, qui ont laissé la pellicule tendre et non durcifiée. Si, dans les serres, cet accident est plus fréquent, c'est justement parce que le grain baigne dans un air humide, confiné, que ne vivifie pas une aération suffisante. En outre, si le thermomètre extérieur marque 30° à l'air libre, il en marque 40, 45 dans les serres, davantage encore près du vitrage où sont les grappes. Celles-ci sont baignées dans un air chaud qui se déplace le long du vitrage et qui ne protège pas les tissus surchauffés en les rafraîchissant comme le fait l'air extérieur. Il en résulte une véritable mortification des cellules de la pellicule et des cellules superficielles de la pulpe.

Comme nous l'avons dit plus haut, ces tissus lésés s'affaissent, se dessèchent, perdent leur chlorophylle, de jaunes deviennent bruns par oxydation du contenu de leurs cellules. Mortifiés, ils sont alors envahis par des microorganismes, vulgaires saprophytes, qui achèvent la décomposition des parties mortes, puis pourrissent les parties saines inférieures.

L'époque où le grain est le plus sensible coïncide avec le moment où il forme ses pépins, c'est-à-dire quand il s'arrête de grossir, peu avant la véraison. Il est là, pendant au moins quinze jours, fort susceptible. A la véraison, la chaleur et la sécheresse produisent l'ercissement ou bien le grillage.

Toutes les variétés ne sont pas également sensibles au coup de pouce. Les variétés blanches et les Muscats sont plus particulièrement susceptibles d'être frappés, notamment le Canon Hall. D'autres, au contraire, le Black Alicante, le Frankental, le Bicane, etc., sont très résistantes.

Pour diminuer ces accidents dans les serres, il faut éviter les rognages nécessaires, les jours qui suivent les temps pluvieux et sombres. Mais on peut aussi recourir aux pulvérisations de chaux sur le vitrage non seulement sur les toits mais aussi sur les verres des pignons exposé au sud et au couchant. On emploie des laits de chaux, sans fixatif, que l'on enlève facilement si le temps redevient sombre. On peut les augmenter et les refaire en quelques instants, si nécessaire.

PARASITES VÉGÉTAUX DES ORGANES EXTÉRIEURS

Il semble que les serres, milieux chauds et humides devraient présenter toute la série des maladies qui frappent vignes, pêchers, etc.,dans les cultures de plein air. Or on ne peut nier que les serres ont, de ce côté, une action protectrice certaine. On peut objecter, pour expliquer cette immunité relative, que les établissements de forçage sont isolés des cultures capables de les contaminer, que les germes d'infection sont maintenus dans les serres et ne peuvent aisément passer de serre en serre, pas plus que les germes du dehors ne peuvent pénétrer de l'extérieur. Tout cela est insuffisant à expliquer des faits comme ceux-ci que nous avons souvent expérimentés à Nanterre. Les pêchers en espaliers des murs de clôture sont atteints tous les ans de *cloque* due aux développements de l'*Exoascus deformans*. Si une partie de ces pots pousse en serre tempérée, aucun n'est atteint, et si vous portez des pots atteints, très atteints, porteur du parasite dans ces mêmes serres, l'invasion est enrayée immédiatement. Elle reprend si vous les sortez à nouveau. Pour ce champignon, la serre tempérée est absolument préventive et curative.

Aux Forceries de la Seine, voisine du vignoble de Carrières-Saint-Denis et sous le vent de celui-ci, on constate, chaque année, du mildiou sur les parties de pampre qui sortent des serres par les ventouses, tandis qu'il n'y en a point ou très rarement sur tous les organes verts de l'intérieur de la serre. Et pourtant l'humidité, la chaleur, les gouttelettes d'eau (elles proviennent des bassinages journaliers) nécessaires à la germination de ses spores ne lui font pas défaut. En revanche, l'ambiance des serres fait passer la Pourriture grise (*Botrytis cinerea*) de saprophyte à l'état de parasite intense. Il est donc certain que les serres augmentent la *réceptivité* des plantes pour certains champignons et la diminuent pour d'autres, à moins qu'elles ne diminuent la *virulence* des spores. Mais *réceptivité* et *virulence* ne sont que des mots, ou mieux des résultantes d'autres influences que nous connaissons à peine et pouvons mal mesurer.

Dans les serres, les invasions microbiennes sont aisées et fréquentes; on y rencontre comme champigons véritablement dangereux l'*Oïdium* et le *Botrytis cinerea*, parfois du mildiou. En revanche, l'anthracnose, les rots (black-rot, rots blancs), ne s'y développent pas, quoique nous ayons fait des inoculations directes avec des spores pures très actives.

Lésions microbiennes.

Lorsqu'on taille une serre, on aperçoit souvent, sur les sections de taille des parties noires dans la masse du liber, du bois, de la moelle.

Une section longitudinale dans les sarments montre que ces parties altérées s'étendent généralement, soit en montant et en descendant, soit dans un seul sens à partir d'un point, d'où le mal semble provenir. Ce point a toujours comme origine ou une lésion, ou une section faite au cours des tailles ou du décorticage, ou encore est due au frottement prolongé des pampres contre les fils de fer ou les bois de palissage. Ces mêmes lésions ne sont suivies d'aucune infection chez les vignes extérieures du plein air du même établissement.

Il est bien rare toutefois que les tissus contaminés s'étendent à plus de un ou deux mérithalles. De nombreuses inoculations vérifient les résultats de l'examen microscopique. Les tissus noircis sont remplis de bactéries, les unes banales, les autres paraissant se rapprocher des bactéries de la *gommose bacillaire* de Prilleux et Delacroix, les autres de celles de la *gelivure* de P. Viala.

Oïdium.

Signalée pour la première fois par Tucker en Angleterre (1845) dans les serres à vignes de Morgate, la maladie était constatée dans les serres de S. de Rothschild à Suresnes en 1847.

De ces serres ou du vignoble atteint aussitôt après, l'oïdium, originaire de l'Amérique du Nord (États-Unis), devait bientôt envahir les vignes du monde entier. Il s'est aussi installé dans les serres où il est à l'état endémique et ne

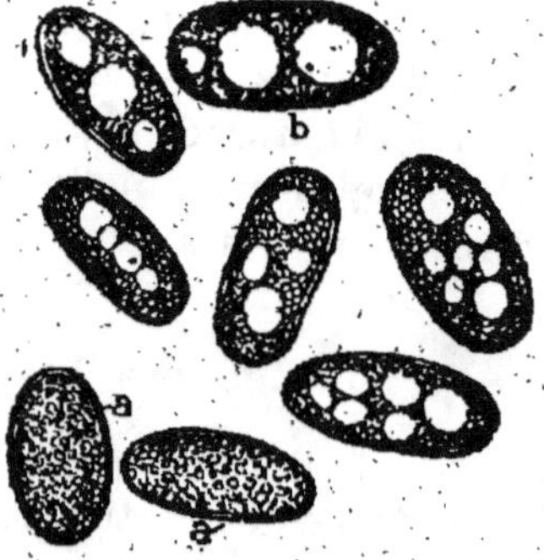

Fig. 140. — Filament conidifère de l'*Erysiphe Tuckeri* fixé sur le mycélium *d*.

a, conidie; *c*, suçoir.

Fig. 141. — Conidies à différents états. *a*, Conidies jeunes; *b*, vieilles conidies.

permet pas que l'on puisse jamais cesser les traitements qu'il nécessite.

Dès que, dans les serres, la température moyenne atteint 15°

et que l'hygrométrie est maintenue, durant le jour et la nuit, aux environs de 70°, on aperçoit sur des feuilles, par transparence, des taches moins vertes que la généralité du limbe. Plutôt à la face supérieure des feuilles, ces taches se recouvrent d'efflorescences grisâtres, qui deviennent plus apparentes au bout de deux à trois jours, pendant qu'une odeur de marée, de pourri, se répand dans la serre.

Les feuilles atteintes cessent de croître, deviennent cassantes, se détachent aisément du pétiole. Un grattage de la pellicule montre de gros filaments de champignons qui se redressent de distance en distance et se fragmentent en libérant à leur extrémité de grosses spores (fig. 140). Leur limbe est souillé d'une poussière noire due aux débris mycéliens mêlés aux moisissures banales, parasites de l'Oïdium, saprophytes qui achèvent les cellules épidermiques mortifiées du limbe. Ces attaques sur les feuilles se produisent jusqu'à la défoliaison.

Les jeunes rameaux sont atteints en même temps que les feuilles. Ils ne s'allongent plus et ne s'aoûtent pas. Ce sont des bois de taille détestables. Après la chute des feuilles, on reconnaît les sarments atteints aux taches aranéeuses pointillées, noires, qui les recouvrent.

Les grappes jeunes sont au moins aussi sensibles à l'oïdium, en tant qu'organes verts, que les feuilles et les sarments. Peu apparent sur la jeune grappe, l'oïdium la fait sécher ou la fait couler. On trouve ces fructifications à l'insertion de la fleur sur son pédicelle.

Durant la floraison même, les invasions ne se font point, puisque l'on abaisse à 40° l'hygrométrie moyenne des serres, en cessant arrosage et bassinage. En revanche, les attaques su les jeunes grains sont extrêmement fréquentes de la floraison à la véraison; à partir de la véraison, le grain n'est plus contaminable jusqu'à sa maturation.

Sous le duvet gris sale de l'oïdium, la peau est altérée. Les cellules épidermiques séchées n'ont plus d'élasticité. Elles éclatent et par les fentes s'introduisent les moisissures. Si la maladie est enrayée dès le début, elle laisse toujours la peau tachée d'un réseau ponctiforme, jaune brun et qui enlève toute valeur au grain. Cela nous indique qu'il y a tout intérêt à lutter préventivement, puisque les plus petites lésions extérieures restent toujours apparentes et dépréciatives.

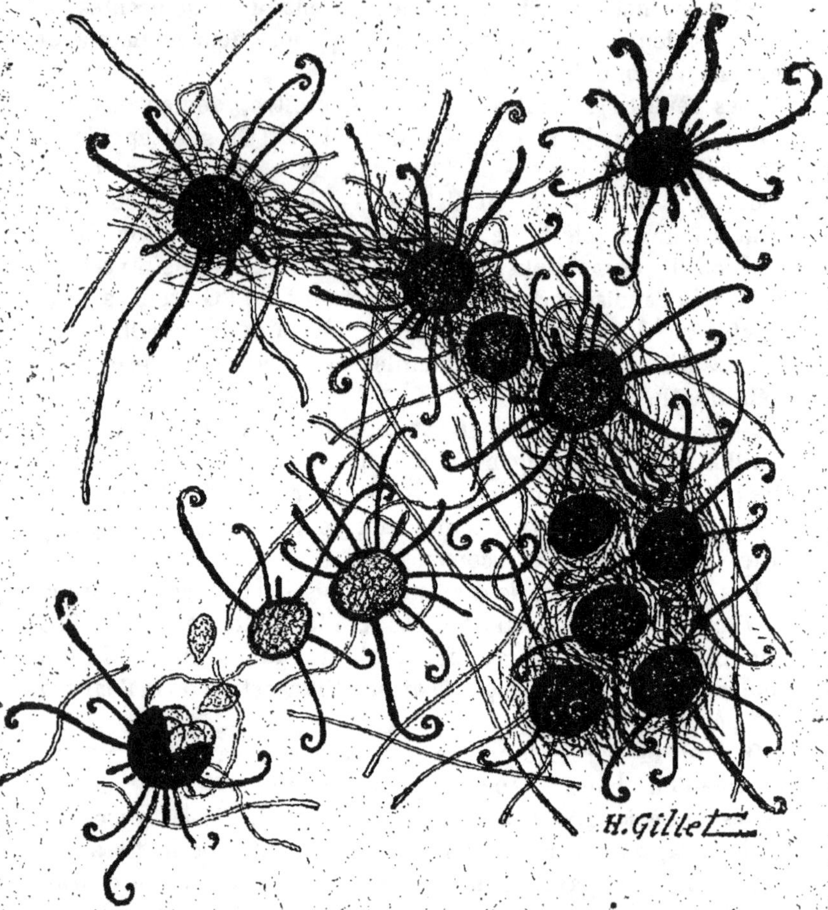

Fig. 142. — Les périthèces (*Uncinula spiralis*) se tiennent au milieu du mycélium condensé de l'*Oïdium Tuckeri*. Ils sont d'autant plus brun foncé qu'ils sont plus mûrs ; à gauche et en bas de la figure, un de ces périthèces éclate et laisse échapper des asques, sacs remplis de spores.

Les forceurs, après avoir évité l'Oïdium jusqu'à la récolte, abandonnent ensuite leurs serres à ce champignon. Celui-ci se développe sur les rejets, les grappes portées par ceux-ci, et cela jusque fin octobre et parfois durant une partie de novembre.

Les grappes vertes sont toutes blanches d'oïdium. Un examen attentif montre que, à la suite des jours froids, sans gelées, leur peau est recouverte de petits points jaunes, bruns, noirs,

Fig. 143. — *Périthèces* de l'oïdium.

Grain de raisin avant véraison recouvert d'un voile floconneux très important de filaments mycéliens d'oïdium. Dans ce voile, les périthèces apparaissent sous forme de petits points noirs.

de la dimension d'un petit grain de poudre. On les aperçoit en examinant de profil le pourtour du grain. Ces petits points sont les *périthèces* (*Uncinula spiralis*), fruits d'hiver de l'oïdium (fig. 142 et 143).

Ces fruits tombent sur le sol des serres, où ils émettront leurs spores. Celles-ci se multiplieront dans le sol et causeront les invasions de l'année suivante.

Il en est de même des taches noires des sarments, fragments de filaments d'oïdium qui, fixés dans les tissus superficiels de l'écorce, sont autant de boutures d'oïdium, dit-on, pour l'année suivante.

Soufrage. — Le soufre, jaune, pur, en fleur très fine, est l'agent le plus simple et le plus économique pour lutter contre l'oïdium. Employé sur le sol et dans l'air, en soufrages qui déposent sur tous les organes verts des grains de soufre très fins jamais agglomérés, aucun accident n'est possible.

Les particules fines qui tombent sur les travaux de chauffage au même titre que celles qui subissent l'action des rayons solaires émettent des vapeurs toxiques pour l'oïdium.

Il ne faut avoir aucune confiance dans les caisses de soufre placées près du vitrage, dont les vapeurs sont mal réparties et insuffisantes. Les tas de soufre des caisses ne peuvent, en effet, prétendre dégager, comme ce même soufre étalé sur le sol et les organes verts.

Permanganate de potasse et sulfure de potassium. — Dans le cas d'envahissement d'une serre, si l'on veut enrayer le mal immédiatement, on a recours à des pulvérisations de permanganate de potasse à raison de 100 à 125 grammes ou de 200 à 300 grammes de polysulfure de potassium par hectolitre d'eau.

Mildiou.

Nous avons dit que, tandis que les vignes en pots, les espaliers, poussés aux alentours des serres étaient envahis par le mildiou (fig. 144), les souches des serres restaient indemnes. Celles-ci émettent des pousses qui sortent partiellement hors des vitrages par les vantaux d'aération, et elles perdent cette immunité pour les parties qui sont hors de la protection du vitrage. MM. Salomon, Cordonnier nous ont signalé comme rares les invasions du mildiou. En dix ans une seule, en juillet 1907, a frappé les Forceries de la Seine.

D'épais brouillards se répandirent, les jours précédents, dans tout l'établissement, pénétrèrent dans les serres, et l'on constata des évasions intenses chez les Bicane, Muscat Canon Hall, qui avaient des grappes dont les grains étaient à moitié grosseur, tandis que les Black Alicante, par exemple, étaient indemnes. Il était très difficile alors de faire des traitements avec des bouillies cupriques sans souiller les grappes. L'emploi du verdet neutre presque incolore fut décidé, et on l'employa avec succès à raison de 250 grammes par hectolitre, pour éviter la propagation du mal.

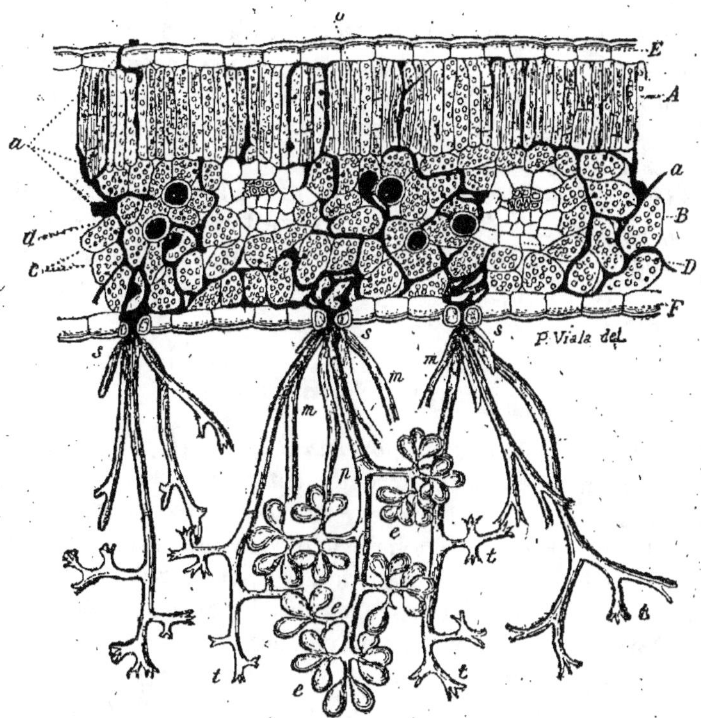

Fig. 144. — Coupe théorique d'une feuille de vigne envahie par le *Peronospora viticola* (d'après P. Viala, *Maladies de la vigne*).
A, face supérieure de la feuille, tissu en palissade ; B, face inférieure, tissu lacuneux ; D, nervure ; E, épiderme de la face supérieure ; F, épiderme de la face inférieure ; a, partie végétative du champignon ou mycélium rampant entre les cellules ; c, suçoirs du mycélium ; b, anthéridie et oogone s'unissant ; d, spore d'hiver ou œuf ; s, s, s, stomates par où sortent les bouquets de conidiophores ; p, un conidiophore avec les spores d'été ou conidies : e, e, e, fixées à l'extrémité des ramifications ; m, m, base de conidiophores dont la partie supérieure n'est pas représentée ; t, t, conidiophores avec stigmates qui portaient les conidies ; t (à droite), un conidiophore avec ramification spéciale.

A l'automne, dans les toutes jeunes serres, très fumées avec des matières azotées, on constate parfois, sur les feuilles des dernières jeunes pousses, des taches irrégulières, jaunes avec mortification des tissus ou formation de points de tapisserie. La face inférieure présente quelques petites fructifications blanches, éparses, qui sont nettement du mildiou.

Les vignes atteintes du mildiou, quoiqu'elles n'aient perdu que très peu de feuilles, n'ont pas continué de croître l'année même et ont mal végété, pendant près de deux ans, comme si elles étaient empoisonnées.

Généralement aucun traitement préventif n'est nécessaire; mais, pour les serres froides, on pourrait utilement, lorsque des brouillards se manifestent habituellement, en juillet, faire une pulvérisation préventive au verdet neutre (200 grammes par hectolitre).

« Botrytis cinerea ».

Le *Botrytis cinerea* ou *pourriture grise* (fig. 146) est un champignon saprophyte extrêmement répandu dans les serres, où on le trouve fructifiant sur les morceaux de bois et les gros débris organiques avant leur décomposition. L'atmosphère des serres est saturée de ses spores, qui trouvent un champ de culture sur les souches dès la mise en végétation. Les plaies de taille, au moment où elles *pleurent*, se recouvrent d'un amas glaireux de filaments de *Botrytis*, développés dans la sève qui suinte. Lorsque cette sève coule le long des sarments et mouille les bourgeons gonflés, ceux-ci se pourrissent sous l'action du *Botrytis* précédant celle des moisissures vulgaires. Au débourrement, une aération journalière est nécessaire pour éviter cette pourriture du bourgeon.

A ce moment, le *Botrytis* s'est donc déjà exercé au parasitisme sur les jeunes tissus des bourgeonnements. Il est préparé pour attaquer des tissus plus âgés et plus résistants. Si, au moment où les jeunes pousses laissent apparaître leurs grappes, les bassinages sont trop abondants et faits par des jours sombres, les jeune grappes spongieuses se maintiennent humides et ont des parties tout entières brunies et détruites par cette moisissure.

Le champignon se développe même soit à l'insertion du

pédoncule des jeunes feuilles encore accolées à la jeune
tigelle, soit à la base d'insertion de celle-ci sur le bois de taille.

Ce dernier cas est très
fréquent lorsqu'on a
créé par ébourgeon-
nage ou épamprage
précoce quelques lé-
sions humides. Dans
ce cas, le mycélium du
Botrytis gagne les tissus
voisins, qui apparais-
sent café au lait, bruns,
et s'écrasent sous la
moindre pression. Ces
lésions s'étendent jus-
qu'à la floraison et se
limitent durant celle-ci
à cause de la chaleur
tiède et de l'aération
intense nécessaire à
cette période florale.

La floraison passée,
les bassinages repren-
nent de plus belle pour

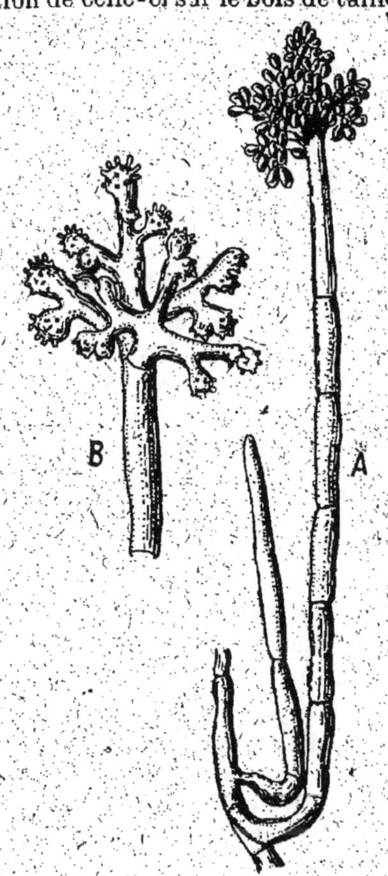

Fig. 145. — Extrémité de
ce filament montrant
les stérigmates et les
conidies *Co*.

Fig. 146. — *Botrytis cinerea*.

A, filament fructifère ; B, termi-
naison du filament.

laver la fleur de ses débris floraux. Ceux-ci, mouillés, s'agglomèrent entre les grains, sur les ramifications, et, quelques jours après, sont couverts de fructifications du champignon. Il en est de même des grains mal noués, qui cessent

de vivre et normalement doivent se détacher. Si, par malheur, ils forment un petit bouquet serré avec les grains noués, le tout est bientôt envahi. Heureusement le ciselage, avec ses manipulations de la grappe, débarrasse celle-ci de tous les débris et grains mortifiés et est le véritable frein au développement de la moisissure.

Ces accidents sont rares dans les serres chauffées, parce que le chauffage assure le renouvellement d'un air sec curatif. Il n'en est plus de même dans les serres froides de Barbarossa, de Black Alicante, Gros Colman, où, par les temps frais et humides de juin, un feuillage très épais gêne l'aération, l'ensoleillement et en même temps retarde l'évaporation de l'eau de bassinage.

Il faut admettre aussi que les abaissements de température exagérés dans les serres favorisent, en juin, les aptitudes au parasitisme du *Botrytis*. En même temps que les feuilles presque adultes ont une partie de leur limbe *bouilli* par le *Botrytis*, puis desséché, de même leur base d'insertion sur le sarment vert est souvent le point de départ d'une invasion de ce dernier.

En général, le *Botrytis* arrête ses dégâts durant juillet et août pour les reprendre sur les fruits à la fin de ce mois, durant toute la maturation et la conservation.

Les fruits sont les seuls atteints, car les feuilles adultes, les sarments en voie d'aoûtement sont résistants. Les anciennes lésions de ceux-ci s'arrêtent et les tissus spongieux et brunis, sous l'effet du *Botrytis*, se dessèchent, noircissent et se fendillent. Le noircissement est dû à la formation, dans les tissus, de *sclérotes*, agglomération de filaments bruns du champignon. Ces altérations constituent un chancre sec, arrêté momentanément dans son évolution.

Il vaut mieux ne pas employer les branches atteintes dans la formation des charpentes ou des bois de taille. Nous avons vu des troncs de palmette qui sont restés incurables malgré la ressection des parties brunes, la désinfection de la plaie et un plâtrage avec du mastic à la poix pour faciliter la formation du tissu de cicatrice.

Tout grain lésé, après la véraison, est un abri pour le *Botry-*

tis, qui de là va contaminer les autres en pénétrant soit par la ligne d'insertion du grain sur son pédicelle, soit au point de contact de deux grains. Par capillarité, l'eau s'accumule au point où les pellicules se touchent et les rend plus facilement pénétrables.

Les lésions noircies des grappes sur les ramifications et pédicelles, dans lesquelles le champignon s'est conservé dans les tissus sous forme de sclérotes, peuvent devenir de nouveaux foyers d'infection pendant la maturation. Des ailerons tout entiers se sèchent et dégarnissent la grappe. Ces accidents se confondent parfois avec ceux du *pédicelle* des grappes.

Le *Botrytis* se développe à très basse température (6-8°), c'est dire qu'il est dangereux pendant la garde du raisin sur souche ou en chambre de conservation. Ses spores sont tellement nombreuses que nous avons vu, à la suite d'une température chaude et humide maintenue accidentellement vingt-quatre heures, dans une serre où l'on gardait du raisin en novembre, tous les grains garnis à l'ombilic d'un petit bouquet de filaments mycéliens du champignon. Les tissus mortifiés de l'ombilic facilitent le développement du champignon, qui, par là, gagne l'intérieur du grain. Les serres forcées ne souffrent pas autant que les serres froides, du *Botrytis*, parce que, chez les premières, on est maître avec le chauffage de l'aération, et l'on évite les effets des variations de température.

Aucun remède n'est utile avec le *Botrytis*. Les poudres séchantes, les substances anticryptogamiques sont à mettre de côté. Il faut, pour éviter ce champignon, *aérer*, *éclairer*, *éviter l'humidité persistante*. De légers chauffages, lorsque la plante peut se refroidir ou lorsque la grappe reste humide à un moment quelconque de son développement, sont l'unique précaution préventive à laquelle il vaille la peine de s'arrêter.

PARASITES DES RACINES — POURRIDIÉS

Les arbres fruitiers et les vignes, cultivés en plein air, ont très souvent leurs racines lésées par des champignons, les *blancs* des racines ; ces blancs sont dus à la propagation dans le sol de champignons. Ceux-ci commencent à se développer sur les débris de racines ou de bois dont on a mal purgé la terre à la plantation, puis gagnent les racines en mauvais état.

La déchéance vitale des racines peut être due aussi bien à un excès d'humidité du sol, manque d'aération, état pathologique des organes extérieurs, qu'à un manque d'adaptation au terrain où elles végètent.

S'il est inadmissible que l'on établisse des serres sur des sols non débarrassés de débris de racines, en revanche, il arrive fréquemment de rencontrer des serres, surtout dans le nord de la France, dans lesquels on rencontre l'eau, en soussol, à 60-70 centimètres de profondeur. Nous avons pu voir, aux environs de Lille, de l'eau stagnante dans des fossés de $0^m,50$ de profondeur voisins des serres. Dans le grand centre belge de forçage, certaines serres ont leurs racines dans un sable rempli d'eau à partir de 40 centimètres de profondeur.

Dans ces sols humides, les racines souffrent, et comme, à côté d'elles, les champignons du sol rencontrent une terre riche en fumier, ils se développent en saprophytes, très vigoureusement et gagnent aisément les tissus déprimés des racines, qu'ils envahissent. La réceptivité des racines est augmentée par les lésions des insectes, les maladies des organes extérieurs. En résumé, il faut, pour le développement des blancs des racines, trois choses : 1° humidité du sol; 2° dépression de la plante; 3° matériaux organiques assurant le développement préalable des parasites. Cet énoncé des causes nous indique les remèdes. 1° En premier lieu, une ligne de drains avec un fossé en tête, ou parallèle à la serre, suffisamment profond pour abaisser de $0^m,80$ à 1 mètre le niveau d'eau, supprime l'humidité. 2° La plante déprimée est aisée à fortifier par la suppression de la récolte pendant une saison durant laquelle on ne la forcera pas. Dans sa nutrition, que l'on fait aussi copieuse et assimilable que possible, on se contente d'utiliser des engrais ne fournissant pas de matière organique aux moisissures : purin, purin enrichi, engrais chimiques. 3° Pour éliminer les matières organiques qui peuvent être en excès, on active la nitrification par l'apport de chaux dans le cas de sol siliceux ou silico-argileux et par un travail incessant du sol. Le sulfate de fer en couverture est un excellent adjuvant. La stérilisation du sol au sulfure de carbone n'est que complémentaire et n'a de valeur que si on a suivi les prescriptions indiquées plus haut.

On rencontre, sur les racines, quatre champignons de décomposition : trois dangereux, le *Dematophora necatrix*, l'*Agaricus melleus* (*Armillaria mellea*), le *Melanospora*, susceptibles de toucher des racines presque saines, et un quatrième, le *Rœsleria hypogea*, qui ne touche qu'aux racines déjà mortifiées.

Les lames mycéliennes blanches des trois premiers tendent à sortir du sol autour du tronc. On les confond parfois avec des mycéliums lamellaires blanc jaunâtre appartenant au groupe des *Fibrillaria*, développés sous les petites écorces en lanières exfoliées chaque année par le tronc et qui sont toujours humides au niveau du sol. Tandis que les champignons parasites forment de véritables voiles, pénétrant les tissus, les lames mycéliennes d'un *Fibrillaria* très répandu, le *Psathyrella ampelina*, tombent en poussière sous un simple grattement de l'ongle et n'existent que sur les tissus morts détachés du tronc et de la base des grosses racines.

« Agaricus melleus ».

Lorsqu'on répand des fumiers pailleux sur le sol des serres, qu'on l'enfouisse ou non, on voit bientôt surgir du sol de nombreux bouquets de champignons. La plupart sont des agarics, dont les uns sont comestibles, tels le champignon de couche. Un de ces agarics, de valeur comestible inférieure, est un des ennemis redoutables des racines. Tandis que les autres disparaissent avec le fumier, il subsiste dans le sol et vient former ses fruits au pied du tronc des arbres des serres ou des piquets de bois, plantés dans le sol de celles-ci (fig. 147). Ces fructifications sont celles de l'*Agaricus melleus* ou *Armillaria mellea*.

Les ouvriers les écrasent sous leurs pieds ou les mangent. Leur destruction pourrait retarder l'envahissement des arbres voisins par les spores; on a dit *retarder*, car les organes sou-

terrains forment des cordons mycéliens qui peuvent aller
d'arbre en arbre à travers le sol, et la suppression des fruits
a bien peu de valeur dans la lutte contre ce champignon tant
que les conditions sont favorables à ses fausses racines, à ses
rhizomorphes.

Il pénètre sous forme de lames blanchâtres les tissus libé-

Fig. 147.

1, fruit de l'*Agaricus melleus* poussant au collet d'une vigne
pourridiée (P. Viala) ; 2, cordons rhizomorphiques sur les racines.

riens et corticaux des racines. Une fois dans les tissus, il est
hors de l'atteinte des désinfectants du sol (sulfure de carbone).
Ce champignon est en même temps un des agents de
destruction des charpentes de serre en bois, chaque fois qu'elles
sont en contact avec le sol.

« Dematophora necatrix ».

Tandis que l'*Agaricus melleus* manifeste sa présence dans le
sol par des poussées assez fréquentes de fruits hors du sol, il
est bien rare que le *Dematophora necatrix* se signale extérieurement. Parfois pourtant, quand la serre est très chaude,

humide, sombre, du fait du feuillage, on aperçoit des lames blanches grimper de quelques centimètres sur le tronc au niveau du sol. Ces lames développent des petites houppes noirâtres de 1 à 3 millimètres de long, qui sont les fructifica-

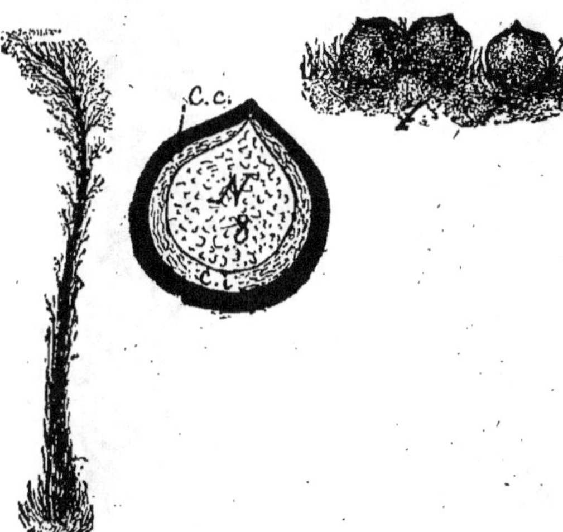

Fig. 148. — Périthèce de *Demalophora* (Delacroix et Maublanc).

tions conidiennes (fig. 148). Très rarement les lames mycéliennes se granulent et montrent des petites masses rondes carbonacées, qui sont d'autres organes de fructification, des périthèces (fig. 148).

Les racines atteintes par le *Demalophora necatrix* ou Pourridié des racines, quelque calibre qu'elles aient, s'arrachent faci-

lement et n'ont aucune résistance à la traction. Elles sont spongieuses, s'écrasent sous les doigts, donnent une odeur de champignon très accusée. Non seulement on trouve les lames mycéliennes sous les tissus morts exfoliés chaque année par les racines, mais aussi dans les tissus corticaux, libériens, dans le bois. Les tissus libériens corticaux sont noircis, et le mycélium y est souvent caractéristique, parce qu'il est brun et porte, de distance en distance, des renflements piriformes distinctifs (fig. 149). Le bois est envahi par des lames blanches qui se glissent dans les rayons médullaires.

Le Pourridié pousse dans le sol des rhizomorphes, cordons qui s'étendent en tous sens à la recherche des racines. Ils enlacent celles-ci formant à leur surface des cordonnets ou des lames (fig. 150).

Décrire les caractères des plantes pourridiées est bien difficile, car nous considérons tous les pourridiés comme des conséquences d'un sol défectueux et d'un mauvais état de la plante. Les effets pathologiques extérieurs se superposent

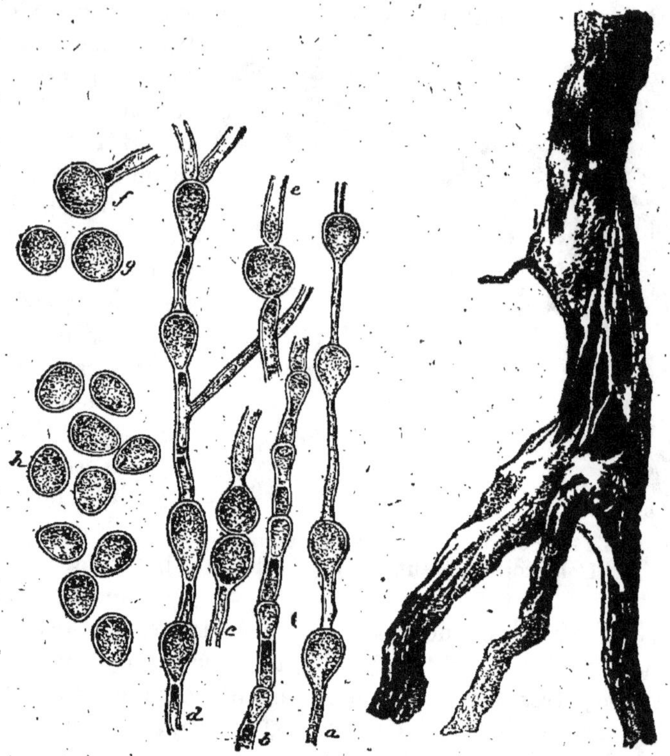

Fig. 149. — Renflements piriformes du mycélium et chlamydospores du *D. necatrix.*

Fig. 150. — Mycélium blanc floconneux et cordons rhizoïdes du *Dematophora necatrix.*

pour donner aux plantes un aspect rabougri, qui n'a rien de caractéristique.

« Melanospora stysanophora ».

Nous croyons que de nouvelles recherches sont nécessaires pour la connaissance de ce champignon, que P. Viala a appelé Pourridié des sables. Dans plus de 40 cas observés de Pourridié et rapportés d'après l'aspect et les dégâts au *Dematophora necatrix*, nous nous sommes trouvé en présence de ce champignon, dont le côté parasitaire de racines affaiblies n'est pas niable.

Aux Forceries de la Seine, il s'est très bien développé dans les terres des vignes en pots où on le cultivait à titre d'expérience.

On le reconnaît à ses organes fructifères en forme de fruits de mazette ou typha des marais, de couleur brun chocolas foncé (fig. 151). Il est

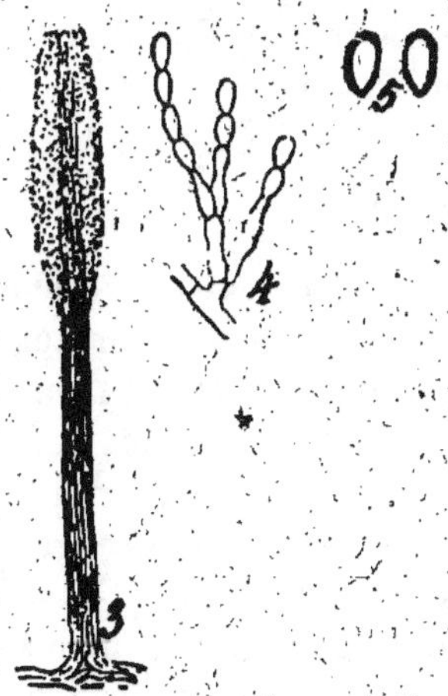

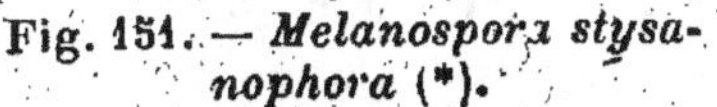

Fig. 151. — *Melanospora stysanophora* (*).

(*) 3, forme conidienne agrégée ; 4, stigmate portant des chaînes de conidies ; 5, conidie.

Fig. 152. — Fruits du *Roesleria hypogea* sur une racine de vigne.

aisé, en prélevant un fragment de lame mycélienne jeune, de l'ensemencer et de caractériser le champignon par ses organes fructifères, qui apparaissent au bout d'une semaine au plus. Ces fruits ont une longueur de 1 à 2 milimètres.

« Rœsleria hypogea ».

Lorsqu'on arrache des souches qui périssent, on rencontre souvent à la surface des racines qui sont en très mauvais état des petits champignons (fig. 152) formés par une tête gris verdâtre, portée par un pied blanc, droit ou flexueux. Ces fruits, d'une longueur de 2 à 6 millimètres, sont caractéristiques du développement du *Rœsleria hypogea* à l'intérieur des tissus peut-être encore vivants, mais très altérés et que rien ne peut sauver.

Le développement du *Rœsleria hypogea* (*Pillacre pallida, Vibrissea hypogea*) ne fait que hâter la disparition de la souche mourante.

P. Viala et P. Pacottet ont étudié très en détail le développement de ce champignon en cultures pures.

OISEAUX

Les petits oiseaux, surtout à l'arrière-saison, recherchent volontiers les serres pour s'y reposer et se protéger des intempéries. Ils ne causent point de dégâts. Il n'en est pas de même du *moineau*, qui est un ennemi des plus redoutables des grappes, tant par ce qu'il mange que par ce qu'il détruit.

Le moineau habite les établissements de forçage. Il fait son nid sous les hangars, dans les recoins des toits, les fissures des murs, les nids d'hirondelles, et, dès le printemps, il faut avoir la précaution de détruire les nids et les couvées si on ne veut pas assister à une multiplication incroyable.

Au printemps, vieux et jeunes délaissent un peu les serres, car la campagne environnante, les champs de céréales, etc., leur offrent des ressources multiples; mais, une fois les blés coupés, ils reviennent par bandes à l'assaut des serres. On est en plein été; les serres sont ouvertes, déjà dépanneautées en partie, offrant des entrées multiples aux oiseaux. Ceux-ci s'habituent vite au personnel ouvrier, à ses heures de repas et, sur le coup de midi, par exemple, envahissent les serres. Ils se perchent alors sur le sommet des grappes, piquent les grains des épaulements, tandis que leurs petites pattes robustes déchirent ramifications et grains sur lesquels ils se posent. Le ciselage supprime les grains attaqués par leur bec, mais, de ces grains, du moût coule à l'intérieur de la grappe et fait développer la pourriture grise. Il en est de même pour les grains, dont la pellicule est lésée d'une façon inapparente.

Mais le plus grave est la dessiccation ou la pourriture des ramifications principales qui déforment la grappe en faisant tomber une partie importante.

Les grains entamés attirent guêpes et abeilles, qui multiplient le dommage.

Nous avons essayé, contre les moineaux, des coups de fusil à blanc, des moulins à vent remuant avec bruit des plaques de fer-blanc. Les moineaux s'y accoutument très vite. Si on les tire avec des plombs, ils font le guet ne se laissent plus aborder et font courir leurs poursuivants d'une extrémité à l'autre de l'établissement.

A Nanterre, un petit fox-terrier avait pris la coutume de les chasser, pour son compte, dans les serres. Les moineaux affolés, à l'arrivée du chien, commençaient à aller frapper le vitrage. Sous la secousse, ils s'abaissaient près du sol et étaient happés par le fox-terrier. Celui-ci avait pris l'habitude de faire seul la tournée des serres, qui n'avaient pas de gardien plus vigilant. Son exemple suffit à dresser d'autres chiens amenés dans ce but à l'établissement. Tous ces chiens arrivèrent, pendant l'été et l'automne, à se nourrir presque exclusivement de grains mûrs altérés provenant des ciselages, des nettoyages et des moineaux. Il y eut bien quelques tentatives, de la part de ces animaux, de toucher aux grappes, mais quelques corrections leur firent vite comprendre leur devoir.

On peut estimer qu'il n'y a pas d'auxiliaires aussi précieux que ces fox-terriers pour la garde de l'établissement, ainsi que pour écarter les moineaux et détruire les rats.

La véritable protection contre les moineaux est obtenue à l'aide des filets de corde ou des grillages métalliques que l'on dispose devant les ouvertures des verres. Ces filets à mailles maxima de 2,5 à 3 centimètres ont une série d'inconvénients, s'ils sont efficaces. Ils coûtent cher, plus d'une centaine de francs par serre, doivent se remplacer fréquemment et compliquent le service des serres : circulation, ouverture ou fermeture des portes et vantaux.

L'empoisonnement des moineaux à l'aide de grains rendus vénéneux a de gros inconvénients. Non seulement on tue des oiseaux insectivores, utiles et innocents, et les volailles, mais les cadavres peuvent être mangés par les chats, les chiens de la propriété ou des propriétés voisines. Il peut en résulter de grosses complications.

INSECTES NUISIBLES

ORTHOPTÈRES. — Perce-oreille.

Le Perce-Oreille (*Forficula auricularia*), représenté ici grandeur naturelle (fig. 153), est un ennemi des fruits, et particulièrement des pêches. Il entame celles-ci avec ses mandibules fort puissantes et passe successivement d'un fruit à un autre, multipliant les dégâts. Quoique les lésions ne soient pas profondes, les fruits n'en sont pas moins perdus.

On ne les voit pas pendant le jour, car ils se cachent comme les Otiorhynques, sous les pierres ou les mottes, ou même dans les fentes des murs, les tas de débris, les écorces.

On les prend sous des pots de fleurs renversés ou dans des petits paquets de paille attachés aux branches. Ils sont trop agiles pour qu'on puisse les ramasser même la nuit avec des toiles.

Fig. 153. — Perce-oreille.

NÉVROPTÈRES.

FOURMIS

Les diverses variétés de Fourmis vivent volontiers, par petits nids, soit dans les serres, soit à leurs alentours... (1)

Au pied des pêchers, elles forment des petits monticules, malgré les arrosages fréquents du sol. Elles vivent là d'une façon particulière. Si l'on a des pucerons à l'extrémité des jeunes pousses, on constate, dans les feuilles recroquevillées par ces derniers, un va-et-vient incessant de fourmis. Celles-ci, le long des branches, par le tronc, regagnent en file leurs demeures. On les aperçoit suçant sur le dos de ces pucerons des petites sécrétions dont elles se nourrissent. On dit même qu'elles provoquent l'exsudation de cette miellée par des frictions.

Si l'on fait tomber les pucerons à terre, elles savent les retrouver et les monter à nouveau sur les jeunes feuilles. Les Fourmis sont les véritables agents de propagation de ces insectes. Si l'on voit des Fourmis sur des pêchers, on peut être sûr de l'apparition des pucerons, et le plus sûr moyen de faire disparaître les pucerons est d'anéantir les fourmilières.

Il est probable, du reste, qu'elles ne propagent pas seulement des pucerons, mais aussi tous les germes de maladies qu'elles véhiculent inconsciemment du sol sur les feuilles. Les maladies développées, elles en transportent ensuite les spores de feuille en feuille.

Dans les serres, on détruit les fourmis à l'aide de cornets-pièges. Ces cornets, petits cornets de papier d'épicier, sont enduits de miel intérieurement. Placés au pied des souches, les Fourmis s'y rendent, s'y accumulent. On les recueille et on les immerge immédiatement dans un seau d'eau chaude ou de liquide insecticide. Au bout de deux ou trois jours, il ne reste plus une Fourmi dans la serre.

La destruction des fourmilières se fait à l'aide d'eau chaude, de gaz toxiques : acide sulfureux, sulfure de carbone, pétrole. En faisant dégager à l'aide d'un sulfitomètre 20 à 30 grammes d'acide sulfureux dans le nid, toutes les Fourmis sont détruites. On peut faire aussi une injection à même dose, de sulfure de carbone, à l'aide d'un pal-injecteur.

COLÉOPTÈRES

Parmi les Coléoptères, deux des plus redoutables, le Bribouri (Écrivain) et les Otiorhynques, accomplissent leur cycle, la petite

gique entier dans les serres et s'acclimatent très bien à cette
vie. D'autres, comme les Hannetons, gros et petits, les Cétoines,
peuvent nuire accidentellement par leurs larves.

Hannetons et Cétoines.

Ces insectes ne vivent pas dans les serres à l'état
d'insectes parfaits, mais les insectes femelles pondent volontiers dans les tas de terreaux que l'on utilise abondamment
pour la fumure des serres ou les cultures en pot. Leurs larves
sont introduites dans les serres avec ces terreaux, et elles
coupent les racines ou les lèsent profondément. La désinfection
des terreaux au sulfate de fer, répandu en couverture, écarte
les insectes et nuit aux larves. Des arrosages fréquents de
ces terreaux avec du purin détruisent ces dernières.

Lorsque les serres sont disposées pour avoir une partie de
leurs racines extérieures, on cultive avec soin le terrain dans
lequel elles s'étendent. Ces terrains meubles, bien fumés,
légers, sont des lieux de ponte préférés des Hannetons et des
Cétoines femelles. Les traitements d'hiver et d'été au sulfure
de carbone en détruisent un grand nombre; si on ne veut
pas les pratiquer il suffit de cultiver à la surface du terrain
des laitues, des pommes de terre que les larves attaqueront
de préférence aux racines des arbres.

Otiorhynques.

Les Otiorhynques appelés *coupe-bourgeons*, parce qu'ils
rongent ou coupent complètement l'extrémité des jeunes
pousses des vignes et des divers fruitiers, sont des charançons
d'assez grande taille, qui sont en train de se multiplier énormément dans tous les centres horticoles. Les uns comme
l'*O. sulcatus*, l'*O. ligustici*, sont gris, tandis que l'*O. meridionalis*,
plus petit, est noir (fig. 154). Si ce dernier est visible, il n'en
est pas de même des deux premiers, qui sont complètement
semblables à la terre.

Les Otiorhynques envahissent les serres, soit par
larves dans des envois de plantes, comme le Gribouri, au
cours de leur migration.

Ces insectes font des colonies fort nombreuses dans une pépinière, dans un jardin, dans une luzerne avoisinant des arbres.

S'il arrive que que ces cultures soient supprimées, les insectes émigrent une fois éclos, l'été, et on les voit traverser les champs, jusqu'à ce qu'il aient rencontré une culture qui leur plaise. Les Forceries de la Seine ont été envahies ainsi par

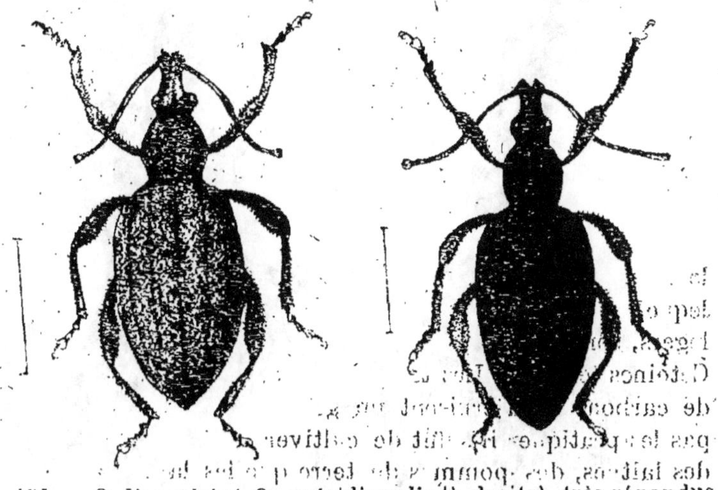

Fig. 154 — *O. ligustici* et *O. meridionalis* (à droite), très répandus aux environs de Paris.

des *O. ligustici* venant de ceriseraies voisines que l'on avait attrapées.

Les Otiorhynques sont des insectes nocturnes. C'est la nuit qu'ils commettent leurs dégâts. Au petit jour, ils descendent des souches et se cachent sous les mottes, les pierres, voisines des troncs. On les voit rarement.

On reconnaît leurs dégâts aux pousses complètement décapitées et aux feuilles dont les bords sont échancrés très profondément par l'*O. sulcatus*. L'*O. meridionalis* fait des dentelures semi-circulaires.

Ceux qui, par hasard, restent sur les vignes, par exemple, tombent au moindre bruit, si bien que le ramassage avec des toiles comme pour le Gribouri est illusoire.

Les pièges-abris donnent de meilleurs résultats pour la

capture des insectes adultes. Il suffit de placer au pied des arbres des petits godets de terre de 8 à 10 centimètres de diamètre, retournés, le trou du fond obturé. Un bord est maintenu soulevé avec un petit caillou pour permettre aux insectes de venir s'y réfugier aisément. Au matin, on trouve

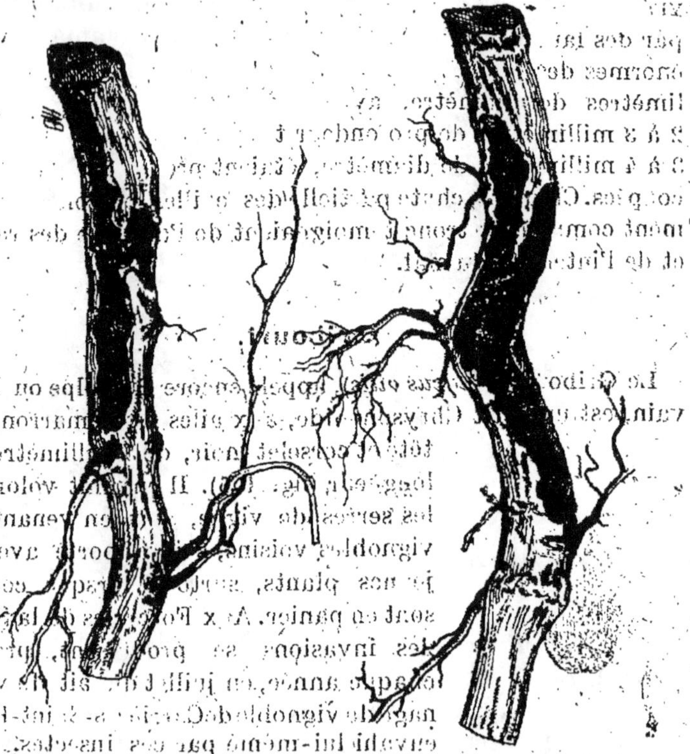

Fig. 155. — Lésions d'Otiorhynques sur racines de pêchers (grandeur naturelle).

les Otiorhynques sous le pot ou attachés à ses parois. Il est facile de les recueillir et de les détruire. Aux Forceries de la Seine, des poulets suivaient le relevage des pots et ne laissaient échapper aucun des insectes restés sur le sol.

Comme pour les Gribouris, ce sont les larves d'Otiorhynque qui sont le plus à redouter. Si on en détruit beaucoup lorsque l'on peut sulfurer à 30 grammes au mètre, on réussit beaucoup moins si on abaisse les doses à 15, 20 grammes au mètre dans les serres à pêchers, dont les arbres paraissent quelque peu sensibles aux vapeurs de sulfure de carbone.

Ces larves font aussi des coques terreuses qui sont assez superficielles (15 à 20 centimètres). Les volailles arrivent vite à les reconnaître. Dans des serres de pêchers, envahies par des larves d'Otiorhynques, nous avons constaté des lésions énormes des racines (fig. 155). Les unes, grosses de 5 à 10 millimètres de diamètre, avaient des lésions de surface de 2 à 3 millimètres de profondeur très étendues; les autres, de 3 à 4 millimètres de diamètre, étaient presque complètement coupées. Chlorose, chute partielle des feuilles, parfois dessèchement complet du tronc témoignaient de l'attaque des racines et de l'intensité du mal.

Gribouri.

Le Gribouri (*Adoxus vitis*), appelé encore Eumolpe ou Écrivain, est un petit Chrysomélide, aux ailes brun marron, à la tête et corselet noir, de 5 millimètres de longueur (fig. 156). Il envahit volontiers les serres de vigne, soit en venant des vignobles voisins, soit apporté avec les jeunes plants, surtout lorsque ceux-ci sont en panier. Aux Forceries de la Seine, des invasions se produisent, presque chaque année, en juillet du fait du voisinage du vignoble de Carrières-Saint-Denis, envahi lui-même par ces insectes.

Fig. 156. — Gribouri (*Adoxus vitis*), grossi trois fois. (grandeur naturelle)

En serre, il apparaît à l'état adulte beaucoup plus tôt que dans le vignoble.

On en aperçoit dès fin avril, mai. Son évolution est sûrement modifiée par le forçage des plantes.

Adulte, il grimpe aux souches, surtout durant la nuit. On ne le voit pas voler. Il se porte sur les jeunes pousses et ronge le limbe des feuilles en y traçant des sillons droits (fig. 158), qui se coudent brusquement en tous sens. Ces sortes de caractères lui ont fait donner son nom.

Dans les serres, où les tissus sont très tendres, ni les grappes ni les sarments ne sont épargnés et sont souvent plus creusés que les feuilles mêmes.

En août, l'insecte pond au collet du tronc sous les écorces. Dix jours après, les larves naissent, descendent en terre et s'attaquent aux racines, sur lesquelles elles creusent des sillons profonds. Elles vont de préférence aux jeunes racines, de calibre inférieur à un crayon, très tendres, et la lésion s'étend non seulement aux tissus corticaux, écorce et liber, mais même au bois. Comme le sillon affecte une forme de spirale, on saisit que tous les tissus circulatoires sont détruits et que la partie de la racine

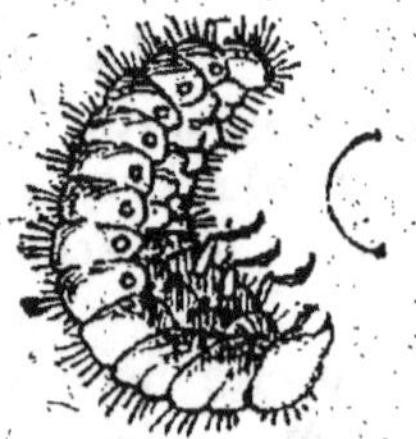

Fig. 157. — Larve de Gribouri grossie trois fois.

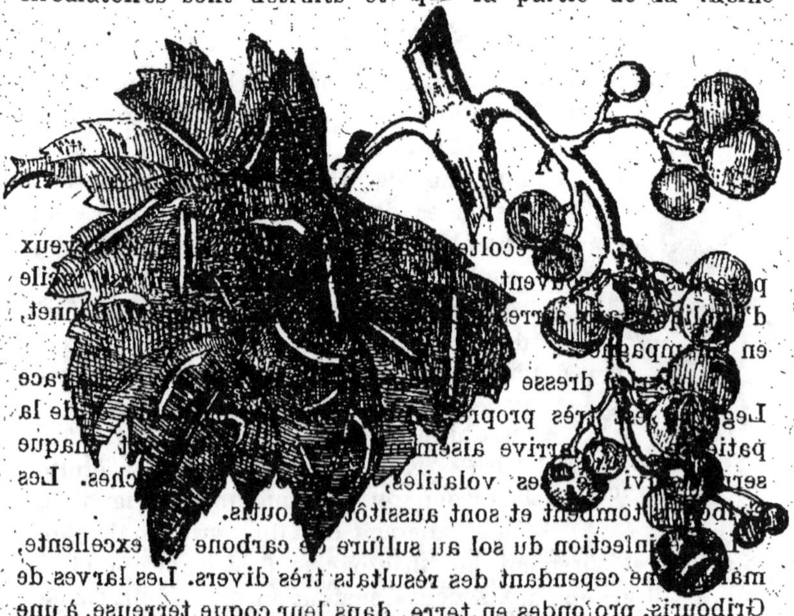

Fig. 158. — Dégâts produits sur les feuilles et les raisins de la vigne par le Gribouri.

au-dessous de la lésion soit perdue. Cette lésion est aussi une cause de nécrose pour la partie restante.

Ces attaques des racines se manifestent par des pousses soudainement chlorotiques et des arrêts de végétation. L'examen des racines lésées montre la cause de la dépression de la plante.

En septembre, la larve descend dans le sol et passe l'hiver dans une coque terreuse, très protectrice, souvent très profonde.

Les dégâts de l'insecte adulte sont faibles, comparés à ceux-ci, car ils nuisent peu à la vigueur des souches. Néanmoins on lutte contre les adultes plus facilement saisissables que les larves.

La récolte des insectes parfaits est aisée avec quelques précautions. Lorsque le Gribouri entend du bruit, il se met en boule et tombe à terre à la moindre secousse. Il est impossible pour les ouvriers de le ramasser, tant il se confond avec le sol. Les femmes, chargées de ce travail, placent des toiles goudronnées à terre sous les souches et secouent celles-ci. Les Gribouris tombent et sont versés dans un seau, où on les détruira à l'eau chaude, la récolte terminée.

Les toiles sont assez grandes pour recevoir les insectes de toute une souche ou de plusieurs souches, sinon beaucoup d'insectes échappent. Le ramassage a lieu le matin, vers sept à huit heures.

Les volailles les récoltent mieux que les toiles, et leurs yeux perçants les trouvent sur le sol. A notre avis, il est facile d'appliquer aux serres le procédé qu'a mis au point M. Bonnet, en Champagne.

Un ouvrier dresse une troupe de poules à le suivre. La race Leghorn est très propre à cela, avec du petit-blé et de la patience, on y arrive aisément. L'ouvrier parcourt chaque serre, suivi de ses volatiles, et secoue les souches. Les Gribouris tombent et sont aussitôt engloutis.

La désinfection du sol au sulfure de carbone est excellente, mais donne cependant des résultats très divers. Les larves de Gribouris, profondes en terre, dans leur coque terreuse, à une période de leur vie où leur respiration est nulle, sont peu sensibles aux vapeurs du sulfure de carbone, utilisé généralement en octobre-novembre. Il faudrait sulfurer en septembre lorsque les larves sont en vie active, mais à ce moment on peut nuire à la récolte et risquer de n'en tuer qu'une partie, car les pontes et éclosions sont irrégulières.

La suppression d'une partie de la récolte, des fumures répétées permettent de relever les plantes atteintes.

Des arrosages copieux nuiraient à la larve, mais ils sont souvent impossibles à cause de la récolte pendante.

LÉPIDOPTÈRES

Les papillons divers : Écailles, Noctuelles, viennent déposer leurs œufs sur le feuillage des plantes des serres, alors même que celles-ci ne sont pas propices à la nourriture des larves qui naîtront de ces œufs. Les larves affamées font parfois quelque légers dégâts, peu durables, car elles périssent ou se hâtent de quitter les serres.

Pour les vignes, la Pyrale, la Cochylis, qui pourraient causer quelques dégâts, ne peuvent se multiplier, car la destruction individuelle des chenilles est chose trop aisée, et les chrysalides disparaîtraient dans le traitement général des souches.

HÉMIPTÈRES

Cochenilles.

Toutes les plantes de serres voient se développer, à leur surface, diverses Cochenilles. Cela tient certainement à l'air confiné qui convient à merveille à ces insectes.

Toutes ces Cochenilles piquent les feuilles, les jeunes tiges, les fruits pour vivre de sève. Cette perte de sève n'est pas, en réalité, très sensible pour la plante, car la piqûre n'intoxique pas les tissus, et il n'y a pas de réaction de ceux-ci amenant des déformations. Mais ces Cochenilles laissent des excréments et des sécrétions. Ces excréments dans l'air humide et chaud des serres se couvrent de moisissures, qui noircissent en vieillissant.

Le feutrage noir qu'elles constituent sur les diverses parties de la plante porte le nom de *fumagine* et gêne les échanges gazeux de la plante avec l'atmosphère, d'où perte de vitalité. Dans la production des fruits de luxe, les souillures de la pellicule par les excréments et les champignons de la fumagine leur enlèvent toute valeur. Parfois aussi les jeunes Cochenilles se réfugient à l'extérieur des grappes, où elles sont très apparentes lorsqu'on découpe des raisins sur les tables.

On trouve, dans les serres à culture fruitière, trois Cochenilles : la *Cochenille rouge* de la vigne ou Pulvinaire (*Pulvinaria vitis*), la *Cochenille blanche* de la vigne (*Dactylopius vitis*) (fig. 159), la *Cochenille du pêcher* (*Lecanium persicæ*) qui porte aussi le nom de *Cochenille oblongue* de la vigne parce qu'elle se développe indifféremment sur les deux plantes.

A la chute des feuilles, les Cochenilles se présentent en serre sous forme de petites carapaces cireuses appliquées aux sarments ou aux tiges de l'année, de préférence. Pour la vigne, nous n'avons jamais eu d'ennuis avec les Cochenilles grâce à la désinfection des souches et aux tailles de nettoyage indiquées aux chapitres de

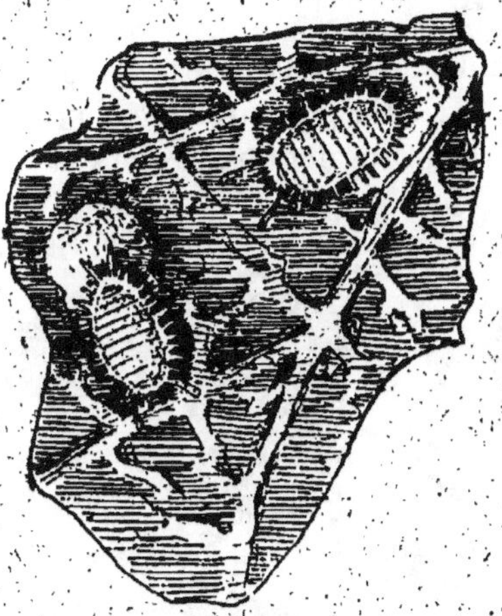

Fig. 159. — Cochenilles sur feuilles de vigne, grossies sept fois.

la *préparation des serres* et de la *taille*.

Pour les pêchers, il n'en est plus de même. Il faut lutter sans cesse et à des moments difficiles pour éviter d'être envahi. Les pêchers arrivent en fleurs sans être taillés, et à ce moment la chaleur (13-14°) est suffisante pour que l'on voie les jeunes Cochenilles quitter la carapace maternelle et courir partout. Ces jeunes insectes sont très facilement détruits par des solutions insecticides ; mais, comme le feuillage et les jeunes fruits sont aussi très sensibles, des pulvérisations sont très dangereuses.

Bien que ce soit un travail long et cher, il vaut mieux procéder ainsi : Des femmes frottent les branches où courent les larves avec de petites brosses trempées dans la solution suivante :

Eau	120 litres.
Savon noir	1 kilo.
Carbonate de soude	1 kilo.
Alcool à brûler	1 litre.
Pétrole ou nicotine	5 litres.

Phylloxera.

Les forceurs admettent communément que les serres de vignes sont à l'abri du Phylloxera. Cela pouvait être à un moment où les échanges entre forceurs étaient restreints et

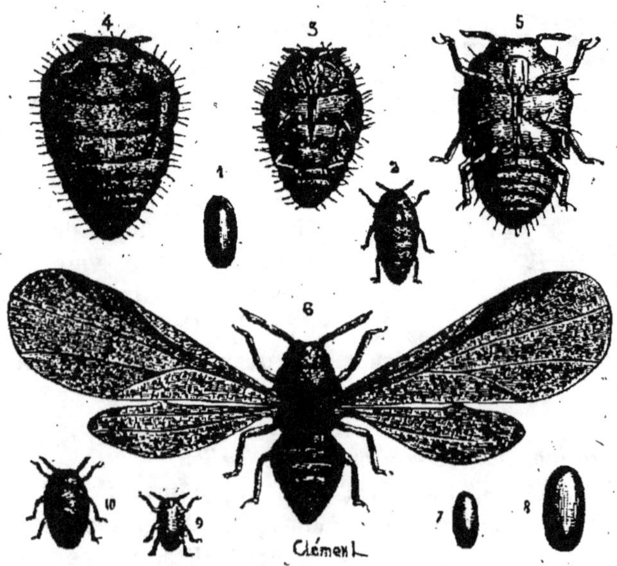

Fig. 160. — Phylloxera sous ses diverses formes.

le Phylloxera confiné dans quelques vignobles ; mais, à cette heure, où l'on achète des variétés de vigne, dans tous les vignobles, contaminés pour la plupart, il est fatal que les serres soient envahies, à moins de soumettre toutes les plantes introduites dans un établissement à une désinfection préalable. Aux Forceries de la Seine, nous avons assisté, M. Viala et moi, à un envahissement intense qui a été des plus facile à enrayer complètement. Cette invasion témoigne que le sol des serres est des plus favorable au développement de cet insecte (fig. 160).

Nous nous contenterons de rapporter sur cet insecte, si souvent étudié (Voy. *Viticulture*), ce qu'il importe aux forceurs de connaître.

Le Phylloxera ne se manifeste pas extérieurement par des lésions apparentes. Un an après son développement sur les racines, la végétation diminue progressivement, en même temps que la plante se couvre de fruits.

Après deux ans, les débourrements sont faibles, donnent des pousses chétives qui s'arrêtent bientôt de croître. Les souches s'arrachent facilement et les racines apparaissent les unes sèches, les autres nécrosées, en mauvais état et dépourvues de radicelles.

Les piqûres du Phylloxera provoquent, sur les racines, des proliférations de tissus qui portent le nom de nodosités sur les radicelles et de tubérosités sur les racines.

Les nodosités sont des renflements difformes, d'aspect variable et ayant plusieurs fois le diamètre de la radicelle. Les tubérosités sont des petits renflements déprimés en leur centre.

Les vignes de serre réagissent beaucoup à cause de leur vigueur, et les excroissances de tissus sont toujours très importantes. Ces excroissances nuisent à la plante par leur décomposition. Cette pourriture est provoquée par des acariens qui les perforent pour s'en nourrir. Ils introduisent, avec eux, moisissures et bactéries qui pourrissent les tissus, d'autant plus rapidement que le sol des serres est toujours humide. Cette humidité gêne aussi la formation des tissus de cicatrice en retardant leur lignification, si bien que l'on peut dire que les dégâts des racines, à la suite du Phylloxera, sont plus importants et plus rapides en serre qu'en tout autre vignoble.

En revanche, la lutte est infiniment facile. *Dans un terrain limité que l'on peut traiter avec toute la méthode et le soin dési-rables, il n'y a pas d'insectes du sol aussi facile à détruire que le Phylloxera.* Un traitement au sulfure à raison de 300 kilo-grammes à l'hectare, à la fin de la végétation, le fait dispa-raître complètement. La seule précaution pour sauver les souches est d'examiner leurs racines aussitôt que se manifeste une dépression inexplicable.

Le Phylloxera détruit, un problème se pose : faut-il recon-stituer ou non une serre qui a été envahie, mais dont les racines restent lésées ? Outre le degré de destruction des racines dont il faut tenir compte, l'âge et le développement des souches, il faut se rappeler que le retour d'une vigne à la santé, sous serre, est toujours difficile. Le sol très fumé, très arrosé, n'est pas favorable à la réfection des racines nécrosées, et malheureusement les lésions phylloxériques sont généra-lisées.

Nous préférerions soigner une plante dont on supprimerait, par une section nette, les trois quarts de ses racines plutôt qu'une plante phylloxérée.

Aux Forceries de la Seine, P. Viala et moi ayant essayé comparativement de soigner une partie de serres phylloxérées, pendant que nous replantions les voisines arrachées, l'avan-tage a été en faveur de la replantation. Les serres phylloxé-rées n'ont jamais donné que de petites récoltes, ne laissant aucun bénéfice.

HYMÉNOPTÈRES

A la suite des lésions des grains par les moineaux, les perce-oreilles, guêpes et abeilles se donnent rendez-vous dans les serres pour sucer le suc des fruits, le moût du raisin. Ces insectes non seulement laissent leurs excréments sur les grains et grappes voisines autour desquelles ils bourdonnent et se posent, mais déposent aussi du moût sur les fruits ; ce moût est accompagné de germes de levures, de moisissures. Ces dernières, si le temps est humide, se développent, attaquent la pellicule des grains et les envahissent.

On a beaucoup discuté pour savoir si guêpes et abeilles

sont suffisamment armées pour déchirer la pellicule des grains. Pour les cépages à peau mince, nous ne savons si la chose est possible. Elle ne l'est assurément pas pour les grains, à peau

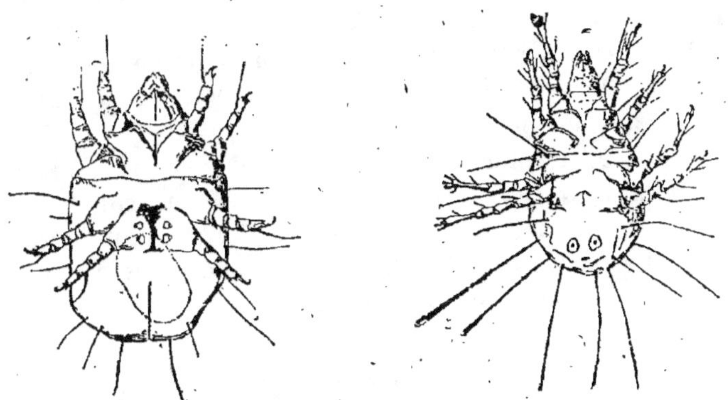

Fig. 161. — *Echinocus cæpophagus.*

très ferme, des cultures sous verre. Nous avons vu que les moineaux ouvraient cette pellicule, et il est certain que les moisissures, qui suivent la visite de ces insectes, leur facilite

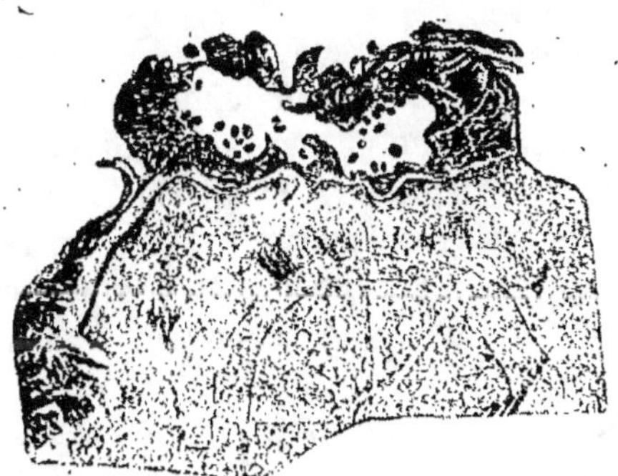

Fig. 162. — Tubérosité perforée par l'*Echinocus cæpophagus* (Viala et Mangin).

l'effraction en désorganisant la pellicule en certains points.

Il faut se protéger des moineaux si on ne veut pas attirer guêpes et abeilles. Si les oiseaux lèsent des grains, le ciselage doit les supprimer.

A Nanterre, dans des serres non protégées contre les moineaux, il a fallu souvent placer dans le feuillage, à raison d'un par mètre carré, des flacons de destruction de ces insectes. Ces flacons sont à large goulot, mesurant 15 à 20 centimètres de haut, et on les remplit à moitié d'eau miellée.

Le voisinage des ruches ou de nids de guêpes augmente le danger. Les nids de guêpes se détruisent avec du sulfure de carbone injecté au pal à la tombée de la nuit, ou à l'aide de l'acide sulfureux comme pour les fourmis.

Les abeilles sont utilisées parfois comme agent de fécondation. On s'en est servi plusieurs années, à Nanterre, pour les vignes, les pêchers, les cerisiers.

Pour ces derniers, elles donneraient de bons résultats, mais affamés au printemps elles se précipitent sur les fleurs en bouton et en détruisent les organes floraux pour arriver plus vite aux nectaires. C'est là un danger, difficile à éviter, si les ruches sont pourvues de colonies nombreuses.

ACARIENS.

P. Viala et Mangin ont étudié un Acarien, l'*Echinocus cœpophagus* (fig 161), qui détruit les lésions phylloxériques et peut, dans les terres aqueuses et humifères, devenir parasite des racines mortifiées. Des savants russes ont attribué la chlorose à des lésions d'autres Acariens.

Les racines, en serre, subissent des éclatements, des dégénérescences, dans lesquels les tissus à l'état de moindre résistance peuvent offrir aux Acariens une pâture facile susceptible de les faire passer du saprophytisme au parasitisme.

Il faut ajouter que les Acariens trouvent dans les serres, avec l'excès de matières organiques des sols, un champ parfait pour leur multiplication. Le sulfure de carbone enraye le développement.

Parmi les Acariens, deux variétés de petits Arachnides se développent en serre, les *Phytoptes* et les *Tétraniques*. Les *Phytoptes* (*Phytoptus vitis*) ou *Erinoses*, sont à signaler ; car, quoique sans danger, on peut confondre les altérations de tissu qu'ils provoquent avec d'autres maladies. Les *Tétraniques*, au contraire, sont les ennemis les plus redoutables de presque toutes les plantes de serres.

Phytoptes.

Dans les serres froides à vigne, on aperçoit parfois, sur les jeunes feuilles, au printemps, des boursouflures sur la-face supérieure, sans changement de couleur. La face inférieur présente, à la partie correspondante, des creux remplis d'un gazon blanc jaunâtre au milieu desquels on retrouve des Phytoptes (fig. 163) ; cet aspect est dû à de nombreux poils épidermiques qui se sont développés sous la piqûre de l'Acarien. Ces crispations de tissus n'ont aucune importance pour la vie de la plante. Elles se manifestent d'autant plus que la plante subit des arrêts de végétation dus au froid après son débourrement. Un léger chauffage des serres, activant la végétation, évite ces déformations.

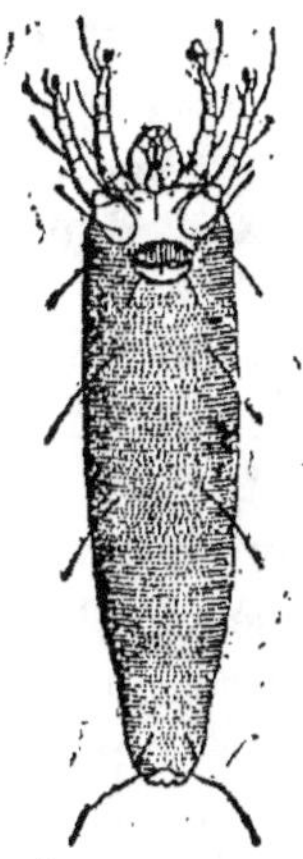

Fig. 163. — Phytopte de la vigne femelle, vue par sa face ventrale.

On confond fréquemment les poils d'érinose, à leur début, avec les taches fructifiées du mildiou. Ces dernières ne déforment pas le limbe de la feuille, et la partie altérée est toujours jaune, au lieu de verte, comme c'est le cas pour l'érinose.

Les Phytoptes ne sont connus qu'à l'état larvaire (fig. 163). Ces larves se réfugient, à l'automne, sous les écorces et entre les écailles des bourgeons.

Les soufrages effectués contre l'oïdium gênent les larves des Phytoptes.

Ils sont détruits l'hiver par les traitements employés contre les *Grises* ou Tétraniques.

Grises. Tétraniques.

Les Tétraniques (*Tetranychus tellarius*) sont connus, chez les horticulteurs, sous le nom de *Grises*, car ils donnent aux tissus des plantes qu'ils piquent une couleur grise caractéristique. Les viticulteurs du Midi de la France, qui voient rougir les feuilles de vignes piquées, les désignent sous le nom de *maladie rouge*. Il faut se hâter de dire que cette coloration en rouge des feuilles est propre à certains cépages dont les feuilles sont riches en matière colorante, mais que, dans le vignoble comme en serre, les tissus altérés jaunissent et prennent un ton grisaille caractéristique.

Les Acariens de la Grise se développent sur toutes les espèces fruitières cultivées sous verre, de même qu'ils vivent en plein air sur certains légumes, fraisiers, haricots, etc., sur les tilleuls, les marronniers, etc., toutes les fois que ceux-ci se trouvent dans un terrain très sec et poussiéreux et dans des situations abritées.

Dans les établissements de forçage, on les trouve hors des serres, dans les pépinières peu arrosées, lorsqu'elles sont resserrées entre les constructions.

Toutes les observations montrent que les Tétraniques se multiplient de préférence dans une atmosphère très sèche, chaude, très abritée et sur des plantes à vigueur moyenne ou déprimées. Ces conditions se trouvent réalisées dans la plupart des serres, et l'on conçoit que la Grise prenne dans celles-ci un développement énorme extrêmement préjudiciable à toutes les plantes.

Dans les serres mêmes, les diverses parties sont différemment atteintes : les zones les moins aérées, les souches ou groupes de souches les plus faibles, celles près des foyers ou recevant un courant direct de chaleur trop sèche souffrent davantage. On trouve parfois les premiers foyers de Grise près des ouvertures d'aération ; cela tient à des contaminations venues du dehors.

Y a-t-il un Tétranique ou un groupe de Tétraniques susceptibles de provoquer la Grise ? Les différences d'aspect que nous avons observées chez les Grises des différents vignobles d'Europe, d'Afrique, de l'Amérique du Sud, sont-elles dues à des climats différents ou à des races diverses ? Nous admettrions volontiers l'existence de plusieurs races. Comme les dégâts sont toujours les mêmes, nous nous contenterons d'étudier le *Tétranique tellarius*, ou tisserand, à cause des petites toiles qu'il tisse à la surface des feuilles (fig. 164).

Les Forceries de la Seine, dans la plaine chaude, sèche, sablonneuse de Nanterre, où se cultivent des légumes à Grises comme le haricot, sont placées pour en souffrir particulièrement. On peut dire que cet Acarien a obligé à des transformations complètes des serres et du mode de culture. On a donc pu l'étudier très à fond sur les divers arbres fruitiers.

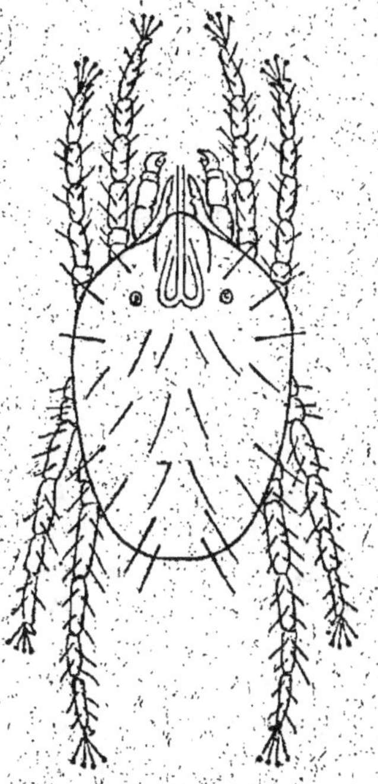

Nous allons parler de ses attaques sur la vigne, plante la plus difficile à défendre.

En parcourant les serres à chauffage flamand, dès que la température moyenne atteint 15°, on aperçoit en général près des foyers, ou au centre de la serre, une feuille ou un groupe de feuilles qui présentent par transparence des taches jaunes régulières, provenant de la décoloration du limbe. Sur la face interne, les poils de la feuille semblent sur la tache plus abondants, alors qu'en réalité ils sont reliés par des fils sécrétés par les Acariens. On arrive, sans loupe, avec un peu d'attention, à apercevoir ceux-ci, petits points jaune clair extrêmement mobiles, mais qui cessent de se mouvoir, replient leurs pattes et deviennent inapparents lorsque l'on manipule les feuilles sur lesquelles ils vivent. Sur les feuilles à face inférieure très tomenteuse, comme le Black Alicante, le Gros Colman, ces Acariens sont tellement dissimulés dans les poils qu'ils sont inapparents. Comme les taches sont aussi masquées par le feutrage, l'invasion est généralisée avant que l'on s'en aperçoive.

Sur les autres cépages, au contraire, les taches des feuilles s'étendent à toute la feuille puis aux feuilles voisines, et l'on se

Fig. 164. — Tétranique tisserand (*Tetranychus telarius*) grossi 60 fois.

trouve en présence d'un *foyer de Grise* qui forme *tache d'huile*.

Bientôt une odeur caractéristique remplit la serre ; *on sent la Grise*. Si les feuilles ne se déforment pas, en revanche elles perdent leur souplesse, se détachent facilement, parfois même se sèchent sur leur pourtour et entre les nervures.

Les raisins des branches atteintes cessent de se développer. Ils arrivent avec peine à une apparence de véraison.

Les grains à cépages noirs se teintent irrégulièrement de rose et restent ainsi sans noircir. Les variétés blanches ne se dorent pas.

On peut estimer comme perdue la récolte des souches atteintes de Grise avant la véraison terminée. S'il s'agit de vignes très forcées, mûrissant en mai par exemple, en juin ces souches se couvrent d'une multitude de rejets étiolés, dont les feuilles sont atteintes de résorption et apparaissent transparentes. Les Grises les enchevêtrent de leur toiles, et bientôt elles se dessèchent,

L'aoûtement du bois ne peut se faire par suite de cet arrêt de travail des feuilles. Les réserves de fin de végétation, indispensables à la formation des radicelles et au débourrement de l'année suivante, s'accumulent en trop faible quantité et la végétation de la serre est déprimée l'année qui suit l'attaque.

Les invasions les plus fréquentes dans les serres forcées se manifestent après la floraison, temps pendant lequel on a tenu les serres sèches et au voisinage de 20°.

Si la Grise attaque les feuilles après la véraison, la maturité s'achève et la défoliaison se fait prématurément.

A la chute des feuilles, les Grises disparaissent. On les retrouve sous les écorces du tronc à peine détachées, dans les replis à la base des bras ou des bois de deux ans, où elles s'accumulent. Elles sont alors d'un beau rouge vif. Ce qui leur a fait donner le nom de *maladie rouge, araignées rouges*.

Sur les pêchers, les cerisiers, etc., les attaques de Grise produisent les mêmes phénomènes, avec cette différence aggravante que, chez les pêchers, les feuilles sont réellement grises et tombent aussitôt. La végétation s'arrête et l'on n'a pas même de bois de taille pour l'année suivante.

Pour enrayer la Grise, il faut éviter les invasions extérieures, désinfecter les serres et détruire les foyers à mesure qu'ils se présentent.

Invasions extérieures. — Il faut éviter de cultiver les légumes ou laisser croître, dans le voisinage des serres, des arbres pouvant donner asile à la Grise, tels les haricots, les tilleuls. Comme les Grises peuvent se mettre aussi sur les mauvaises herbes, il est indispensable de tenir l'établissement très propre. Les Grises peuvent être amenées des cultures voisines par le vent. Elles tombent sur le vitrage et glissent dans les caniveaux, qui les recueillent, et de là gagnent les serres.

Une bonne précaution est de tenir ces caniveaux remplis d'eau s'ils sont disposés pour cela.

Traitement d'hiver. — Il faut brûler tous les bois de taille en évitant d'en laisser des débris sur le sol, brûler toutes les attaches, liens, osiers, et faire la désinfection de la serre et des souches comme il a été indiqué.

Traitement en cours de végétation. — Toutes les fois que l'on peut pulvériser de l'eau froide avec violence à la face inférieure du feuillage, on se débarrasse de la Grise, qui redoute l'humidité.

La violence du jet a pour effet de la détacher des feuilles et de la jeter sur le sol, où elle se perd. Aux Forceries de Nanterre, les serres de pêchers contiguës à celles des vignes et, par conséquent, constamment infestées ont pu être maintenues sans Grise.

Malheureusement ces arrosages violents molestent feuillage et fruit, déchirent la feuille des pêchers et font pourrir son extrémité. En même temps, ils exgigent de la pression, de gros tuyaux, beaucoup d'eau et de surveillance.

Il faut se rappeler ce que nous avons dit des foyers de la Grise. Il faut éteindre ces foyers, si l'on veut enrayer sûrement la Grise.

On supprime tout d'abord les fruits des rameaux atteints, fruits qui ne mûriront pas. Puis on recouvrira de sacs de papier imperméables les fruits voisins, et l'on procédera à la désinfection de la tache atteinte ainsi que des pampres en bordure soit à l'eau froide, soit avec des pulvérisations insecticides. Des soufrages intenses et répétés gênent aussi les invasions.

C'est dans la destruction des foyers de Grise à mesure et dès qu'ils apparaissent qu'est le seul et unique traitement rationnel, pratique et économique de lutte contre cet Acarien.

Il est bien entendu qu'il ne faut pas négliger les précautions d'hygiène générale : aération maxima, chaulage des vitres, humidification de l'air, arrosages et pulvérisations à l'eau fraîche. La Grise semble en effet être attirée par les arbres qui souffrent.

AMPÉLOGRAPHIE DES SERRES

Dans l'étude des variétés de vignes propices au forçage, nous devons nous limiter beaucoup. On peut dire, en effet, que toutes les variétés de vignes actuelles et celles que l'on créera sont susceptibles de se développer sous verre en espace confiné, hors de leur saison naturelle. Nous connaissons deux à trois mille variétés de cépages ; mais, parmi ces variétés, bien peu méritent d'être forcées au point de vue commercial, c'est-à-dire sont capables de rembourser avec bénéfice le charbon et les soins spéciaux dont on les entoure.

Caractères spéciaux des cépages de serre. — Les cépages de serre ont à remplir certaines conditions. Leur fructification doit être aisée et abondante, leurs grappes grosses et les grains gros. La qualité, jusqu'à ce jour, est venue en dernier lieu ; en ce moment, il y a plutôt un revirement, surtout en France ; c'est ainsi que le Chasselas, malgré sa petite grappe et son grain petit, reste le maître du marché et est payé des prix plus élevés que des raisins d'apparat, comme le Black Alicante, l'Appley Towers, le Gros Colman, de qualité moindre. Malgré cela, le Chasselas est rarement cultivé sous verre, car sa production au mètre carré de verre est toujours faible, insuffisante même.

Il faut aussi que les raisins ne soient pas fragiles. Les grains doivent être solidement attachés au pédicelle ; ils ont à supporter les rigueurs des saisons aux étalages ; ils apparaissent plusieurs fois sur les tables, et enfin on les expédie très au loin sur mer ou par voie de terre, alors que leur cueillette date de quelques jours, parfois de quelques mois. La robustesse, la bonne tenue de la grappe exigent un pédoncule et des ramifications trapus et rigides.

La couleur n'importe pas moins : un pédoncule doit être

vert, vert intense, avec la base seulement couleur sarment
aoûté. Cette couleur verte donne un aspect de fraîcheur à
l'ensemble, fait ressortir le jaune-cuivre ou le blanc mat des
variétés blanches, le bleu argenté, le noir-mûr des variétés
rouges. Nous ne parlerons que des variétés blanches et des
variétés noires, parce que, jusqu'à présent, les couleurs intermédiaires roses, gris-fer, rougin, n'ont pas été admises dans
le grand commerce des raisins de table, soit que l'acheteur
craigne une confusion entre les variétés gris-fer et les raisins
noirs non mûrs, soit que ces couleurs se prêtent moins à l'ar-
rangement des corbeilles de table. C'est un tort, car on peut
très bien tirer parti de la teinte rose.

Caractères culturaux. — Les vignes que l'on cultive sous
verre ont besoin d'un grand développement et d'un développement rapide. Les petites formes y sont plutôt rares, car, en
raison du prix des serres, il faut que l'espace dont on dispose
soit couvert dans le minimum de temps. En outre, avec des
variétés à grand développement, on peut, dans le cas fatal de
disparition de souches, couvrir l'espace libre avec les ramifications des souches voisines, sans avoir à en replanter de
nouvelles.

Au climat, au sol, à la culture qui impressionnent les
variétés, vient s'ajouter ici l'ambiance spéciale des serres.

Dans l'espace confiné où va vivre notre plante baignée
d'un air moins renouvelé, sa vitalité est diminuée ; ses parasites, au contraire, y trouvent leur développement exagéré, et
ces deux faits suffisent à contre-balancer les effets de tous nos
soins, de l'abondance de la nourriture et de l'humidité, de la
vigilance contre les sautes de température. Il en résulte
qu'une irrégularité dans le débourrement, sans importance
dans le vignoble, devient ici un véritable danger. La grappe
peut disparaître du fait de la vrille annexée à son pédoncule ;
la coulure peut entraîner l'anéantissement total de la récolte ; les véraisons irrégulières, les éclatements des grains
deviennent désastres ; des lésions superficielles amènent des
nécroses bactériennes ; les grains des grappes sont brûlés
par les coups de soleil un peu chaud ; l'oïdium, qui trouve là
s conditions optima, achève d'enlever la récolte ; la Grise

(*Tetranychus tellarius*), seulement nuisible ailleurs, devient un fléau supprimant la vie des feuilles; les insectes du sol, *Phylloxera, Otiorhynchus, Gribouri*, se multiplient d'une façon telle, protégés qu'ils sont des rigueurs de l'hiver, que les racines sont vites rangées et, une fois lésées, ne savent se cicatriser.

En un mot, en serre, les défauts, les faiblesses, les attaques s'amplifient et, tandis que, contre le mur voisin, dix variétés réussiront également, ici, c'est à peine si deux ou trois donneront des résultats économiques à cause d'une tare incurable sous verre.

L'ampélographie a pour objet la description des cépages, description qui doit permettre non seulement de les reconnaître, mais de les connaître. Nous voyons que cette connaissance des cépages en serre doit porter sur des détails qui paraîtraient futiles en grande culture. Au sujet de leur description même, nous aurons encore à nous arrêter.

Un vigneron de serre a à conduire cinquante souches d'une variété déterminée, alors qu'il en conduirait cinquante mille en grande culture. Il en résulte qu'en serre chaque souche représente pour lui une individualité, qu'il connaît et dont la meilleure adaption à la serre même où elle est cultivée se manifeste par des caractères, inapparents à première vue, qui ont souvent une grosse valeur pour l'établissement. Le vigneron multiplie la souche qui, en cette serre, le satisfait le mieux, et voilà une sous-variété créée avec des caractères qu'il faut connaître.

Si nous comparons cette variété bien fixée au même cépage de plein air, nous reconnaissons mal la grappe, qui, ciselée, amenée même vers une forme voulue avec des grains énormes, diffère complètement de sa sœur du plein air. Le feuillage même, par suite d'une poussée de sève intense et sous l'effet des rognages, prend des dimensions considérables, et fatalement nous arrivons à des descriptions différentes de la même variété cultivée dehors et sous verre.

Origine de raisins de serre. — Il a suffi, lorsque la culture des raisins de serre est née, de chercher dans le vignoble les souches qui fournissaient aux tables les raisins les plus beaux et les plus réputés ; ces raisins étaient fils de l'Orient et, plus près de nous, de l'Espagne, et c'est à l'ampélographie de ces deux pays que l'on fit les premiers emprunts. L'Amérique du Nord fournit aussi, vers 1850, quelques sujets, tel l'Isabelle ; mais le goût foxé des vignes de ce pays les fit rejeter. Rappelons que ces vignes américaines étaient surtout des croisements de vignes indigènes avec des vignes européennes, dus aux conventionnels émigrés.

Ces variétés ainsi adaptées à une culture différente n'ont pas toujours donné les résultats qu'on attendait, soit à cause de la difficulté de leur culture, soit que leurs raisins ne répondissent pas précisément au goût des pays où l'on fit les premiers établissements de forçage, et l'on fut amené à créer par hybridation des variétés nouvelles. L'Angleterre, pays de grandes fortunes, se livra la première à ces créations, ce qui explique que beaucoup des variétés actuelles soient dues à des jardiniers de grands seigneurs anglais et portent des noms anglais. D'autres, au contraire, créées en France, tel l'*Alphonse Lavallée*, obtenu à Orléans, ne sont pas acceptées par la clientèle de leur pays d'origine et trouvent, en revanche, une certaine vogue en Angleterre. Sélectionné dans le voisinage de Nice, à Saint-Jeannet, le *Saint-Jeannet* est emporté en Angleterre et baptisé *Gradiska tardif*, car, pour ceux qui l'importaient, il remplissait le rôle qu'aurait rempli un Gradiska tardif.

La reconstitution du vignoble français, puis des vignobles européens a fait naître des écoles d'hybrideurs, non seulement en France, mais dans tous les pays viticoles, en dehors de ceux qui, dans les forçages de vigne, continuent de rechercher de nouvelles variétés.

Les hybrideurs ont apporté aux vignerons de grande culture, aux forceurs, non seulement des variétés porte-greffes à racines susceptibles de s'adapter à tous les sols, mais ils ont créé de nombreux cépages nouveaux. Si la plupart ont plutôt recherché des cépages de cuve, quelques-uns déjà étudient de nouvelles variétés, robustes, très fructifères, des Muscats hâtifs ne coulant pas, des cépages à goûts étranges, originaux.

Au-dessus de cet ensemble de travaux ont surgi les lois des croisements, lois de l'hybridation, mises en évidence pour la vigne par Millardet, Oberlin, Couderc, Mallègue, etc. Ces hybrideurs ont montré que, dans toute hybridation, il y a des caractères qui ressortent davantage, d'où la distinction de caractères *dominants* et des caractères *dominés* ou *récessifs*. La domination de certains caractères est parfois telle qu'il y a dans l'hybride créé *absorption* complète de certains caractères d'une plante.

Mais quelle est l'influence excercée dans l'hybridation par le père ou la mère d'un hybride ? Des règles certaines seraient des plus utiles aux forceurs qui veulent créer des variétés nouvelles. L'expérience a montré que, pour le mélange des sangs, on n'obtenait qu'à l'état d'exception chez le nouveau cépage des caractères moyens entre ceux du père et ceux de la mère. Les nouveaux caractères ampélographiques et culturaux sont tantôt se rapprochant de ceux du père, tantôt plus près de la mère et parfois nouveaux, par conséquent totalement différents.

L'anatomie d'une hybride nous explique ce phénomène. Si nous comparons les tissus de l'hybride avec les tissus du père et de la mère, nous constatons, par exemple, que les cellules libériennes du liber tendre sont semblables à celles de la mère, tandis que les cellules du liber dur sont exactement celles du père. Dans cette mosaïque confuse qui représente les tissus de l'hybride, il n'est pas osé d'admettre qu'il peut se produire une orientation telle que l'on se trouve en présences de caractères et de qualités nouvelles. Nous ne nous étonnerons point d'obtenir par croisement de variétés coulardes, des cépages à nouaison très aisée de leurs fruits.

Munson a admis que les hybrides, en général, ressemblent à leur mère par leur souche et à leur père par leur fruit. Il semble aussi que l'influence du père est prédominante. Retenons tous ces faits, en nous disant que l'hybridation est un métier de persévérence qui nous permet d'espérer mieux que ce que nous avons.

Technique de l'hybridation. — Nous avons appris, au chapitre de la fécondation artificielle, comment on conservait le pollen d'une variété d'une année à l'autre. En outre, sous verre, il nous est toujours possible de faire fleurir en pots ou en serre la variété qui va servir de père au moment de la fécondation possible de la fleur du cépage femelle.

Nous pourrions laisser cette fleur en l'état et la féconder sans aucune préparation; en effet, sous verre, la fécondation se fait hors saison, et il n'y a pas, en suspension dans l'atmosphère, de pollen de vigne pouvant provoquer une fécondation accidentelle indéterminée. Il est préférable toutefois de prendre certaines précautions. La grappe est tout d'abord ciselée huit à dix jours avant la floraison, de façon à ne conserver que vingt à trente fleurs par grappe; ces fleurs, moins nombreuses, sont plus vigoureuses et, n'étant pas denses, se prêtent mieux aux manipulations de la fécondation. Pour éviter l'auto-fécondation, avec une pince, on enlève, avant l'épanouissement de la fleur, le capuchon floral et les étamines d'un coup sec. Les étamines qui restent sont supprimées à l'aide d'une paire de ciseaux à broder. Avec une loupe grossissant au moins dix fois, on s'assure s'il n'y a pas de pollen provenant de ces étamines sur les organes femelles des fleurs à féconder.

La fécondation proprement dite se fait en se secouant sur ces fleurs ainsi préparées des fleurs du cépage mâle, dont les étamines montrent qu'elles laissent échapper leur pollen; ou bien, à l'aide d'un pinceau de soie, on badigeonne les stigmates humides avec du pollen conservé.

Pour les mettre à l'abri du pollen étranger, les grappes fécondées sont enfermées dans des sacs en gaze gommée maintenus gonflés à l'aide d'un fil de fer enroulé en spirale. Au bout de huit jours, la fécondation peut être considérée comme définitive, et la grappe est débarrassée de son sac. Dès la complète véraison, les pépins sont mûrs, susceptibles de donner naissance à de nouveaux cépages. On les retire de la pulpe et, pour les conserver, on les met en stratification dans le sable ou dans le terreau.

Pour les employer, il faut attaquer leur enveloppe tannique par la fermentation dans le terreau ou par l'immersion dans une solution de soude à 1 p. 100. Cette enveloppe une fois attaquée, l'albumen du grain peut absorber l'humidité, et la germination est très aisée.

Les semis de pépins se font dans les serres de multiplication, comme les boutures à un œil. Leur culture en potée sous une couche de sable de 0^m,05 surmontant un terreau sableux très décomposé se fait à une température de 20°. Les jeunes semis exigent une aération et un ensoleillement modérés. Du reste, en sous-bois sous les souches, les semis naturels se développent aisément.

Pour dénommer les hybrides, les forceurs comme les horticulteurs ont l'habitude de leur donner le nom d'un ami ou d'un personnage ; il serait préférable, à notre avis, d'utiliser le mode de désignation de la grande culture. Ainsi le raisin noir *Lady Downe's Seedling* s'appellerait mieux Black Morocco ✕ Buckland, en inscrivant le cépage femelle le premier et en séparant les deux noms par le signe ✕. Rien n'empêcherait d'ailleurs de le dédier à Lady Downe.

Sélection. — Les semis provenant d'une hybridation naturelle ou artificielle donnent des sujets qu'il va falloir étudier puis sélectionner. Tandis que le vigneron s'occupe avant tout de leur résistance au phylloxera, de leur résistance à la chlorose, le forceur recherche en premier lieu la beauté et la qualité des fruits. La vigne, champ d'expérience, est remplacée par des souches mères sur lesquelles on greffe les sarments des semis dès que leur dimension le permet. Les greffons montrent, dès l'année suivante, la valeur de leur fruit et leur disposition pour être forcés. Chaque année, on élimine au cours de la végétation toutes les variétés sans intérêt, et on se trouve, au plus, en présence d'un ou deux raisins, que l'on multiplie.

Cette multiplication seule permet de pousser la sélection. Si l'on a, par exemple, dans une serre vingt souches de la même variété que l'on a multipliée, on s'aperçoit bientôt que ces souches sont des individualités propres. Les unes sont plus fructifères, les autres sont coulardes ; les grappes d'une même souche ont des caractères communs de forme, de maturité. Tout cela est noté avec soin, et, *si ces caractères se répètent*, on multiplie les sarments de la variété la plus intéressante.

A côté de ces individualités, brusquement, *par variation d'un bourgeon*, on aperçoit un rameau d'une souche à raisin noir portant un raisin blanc. Le bouturage ou le greffage de ce rameau fixe une variété nouvelle.

Il en est de même des caractères de précocité. Tous ces caractères sont objectifs : on les voit, qu'on le veuille ou non ; mais, à côté de cela, les grappes peuvent se conserver plus ou moins bien, souffrir différemment dans les invasions de cryptogames, réparer plus ou moins facilement les plaies des insectes. Le forceur qui connaît bien ses souches arrive bien à voir toutes ces particularités.

Lorsque l'on goûte les raisins de la serre, il arrive parfois que les raisins d'une souche ou d'un sarment présentent une finesse ou un arome particulier. En grande culture, on a trouvé non seulement des sous-variétés de Pinot qui présentent des coloris du noir le plus foncé au vert vert, mais aussi des saveurs qui vont du musqué à la neutralité la plus absolue. Pour tous les cépages, ces variations qu'indique la dégustation sont possibles et nous permettent la création de cépages de qualité.

Hybridation asexuelle. — Dans le greffage, porte-greffes et greffons vivent ensemble, et il semble *a priori* que la réaction mutuelle de leur protoplasme, de leur sève propre, dut produire des individus nouveaux qui seraient des hybrides asexuels, des hybrides de greffe. Nous avons montré, au chapitre du greffage, qu'il n'en était rien.

Jusqu'à présent, on ne possède en horticulture, pas plus qu'en viticulture, aucune variété nouvelle créée par ce mode d'hybridation, dont la non-valeur est prouvée par des observations centenaires.

Monographie et description ampélographique. — Les cépages sont décrits ordinairement au moment de la maturité de leurs fruits. Rappelons pourtant que leur premier bourgeonnement, leur floraison, peuvent fournir des caractères ampélographiques excellents.

Dans leur *Ampélographie*, P. Viala et Vermorel ont formulé les grandes lignes d'une monographie et description de cépage. Nous l'avons simplifiée et adaptée aux raisins de forçage.

1° *Synonymie.* — Simple énumération, mais très complète, de tous les synonymes, certains (!) ou douteux (?) et des régions où ils sont usités.

2° *Bibliographie.* — Indications successives, et par ordre chronologique, des auteurs qui ont parlé d'une façon autorisée du cépage ; le titre et la date du volume, au besoin le numéro de la page et des planches ou figures, aussi bien pour les auteurs anciens ou modernes que pour les auteurs français ou étrangers.

3° *Historique et origine.* — Chapitre à développer et à argumenter d'après les documents originaux, les textes, les traditions recueillies. Pour l'origine, les documents botaniques et les comparaisons ampélographiques en formeront la base.

4° *Aire géographique.* — Dissémination, importance culturale, principales forceries ou groupes de forceries qui le cultivent.

5° *Ampélographie comparée.* — Étude détaillée et raisonnée de la synonymie. Comparaisons avec les autres cépages ou groupes de cépages voisins. Discussions des caractères ampélographiques du cépage et de ses variations ; caractéristiques ampélographiques et des formes. — Époques de végétation : débourrement, floraison, véraison, maturité ; influences spéciales du milieu de la serre et de la culture.

6° *Culture.* — Disposition des rameaux et des yeux fructifères, sélection..., déductions. Systèmes de taille et tailles en vert. Soins spéciaux de culture ; bouturage et disposition des racines. Affinité avec les porte-greffes européens et américains. Influence du sol sur la végétation du cépage, sa fructification, sa durée ; influence de sa composition chimique, fumure. Action des arrosages. Rendements. Influence du climat, aoûtement, débourrement. Précocité de maturation. Sensibilité ou résistance aux maladies et aux parasites soins spéciaux ou traitements : coulure constitutionnelle ou météorique, rabougrissement constitutionnel, insectes divers : mildiou, oïdium, pourridié, pourriture, coup de soleil, grise, etc.

7° *Valeur commerciale.* — Facilité de conservation sur souche, dans les caves de garde ; tenue des grappes, une fois cueillies; résistance au transport. Clientèle qui recherche la variété considérée.

Description. — *Description ampélographique (signalement) méthodique et détaillée de tous les organes suivant un plan et des termes uniformes.*

A. Souche. — Vigueur, tronc, écorce, racines...

B. Bourgeons. — Caractères avant le débourrement; caractères au bourgeonnement; jeunes feuilles, jeunes grappes de fleurs...

C. Rameaux. — Longueur, grosseur, forme, direction, coloration, ramifications; rameaux herbacés...; rameaux aoûtés...; mérithalles (longueur, stries, côtes, poils...), moelle, bois, nœuds, diaphragmes, vrilles.

D. Feuilles. — Dimensions générales et dimensions relatives, forme, épaisseur, lobes et sinus latéraux ou basilaire; aspect du limbe; face supérieure, coloration...; face inférieure, coloration, poils...; dents; nervures; pétiole, longueur, force, coloration, sillon, poils, situation par rapport au plan du limbe...; défeuillaison et teinte.

E. Fruits. — Grappes : situation et insertion sur les rameaux, grosseur, forme, longueur, largeur; pédoncule : forme, longueur consistance à la maturité; rafle : teinte, forme et longueur des ramifications; pédicelles, longueur, grosseur, bourrelet, pinceau, adhérence au grain. Grains : grosseur, forme (variation ou fixité dans la même grappe), coloration extérieure et aspect (pruine, ombilic...), consistance; peau : épaisseur, élasticité, matière colorante; pulpe ou chair : consistance, coloration intérieure; jus : abondance, saveur, goûts spéciaux: nombre, grosseur et forme des pépins (graines).

Échelles de maturité. — Il est nécessaire de distinguer, dans la maturité des cépages, la maturité relative et la maturité absolue. Pulliat, pour étudier la maturité relative, a pris comme étalon le Chasselas répandu partout, et il a groupé tous les cépages dans cinq catégories se rapportant à la maturité de ce dernier :

1° Les *cépages précoces*, qui mûrissent huit à quinze jours avant le Chasselas;

2° *Cépages de première époque de maturité.* — Ces cépages

mûrissent leurs fruits sous le climat du pêcher, de l'abricotier, de l'amandier de plein vent, et se récoltent cinq ou six jours avant ou après le Chasselas;

3° *Cépages de deuxième époque.* — Mûrissent quinze jours après le Chasselas, sous le climat du figuier;

4° *Cépages de troisième époque.* — Mûrissent un mois après le Chasselas, climat de l'olivier;

5° *Cépages de quatrième époque.* — Ces derniers, les plus tardifs, ne donnent des raisins utilisables que sous les climats des orangers.

Cette échelle a servi jusqu'à présent dans toutes les descriptions de cépages. On doit aussi la compléter par la maturité absolue, qui peut se traduire par le temps nécessaire pour amener à maturité les grappes d'une souche, temps compté depuis le débourrement. Nous ne comptons pas le temps de chauffage avant le débourrement; ce temps varie selon que la serre a été chauffée ou non l'année précédente, selon l'aoûtement et l'époque à laquelle on commence le forçage. Au contraire, avec assez de précision, on sait, — lorsque l'on dispose d'un bon chauffage capable de fournir en tout temps les températures que nous avons indiquées, — que tel cépage donne des grappes mûres à cinq mois, cinq mois et demi, etc. Ces temps sont plus intéressants encore à connaître pour le forceur que le rang du cépage dans l'échelle de maturité.

MONOGRAPHIE DES CÉPAGES DE SERRE

Ne pouvant entreprendre de décrire tous les cépages de serre, nous avons dû nous borner à donner la description d'un certain nombre seulement de *cépages-types.*

Nous les avons répartis d'abord en deux groupes comprenant l'un les variétés non musquées, l'autre les variétés musquées dites *muscats.*

Chacun de ces groupes a été subdivisé en variétés à raisin blanc et variétés à raisin noir; quant aux cépages aux couleurs intermédiaires, les cépages roses par exemple, d'un si bel effet décoratif malgré le délaissement dont ils semblent être actuellement l'objet, nous n'avons pas cru devoir les réunir dans un groupe à part ; ceux que nous avons cités en effet sont plutôt des sous-variétés de cépages qui se présentent également sous d'autres nuances, et nous avons été amenés à les traiter en même temps que la variété blanche et noire dont ils dérivent : tel est le cas du Rosaki, du Sultanina, du Chaouch, des Olivettes, etc.

Il est bon de faire remarquer que jusqu'à présent il est impossible avec les descriptions, les photographies ou les peintures, de donner des reproductions vraies des cépages et en particulier des cépages de serre.

En effet les grappes sont travaillées et déformées par le ciselage pour être amenées à une forme type ; les feuilles elles-mêmes peuvent prendre des développements très différents, du simple au quadruple, ce qui correspond à des découpures très variées, à des configurations de surface d'aspect fort divers ; enfin la grosseur du grain est très variable avec l'incision, la vigueur de la souche et même avec les derniers arrosages, qui peuvent en doubler le volume.

Aussi ne sera-t-on pas autrement surpris si, dans la description de nos cépages, il arrive de nous trouver çà et là en désaccord avec des auteurs dont on ne saurait cependant suspecter la sincérité ni discuter la compétence.

Les grappes que nous donnons sont des reproductions de l'*Ampélographie* P. Viala et Vermorel ; il est regrettable que l'artiste les ait parfois peintes coupées depuis quelques jours, ce qui enlève à quelques-unes la turgescence générale, élément indispensable de la caractéristique des cépages.

Nous énumérons ci-dessous, classées dans l'ordre que nous avons indiqué, les variétés auxquelles nous nous arrêterons dans ce chapitre.

Raisins blancs non musqués.

PREMIÈRE SAISON.

Buccleuch.	Golden Champion.
Buckland.	Lignan blanc.
Chasselas.	Ugni blanc ou Trebbiano.
Foster's white seedling.	

ARRIÈRE-SAISON.

Bicane.
Chaouch.
Faphly.
Gradiska.
Général de la Marmora.
Panse Précoce.

Rosaki.
Schiradzouli.
Saint-Jeannet tardif.
Sultanina.
White Tokay.

Raisins noirs non musqués.

Alphonse Lavallée.
Appley Towers.
Black Alicante.
Black Morocco.
Directeur Tisserand.

Frankental.
Gros Colman.
Gros Maroc.
Lady Downe's seedling.
Olivettes.

Muscats blancs.

Muscat d'Alexandrie.
Muscat Canon Hall.
Muscat Dr Hogg.

Muscat Pearson.
Royal Vineyard.

Muscats noirs.

Muscat de Hamburgh.
Ingram's Muscat.

Muscat Lierval.
Muscat Madresfield Court.

RAISINS BLANCS NON MUSQUÉS

RAISINS DE PREMIÈRE SAISON.

Buccleuch (1).

Historique et origine. — Il ne faut pas confondre le *Buccleuch* ou *Duke of Buccleuch* avec la *Duchesse of Buccleuch*, qui est un raisin musqué de deuxième époque. Le Duke of Buc-

(1) W. Thomson, Cultivation of the Grape vine, 10e édition, London, 1895. — A.-F. Barron, Vines and vine culture, 4e édition, London, 1900.

cleuch a été obtenu, d'après Barron, par M. Thomson de Clovenfords lorsqu'il était jardinier du duc de Buccleuch, à

Fig. 165.— Buccleuch (P. Pacottet) (1/3 grand. nat.).

Dalheith. La Société royale d'horticulture d'Angleterre lui a décerné un certificat de 1re classe en 1872.

Barron estime qu'il est de faible vigueur les premières

années. Une atmosphère sèche lui convient. La floraison est à surveiller, car il coule facilement ; il exige les traitements et la température du Frankental.

Le Buccleuch (fig. 165) se rapproche beaucoup du Golden Champion, tant par son aspect que par ses qualités générales. Il se différencie à peine de ce dernier par la teinte de ses organes vert clair teintés de carmin, comme le Chasselas, tandis que le Golden Champion est vert franc. Ce cépage a les grains moins ronds, plus allongés que ceux du Buccleuch. A notre avis, le Buccleuch semble plutôt une sélection bien fixée du Golden Champion qu'une variété propre. Il se caractérise par son bois noué court, gros, acajou clair, sa feuille vert rose clair, pourvue de dents aiguës relevées supérieurement, portée par des sarments érigés, sa grappe trapue, courte, à grains énormes, jaune blanchâtre à la maturité.

Culture. — Le Buccleuch est un raisin de serre trop délicat pour être cultivé en espalier ou en plein air. Il exige une taille longue, car il est peu fructifère. Les deux yeux de la base du sarment portent des grappillons plutôt que des grappes ; il faut donc le tailler au moins à trois yeux. Cette taille longue est nécessitée, en outre, par la difficulté de son palissage ; ses sarments érigés cassent par le seul fait qu'ils se buttent à un obstacle en poussant. Il débourre très gros, péniblement et d'une façon assez régulière. A la floraison, il coule volontiers ; mais les grains devenant gros, les grappes sont néanmoins garnies. Le ciselage est assez difficile à cause de la faible longueur des pédicelles ; il doit enlever seulement les grains millerands. Le jeune grain est assez sensible aux lésions de cette opération, et les lésions subérisées sont très importantes et très visibles à la maturité sur la peau du grain. A la véraison, le grain devient particulièrement sensible au coup de soleil, à l'éclatément, à la pourriture. Une fois mûr, il se détache facilement de la grappe et est d'une conservation difficile ; c'est un raisin à consommer de suite. Sa saveur peu acide et peu sucrée est neutre, non relevée, très goût anglais comme raisin d'été. La grappe courte, trapue, irrégulière, n'est pas ornementale, mais elle étonne par la grosseur de ses grains. Ceux-ci dorent difficilement et conservent une teinte blanchâtre

Le Buccleuch vient bien dans les divers sols des forceries; en particulier, il n'est pas chlorosant et ne redoute pas le calcaire. Il est peu sensible à l'Oïdium. Sa feuille, peu tomenteuse, est facile à défendre contre la Grise. Son aoûtement est difficultueux; son bois, extrêmement moelleux, se lignifie mal et irrégulièrement, par bandes longitudinales. Ce cépage supporte bien le forçage, et il ne redoute pas la sécheresse du chauffage à la fumée. Raisin de première époque, il peut venir en cinq mois. Forcé dès le 1er février, on le récolte la première quinzaine de juillet.

Description. — Souche d'une vigueur moyenne; tronc gros recouvert d'une écorce se détachant facilement en larges lames, plutôt petites.

Bourgeons : gros; débourrement très gros et pénible; jeunes feuilles vert clair teintées de carmin comme le Chasselas; jeunes grappes bien dessinées.

Rameaux : très courts et très gros, cylindriques, érigés, se ramifiant peu; à l'état herbacé vert foncé, teintés de carmin; rameaux aoûtés jaune-paille; mérithalles très courts, finement striés, glabres; bois peu important, mou; nœuds bien marqués; diaphragmes peu épais; vrilles très trapues, courtes, seulement bifurquées.

Feuilles : formant gouttière, de grandeur surmoyenne aussi larges que longues, rondes, à parenchyme épais, à trois lobes; sinus pétiolaire en forme d'U très ouvert à sa base, avec tendance des lobes du tablier à se rapprocher; sinus latéraux inférieurs peu découpés; sinus latéraux supérieurs très profonds, à lobes se recouvrant entièrement; limbe uni, vert foncé luisant à la face supérieure; vert moins foncé à la face inférieure pourvue de poils courts et rigides; dents très longues, très aiguës, terminées par des mucrons très marqués, formant deux séries alternes, dont les unes sont redressées par rapport au plan du limbe; nervures jaune vert clair, très apparentes. — Pétiole plus long que la feuille, très gros, cylindrique, de couleur verte fortement carminée, inséré à angle droit par rapport au plan du limbe.

Fruits. — *Grappes :* très grosses, courtes, insérées au niveau de la troisième et quatrième feuille, trapues à leur extrémité, quelque peu grêles; pédoncule de longueur moyenne, très gros, verruqueux, jaune verdâtre, peu rigide; rafle verte teintée de pourpre quelquefois peu ramifiée; pédicelles très courts, moyens, bourrelet peu développé, verruqueux; pinceau très court, se détachant très facilement du grain. — *Grains :* très gros, de forme irrégulière et variable, ronds et ovoïdes dans une même grappe, mais toujours aplatis dans la région de l'ombilic, blanc verdâtre; pruine peu abondante et légère; ombilic accusé; peau très mince peu élastique, peu colorée; pulpe juteuse, sans consistance, incolore; jus très abondant, à saveur sucrée, peu acide, finement relevée; pépins au nombre d'un à deux, gros; bec court, chalaze et raphé peu indiqués.

Buckland (1).

[Bukland, Sweetwater Buckland.]

Historique et origine. — D'après A.-F. Barron, cette variété provient d'un semis anglais fait à Buckland, près de Reigate, par un gentleman qui apporta la graine du continent; MM. Ivery et Son le greffèrent sur le Black Hamburgh (Frankental); une des greffes reprit, fut merveilleuse, tandis que toutes les autres périrent; M. Ivery le présenta au public vers 1860. Ce cépage, qui a quelque ressemblance avec le Golden Hamburg (Frankental blanc), devint vite populaire. En dehors du Muscat d'Alexandrie et du Fosters, il n'y a pas de plus belle grappe. Ce raisin est cultivé communément dans les serres anglaises sous un climat tempéré et humide. Il redoute trop la chaleur et la sécheresse pour réussir dans les forceries françaises, sauf aux confins de la Belgique.

Culture. — Le *Buckland* (fig. 166) donne des bois très moelleux, de calibre moyen; il demande une taille demi-longue, car il est peu fructifère, surtout forcé. Ses bourgeons débourrent irrégulièrement; ils sont souvent doubles et poussent très rapidement. Ses sarments se palissent aisément; ils portent des fleurs peu apparentes, formées de petits bouquets sur des ramifications très longues et pendantes; la fleur passe vite, et la nouaison est assez irrégulière. Les grains, restés petits,

---

(1) Catalogue des frères Louis Simon, de Metz. — Catalogue de Leroy, d'Angers. — Comte DE ROSAVENDA, Essai d'une ampélographie universelle, 2e édition, 1887. — WILLIAM THOMSON, A practical Treatise on the cultivation of the Grape vine, 10e édition, 1895, London.   A.-F. BARRON, Vines and vine culture, 4e édition, 1900, London.

sont enlevés par un ciselage facile et peu important, car la
grappe est formée d'ailerons peu serrés, portés par des pédon-

Fig. 166. — Buckland (P. Pacottet) (1/3 grand. nat.).

cules très longs. Les tailles en vert, pincements à quatre
feuilles au-dessus de la grappe, suppression de nombreux
rejets et vrilles, lui sont absolument nécessaires. Son feuillage,
malgré la dimension de ses feuilles, est peu serré, vert clair,

et laisse passer la lumière. Ce cépage préfère une atmosphère fraîche et humide ; feuilles et grains grillent facilement au soleil, et il végète mal, si peu que la température soit sèche ou susceptible de dépasser 40° ; dans un air humide, il est extrêmement sensible à l'Oïdium et ne peut être soufré que très légèrement. La Grise (*Tetranychus tellarius*) se développe peu sur son limbe inférieur glabre, non sensible à la nicotine. C'est un cépage des plus chlorosant.

A la maturité, les grains se dorent difficilement et irrégulièrement ; quelques-uns, quoique ayant atteint une grosseur normale, restent verts ; ces grains supprimés sont cause d'un déchet dans le poids de la grappe, qui est très irrégulier et variable avec le nombre des grappillons ; 300 à 350 grammes sont le poids moyen d'une grappe. L'incision annulaire, pratiquée huit jours après la nouaison, augmente beaucoup la grosseur du grain et sa facilité à dorer. Une fois mûr, le grain se détache facilement de la grappe ; conservé sur souche, il ride et tombe ; il est peu fleuri.

Le Buckland vient après le Foster's comme maturité ; il est de première époque. Les Anglais apprécient ce raisin très aqueux, juteux, neutre, à goût d'eau sucrée, comme ils l'appellent. Délicat à forcer, peu fructifère et donnant une grappe pas assez ornementale pour racheter ses défauts, ce cépage est abandonné de plus en plus ; il ne peut du reste s'expédier au loin.

Description. — SOUCHE : de vigueur moyenne; tronc gros ; écorce épaisse s'enlevant en longues lanières régulières; racines de grosseur moyenne.

BOURGEONS : larges à la base, aplatis, lisses ; au débourrement jeunes feuilles d'un vert blond, glabres; jeunes grappes claires et très ramifiées, peu importantes.

RAMEAUX : de longueur moyenne, gros, cylindriques, souvent aplatis, érigés, très ramifiés; jeunes rameaux vert clair, très lenticellés ; rameaux aoûtés brun-acajou, avec bandes plus rouges et plus foncées; mérithalles courts, légèrement striés, dépourvus de poils; moelle blanche peu importante, bois dur; nœuds nettement marqués, réguliers, non aplatis; diaphragmes très prononcés; vrilles de grosseur moyenne, bi ou trifurquées.

FEUILLES : trilobées, très grandes, aussi larges que longues, à parenchyme très épais et gaufré; sinus pétiolaire en lyre très ouverte à la base et lobes du tablier très importants; sinus latéraux inférieurs absents ou peu découpés; sinus latéraux supérieurs bien découpés, avec légère tendance des lobes à se rapprocher;

Fig. 167. — Chasselas (Salomon) (2/5 grand. nat.).

limbe très bullé ; face supérieure du limbe vert sombre, glabre ; face inférieure glabre également, vert très clair ; dents tri-sériées, normales au limbe; nervures saillantes et blanc vert. — Pétiole peu long, très gros; très renflé à ses deux extrémités, rigide, cylindrique, non aplati, vert-paille à côtes bien marquées, teintées de carmin, sans sillon ni poils, inséré à angle très obtus par rapport au plan du limbe ; à la défeuillaison, la feuille se teinte entièrement de jaune et persiste assez longtemps sur le sarment.

FRUITS. — *Grappes* : insérées à la base du sarment au niveau des deuxième et troisième feuilles, grosses, coniques, longues, larges à leurs sommets, bien épaulées, constituées par plusieurs ailerons ; pédoncule très gros, très renflé à son insertion sur le sarment, cylindrique, très court, vert à la maturité, très rigide ; rafle verte, à ramifications courtes, donnant des grappes formées de grapillons à grains serrés ; pédicelles courts, très gros, à bourrelet très gros, adhérant au grain. — *Grains* : gros, ovoïdes, souvent ronds et ovoïdes dans la même grappe, jaune-cire avec nervures peu visibles, sauf à la véraison ; pruine très légère, ombilic bien marqué, très consistant ; peau moyennement épaisse, élastique ; pulpe développée, moyennement consistante ; jus incolore, peu abondant, à saveur sucrée, peu acide, assez relevée ; pépins au nombre de deux à trois, très gros, à bec long, ventre bien marqué, chalaze et raphé nettement indiqués.

Chasselas.

Le Chasselas (fig. 167) est peut-être le cépage le plus répandu dans le monde entier à cause de la qualité de son fruit. On a donc essayé de le cultiver en serres. Il se force très facilement, mais les raisins de Chasselas forcés ne peuvent lutter contre les Chasselas conservés que l'on garde aisément jusqu'en mai avec toute leur fraîcheur. En outre sa production par mètre est excessivement faible, inférieure à un demi-kilogramme dans le cas de forçage moyen.

En revanche, il donne de forts jolis pots ; on peut l'employer côte à côte de variétés à feuillage très développé pour laisser filtrer un peu de lumière. Nous l'avons vu aussi servir à ombrer des serres de plantes florales en donnant des raisins de très belle qualité. En un mot, c'est surtout une variété de serre pour amateur.

Non chauffé sous verre, comme il est de première époque, il mûrit de très bonne heure.

Les sous-variétés en sont nombreuses ; sous verre même, nous avons trouvé en Belgique, par exemple, des Chasselas à grappes très volumineuses, très ramifiées, dues à une sélection destinée précisément à agrandir la grappe et à augmenter son poids.

Foster's white seedling (1).

Historique et origine. — Obtenu par M. Foster comme le Lady Downe's Seedling, ce cépage (fig. 168) s'est répandu du comté d'York dans toute l'Angleterre, puis la Belgique ; il a été aussi adopté par tous les forceurs français et, à l'heure actuelle, on peut dire que le Foster est le premier de tous les cépages blancs cultivés en grand forçage.

Culture. — C'est une variété des plus vigoureuse, se prêtant merveilleusement à toutes les exigences de la culture forcée ; sa souche, épuisée par une faute quelconque, se rétablit très vite. Cette vigueur se manifeste dès le débourrement ; aucune variété ne débourre en effet aussi régulièrement et avec une telle abondance. Tous les yeux sont fructifères ; aussi une taille à un œil est-elle largement suffisante pour assurer un grand nombre de grappes. Ces grappes, du reste, nouent avec une extrême facilité, même dans des conditions défectueuses, et, malgré l'abondance des grains, le ciselage en est facile. Elles se développent sans être sensibles ni au *Botrytis* ni au Pédicelle.

A la véraison, le Foster éclate parfois ; mais sans grand dommage ; dès ce moment, il s'éclaircit, se dore aisément et présente un aspect vraiment très ornemental, tant par la forme de la grappe que par la grosseur du grain. Aussi a-t-on tendance à le cueillir encore vert ; mais, à maturité complète, sa chair est fondante, juteuse, à saveur agréable.

Il se conserve peu sur souches ; quant à la conservation en cave, on ne peut songer à la pratiquer, puisqu'il est de première époque.

Le grain, très attaché à son pédicelle, ne se détache point durant le transport, et ce raisin peut s'expédier au loin. Sa peau, quoique fine, redoute très peu la pourriture. Son époque de maturité est plus hâtive de quelques jours que celle du Chasselas ; c'est donc un cépage vraiment précoce.

(1) V. PULLIAT, Mille variétés de vignes, description et synonymies. Le Vignoble. — ARCHIBALD F. BARRON, Vines and vine culture. — E. et R. SALOMON, Ampélographie Viala et Vermorel

Comme sol, il est peu exigeant ; ses racines l'occupent bien et sont peu sensibles au Pourridié. Son feuillage vert clair, abondant, très développé, souffre parfois de la Grise, mais jamais autant que le Frankental dans la même situation. L'Oïdium l'endommage moyennement. Il utilise à merveille les fumures copieuses ; il exige en général une aération importante, qu'on peut aisément lui donner, car il supporte bien les températures fraîches. On peut faire remarquer à ce propos que la grappe, généralement pourvue d'un pédoncule de longueur moyenne, s'allonge parfois démesurément dans le cas d'étiolement dû au manque d'air ou de place.

Les tailles en vert sont toujours faites très courtes, à deux ou trois feuilles au maximum ; l'incision a des effets immédiats très heureux, mais son action s'arrête vite parce que les bourrelets cicatriciels se rejoignent et la suppriment.

La vigueur de la souche ne s'accommode guère de la culture en pots.

Ce cépage végète assez longtemps, et il en résulte que son aoûtement n'est pas toujours bon ; mais on peut corriger cette tendance par l'emploi de phosphates à très hautes doses.

Description. — Souche : très vigoureuse ; tronc gros, à lanières énormes, larges, longues ; système radiculaire très développé en tous sens.

Bourgeons : petits, coniques, acajou, donnant des pousses très faibles, étiolées même, chlorosées, recroquevillées, se développant ensuite très rapidement.

Jeunes feuilles jaunâtres, tomenteuses sur les deux faces, sans trace de carmination.

Rameaux : gros, à moelle moyennement développée, parfois aplatis, présentant des vrilles très nombreuses.

Feuilles : surmoyennes, aussi longues que larges, moyennement épaisses, à cinq lobes bien accusés et gondolés ; sinus basilaire en V souvent fermé ; limbe supérieur plan, vert luisant ; face inférieure vert vert sans tomentum. Pétiole surmoyen, vert jaune avec stries carminées faisant un angle de 120° avec le limbe. Jaunissement des feuilles normal et défeuillaison aisée ; rejets nombreux.

Grappes : extrêmement nombreuses, insérées très bas à partir du deuxième bourgeon, grosses, coniques, bien épaulées ; ramifications développées ; pédoncule généralement moyen, souple, très vert, s'aoûtant quelquefois jusqu'à mi-longueur ; rafles très vertes, pédicelles fins. Grains bien attachés avec pinceau presque inexistant; surmoyens, quelquefois gros, ovoïdes, parfois ronds, par-

Fig. 168. — Foster's white seedling (E.-R. Salomon)
(1/3 grand. nat.).

fois aussi très allongés, vert jaune, jamais ambré. Peau fine élastique éclatant facilement. Pulpe juteuse, jus très blanc à saveur sucrée, finement relevée, sans goût spécial, avec pépin abondant.

Golden Champion (1).

Historique et origine. — Le Golden Champion est, comme le Duc de Buccleuch, une création de W. Thomson, jardinier chez le duc de Buccleuch, à Dalkeith, en Angleterre. Obtenu du croisement du Champion Hamburgh et du Muscat d'Alexandrie il fut présenté en 1868 à la Société royale d'horticulture, qui lui décerna un certificat de première classe.

Culture. — C'est un des cépages blancs à gros grains que l'on peut forcer en première saison ; comme maturité, il est en effet sensiblement contemporain du Chasselas.

Il donne à première vue une impression d'extrême vigueur : tronc gros, sarments de fort calibre à nœuds courts, à feuilles larges, épaisses et étoffées, tel il se présente à nos yeux. La taille en est difficile ; les sarments sont toujours inégalement aoûtés, et cette inégalité se manifeste par la présence de bandes longitudinales jaune verdâtre dans des sarments parfois bien mûrs. On ne peut le tailler au sécateur, car son bois éclate, tant la moelle est importante. Il pousse des yeux énormes, souvent doubles, irréguliers dans leur croissance, s'arrêtant parfois de croître une fois qu'ils sont éclatés. L'irrégularité de sa fructification impose une taille longue, alors même que l'on trouve des raisins sur des sarments venus à la base des bois de taille. La longueur inévitable des tailles, jointe au développement inégal des bourgeons, donne des souches d'une irrégularité d'autant plus accentuée que le cépage est plus forcé. La dimension de son feuillage oblige à éloigner les bras de la charpente et, lorsqu'il faut les attacher, ils sont très fragiles.

Les grappes apparaissent courtes, trapues, avec une bractée importante, tomenteuse ; à tort, on ne les entoure généralement point des soins que l'on donne au Muscat d'Alexandrie, dont le Golden Champion est issu. Aussi se déclare-t-il volontiers, non pas de la coulure, mais une fécondation incomplète des grains ; parmi ceux-ci, les uns n'atteignent pas leur volume,

---

(1) A.-F. Barron, Vines and vine culture. — W. Thomson, Vineries. — F. Rivers (Sawbridgeworth), Catalogue. — Salomon, Ampélographie Viala et Vermorel.

tandis que d'autres restent verts même à complète maturité. Le ciselage est peu important ; mais, dès que le grain est gros comme un pois, il devient sensible aux coups de soleil (coup de pouce), éclate facilement, et c'est souvent fort incomplète et inégalement garnie que nous pouvons récolter la grappe au pédoncule vert, énorme, charnu, cassant et peu ramifié.

La grappe est toujours courte, peu condensée, plutôt ronde que cylindrique ; les pédicelles courts, très renflés, portent des grains énormes, globoïdes, rarement allongés, se dorant avec difficulté.

Le raisin de Golden Champion se conserve assez bien sur souches et se transporte facilement. La grosseur de son grain est très ornementale ; mais, bien qu'il provienne d'un muscat, il est extrêmement neutre ; sa chair est juteuse, à saveur sucrée, acidulée ; sa peau n'a rien d'exagéré comme épaisseur.

Barron, Salomon et nous-mêmes avons obtenu d'excellents résultats en le greffant pour ameliorer sa fructification aussi bien sur vignes françaises, comme le Frankental, que sur les vignes américaines.

Lignan blanc.

[*Lugliango bianca. — Lignenga, Luglota. — Busby's golden Hamburgh, Golden Hamburg* (A. Barron). *— Burchard't's amber Cluster, Early white Malvasia, Grove and sweetwater* (Rober Hogg).]

Ce vieux cépage italien, dont l'origine remonte au xive siècle, a été cultivé sous verre en Angleterre et un peu en Belgique.

Sa souche, qui peut atteindre les plus grandes dimensions en plein air, semble perdre en serre beaucoup de sa vigueur ; elle produit des grappes surmoyennes, fortement épaulées, à grains gros, ronds, sans grande saveur et surtout d'une mauvaise conservation.

Le Lignan est une variété hâtive ; mais l'aoûtement de ses bois est toujours défectueux, et le forçage ne semble pas lui convenir.

Ugni blanc ou Trebbiano (1).

[Gradiska (Angleterre), Clairette rondé, Roussea, Espagnolet, Bèu, Boua, Bouan beou, Bonebeoú, Blancoun, Clairette de Vence (Alpes-Maritimes). — Ugni blanc (Bouches-du-Rhône). — Saint-Émilion (Charentes). — Tr. bbiano (Corse). — Muscadet aigre, Blanc Auba, Chator, Cadillac (?), Blanc de Cadillac (?) (Gironde). — Clairette ronde, Queue de renard (Var). — Gredelin (Vaucluse). — *Albano* (Arezzo). — *Biancame* (Cortona). *Trebbiano, Trebbiano fiorentino, Trebbiano tosc no, Tribbiano* (Florence, Pise, Sienne). — *Procanico* (île d'E be), *Grosselo* (Sienne). — *Buriano,* (Lucques). — *Brocanico, Brucanico, Uva bianca,* (Sienne). — *Santoro* (Sinalunga, Foiano).]

Historique et origine. — Il est probable que les marins levantins ont apporté avec eux ce cépage sur tous les points des côtes italiennes, françaises, espagnoles et portugaises, où ils ont fondé des colonies. Ce cépage est très répandu sous des noms divers, mais il donne partout d'excellent raisin de table et du vin de qualité.

Si ce n'était la grosseur très moyenne de ses grains, ce raisin serait l'un des plus beaux qu'on peut obtenir au printemps parmi les variétés blanches. Sa grappe longue, volumineuse, peu serrée, mais de densité régulière, a des grains qui dorent facilement, même par des temps sombres.

Culture. — C'est un cépage à développement moyen, mais très vigoureux, ne subissant aucune déchéance du fait du forçage; en palmettes comme en cordons, on peut le tailler court, et il reste très fructifère. Ses yeux débourrent régulièrement et donnent des sarments plutôt érigés, qui, malgré leur

(1) Nous écourtons volontairementla bibliographie énorme que comporte ce cépage : PLINIUS, Historia naturalis. — PIER DE GRESCENZI, Opus ruralium commodorum, 1307. — ANDREA BACCI, De naturali vinorum historia et de vinis Italiæ, 1596. — OLIVIER DE SERRES, t. II, p. 125, 1600. — ACERBI GIUSEPPE, Le Viti Italiane, 1825. — MILANO, Descrizione dei vitigni del circondario di Bella, 1840. — ODART, Ampélographie universelle, 1859. — RENDU, Ampélographie. — MARÈS, Les cépages méridionaux. — Dr GUYOT, Études sur les vignobles de France, 1868. — CARLO GIULIETTI, Dizionario ampelenologico, 1879. — PULLIAT, Le vignoble, 1873. — H. GŒTHE, Handbuch der Ampelographie, 1878. — Comte de ROSAVENDA, Essai d'une ampélographie universelle. — FOËX, Cours complet de viticulture. — V. PULLIAT, Mille variétés de vignes, 1888. — TAMARO, Uve da tavola, 1897. — CASTELLI, Vignobles de la Corse, 1898. — I. RÉICH et V. VANNUCCINI, Ampélographie Viala et Vermorel, 1901.

tendance à se décoller, restent flexibles et se laissent assez bien attacher.

Dès la fleur, les grappes apparaissent très ramifiées et très découpées; elles nouent avec une extrême facilité et ne demandent qu'un ciselage plutôt sobre. A la véraison, non seulement la pellicule devient transparente, mais elle se dore presque aussitôt, ce qui permet de le vendre bien avant sa maturité, à un moment où il est encore très acide et désagréable à manger; sa réputation en souffre beaucoup, alors que, si l'on attendait sa maturation réelle, on obtiendrait un fruit à chair molle, juteuse et sucrée, quoique toujours un peu acidulée.

Il se conserve assez bien sur souche. Il résulte au pédicelle, ne craint pas la chlorose et n'est, on peut dire, jamais attaqué par la pourriture grise. Les insectes comme les cryptogames le visitent peu sous verre. Ses racines grosses et traçantes sont rustiques et se contentent de mauvais sols.

Comme ses grappes dépassent facilement 1 kilogramme, elles se vendent très bien à une époque où le raisin doré fait totalement défaut.

En résumé, par son aspect général, par son apparence de parfaite maturité, l'Ugni blanc lutte victorieusement avec les autres raisins blancs de printemps, et tous les établissements de forçage pourraient utilement posséder au moins une serre de cette variété intéressante.

Raisins d'arrière-saison.

Bicane.

Historique et origine. — Ce cépage ancien a une origine indéterminée. On ne le trouve nulle part en plein air, sauf à l'état de quelques pieds; mais il est répandu dans les serres des divers pays et mérite de l'être par la beauté de son fruit.

Culture. — Le Bicane est un cépage de vigueur modérée, et cette vigueur a besoin d'être surveillée. Tacussel et Zacharewicz ont obtenu une production considérable en employant la taille Guyot; mais, pour notre part, nous estimons que sa fructification est suffisante pour permettre des tailles très courtes à un œil au plus, qui peuvent être portées soit par des palmettes, soit par des cordons. Comme le feuillage est très découpé et les feuilles souvent petites, sauf dans le cas de sols extrêmement favorables, il suffit de distancer les souches de 0^m,80 à 1 mètre.

Ce qui met obstacle à l'extension du Bicane, c'est son mille-randage excessif; nous avons vu des serres de 200 mètres carrés produire des grappes bien constituées et donner pour toute récolte quelques grains de raisin; l'incision annulaire et les pincements combinés à la fécondation artificielle assurent en revanche une nouaison aussi satisfaisante que possible; néanmoins la grappe n'est jamais très dense, car sa charpente est un peu étriquée et le pédicelle assez long.

Si le feuillage est très sensible, il n'en est pas de même de la grappe, qui de la nouaison à la maturité est une grappe saine par excellence. Peu de grappes profitent autant de l'incision annulaire, tant au point de vue de la grosseur du grain que de l'avance à la maturation; cette avance est peut-être un inconvénient pour ce cépage. qu'il serait intéressant d'obtenir le plus tard possible, car, bien qu'il soit de troisième époque, il est toujours très mûr en serre froide.

Le grain ne craint pas le coup de soleil; il se conserve aisément avec un peu de pédicelle parfois. Bien attaché à sa grappe à pédoncule toujours vert, le grain se présente avec des tonalités ivoirines excessivement décoratives; très ensoleillé, il prend des teintes vieil ivoire, mais ne se cuivre pas.

Le Bicane est d'une sensibilté moyenne à l'Oïdium. Greffé sur vigne française, il ne donne pas toujours des résultats satisfaisants, à moins qu'on ne choisisse un porte-greffe vigoureux. Parmi les cépages américains, nous trouvons ce porte-greffe vigoureux cnez le Riparia Rupestris par exemple; mais il faut éviter au contraire des cépages comme le Rupestris du Lot, qui pousse à la coulure.

On ne saurait trop recommander en résumé la multiplication du Bicane.

Chaouch (1).

[Chaous, Tsaousi (Grèce). — Tchaouch (Russie). — Tairoff (Pulliat).
— Panse de Constantinople (H. Marés). — Tchavouch usermu
(Raisin de gendarme), Parc de Versailles (Foëx, Hardy) Chaoula
(sélection de Chaouch, Constantinople, Jardins du Sultan).]

S'il est vrai que le mot Chaouch désigne en pays musulman
l'individu gradé au milieu des soldats, ainsi que l'admet Pulliat,
ce nom appliqué au cépage que nous décrivons est bien
mérité, car, comme l'a dit Eckerlin, il représente la variété
supérieure parmi les autres cépages de table, pourtant si nombreux, cultivés en Orient, notamment en Turquie.

Nous l'avons vu en espalier donner, à Ecully (près Lyon),
des grappes de toute beauté lorsqu'il avait été fécondé.

Cultivé en pots dans les serres de Nanterre, il n'a donné
que des grappes lâches, décousues, sujettes au pédicelle et peu
séduisantes d'aspect ; il est vrai de dire qu'il s'agissait d'un
Chaouch à grains gris sale plutôt que blancs.

Pulliat puis Eckerlin signalent, plusieurs variétés de ce
cépage ; ce dernier auteur estime que c'est un raisin de table
des plus remarquable. Comme nous l'avons dit pour les Sultanina, la vie sous verre ne semble pas convenir à cette
variété étonnamment robuste et coularde.

Faphly (2).

Cépage persan, vigoureux, peu fructifère, particulièrement
sensible au coup de soleil. Il donne en troisième époque un
raisin à grains blancs, gros, arrondis, d'une excellente conservation sur souches comme en caves de garde.

(1) V. PULLIAT, Mille variétés de vignes, 1886. — J.-M. GUILLON, Les cépages
orientaux. — FOËX, Cours complet de viticulture. — H. MARÉS, Description des
cépages principaux de la région méditérranéenne de la France. — Comte ODART,
Ampélographie universelle. — A. TAOUSSEL et Ed. ZACHAREWICZ, Progrès agricole,
novembre 1897. — P. RENARD, La vigne, 1882. — A. ANDOUARD, Le vignoble de la
Roche, 1899. — FÉLIX SAHUT, L'ampélographie et l'origine de nos cépages (Congrès
viticole et ampélographique de Bordeaux, septembre 1895).

(2) J.-B. GUILLON, Cépages orientaux. — E. et R. SALOMON, Ampélographie
Viala et Vermorel.

Gradiska (1).

Moranet.

Ce cépage est une création de la maiseau Moreau-Robert (d'Angers), qui l'a obtenu il y a plus de cinquante ans et lui avait donné le nom de Moranet.

M. Moreau (de Dijon) reçut plus tard ce même cépage de Hongrie, où il avait été vraisemblablement vendu par ses obtenteurs.

Il se distingue complètement du Gradiska tardif (Saint-Jeannet) et du Gradiska (Ugni blanc) des Anglais.

Nous avons vu de très belles grappes de ce cépage à l'École d'horticulture de Versailles. Ces grappes longues, peu compactes, à grains ovoïdes, gros, dorés, avec fond ivoirin, quoique transparent, diffèrent sensiblement des autres variétés à pellicule verte, et MM. E. et R. Salomon les considèrent comme les plus décoratives.

C'est un cépage fructifère, qui peut être taillé court ; mais ses grappes ont beaucoup à souffrir des maladies cryptogamiques. Il ne s'est pas multiplié à cause de sa qualité médiocre et de sa grande sensibilité à la pourriture.

Général de la Marmora.

Ce cépage, qui date d'une cinquantaine d'années, est, comme le Gradiska, une création de la maison Moreau-Robert (d'Angers). Dès son obtention, il s'est introduit dans les serres, et l'on en trouve quelques échantillons sous verre en France et en Angleterre.

Donné par Pulliat comme de deuxième époque, il est très fructifère et nécessite une taille courte. Sa principale qualité est d'être peu sensible aux maladies ; il résiste bien à l'Oïdium et au Mildiou et n'est pour ainsi dire jamais attaqué par la pourriture. Il produit des grappes grosses, assez longues, rameuses, à grains moyens, de couleur blanc mat et de saveur délicate.

---

(1) MOREAU-ROBERT, Catalogue, Angers. — V. PULLIAT, Mille variétés de vignes ; Le vignoble.

Panse (1).

[Bicane (Barron); Panse jaune, Panse blanche, Panse commune, Occhivi Panse (Vaucluse).]

Historique et origine. — La Panse a été confondue par Bar-

Fig. 169. — Panse précoce (Silicien). Mouillefert (1/3 grand. nat.).

ron avec le Bicane. Nous l'avons reçue d'Angleterre à Nan-

(1) ODART, Ampélographie universelle. — RENDU, Ampélographie française. — PULLIAT, Mille variétés de vignes. — DE ROSAVENDA, Ampélographie universelle. — TACUSSEL et ZACHAREWICZ, Ampélographie Viala et Vermorel.

terre sous le nom de Trebbiano. Si l'on va dans le Midi de la France, le mot de Panse est un nom générique employé pour désigner les raisins blancs à gros grains ovoïdes. Enfin les dénominations de Panse précoce (Silicien) (fig. 169) et de Panse musquée (Muscat d'Alexandrie) montrent combien on a pu s'écarter du véritable cépage. A. Tacussel et Zacharewicz admettent que la confusion qui règne sur le mot Panse provient de ce qu'on a appelé de ce nom tous les raisins qui pouvaient se dessécher, comme la véritable Panse, celle que nous voulons décrire.

Culture. — Pourvue de grosses racines traçantes, pénétrant dans tous les sols, même les plus compacts, la Panse (fig. 170) est un cépage extrêmement vigoureux. Son tronc énorme forme de remarquables cordons auxquels il ne faut pas craindre de donner un grand développement. Comme le feuillage est dense, assez épais, l'écartement entre les pieds doit être d'au moins 1 mètre à 1^m,20 et celui des bras de 0^m,40 environ.

Cette variété fructifie étonnamment, et bien peu de grappes ont en terre une floraison aussi facile, aussi assurée, sans redouter ni la coulure ni les atteintes dues au mauvais temps. On peut lui demander des rendements atteignant facilement 3 kilogrammes au mètre couvert, ce qui est dire qu'il faudra laisser à deux grappes par chaque coursonne quelque peu vigoureuse.

La grappe dense, conique, exige un ciselage important. L'incision annulaire réussit passablement. A la véraison, la grappe s'éclaircit et se dore si l'on n'a pas commis l'imprudence, à laquelle ce cépage se prête si bien, de lui laisser une récolte excessive.

Il faut beaucoup d'air à ses grappes, qui, avec de l'aération, ne se fanent point, se pédicellent peu et peuvent se conserver sur souches très longtemps pour n'être cueillies qu'au fur et à mesure des besoins.

La grappe conique à grains plutôt gros, sans être d'un diamètre exagéré, n'est pas très ornementale, et la coloration vert grisaille de ces grains laisse à désirer. Néanmoins c'est un raisin très précieux pour septembre et octobre ; sa consommation est peu agréable à cause d'une peau épaisse et d'une

Fig. 170. — Panse jaune (Tacussel et Zacharewicz) (1/3 grand. nat.).

chair ferme, défectuosités qu'il rachète cependant par l'abondance et la saveur acidulée de son jus.

La maturité est le début de troisième époque ; c'est donc une variété à ne pas forcer, bien que la culture sous verre ne l'incommode nullement.

Non seulement la Panse est vigoureuse, mais elle est résistante aux maladies ; cependant, comme son feuillage est assez dense, l'Oïdium peut l'attaquer. Son greffage sur vigne française ne s'expliquerait pas, car aucun porte-greffe ne pourrait lui donner plus de vigueur qu'elle n'en a. Elle se soude bien avec tous les américains.

Description. — Souche : très vigoureuse ; tronc gros ; écorce se détachant en lanières larges et longues. Bourgeons assez gros, coniques et duveteux. Jeunes feuilles arrondies, vertes, teintées de rose. Rameaux nombreux verts dans le jeune âge donnant des sarments aoûtés assez gros à écorce régulièrement striée, jaune rougeâtre ; mérithalles longs, moelle assez abondante ; vrilles nombreuses.

Feuilles : à contours tourmentés, épaisses et rugueuses, vert en dessus, vert pâle et tomenteuses dessous ; pétiole assez long, légèrement rose.

Fruits. — *Grappes* : grosses ou très grosses, aileronnées, coniques ; pédoncule long et fort, aoûté à l'insertion ; pédicelles trapus. — *Grains* : gros ou très gros, ovoïdes ; pellicule épaisse, blanc doré à maturité ; pruine abondante ; chair ferme.

Rosaki.

Nous dirons quelques mots de ce cépage, peu répandu en serres, parce que son nom est plutôt la désignation générique d'un groupe de variétés cultivées en Turquie, les unes blanches, les autres roses.

D'après Eckerlin, il se nommerait en réalité Rasaki ou Razaki. Il est originaire de l'Asie Mineure, comme le Chaouch, avec lequel il est du reste parfois confondu ; personnellement, nous avons reçu du Chaouch sous le nom de Rosaki.

Il est certain que, parmi les variétés dites Rosaki, il y a de très beaux raisins ornementaux pouvant intéresser les forceurs. Celui dont nous donnons la reproduction est un type de Rosaki rose (fig. 171); sa grappe conique, régulière, à

Fig. 171. — Rosaki (Tacussel et Zacherewicz) (1/3 grand. nat.).

grains gros, de forme ellipsoïdale, abondamment pruinés, en
fait un raisin digne de figurer sur les corbeilles d'apparat.

Ce cépage est de troisième époque; il est peu sensible à l'Oïdium et au Mildiou.

Schiradzouli.

Cette variété à raisin blanc ou rose semble provenir du Caucase. Elle est peu fertile, mais donne des raisins d'exportation de premier ordre, et on peut la cultiver utilement en cordons ou en palmettes dans les serres des pays chauds.

Saint-Jeannet tardif (1).

[Raisin de Saint-Jeannet, Plant de Michel, Raisin Michel, Vigne de Michel, Vigne de Barrière (Provence). — Servan blanc (Languedoc). — Gradiska tardif.]

Aux Forceries de la Seine, à Nanterre, ce raisin a été cultivé plusieurs années sous le nom de *Gradiska tardif*. Il avait été reçu d'Angleterre sous cette dénomination. Ce Gradiska était très différent du Gradika hâtif cultivé dans le même établissement, venu lui aussi d'Angleterre, et qui n'était autre que de l'Ugni blanc. La comparaison avec du Gradiska provenant de l'École d'horticulture de Versailles et du Gradiska Salomon montrait qu'il y avait là une erreur, et l'on put identifier ce cépage au Saint-Jeannet tardif décrit par Roy-Chevrier dans l'*Ampélographie Viala et Vermorel*.

Lorsqu'elle fut reçue à Nanterre venant d'Angleterre, cette variété, payée fort cher, devait avoir comme principal mérite de combler la lacune qui existe dans les variétés blanches comme cépage tardif. En effet le Saint-Jeannet est le cépage le plus tardif que nous connaissions en France. Il est confiné aux alentours de Saint-Jeannet (Alpes-Maritimes), où il est d'usage de laisser son raisin sur souches une grande partie de

(1) PLINE L'ANCIEN, Histoire naturelle. — PALLADIUS, De Re rustica. — D' JULES GUYOT, Étude des vignobles de France, II, Paris, 1868. — JULES GRÉO, *Revue de viticulture*, t. III, 1895. — J.-M. GUILLON, Les cépages orientaux, Montpellier, 1896.
J. ROY-CHEVRIER, Notes d'ampélographie (*Revue de viticulture*, Paris 1897), et Ampélographie Viala et Vermorel.

l'hiver et de ne le cueillir que pour alimenter les stations hivernales du littoral.

Aux environs de Paris, il a donné sous verre, malgré sa très grande vigueur, son tronc fort développé pourvu de gros sarments, des grappes plutôt petites pour un raisin d'apparat avec pédoncule long et lâche. Les grains peu serrés, sur-moyens, restaient verts, quoique suffisamments éclairés au milieu d'un feuillage composé de feuilles petites et très découpées. A la grande différence de ce qui se passe dans le vignoble, ses grappes peu dorées se sont conservées fort mal.

Le forçage ne convient donc pas à cette variété, que les primeuristes anglais avaient dû sûrement importer de Saint-Jeannet même, en voyant ses fruits sur les marchés d'un littoral où ils viennent si nombreux se reposer.

Sultanina (1).

[Sultanieh, Sultan, Sultani, Sirihi, Sultani, Ezékerdeksiz, Tchékirdensiz, Kechmish jaune à grains oblongs, Couforogo (Grèce).]

Historique et origine. — Le Sultanina ou mieux les Sultanina sont originaires de l'Asie Mineure. Guillon dit que probablement leur nom vient de Soultanieh, ville de Perse voisine de la mer Caspienne. Ces cépages sont très répandus dans l'Orient, c'est-à-dire en Grèce, en Turquie, en Asie Mineure et dans les îles de l'Acrhipel.

Un des synonymes de Sultannia, « Tchekerdeksiz » veut dire sans graine. C'est cette absence de pépins qui fait la qualité de cette variété en rendant sa consommation aisée et agréable. Cette anomalie a des origines discutées ; elle provient vraisemblablement d'un défaut de conformation des organes sexuels.

Culture. — Le Sultannia est de troisième époque tardive. Nous l'avons cultivé aux Forceries de la Seine, à Nanterre, où il s'est montré peu productif, même taillé demi-long et long.

(1) ODART, Ampélographie universelle. — V. PULLIAT, Mille variétés de vignes. — H. MARÈS, Description des principaux cépages de la région méditerranéenne de la France. — P. MOUILLEFERT, Les vignobles et les vins de France et de l'étranger. — J.-M. GUILLON, Les cépages orientaux. — J.-M. GUILLON, Le Sultanina, *Revue de viticulture*, 5 novembre 1898.

La nécessité d'un long bois est certainement une gêne pour le forçage.

La souche est vigoureuse, mais très sensible à l'Oïdium et surtout au pédicelle, qui atteint la grappe du Sultannia, alors que presque toutes les variétés de la même serre sont épargnées. Il semble bien que l'atmosphère confinée des serres soit préjudiciable à ce raisin de pays chauds et secs.

Les grappes d'un jaune ambre, quelquefois même teintées de rose, sont très ornementales. Le grain ovoïde tronqué est original et, bien que la peau en soit ferme et la chair croquante, on le mange volontiers pour sa saveur sucrée, qui, sans être relevée, est agréable. La fraîcheur, c'est-à-dire l'acidité, lui ferait un peu défaut. Le Sultannia se conserve mal sur souches.

Il est difficile de donner une description exacte de ce cépage, qui est mal connu dans l'Europe occidentale ; il présente sûrement des sous-variétés multiples, dont une, le Sultannia rose, est indiquée dans le catalogue de F. Richter.

Wite Tokay (1).

Confondu quelquefois avec le Muscat d'Alexandrie, auquel il ressemble, ce cépage du nord de l'Angleterre est aujourd'hui peu répandu même dans son pays d'origine. Il ne présente aucun lieu commun, si ce n'est une similitude de nom, avec le cépage si renommé de l'Autriche, le Weiss Tokaier ou Tokay blanc. Il est de troisième époque tardive.

C'est une variété vigoureuse, dont les caractères ne sont peut-être pas suffisamment fixés, si nous en croyons les auteurs, car Barron nous le donne comme très fructifère, alors que, suivant Salomon, sa fertilité laisserait beaucoup à désirer. Sa grappe est à grains gros, oblongs, comme ceux du Muscat d'Alexandrie, mais à saveur non musquée.

(1) A.-F. BARRON, Vines and vine culture. — E.-R. SALOMON, Ampélographie Viala et Vermorel.

RAISINS NOIRS NON MUSQUÉS

Alphonse Lavallée (1).

Historique et origine. — L'*Alphonse Lavallée* n'a pas de synonyme. Il semble avoir été obtenu par un pépiniériste d'Orléans vers 1860. Dédaigné en France malgré sa beauté, il a acquis en Angleterre une certaine réputation. Il est à cultiver en très petite quantité; il n'est pas répandu dans les forceries belges et françaises.

Culture. — L'Alphonse Lavallée (fig. 172) se contente d'une taille à un ou deux yeux. Il se conduit bien en cordon ou en palmette, à la condition de former chaque année un petit nombre de coursonnes nouvelles. Les pincements lui sont nécessaires, et il faut espacer sa charpente trop serrée. Il se palisse facilement et ne se casse pas, malgré un bois très moelleux. L'incision annulaire après la nouaison accroît de beaucoup la grosseur de son grain et sa précocité. Il noue moins facilement que le Frankental, et le ciselage de la grappe se trouve réduit de ce fait. Il faut, du reste, lui laisser bien peu de grains si on ne veut avoir à la maturité une grappe trop serrée. C'est un cépage résistant à la Grise, à l'Oïdium; la chlorose ne l'atteint pas dans les sols riches en calcaire assimilable. Il se greffe mal, notamment sur les bois durs comme l'Aramon × Rupestris.

L'Alphonse Lavallée est de fin de première époque de maturité de Pulliat, c'est-à-dire plus précoce que le Frankental. Il se force aussi facilement que ce dernier et ne redoute pas la chaleur sèche des chauffages à la fumée. La grappe, très ornementale, a des grains d'un bleu intense très pruiné, que fait ressortir davantage une rafle vert clair. Le grain se colore tout d'un coup et très irrégulièrement dans la grappe; il est très coloré avant d'être mûr, ce qui le fait cueillir avant sa maturité complète. Peu acide, peu sucré, son jus est neutre,

(1) A.-F. Barron, Vines and vine culture, 4ᵉ édition, London, 1900.

non relevé, et sa pellicule a une saveur herbacée prononcée.

Ce n'est pas un bon raisin à manger; il se conserve bien en
revanche et se transporte facilement. Cultivé en pot, il
vient très bien; son joli feuillage large et abondant
rehausse la beauté du fruit. Vinifié, il donnerait un vin sans
qualité.

Description. — Souche : très vigoureuse; tronc fort; écorce s'enlevant en lanières très longues, se détachant facilement.

Bourgeons : à bourgeonnement vert, duveteux; jeunes feuilles,
parenchyme et nervures carminés fortement; faces supérieure et
inférieure duveteuses.

Rameaux : longs, gros, semi-érigés, peu ramifiés; à l'état herbacé vert foncé, avec bandes longitudinales lie de vin, à l'aoûtement acajou foncé; mérithalles courts; stries fines; moelle très
importante; bois tendre; nœuds très renflés, avec diaphragmes apparents; vrilles bifurquées, fortes, souvent veinées de
carmin.

Feuilles : très grandes, arrondies, plus larges que longues, à
cinq lobes nettement dessinés; sinus latéraux supérieurs peu profonds, à lobes se recouvrant; sinus latéraux inférieurs à peine indiqués; sinus pétiolaire en forme de lyre bien ouverte; limbe épais
non gaufré; face supérieure glabre, vert foncé non luisant; face
inférieure aranéeuse, vert mat plus clair, poils blancs aranéeux;
dents droites, inégales, en deux séries; mucrons blanchâtres très
accentués, les cinq nervures principales très apparentes et très
saillantes sur le tiers de leur longueur, à la face supérieure rouge
vineux intense, également saillantes en dessous. — Pétiole long,
de grosseur moyenne, aminci en son milieu, renflé à ses deux
extrémités; le sillon absent est remplacé par un simple aplatisse-
ment, glabre, inséré à plus de 90°.

Fruits. — *Grappes :* insérées à la base du sarment du deuxième
au troisième nœud, très grosses, pouvant dépasser le kilogramme,
cylindro-coniques; très longues, peu larges; ramifications peu
nombreuses, peu détachées, sauf les ailerons supérieurs, quelquefois très développés; pédoncule très court, presque nul, cylindrique,
trapu, très vert, rarement teinté de rose, dur à la maturité, non
lignifié; rafle peu développée, verte; pédicelles longs, de grosseur
moyenne; bourrelet peu prononcé; pinceau court, non coloré, très
adhérent au grain qui ne se détache pas facilement. — *Grains :*
très gros, ronds, légèrement aplatis autour de l'ombilic, de forme
régulière, de calibres inégaux, couleur bleu violet foncé mat;
pruine très abondante, ombilic gros et très indiqué, grain très
ferme; peau épaisse, peu élastique, éclate quelquefois, peu riche
en matières colorantes; pulpe charnue, craquante, ferme, verte,

jus moyennement abondant, peu sucré, peu acide, à saveur herba-

Fig. 172. — Alphonse Lavallée (P. Pacottet) (1/3 grand. nat.).

cée, grossière ; pépins au nombre de deux, généralement gros, chalaze et raphé à peine indiqués.

Appley Towers (1).

Historique et origine. — D'après A.-F. Barron, l'*Appley Towers* est un hybride de Gros Colman par Black Alicante, obtenu par M. Miles, jardinier de Lady Hutt. Ce cépage a reçu un certificat de 1re classe en 1889 de la Société royale d'horticulture d'Angleterre et est considéré par Barron comme un raisin de valeur. L'Appley Towers est resté confiné dans les serres anglaises; en France, on le trouve aux Forceries de la Seine, à Nanterre; il ne semble pas vouloir se répandre dans ce pays, pas plus qu'en Belgique, et ne supplante nulle part le Black Alicante.

Culture. — L'Appley Towers (fig. 173) est considéré, par les forceurs anglais notamment, comme le rival du Black Alicante, dont il provient; leurs qualités, leurs aspects, la facilité de leur forçage rapprochent ces deux cépages. Son bois, moins moelleux que celui de l'Alicante, s'aoûte assez bien; les bois de taille doivent pour cela être choisis avec soin. On le conduit en cordons ou en palmettes; fructifère, un œil suffirait à assurer sa récolte; mais, comme il se palisse difficilement, il est plus prudent de lui laisser deux bourgeons francs par coursonnes; celles-ci, à cause de la dimension des feuilles, doivent être à 30 centimètres les unes des autres pour éviter un feuillage trop dense.

Il n'a pas de préférence marquée pour les sols et ne chlorose pas en terrains même très calcaires. La Grise l'attaque; il est surtout très sensible à l'Oïdium. Au débourrement, ses bourgeons débourrent rapidement et croissent en tous sens, portant des grappes bien détachées. De nouaison très facile, ses grappes demandent un ciselage important.

Un peu plus tardif que le Black Alicante, il se colore après ce dernier et n'en prend jamais la teinte noir foncé; il reste plutôt rouge. Son grain très serré et allongé atteint la taille du Black Alicante moyen. Moins sucré et de saveur moins fine, il est en revanche plus acide. Cette acidité lui assure une saveur relevée au bout de quelques mois de conservation dans

(1) A.-F. BARRON, Vines and vine culture, 4e édition, London, 1900.

les chambres de garde en bouteilles. Son raisin est ornemen-

Fig. 173. — Appley Towers (P. Pacottet) (2/5 grand. nat.).

tal, mais, au lieu d'avoir une rafle très verte faisant ressortir son grain noir, celle-ci est teintée de rouge vineux terne et ne paraît pas fraîche. Il est de goût anglais; en France, on préfère le Black Alicante.

Description. — Souche : très vigoureuse; tronc gros; écorce très grossière s'exfoliant, racines semi-traçantes.

Bourgeons : gros, aplatis à la base, coniques, débourrant très gros, souvent doubles, très cotonneux; jeunes feuilles trilobées, très duveteuses, blanc vert en dessus, complètement blanches en dessous, tant elles sont lanugineuses; jeunes grappes petites, blanches.

Rameaux : longs, gros, ronds, poussant en tous sens, plutôt érigés, blanc vert à l'état herbacé, avec stries rouges; ramifications nombreuses et importantes; rameaux aoûtés acajou clair, avec bandes longitudinales acajou foncé; mérithalles plutôt longs, quelque peu duveteux; moelle importante; bois dur; nœuds très prononcés; diaphragmes très apparents; vrilles peu abondantes, petites, bi ou trifurquées.

Feuilles : très grandes, rondes, gondolées, très épaisses, quinquelobées; sinus latéraux supérieurs très profonds, aigus; sinus latéraux inférieurs peu profonds; sinus pétiolaire fermé et très profonds; les bords du tablier, en se recouvrant, laissent à l'insertion du pétiole une ouverture ovoïde; limbe légèrement bullé, vert foncé et glabre à la face supérieure, blanc et très duveteux à la face inférieure; poils courts; dents normales au limbe, grandes, irrégulières; nervures blanches non saillantes à la face supérieure, carminées à leur naissance, très saillantes et grosses en dessous. — Pétiole aussi long que la feuille, gros, robuste, cylindrique, rouge carminé, sans sillon avec quelques poils, s'insérant au limbe en faisant avec ce dernier un angle de 30°; à la défeuillaison, la feuille prend une teinte jaune-paille, avec marbrures rouges très décoratives.

Fruits. — *Grappes* : très grosses, serrées, un peu courtes, coniques, munies d'ailerons souvent importants; pédoncule trapu, court, rond, peu ligneux à la maturité, vert teinté de rouge; ramifications courtes et peu nombreuses; pédicelles très courts, gros, verruqueux, terminés par un bourrelet tronconique très lenticellé; pinceau court, peu important, vert à peine teinté de rose, très adhérent au grain. — *Grains* : très gros, égalant ceux du Black Alicante, toujours nettement ovoïdes, noir rougé, très pruiné; ombilic saillant et bi n'indiqué, très ferme; peau épaisse, mais plus mince que celle du Black Alicante, élastique; matière colorante rouge vif, peu abondante; pulpe incolore, chair croquante, jus abondant, peu sucré, acidulé, relevé, sans goût spécial; pépins gros, avec chalaze et raphé très indiqués, au nombre de 2 à 3.

Black Alicante (1).

[Black Lisbon, Black Portugal. — Black Saint-Peters, Black Spanish,
Black Tokay, Meredithy's Alicante, Speechley's Alicante (Angleterre). — Sainte-Marie d'Alcantara (France).]

Historique et origine. — Le Black Alicante ou Alicante noir
paraît tirer son nom de la province d'Alicante, en Espagne.
Il n'a rien de commun avec son synonyme l'Alicante ou Gre-
nache, cultivé dans les régions méridionales. On ne sait ni
comment il s'est propagé, ni comment il est arrivé à occuper
la première place parmi les raisins noirs tardifs en Angleterre, en Belgique et en France. Il est donné sous le nom de
Sainte-Marie d'Alcantara dans quelques catalogues français.
On ne connaît pas sa forme blanche.

Culture. — Cultivé à peu près exclusivement sous verre, le
Black Alicante ne se trouve dans aucun vignoble. Il a été
forcé parfois pour être vendu comme du gros Frankental, en
particulier dans le cas d'exportation de raisins de primeur.
Mais ce forçage n'est pas économique, car le Black Alicante
est nettement tardif (quatrième époque).

Cette variété débourre tardivement, mais avec régularité;
elle émet des pousses tomenteuses blanchâtres qui, dès qu'elles
atteignent quelques centimètres, font apparaître des grappes,
tomenteuses aussi, insérées au niveau des deuxième, troisième
et quatrième yeux.

La floraison est aisée et la nouaison se fait admirablement
sans nécessiter ni fécondation ni chauffage. La jeune grappe
exige un ciselage intense, assez difficultueux, surtout si l'on
retarde quelque peu ce travail. Les grains sont en effet très
serrés, à pédicelle court, et le ciseau les détache difficilement.
A ce moment, la grappe est très sensible au *Botrytis*, qui
attaque pédoncules et pédicelles, et le ciselage est le vrai
remède à apporter à ces invasions. Le grossissement du grain

(1) T. RIVERS, Catalogue. — W. THOMSON, Vine Culture. — A.-F. BARRON, Vines
and vineculture.

ne présente aucune particularité jusqu'à la véraison ; celle-ci est régulière, et la coloration est toujours excellente, quels que soient le sol et le climat.

Le mode de taille est la taille courte à un œil au maximum porté par un bras aussi court que possible. Tous les yeux débourrent, aucun n'avorte, et l'on obtient des palmettes ou des cordons réguliers, surtout si l'on pratique des tailles en vert qui ont pour but de laisser au maximun trois ou quatre feuilles au-dessus de la dernière grappe. Le Black Alicante bénéficie de l'incision annulaire ; ses rameaux se palissent aisément sans se briser.

L'aoûtement est régulier, assez bon ; néanmoins, comme le bois est plutôt moelleux, il faut, pour obtenir un aoûtement satisfaisant, éviter des arrosages tardifs.

Le Black Alicante se plaît dans tous les sols ; mais, s'il vient hors des terrains calcaires, il donne un raisin presque sans saveur ; en terre calcaire, au contraire, ses fruits sont fort sucrés et de goût agréable.

Ce cépage se greffe bien et, greffé, il donne d'excellents résultats ; il réussit particulièrement sur l'Aramon Rupestris Ganzin, sur les Riparia Rupestris et sur l'hybride de Berlandiéri.

Insensible à la chlorose, il résiste bien à l'Oïdium et au Mildiou. C'est en un mot une variété robuste, facile à conduire, de récolte assurée chaque année, qui a en outre la propriété remarquable de pouvoir se conserver sur souche ou en salle de garde aussi longtemps qu'on le désire. C'est un raisin à grappe ferme, à grain bien attaché, que l'on peut sans crainte expédier au loin. Sa qualité laisse à désirer, car il manque de saveur, et sa peau est épaisse ; mais, comme il donne aisément une forte récolte, c'est certainement un des beaux raisins noirs de forçage tardif.

Black Morocco.

Cette variété, peu répandue, ne présente pas grand intérêt.

Elle se conduit à taille courte en palmettes ; elle est moyennement fructifère. Ses grappes sont lâches, ramifiées, à aileron important, et exigent quelques soins à la floraison ; un peu de fécondation est nécessaire.

Elle est peut-être un peu plus précoce que le Black Alicante ; elle donne des grappes plutôt lâches portant des grains ovoïdes, allongés, gros, d'un beau noir et bien pruinés. La peau peu épaisse, fine, en rend la conservation et le transport malaisés.

C'est, en résumé, une variété dont on peut avoir quelques souches à cause de la forme jolie du grain, mais qui est peu intéressante en forçage industriel.

Directeur Tisserand.

Ce cépage, obtenu par M. E. Salomon, en 1885, par hybridation du Frankental et du Black Alicante, est inférieur au Frankental au point de vue de la qualité et se rapprocherait plutôt du Black Alicante, comme fructification et comme facilité de coloration et de conservation. Par sa résistance aux maladies, il tient du Frankental, et on le taille et le cultive identiquement comme lui.

Frankental (1).

[Blauer Trollinger (Allemagne), — Black Tripoli, Braddick's, Seedling Hamburgh, Garston black Hamburg, Hampton Court Black Hamburg, Knevet's Black Hamburg, Pope Hamburg, Red Hamburg, Tripoli Victoria Hamburg, Warner's Hamburg, etc. (Angleterre). — Gros bleu, Prince Albert, Bruxellois (Belgique), — Raisin bleu de Frankental, Frankental noir, Black Hamburg, Kechmish Ali violet, Chasselas de Jérusalem (France). — Trollingi Kek (Hongrie), — Uva Fera d'Amburgo (Italie).]

(1) Jean-Hermann Knoop, Pomologie. — Loiseleur Deslonchamps, Nouveau traité des arbres fruitiers. — Comte Odart, Ampélographie universelle. — Lindley, A Guide to Orchard. — Robert Hogg, The fruit manual. — Mas et Pulliat, Le vignoble. — V. Pulliat, Descriptions et synonymes de vignes. — A. Royer, Pomologie belge. — Dietrich, Systematisches Handbuch der Obstkunde. — Dochnal, Si chere Fuhrer. — A.-F. Barron, Vines and vineries. — Kerner, Atlas.

Historique et origine. — Dietrich donne le Frankental comme originaire de Franconie. C'est un raisin essentiellement allemand ; on le rencontre du reste sur les bords du Rhin, notamment dans le Palatinat ; dans le vignoble, comme cépage de cuve, il donne un vin très médiocre.

En France, Thomery le cultive depuis un demi-siècle environ en espalier, et les résultats qu'il donna furent inférieurs à ce qu'on pouvait en attendre ; mais, sous verre, il se cultiva si aisément qu'il est devenu le cépage noir de forçage le plus répandu non seulement en France, mais en Belgique, en Allemagne, en Autriche, partout où se trouvent des serres.

D'après Archibald Barron, un négociant, John Warner, l'aurait introduit en Angleterre dès 1720 ; on le trouve, en effet, dans quelques comtés anglais désigné sous le nom de son importateur Warner's Hamburg.

C'est à cette variété qu'appartiennent les deux souches si renommées de Hampton et de Cumberland Lodge ; la première, âgée de cent vingt ans, donne chaque année de 1 000 à 2 000 grappes de raisin, production souvent dépassée par la seconde, dont le tronc mesure plus de 1 mètre de circonférence.

En Belgique, le groupe célèbre des trois localités Hœylaert, Overyssche et la Hulpe en possède des milliers de serres, et tous les établissements de forçage français le produisent presque exclusivement comme raisin de printemps.

On ne connaît le Frankental que sous sa forme noire ; mais de nombreuses sous-variétés ont été créées.

Culture. — Ce cépage ne nous intéresse que comme vigne de serre ou d'espalier ; sous verre, il est d'une conduite remarquablement facile. Quoique de seconde époque, son débourrement est hâtif, régulier, souvent double. En outre, comme il exige une taille très courte à un œil au maximum (quelquefois même, il se contente de l'œil de l'empâtement comme œil fructifère), on se trouve avoir des pousses vigoureuses, portées sur des bras fort réduits, si bien que la charpente est toujours régulière et la fructification abondante. Les yeux débourrent très nombreux ; aussi l'ébourgeonnage, complété par un rognage précoce, assure-t-il une excellente répartition de la végétation sur toute l'étendue de la souche.

Les fleurs apparaissent de bonne heure, bien détachées, peu tomenteuses, abondantes, avec une vrille au nœud qu'il faut supprimer dès son début. La grappe est de densité moyenne ; elle possède, en général, un ou deux ailerons, mais il est facile au ciselage de la rectifier et de lui donner une forme tronconique ; comme le pédicelle est plutôt long, la suppression des grains se fait bien, et l'on peut en enlever jusqu'à trois sur quatre.

La véraison a lieu d'une façon régulière ; on l'avance par l'incision annulaire pratiquée huit jours après la fin du ciselage. Le raisin se colore normalement ; dans le grand forçage, il reste fréquemment rougin, si par un arrosage copieux on exagère la dimension de son grain. L'aoûtement du bois se fait bien.

Le Frankental est souvent cueilli prématurément. C'est ce qui a fait dire quelquefois qu'il était de qualité inférieure, alors que, au contraire, c'est un raisin finement parfumé et qui peut atteindre une richesse saccharine élevée (220 grammes de sucre par litre). Sa peau, relativement fine et non coriace, sa pulpe juteuse et ferme sans être croquante, en font un raisin fort agréable à manger.

Cultivé en primeur, on le garde heureusement peu sur souche ; sinon son pédoncule se ramollit, ainsi que les pédicelles, et la grappe devient rapidement flasque. Il se comporte de la même manière dans les caves de garde. En un mot, il se conserve fort mal. Enfin, en raison de la faible adhérence du grain au pédicelle, il se transporte peu.

Cépage fort rustique, à grands développement et de longévité extrême, ainsi que le témoignent les souches centenaires qu'on trouve dans toute l'Europe, le Frankental a des racines plutôt fortes, traçantes, s'emparant très vite du sol, même lorsque celui-ci est de qualité médiocre.

Il ne craint pas la chlorose ; la résorption, les coups de soleil, sous la forme coup de pouce sont rares avec lui. Par contre, il est sujet au pédicelle physiologique et au pédicelle dû au *Botrytis*, qui sèchent aisément pédoncules et ramifications. Il est également très sensible à la Grise, qui, lorsqu'elle l'attaque, même légèrement, tue sa feuille et arrête d'une façon absolue la maturation de son grain.

Il exige peu de fumure ; comme greffon, il a beaucoup d'affinité pour les vignes américaines, et on le greffe de préférence sur les Riparia Rupestris, l'Aramon Rupestris Ganzin et l'Hybride de Berlianderi.

Dans l'ensemble, le forçage le fatigue peu, et une serre de Frankental peut se contenter d'une année de repos sur cinq.

C'est une variété très propice à la culture en pots.

Description — Souche : très vigoureuse portant des sarments érigés. — Tronc gros à écorce peu épaisse formant de longues et larges lanières.

Bourgeons : surmoyens en tétons café au lait. — Les jeunes pousses, vert clair, glabres, donnent des rameaux rectilignes à nœuds courts vert clair non teinté de rose à l'état herbacé, café au lait avec un peu de roux une fois aoûtés ; leur bois est gros, tendre, avec une moelle importante. — Vrilles nombreuses, discontinues, généralement bifurquées.

Feuilles : grandes, aussi longues que larges, trilobées, charnues non tomenteuses ; sinus pétiolaires très accusés en lyre ; sinus latéraux peu profonds, inégaux, ayant tendance à se recouvrir ; dents petites, irrégulières, arrondies ; face supérieure vert clair, parenchyme gaufré ; face inférieure vert jaunâtre ; nervures peu indiquées avec léger duvet très fin ; pétiole long, fort, renflé à sa base, à sillon peu indiqué, vert clair avec quelques raies lie de vin.

Fruits. — *Grappes* : grosses avec première ramification très développée, moyennement serrée ; pédoncule long, moyen, peu rigide ; ramifications courtes pour des pédicelles très fins, allongés, auxquels les grains adhèrent peu. — *Grains* : surmoyens ou gros, ronds avec tendance ovoïde, rarement martelés ; peau peu épaisse, chair assez ferme, juteuse, sucrée, saveur agréable et relevée.

Gros Colman.

Le Gros Colman mérite une étude approfondie, car il est certainement parmi les tardifs noirs le plus répandu avec le Black Alicante. Il a une grosse clientèle en Angleterre ainsi que dans tous les pays du Nord, et il n'y a pas d'établissement qui n'en possède.

Ce cépage est caractéristique ; il débourre en même temps que le Black Alicante sous l'aspect de petites pousses, blanc argenté, tant elles sont tomenteuses.

Les jeunes poussent croissent rapidement et se palissent avec facilité. Elle proviennent de bois de taille courts, un seul œil suffisant pour une production abondante ; elles sont individuellement très fructifères et portent deux grappes, souvent trois.

Le Gros Colman vient très bien en palmettes, mais il faut avoir soin de laisser 50 à 60 centimètres d'intervalle entre les bras ; les souches doivent être plantées de 1 mètre à 1^m,20 de distance, de façon à assurer trois ou quatre feuilles au-dessus de la dernière grappe.

La floraison est aisée et se fait sans précaution spéciale ; comme la grappe est assez lâche, un ciselage ordinaire suffit.

Cette vigne poursuit son cycle végétatif sans aucune difficulté, seulement il faut convenir que son raisin est peut-être le plus difficile à obtenir bien coloré. Il semble, en effet, que par son origine ou ses antécédents elle ait un gros besoin de chaleur et, si à la fin d'août la véraison n'est pas complètement terminée, on peut dire que sous le climat de Paris septembre et octobre sont insuffisants pour achever la coloration ; la grappe mûrit, mais reste panachée avec grains verts, quelques-uns teintés de rose, les autres noircis plutôt que noirs.

Le Gros Colman est plutôt un cépage des sols argilo-siliceux que des sols légers calcaires. Il est exigeant comme sol, comme humidité et fumure. On peut l'arroser sans crainte : il ne pédicelle et n'éclate que sur les souches débiles.

Ce cépage est de troisième et quatrième époque ; il donne un rendement énorme et s'aoûte bien. Lorsqu'il est vigoureux, sa culture ne présente aucune difficulté ; mais, si la vigueur laisse à désirer, surtout du côté du développement des racines, il est impossible de mener ses grappes à bien.

Il est peu sensible à la pourriture, au coup de pouce et à l'Oïdium, mais l'est en revanche beaucoup à la Grise, qui trouve sous le tomentum abondant de sa face inférieure un refuge dont il est impossible de la déloger.

La grappe est très ornementale, surtout si l'on a soin d'enlever l'aileron principal, presque toujours existant, qui la déforme et lui enlève sa régularité. La grappe munie de son aileron peut donner un point considérable, supérieur à 1^{kg},500.

Solidement attaché à son pédicelle, le grain à peau forte, robuste, se conserve bien sur souche ainsi que dans les caves de conservation.

D'emballage et de transport facile, ce raisin peut aller au loin, et il est appelé à rester encore l'un des plus appréciés dans les pays du Nord.

De belles grappes de Gros Colman bien formées et bien noires sont une rareté et feront toujours honneur à celui qui les produira. Les Anglais reconnaissent ce côté sportif du forçage du Colman, admirent la virtuosité dont il est le résultat et l'apprécient pour cette raison en même temps qu'ils sont charmés par son gros grain rond à chair croquante, à saveur acidulée herbacée, en un mot, tout le contraire du goût français.

Description partielle. — Feuilles très caractéristiques, rondes, à sinus pétiolaires fermés, à bords se recouvrant, les deux lobes terminaux à peine indiqués ; dents courtes, larges, peu prononcées ; limbe supérieur gaufré, très dur, parcheminé, noir vert ; nervures à peine indiquées à la face supérieure, très proéminentes au contraire à la face inférieure, qui est d'un blanc mat, tant le tomentum est abondant ; par rapport aux grandes dimensions de la feuille, le pétiole est grêle, nerveux, attaché par une faible surface et très carminé.

Gros Maroc.

Ce cépage, importé à Nanterre, est quelque peu cultivé en Belgique, d'où nous l'avons tiré. On le confond souvent avec d'autres variétés ; c'est ainsi que nous avons reçu du Black Morocco sous le nom de Gros Maroc. En général il est assez peu répandu sur le marché et n'apparaît pas aux expositions.

Sans savoir s'il a été tiré du Gros Colman, on peut dire que sa feuille énorme, ses gros sarments, ses raisins à pédoncule court formant des grappes elles-mêmes courtes, ramassées, trapues, le rapprochent de ce cépage plus que d'aucun autre.

Il jouerait, au point de vue du forçage le rôle d'un Gros Colman hâtif.

Il débourre en même temps que les autres cépages tardifs. Cultivé en serre froide côte à côte avec l'Alphonse Lavallée, nous avons dû constater que le débourrement, la floraison, la véraison et la maturité de ces deux cépages étaient quasi simultanés.

Culture. — Il est très vigoureux ; il se conduit admirablement bien en palmettes, et il est aisé de lui maintenir ses bras courts et trapus. Il faut espacer les bras d'au moins 0^m,50 à cause des dimensions des feuilles. Une taille à un œil suffit.

Les tailles en vert doivent être rigoureuses à cause du fouillis qui résulterait des dimensions de sa feuille ; avec des pieds distants de 0^m,80, c'est à peine si on peut lui maintenir deux feuilles au-dessus de la grappe, ce qui est insuffisant ; il serait préférable de les espacer à 1 mètre et mieux à 1^m,20.

Son débourrement est régulier et très gros sur les ceps vigoureux ; il débourre généralement double. Les jeunes pousses se décollent aisément et tombent quelquefois de leur propre poids, ce qui rend difficile le palissage. Les jeunes grappes apparaissent trapues, prises dans une grosse enveloppe florale. La floraison, très rapide, se fait facilement avec l'aide d'une température régulière, mais sans soins particuliers.

Un ciselage intense s'impose tant à cause du calibre des grains que du faible développement des ramifications secondaires et du pédicelle. Le raisin est très pruiné, avec une pruine qui apparaît de très bonne heure et s'efface aisément, nouveau motif pour activer le ciselage.

Les sarments poussent très gros, moelleux, et le *Botrytis* les attaque volontiers à leur naissance, ainsi que les feuilles au cours des bassinages.

La végétation du Gros Colman se fait régulièrement jusqu'à la véraison ; à ce moment les feuilles se colorent, se carminent, indice d'une végétation normale, et cette coloration est simultanée de celle du grain, qui est d'un beau bleu foncé pruiné. Il est presque inutile d'effeuiller pour obtenir cette coloration qui s'opère sans difficulté.

Cépage fructifère, il exige une fumure copieuse que nécessite aussi son grand développement ; il vient aussi bien dans les sols argilo-siliceux que dans les sols silico-calcaires et chlorose peu. On peut l'arroser copieusement, car il n'éclate point. Son aoûtement est aisé ; les bois sont cependant très moelleux, et c'est pourquoi l'on évite de le tailler par les froids.

Sensible au *Botrytis*, il l'est aussi à la Grise, mais peu à l'Oïdium, ainsi qu'au pédicelle. Les accidents de coup de pouce sont rares.

Le raisin mûr ne se conserve guère que quinze jours sur souche, puis la grappe se décompose sans secours possible ; il ne faut donc pas la considérer comme une grappe de conservation. Cependant, cueillie à point, la grappe étant fort rigide, s'expédie aisément et garde une bonne tenue aux étalages.

Sa qualité est très médiocre, assez semblable à celle de l'Alphonse Lavallée et, bien que le grain soit très gros, la grappe est peu ornementale, étant un peu ramassée.

En définitive, le Gros Maroc est plutôt un cépage de culture facile pour une valeur commercial moyenne de son raisin, essentiellement goût anglais.

Description. — Tronc gros à écorce se détachant en grosses lanières. Sarments gros à mérithalles courts, brun acajou, fortement striés. Feuilles attachées par un pétiole de longueur sous-moyenne presque perpendiculaire au limbe ; ce pétiole est complètement vert, tomenteux, strié, sans sillon, fortement attaché à sa base. Feuilles non planes, à cinq lobes ; limbe épais, charnu, bullé fortement entre les nervures vertes et saillantes, très vert à la face supérieure, un peu cendré à la face inférieure par suite de rares poils cotonneux, collés sur l'épiderme.

Grappe à pédoncule gros, très court, se lignifiant brun acajou jusqu'aux premières ramifications ; pédicelles très courts portant des grains ronds, aplatis, des plus gros, bleus, très pruinés ; pellicule dure, coriace ; pulpe un peu charnue, à saveur neutre, acidulée ; pépin fort gros.

Fig. 174. — Olivette noire (Tacussel et Zacharewicz).

Lady Downe's Seedling (1).

Historique et origine. — Le Lady Downe's Seedling a été obtenu par M. Foster, jardinier chez le vicomte Downe, à Benigborough Hall (York), en croisant le Black Marocco par le Bukland Sweevater. Il fut exposé pour la première fois à l'Horticultural Society, en 1845.

Cette variété est très répandue dans les serres de Grande-Bretagne et les îles anglaises ; elle est plutôt rare en France et en Belgique. Avec l'Appley Tower et le Black Alicante, elle fournit des raisins de table tardifs à grains gros et à pellicule épaisse, susceptibles de se conserver. Comme maturité, il est de fin de troisième ou début de quatrième époque.

Culture. — La souche, très vigoureuse, demande une taille courte à un œil ou deux yeux, jamais plus, portés par des cordons ou palmettes ; en raison de la dimension du feuillage, il est utile d'espacer les bras à environ 30 à 35 centimètres les uns des autres.

La floraison de cette variété la fait rapprocher des Muscats : il est bon en effet de tenir les serres à une température de 18 à 20° au moment de la fécondation et d'aider celle-ci par la fécondation artificielle, par un soufrage intense ou par une ventilation très forte de la grappe. Une fois la nouaison terminée, on peut dire que tous les grains qui restent après ciselage progressent régulièrement et arrivent ensemble à véraison et à maturité. E. Samolon trouve que le grain est légèrement côtelé et allongé ; la grappe ressemble à celle du Black Alicante, si ce n'est l'inconvénient d'un pédoncule et de ramifications lavées de rouge-carmin, de sorte que la grappe a tendance à ne pas paraître d'une excessive fraîcheur.

La conservation du Lady Downe's Seedling est aisée et la qualité du grain un peu inférieure à celle du Black Alicante. Enfin il n'est pas particulièrement sensible au Mildiou ni à l'Oïdium.

<hr>

(1) ROBERT HOGG, The fruit manual. — DOWNING, The fruits and the fruit trees of America. — MAS et PULLIAT, Le vignoble. — A.-F. BARRON, Vines and vine culture. — E. et R. SALOMON, Ampélographie Viala et Vermorel.

Olivettes (1).

[Noire : Malakoff Isjum, Olivette noire, Olivette d'Avignon, Olivette
de Vaucluse (Rosavenda). — Téta de Négra (Simon de Rojas Clémente). — Raisin Saucisse, Uva di Pergole (comte Odart), Pergo-
lese (Liger), Auliven, Olivette noire (H. Marés). — Rose : Olivette rose. Perle rose. —Blanche : Olivette de Montpellier, Olivette de Vendémian.]

Les Olivettes doivent figurer parmi les raisins les plus an-
ciennement connus. Tenant leur nom de la forme de leur grain,
on conçoit que cet unique caractère a permis les plus grandes
confusions notamment avec le groupe voisin des Panses.

Les Olivettes étudiées par A. Tacussel et E. Zacharewicz ont
des formes blanches, roses et noires (fig. 174). Ces trois cépages
donnent des grappes qui s'expédient facilement et qui, par leur
forme originale, leur dimension et leur aspect très ornemental, méritent l'attention, lorsqu'on recherche des raisins
d'apparat pour la préparation de corbeilles.

MUSCATS BLANCS.

Muscat d'Alexandrie (2).

[White Muscat of Alexandria, Tottenham Park Muscat, Charlsworth
Tokay, Acherfield's early Muscat, Cabas à la Reine, Panse ou
Passe Muscat, Muscat Bowood, Muscat Escholata, Tyninghame
Muscat, White Romain (Angleterre). — Haanepoot (Colonie du
Cap). — Moscatel Romano, Moscatel gordo blanco (Espagne). —
Moscatelon, Moscatel flamenco (Rojas Clemente), Moscatel Gorron.
— Passelongue musquée, Panse musquée (H. Marés). Malaga.

---

(1) DE ROVASENDA, Essai d'une ampélographie universelle. — PULLIAT, Mille
variétés de vignes. — Don SIMON DE ROJAS CLEMENTE, Ensayo sobre la variedade
de la vid commun que vegetan en Andalucia. — A. PELLICOT, Le vigneron provençal. — Comte ODART, Ampélographie universelle. — H. MARÉS, Description de
cépages principaux de la région méditerranéenne de la France. — A. TACUSSEL et
E. ZACHAREWICZ, Le progrès agricole et viticole (1896). —J.-M. GUILLON, Les cépages
orientaux.

(2) Abbé ROZIER, Dictionnaire général d'agriculture, 1793. — R. HOGG, The
fruit manual. — RIVERS (Saubridgeworth), Catalogue. — PULLIAT, Mille variétés
de vignes. — Don SIMON ROJAS, Essais sur les variétés de vignes de l'Andalousie. —
H. MARÉS, Description des principaux cépages de la région méditerranéenne. —
A.-F. BARRON, Vines and vine culture. — P. MOUILLEFEERT, Le cap de Bonne-
Espérance. —J.-ROY CHEVRIER, Ampélographie rétrospective, 1900. —J.-M. GUIL-
LON, Cépages orientaux. — SALOMON, Ampélographie Viala et Vermorel.

(abbé Rozier), Muscat d'Espagne (H. Marés), Muscat romain, Muscat de Rome, Muscat Ausibi, Escholata superba (France), Muscat de Panse (Garidel). — Moscatellone pure della Sardegna ? (Sardaigne). — Zibibbu, Gerosolomitana bianca (Sicile)?]

Historique et origine. — Le muscat d'Alexandrie (fig. 175) est un cépage oriental par excellence. Il y a beaucoup de probabilité que les Orientaux l'aient tiré des environs d'Alexandrie, où il est encore cultivé et où il réussit d'une façon merveilleuse. En tout cas, c'est un raisin des bords de la Méditerranée et particulièrement des parties les plus chaudes.

L'abbé Rozier le décrit dans son *Dictionnaire d'agriculture*, c'est dire qu'il y a bien longtemps qu'on le cultive en France et dans les autres pays de forçage. On le trouve dans toutes les forceries, et il est vraisemblable que dans l'ensemble il y occupe une des plus larges parts.

Culture. — Cépage des rives méditerranéennes, il demande naturellement de la chaleur, beaucoup de luminiosité et une atmosphère peu humide, qu'il est loin de rencontrer, on le conçoit de suite, dans les pays brumeux du nord, même quand il est cultivé en serres. On ne le force pas où très rarement, parce que c'est un raisin de deuxième époque, exigeant près de sept mois de culture, par conséquent beaucoup de charbon. Le forçage aurait pourtant cet avantage de produire la véraison et la maturation de sa grappe en juillet ou en août par exemple, mois dont la chaleur et la lumière seraient favorables à la beauté de son fruit. Dans la pratique, on ne le force pas à proprement parler, on le laisse à tort pousser comme les cépages tardifs; mais l'expérience nous a montré qu'il était très utile de chauffer la serre toutes les fois que la température était inférieure à 10, 12°, à l'époque des variations de température d'avril, mai, juin. Il en est de même à l'automne; non chauffé, ce Muscat arrive à véraison fin août, et, si le mois de septembre est froid, la grappe souffre et reste à grains petits ne dorant pas ; leur maturité est irrégulière, et on en voit se flétrir alors que d'autres sont encore verts. On juge par là combien on doit éviter l'action du froid sur ce cépage, et l'on se rend compte de ses besoins extrêmes de grosse chaleur.

C'est un cépage vigoureux, très vigoureux même, qui de-

manderait un grand développement. En atmosphère confinée,
il débourre irrégulièrement, ce qui amène des vides dans les

Fig. 175. — Muscat d'Alexandrie (E. et R. Salomon) (grand. nat.).

palmettes ou les cordons que l'on forme avec lui. Il pousse
souvent double, mais ses pousses flexibles se palissent aisément.

Ses grappes apparaissent de bonne heure, presque toujours pourvues d'une vrille qu'il faut éliminer. Il est fructifère, et des coursons à un œil sont très suffisants comme bois de taille.

A l'extérieur comme sous verre, le Muscat d'Alexandrie noue très mal ses grappes, qui portent à peine une douzaine de grains. Il faut donc pratiquer la fécondation artificielle et celle-ci donne des résultats parfaits.

Si, par le ciselage, on enlève les grains qui ont tendance à rester petits et qu'on incise aussitôt cette opération faite, le grain grossit rapidement, s'allonge et prend de grandes dimensions.

Il ne demande qu'un faible rognage, car, après une poussée rapide, il arrête son développement foliacé. Il est, comme tous les Muscats, sensible à l'Oïdium, au soufre, aux substances insecticides (nicotine), et la Grise le frappe d'autant mieux qu'il nécessite une atmosphère sèche et à température élevée.

Ses grappes sont surmoyennes, par elles-mêmes elles sont résistantes et ne redoutent pas l'action du soleil; elles sont peu sensibles au pédicelle et à la pourriture et se conservent bien sur souches jusqu'aux premiers froids, qu'il faut leur éviter. Elles sont également d'une conservation facile dans les salles de garde; mais il faut se rappeler qu'elles y perdent un peu de leur couleur jaune et de leur saveur musquée.

Le grain gros, ovoïde, d'un jaune intense, souvent cuivré, allant parfois jusqu'au cuivré rouge, est très ornemental. Solidement attaché à une rafle elle-même très ligneuse, il supporte l'expédition au loin, C'est un raisin de grand luxe tout à fait ; nous avons vu à Vienne des grappes de Muscat d'Alexandrie obtenu par greffage atteindre jusqu'à 0^m,40 de long.

Comme nature de vigne, c'est une variété rustique, plus difficile comme atmosphère que comme sol, mais demandant toutefois des sols s'égouttant bien et calcaires autant que possible si l'on veut obtenir ce goût musqué prononcé que l'on recherche tant. Faute de calcaire dans les sols argileux ou siliceux, il perd tous ses caractères.

Cette variété se greffe bien sur les vignes européennes; il serait utile d'étudier son affinité, jusqu'ici mal connue, avec les cépages américains.

Description. — Souche vigoureuse; tronc gros aux écorces fines, très serrées; racines pivotantes.

Débourrement : extrêmement grêle, vert, tomenteux, à feuilles très dentelées, présentant un soupçon de carmin, surtout au pétiole et à la base des nervures.

Jeunes feuilles lisses, vert jaunâtre; les grappes apparaissent petites; grande quantité de vrilles.

Rameaux : surmoyens, érigés, peu ramifiés, vert peu foncé, carminés, à mérithalles de longueur moyenne; bois très durs, sains, peu moelleux, jaune intense acajou.

Feuilles : moyennes à trois lobes bien indiqués, lobes minces, sinus basilaire en forme de lyre, sinus latéraux se recouvrant, autrement la feuille serait complètement [plane. Limbe vert à la face supérieure, lisse, à nervures fines carminées seulement jusqu'aux premières ramifications; limbe inférieur vert clair, presque sans poils, à bords finement découpés par des dents pointues et en séries; pétiole long, nerveux, carmin foncé, sans sillon, presque perpendiculaire au plan. Défeuillaison tardive, difficile, presque toujours due aux gelées.

Grappes : nombreuses, insérées toujours assez court à partir du deuxième mérithalle, grosses, ramifiées, plutôt coniques, largement épaulées; pédoncule fort, restant vert à la maturité, prenant seulement à l'insertion une teinte acajou. Ramifications peu développées, pédicelles courts, bourrelet moyen, véruqueux, pinceau court, trapu, adhérent. Grains très gros, ovoïdes, quoique ronds sur les souches débiles, irrégulièrement colorés, jaune foncé doré chez les grains normaux, souvent vert chez les grains mal fécondés, peu pruinés. Peau épaisse, mais non coriace. Chair [croquante par excellence, peu juteuse, saveur musquée très prononcée, très finement relevée, 2 à 3 pépins.

Muscat Cannon Hall (1)
(ou *Canon Hall*).

Historique et origine. — Le Muscat Cannon Hall (fig. 176) n'a pas de parenté connue. Il a été créé à Cannon Hall (Yorkschere),

(1) LINDLEY, A Guide to Orchard. — ROBERT HOGG, The fruit manual. — A.-F. BARRON, Vines and vine culture. — E. et R. SALOMON, Ampélographie Viala et Vermorel.

d'où il fut envoyé à la Société d'horticulture de Londres; Barron l'estime issu d'un Muscat d'Alexandrie.

Ce cépage donne des grappes aux rafles énormes, portant des grains qui atteignent le diamètre maximum des grains de raisin. Comme par surcroît, ces grains se dorent, se cuivrent très aisément, que leur saveur est sucrée, fine et musquée, on comprend que tous les forceurs en aient tenté la culture. Malheureusement jusqu'à ce jour ses conditions de réussite ne sont guère déterminées.

Culture. — C'est un cépage extrêmement vigoureux qui pousse au débourrement des bourgeons énormes, souvent au nombre de deux ou trois. Ces bourgeons, en se développant, donnent naissance à des pousses très grosses qui se décollent et se cassent facilement. Les grappes apparaissent de suite et sont pourvues d'un pédoncule énorme (4 à 5 millimètres), mais très cassant.

On a tenté sur ce cépage toute une série de moyens pour empêcher sa coulure, sans du reste jamais y réussir complètement. Si on le pince court, il pousse des rejets moins vigoureux portant eux aussi des grappes. Celle-ci n'ont ni la forme, ni l'importance des premières, mais la constitution de la fleur est modifiée à un point tel que, sans aucune précaution, ces grappes secondaires nouent naturellement. On peut se servir de cette propriété pour obtenir deux récoltes, celle des grappes du début, puis celle des grappes des rejets. Les Salomon ont préconisé d'utiliser seulement les grappes de deuxième végétation obtenues par des rognages hâtis et importants; en outre, ils assurent à ces grappes, au moment de floraison, le maximum de luminosité et de chaleur, en ne plaçant les vitrages des serres qu'après le débourrement.

La floraison, toujours défectueuse, étant passée, le grain redoute les coups de soleil souvent insuffisants pour nuire aux autres variétés. A la véraison, la rafle énorme se dessèche, et toutes les grappes se réduisent à des parties de grappes dont l'irrégularité rend malaisée la confection des corbeilles. Le pédicelle gêne sa conservation sur souches; mais, comme il est du début de la troisième époque, on en conserve peu.

Le feuillage est plutôt résistant, très gros, très important;

il exige des espacements entre coursonnes de 30 à 40 centimètres; deux yeux suffisent comme coursons; les sarments

Fig. 176. — Muscat Cannon Hall (Salomon) (1/3 grand. nat.).

sont souvent mal aoûtés, et il en résulte des vides nombreux
sur les souches.

Ce cépage est à fortes racines, qui occupent bien le sol et
qui, comme le feuillage d'ailleurs, n'ont pas une sensibilité

particulière ; par contre, ses bois à moelle énorme sont spongieux, cassants et de maturité toujours insuffisante.

En pots, il ne donne pas de produits remarquables.

Il se greffe mal ; l'importance de sa moelle, la mauvaise maturité de son bois en font une variété qui reprend de greffage, mais que ce greffage n'améliore pas.

Muscat Dr Hogg (1).

Historique et origine. — D'après A.-F. Barron, ce cépage a été obtenu en 1859 d'un semis de la duchesse de Buccleuch par M. Pearson (de Chilwell), qui l'exposa au Comité en 1871, où il reçut un certificat de première classe. D'époque de maturité moyenne, c'est le plus petit des Muscats de forçage. Il est cultivé principalement en Angleterre, est rare en Belgique et plus encore en France.

Peu vigoureux, ce cépage donne des sarments petits, mais très fructifères. Il supporte la taille courte et se conduit en cordons ou palmettes, et ses sarments portent facilement deux à trois grappes. Son débourrement est maigre, double et laisse apparaître de bonne heure les grappes qui se détachent bien. Il passe vite fleur et noue facilement, sans qu'on ait besoin de l'entourer de précautions spéciales. Sa feuille menue donne un feuillage très peu dense, qui ne nécessite pas de supressions de feuilles et de sarments ; les pincements sont rares. On peut maintenir les bras porteurs des tailles à 10 ou 25 centimètres d'écartement. Les jeunes pousses sont souples et ne cassent pas facilement. Le raisin une fois noué demande un ciselage peu abondant, consistant à supprimer les grains restés petits ou verts. Il redoute la Grise, puis l'Oïdium et craint les insecticides à base de nicotine.

Ce Muscat se dore bien, et il reste sur souches sans craindre la pourriture, car sa grappe est peu serrée. Les grains sont très adhérents et ne se détachent pas pendant la cueillette ou le transport. Leur grosseur atteint avec peine celle des grains

(1) A.-F. BARRON, Vines and vine culture, 4e édition, London, 1900.

moyens de Frankental; aussi la grappe dépasse rarement un poids moyen de 150 à 200 grammes. Ce raisin, très doré, à rafle verte, à grains moyens, à grappe petite, n'est pas très ornemental, mais il se force bien et, qualité des plus méritoires pour un Muscat, noue très facilement; on peut le forcer de bonne heure afin d'obtenir du raisin musqué hâtif, car ce cépage est de deuxième époque de maturité et mûrit un peu avant le Muscat d'Alexandrie. On ne peut prétendre faire avec lui des récoltes de poids élevé; mais, dans les pays septentrionaux, il réussira plus facilement que le Muscat d'Alexandrie, car il exige durant toute sa végétation une température moins élevée.

En résumé, le *Dr Hogg* peut rendre de réels services sous le climat de l'Angleterre ou de la Belgique comme Muscat à forcer. En France, sous un climat plus chaud, il est laissé très en arrière par le Muscat d'Alexandrie. Il est moins musqué, mais l'est peut-être plus finement que ce dernier, dont il n'a pas la pulpe ferme et croquante, car il est juteux.

Description. — Souche : de vigueur moyenne; tronc gros; écorce s'exfoliant facilement en lanières courtes et épaisses; racines moyennes.

Bourgeons : coniques, à écailles bien marquées, brun acajou foncé; débourrement petit, vert, légèrement cotonneux: jeunes feuilles entières; sur les deux faces, vert luisant; glabres; grappes petites et très détachées, très ramifiées.

Rameaux : de longueur et grosseur moyennes, ronds, érigés; ramifications nombreuses et grêles; rameaux herbacés vert pâle rameaux aoûtés de couleur acajou clair, mais ponctués, acajou foncé; mérithalle plutôt court; moelle peu importante; bois de consistance moyenne; nœuds aplatis d'un côté, mais très marqués à l'insertion des feuilles; diaphragmes apparents; vrilles nombreuses, longues et fines, très ramifiées.

Feuilles : de grandeur moyenne, à bords repliés en dessus, formant trois gouttières plus larges que longues, peu épaisses, à cinq lobes, les deux inférieurs souvent absents; sinus latéraux supérieurs très profonds; sinus latéraux inférieurs souvent absents; sinus pétiolaire en V profond; limbe à peine gaufré, vert foncé luisant, non duveteux à la face supérieure, face inférieure vert pâle, terne, avec bouquets de poils cotonneux; dents aiguës, normales, très irrégulières, avec mucron bien indiqué: nervures très saillantes à la face inférieure, renflées, avec ramifications aplaties vert clair à la face supérieure. — Pétiole très long, plus long que la feuille, gros, cylindrique glabre, très renflé à son extrémité avant de s'insérer sur une large surface, de grosseur moyenne, vert foncé luisant, sillon absent, glabre, angle du limbe 60°; à la défeuillaison, la feuille reste verte longtemps, se tache de blanc et tombe.

FRUITS. — *Grappes* : insérées au niveau des deuxième, troisième et quatrième nœuds, surmoyennes, très ailées, à ailerons détachés, cylindriques ou cylindro-coniques; pédoncule long, fort, rigide, vert, mais dur à la maturité; rafle très ramifiée, verte, légèrement carminée, ponctuée acajou, pédicelles renflés et verruqueux, de longueur moyenne; bourrelet trapu et verruqueux; pinceau peu important, blanc, adhérent au grain. — *Grains*: de grosseur moyenne, ronds régulièrement, pruine abondante mais peu visible et s'enlevant difficilement, ferme; peau de couleur terne, puis jaune ou cuivré rouge, épaisse, élastique, n'éclatant pas; pulpe très fondante non croquante, blanc clair; jus très abondant, peu sucré, bien et finement musqué; pépins au nombre d'un à deux à bec très long, chalaze et raphé peu marqués.

Muscat Pearson (1).

Historique et origine. — D'après A.-F. Barron, ce Muscat tardif provient d'un croisement de Black Alicante par Ferdinand de Lesseps. Ce cépage (fig. 177), qui a obtenu en 1874 un certificat de première classe, n'est pas aussi cultivé qu'il devrait l'être. Il demande une chaleur égale au Muscat d'Alexandrie et va bien dans les forceries chaudes.

Culture. — *Muscat Pearson*, très fructifère, se contente d'une taille courte à un œil. On le conduit de préférence en cordons ou en palmettes, en espaçant ses coursons de 20 à 25 centimètres. Lent à débourrer, il pousse tout d'un coup, émettant des ramifications nombreuses; peu vigoureux dans son ensemble, sa souche doit être formée très lentement, sinon il se dégarnit facilement; ses coursons se palissent bien et permettent d'obtenir des souches régulières. Les fleurs se détachent peu d'un feuillage peu important. Les tailles en vert, pincement et suppression des entre-cœurs, sont indispensables si on ne veut pas avoir une souche buis-

(1) A.-F. BARRON, Vines and vine culture, 4e édition, London, 1900. — E. SALOMON, Catalogue, Thomery, 1900.

sonnante. C'est de tous les Muscats que l'on force celui qui
noue le mieux et le plus facilement. Cette nouaison trop par-

Fig. 177. — Muscat Pearson (F. Pacottet) (1/3 grand. nat.).

faite oblige à un ciselage important et difficile à cause de la
faible longueur des ramifications et des pédicelles.

Comme tous les Muscats, il ne redoute pas la chaleur, et le
soleil ne grille ni ses fruits ni ses feuilles; il se contente

aussi de peu de chaleur et est moins exigeant sous ce rapport que le Muscat d'Alexandrie. Il redoute peu l'Oïdium mais est sujet à la Grise et craint les insecticides à base de nicotine.

Ce cépage est le plus tardif des Muscats; on peut le placer à la quatrième époque de maturité de Pulliat. Les grains mûrissent régulièrement; il n'en est pas toujours de même des grappes d'une même souche. Les grains ne dépassent pas comme grosseur ceux du Frankental et donnent des grappes petites, cylindriques et peu volumineuses, atteignant difficilement plus de 200 grammes. Très doré à la maturité, avec des reflets ivoirins, ce raisin se conserve très tard, jusqu'en décembre sur souche, sans éclater ni pourrir; sa peau jaunit, se fonce et devient cuivre rouge. Sa chair est très finement musquée, juteuse, sucrée, non croquante. Le goût musqué est un peu moins accentué que chez le Muscat d'Alexandrie, mais le *Pearson* a l'avantage sur ce dernier d'être plus tardif que lui et de pouvoir se conserver sans que les grains les plus murs se rident. On ne peut espérer avec lui faire des poids élevés, et il ne peut concurrencer le Muscat d'Alexandrie que dans les forceries les plus septentrionales, où les temps brumeux gênent la nouaison de celui-ci.

Description. — Souche : de vigueur moyenne; tronc gros, à écorce se détachant en longues lanières.

Bourgeons : gros, coniques, renflés à leur base, à écailles cotonneuses bien marquées; débourrement petit, blanchâtre; jeunes feuilles vert clair, à trois lobes, duveteuses, avec pétiole lie de vin; fleurs peu apparentes, blanchâtres, avec pédoncule vineux.

Rameaux : de longueur moyenne, gros, semi-érigés; rameaux herbacés verts, lavés de rouge vineux, duveteux, assez ramifiés rameaux aoûtés, café au lait, ponctués de brun; méritha les moyens comme longueur, plutôt gros; stries peu saillantes; moelle moyenne; bois dur; nœuds renflés, très marqués; vrilles abondantes, trifurquées, blanc vert, cotonneuses.

Feuilles : de grandeur moyenne, arrondies, aussi larges que longues, assez épaisses; sinus latéraux supérieurs plus profonds, souvent recouverts par les lobes; sinus latéraux inférieurs à peine indiqués; le limbe est replié en dessus suivant les nervures indiquant trois gouttières; dents normales au limbe, ogivales, terminées par un mucron brun clair; nervures non saillantes à la face supérieure, vert clair, teintées de rose, très saillantes à la face inférieure, blanc vert, duveteuses. — Pétiole court, fort, trapu, avec bandes vineuses, aranéeux, avec sillon à peine indiqué, vert clair inséré à 120°; à la défeuillaison, les feuilles très persistantes se décolorent complètement pour devenir blanc-paille.

Fruits. — *Grappes* : insérées à partir du deuxième nœud, au nombre de deux et trois, de grosseur moyenne, cylindro-coniques; le nœud porte fréquemment une grappe assez longue; pédoncule fort; court, cylindrique, duveteux, ligneux à la maturité; rafle verte lavée de rouge, avec ramifications peu importantes; pédicelles courts, de grosseur moyenne, terminés par un bourrelet verruqueux rougeâtre; pinceau presque nul, très adhérent au grain. — *Grains* : de grosseur moyenne, inégaux, régulièrement ronds, jaune ambré, très pruinés, avec ombilic et lenticelles très marqués fermes; peau peu épaisse, élastique, souvent rouge cuivré; pulpe très juteuse, incolore; jus abondant, très sucré, et très finement musqué; pépins 1 à 2, moyens, avec bec allongé.

Royal Vineyard (1).

Le Royal Vineyard aurait été, d'après Barron, introduit en Angleterre vers le milieu du siècle dernier.

Il y est peu répandu et l'est encore moins en France, où on ne le trouve que dans quelques rares localités; MM. Salomon le cultivent depuis une vingtaine d'années, à Thomery.

C'est un raisin blanc de troisième époque, qui prend une saveur légèrement musquée, perceptible seulement à complète maturité, si bien que l'on hésite parfois à le considérer comme un Muscat; néanmoins il a les mêmes exigences que tous les Muscats, c'est-à-dire hautes températures à la floraison et fécondation artificielle.

MUSCATS NOIRS

Muscat de Hamburgh (2).

[Muscat Hambourg, Muscat de Hambourg, Muscat d'Hambourg, Hamburgh musqué, Black Muscat of Alexandria, Red Muscat of Alexandria, Snow's Muscat Hamburgh Venn's Seedling, Black Muscat (Angleterre), — Muscat Alberdient's (Belgique).]

Historique et origine. — Le Muscat de Hamburgh, malgré

---

(1) A.-F. Barron, Vines and vine culture. — Salomon, Ampélographie Viala et Vermorel.

(2) A.-F. Barron, Vines and vine culture. — Ed. Pynaert, Serres, vergers. — V. Pulliat, Mille variétés de vignes. — Mas et Pulliat, Le vignoble.

son nom, a été à peu près sûrement tiré d'Espagne ; c'est, du reste, dans ce pays, ainsi que dans le midi de la France, qu'il donne ses grappes les plus belles.

Sa saveur spéciale l'a fait sans doute rechercher depuis fort longtemps, mais on a dû se trouver devant de telles difficultés que, malgré les hauts prix qu'atteignent ses produits, cette variété est plutôt très peu cultivée, et c'est ce qui explique son apparition et sa disparition à plusieurs reprises sur les divers marchés à raisin forcé.

Culture. — Peu de variétés se prêtent aussi mal au forçage que le Muscat de Hamburgh ; l'air confiné, l'humidité relative des serres, la richesse même de leur sol, le développement limité donné aux souches sont autant de causes défavorables qui influent moins sur la vigueur même de la souche que sur l'obtention de ses fruits. Le Muscat de Hamburgh est pourtant fructifère ; on obtient avec deux yeux des grappes suffisamment abondantes, mais de dimensions très inégales, lâches et peu garnies.

La floraison exige une température voisine de 25° : la fécondation artificielle est absolument indispensable, mais elle est difficile à cause du décapuchonnement successif des fleurs. Après un ciselage qui consiste à enlever non seulement les grains en excès, mais aussi ceux que l'on ne voit pas grossir, les grappes arrivent à véraison d'une façon tout à fait irrégulière ; parmi les grains, les uns sont déjà tout noirs et ont atteint leur taille définitive, alors que les autres ou bien sont à peine colorés et à demi-grosseur, ou n'ont pas dépassé la taille qu'ils avaient après ciselage.

A maturité, après de nouveaux ciselages, on n'obtient encore ni une coloration ni un calibre régulier des grains. En outre, toutes les perturbations amenées par les tailles en vert ont une répercussion fâcheuse sur le fruit en provoquant des arrêts de développement ou du pédicelle.

On peut greffer le Muscat de Hamburgh aussi bien sur cépage français que sur ce cépage américain ; le greffage améliore sa culture, mais ne régularise par sa production, qui reste toujours capricieuse. Pour avoir une production satisfaisante, il serait utile de cultiver cette variété à grand écartement dans de grandes serres très hautes, très aérées et très chaudes. Il faudrait aussi s'abstenir de rognages, de l'incision annulaire et éviter des mouilles abondantes du [sol. Les Muscats en général exigent en effet des sols plutôt maigres, mais très sains.

Le Muscat de Hamburgh craint le soufre, l'Oïdium, les insecticides et la Grise, en définitive tous les ennemis du feuillage.

Lorsqu'il est bien réussi, sa grappe portée par un pédoncule long et lâche est très ramifiée et comporte souvent trois à quatre ailerons; avec sa rafle verte, ses grains très noirs et très pruinés, elle se présente bien, résiste à la pourriture et a l'avantage de se conserver aisément sur souche et de s'expédier au loin sans difficulté.

Ce Muscat, bien qu'à pellicule un peu épaisse, a une chair très juteuse de saveur très fraîche, sucrée et beaucoup plus finement musquée que le Muscat d'Alexandrie, par exemple. C'est certainement le roi des Muscats.

Ingram's Muscat.

L'Ingram's Muscat a été obtenu en 1857 par Ingram, jardinier de la reine au château de Frogmor. Il est d'une culture facile sous verre, mais donne un raisin peu musqué et de saveur commune. Il est de troisième époque, et, malgré sa peau noire et sa pruine épaisse, il est extrêmement peu répandu.

Muscat Lierval (1).

[Petit Muscat de Lierval, Muscat non feuillu, Muscat de Lierval, Muscat noir de Lierval, Lierval's Frontignan.]

Ce cépage d'origine française produit l'un des raisins les plus hâtifs parmi les Muscats noirs.

Sa souche, de vigueur moyenne, porte des sarments grêles

---

(1) V. PULLIAT, Descriptions et synonymie. — R. HOGG, The fruit Manual.. — SALOMON, Ampélographie Viala et Vermorel.

peu garnis par des feuilles découpées et très espacées qui donnent à l'ensemble un aspect très caractéristique. La grappe est petite, assez dense, le grain bien coloré, à peau peu épaisse et à saveur agréablement musquée.

C'est une variété peu sensible à la pourriture et d'un transport facile.

Muscat Madresfield Court (1).

Historique et origine. — Dans les Forceries de la Seine, à Nanterre, nous nous sommes trouvés en présence de deux cépages que les ouvriers de cet établissement appelaient l'un Muscat Madresfield *long* à cause de ses grains allongés par opposition à l'autre, à grains ronds, qu'ils désignaient sous le nom de Muscat Madresfield Court. Ce dernier n'était nullement musqué et fut reconnu par MM. Viala et Pacottet comme étant le Cinsaut du Midi. Le Muscat Madresfield, qualifié « long », était à grains ovoïdes très allongés, légèrement musqués, et correspondait bien à la description du Muscat Madresfield Court de Barron, variété obtenue d'un croisement de Muscat d'Alexandrie et de Black Morocco par Cox, jardinier du domaine de Madresfield Court. Nous rectifiâmes sa dénomination en rappelant que Madresfield Court était le nom de la localité où ce cépage prit naissance.

Culture. — Le Muscat Madresfield Court (fig. 178) est, jusqu'à présent, à l'exception du Muscat de Hamburgh, dont l'obtention est trop difficile dans la grande culture, le seul Muscat noir à grappe ornementale que l'on possède pour forcer en toute première saison. Il est en effet de deuxième époque de maturité et demande à peu près le même forçage que le Frankental.

Très cultivé en Angleterre, peu en Belgique, il est assez commun en France, et, lorsqu'il est fait dans la région du nord, chez M. Cordonnier, à Bailleul, par exemple, il donne un raisin très beau, très gros, mais avec un parfum de Muscat à peine indiqué et plutôt grossier. En terrain calcaire, cette

---

(1) E. SALOMON, Ampélographie Viala et Vermorel. — A.-F. BARRON, Vines and vine culture.

saveur musquée s'affine un peu ; mais, dans l'ensemble, la qualité de son fruit est encore très inférieure à celle du Muscat de
Hamburgh.

En revanche, il est d'un forçage extrêmement aisé : de

Fig. 178. — Muscat Madresfield Court. Salomon (grand. nat.).

vigueur très moyenne, il donne des sarments plutôt petits,
peu moelleux, s'aoûtant bien et très fructifères, ce qui permet
de le tailler court sur cordons ou palmettes.

Il débourre régulièrement ; à la floraison, les grappes nombreuses, bien constituées, nouent sans difficulté et donnent naissance à des fruits très denses, qu'il faut ciseler énergiquement. La véraison et la maturation se font régulièrement ; mais, dès la véraison, les grains éclatent facilement, ce qui exige une grande prudence dans les arrosages et la ventilation des serres.

A la maturité, si l'on a eu soin d'arroser modérément, le grain est noir, mais sur un fond sépia bien différent comme beauté du bleu fleuri de l'Alphonse Lavallée.

La grappe du Muscat Madresfield est plutôt cylindrique, un peu serrée, à ramifications et pédicelles courts ; elle pourrit facilement et se conserve médiocrement, aussi bien en cave que sur la souche.

Le raisin de Madresfield n'est qu'assez bon et ne tiendra jamais en France qu'une place faible ; il est au contraire goût anglais.

Ce cépage, très sensible à la Grise, ne l'est pas particulièrement à l'Oïdium ni aux autres maladies ; il se greffe très bien sur les vignes françaises comme sur les vignes américaines.

TABLE ALPHABÉTIQUE

TABLE DES MATIÈRES

Chapitre VI.

Chapitre VII.

Chapitre VIII.

Chapitre IX.

Chapitre X.

CHAPITRE XI.

3464-4-27. — Corbeil. Imprimerie CRÉTÉ.

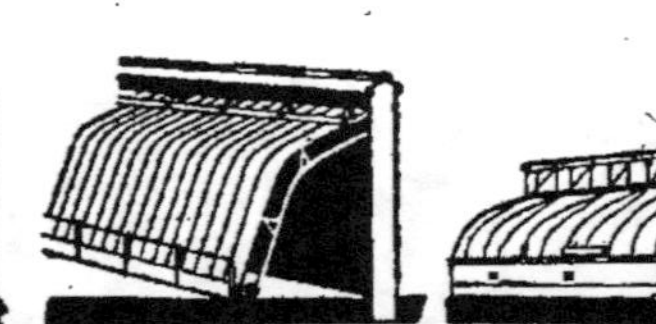

PACOTTET, *Serres*

A

CHASSIS-SERRE LE VEXIN
SERRES DIAMANT
CHAUFFAGE DE SERRE
Ce châssis permet la culture de plantes très hautes et ne demande qu'un coffre en bois de hauteur réduite (0,10 environ). il est accessible de tous les côtés c'est une véritable petite serre économique donnant le maximum de lumière dans la couche
CHASSIS DE COUCHE ORDINAIRES, PAILLASSONS, CLAIES À OMBRER
CATALOGUE FRANCO
USINE DU VEXIN, 8 RUE CLAUDE DECAEN, PARIS (XIIe)
R.C.PARIS.54319
A. Cayeux

CHAUFFAGES DE SERRES

DEDIEU & HALLAY Fils

1, Ruelle Gandon, 1
PARIS (XIIIᵉ)

CATALOGUE ET DEVIS
adressés gratuitement

Librairie J.-B. BAILLIÈRE et FILS, 19, rue Hautefeuille, Paris

LA VIE AGRICOLE
ET RURALE
Revue hebdomadaire illustrée

Paraissant tous les Samedis par numéros de 32 à 52 pages, in-4°

COMITÉ DE DIRECTION :

FERNAND-DAVID
Ancien Ministre
de l'Agriculture.

VICTOR BORET
Ancien Ministre
de l'Agriculture.

LESAGE
Directeur de l'agriculture
au Ministère de l'Agriculture.

REGNARD
Directeur honoraire
de l'Institut nat' agronomique.

WERY
Directeur de l'Institut
national agronomique.

DABAT
Directeur général honoraire
des Eaux et Forêts.

L. ROULE
Professeur au Muséum
et à l'Institut agronomique.

GROSJEAN
Inspecteur général honoraire
de l'Agriculture.

DE LAPPARENT
Inspecteur général honoraire
de l'Agriculture.

L. DARAC
Inspecteur général
de l'Agriculture.

M. GUILLON
Inspecteur général
de l'Agriculture.

A. LAURENT
Inspecteur général
de l'Agriculture.

TROUARD-RIOLLE
Directeur honoraire
de l'École nationale
d'agriculture de Grignon.

FERROUILLAT
Directeur honoraire
de l'École nationale
d'agriculture de Montpellier.

LE ROUZIC
Directeur
de l'École nationale
d'agriculture de Rennes.

SECRÉTAIRE DE LA RÉDACTION :
DIFFLOTH

Ingénieur agronome,
Professeur spécial d'agriculture.

Abonnement annuel : France 40 fr., Étranger 60 fr.

La création d'un nouveau journal d'Agriculture pouvait sembler inopportune : la Presse agricole compte des organes déjà nombreux qui s'appliquent à répandre dans le public les méthodes les plus rationnelles de culture et d'élevage. Jamais, cependant, le besoin ne s'est fait autant sentir, pour l'agriculture, d'être renseigné sur l'admirable mouvement de rénovation qui caractérise notre époque ; chaque jour, l'alliance féconde de la science et de la pratique fait réaliser à l'Agriculture un progrès nouveau ; chaque jour, une connaissance acquise, un problème élucidé viennent donner au cultivateur les moyens de réduire la part, si considérable, de ses aléas professionnels. Absorbé par des préoccupations multiples, le praticien n'a malheureusement pas le loisir de parcourir les revues diverses d'où il pourrait extraire le bénéfice des progrès réalisés. Et il nous a paru qu'il y

LA VIE AGRICOLE

avait place pour un journal agricole, dont le but serait précisément de mettre l'agriculteur en rapport intime avec l'évolution actuelle des esprits, un journal documenté, averti de tout ce qui touche aux multiples manifestations de l'activité agricole, un journal dont la collaboration choisie autant que variée bannirait toute uniformité et assurerait l'attrait, un journal d'actualité, traduisant fidèlement la vie ardente, réfléchie et laborieuse de notre Agriculture.

La *Vie Agricole*, — nous n'aurions su adopter pour notre journal un titre traduisant mieux notre but, — met tout en œuvre pour intéresser les lecteurs. Elle réalise un équilibre heureux entre le texte, chroniques et articles, et l'illustration, se tenant à distance des deux extrêmes, dont l'un consiste à donner à l'illustration une importance excessive, qui nuit au développement des questions traitées, et dont l'autre laisse des articles érudits sans le secours du dessin ou de la photographie, empêchant ainsi le texte de prendre toute sa valeur et une plus facile compréhension.

Le monde agricole a accueilli avec plaisir un journal donnant une impression réelle de force et d'activité, suivant pas à pas la marche de notre Agriculture vers le progrès, et sans cesse préoccupé d'être pour ses lecteurs « l'utile et l'agréable ». Au surplus, ces lecteurs nous les connaissons bien : ce sont des agriculteurs avisés, soucieux de toute amélioration, ces éleveurs possédant en juste partage la pratique et la théorie, qui, groupés autour de l'*Encyclopédie Agricole* des ingénieurs agronomes, en ont assuré le succès et ont permis la diffusion par la France et par le monde, à raison de plus d'un million de volumes, de cette œuvre considérable, véritable bilan de l'agriculture scientifique française au début du xxe siècle. Dans la *Vie Agricole*, ils retrouveront, sous une forme plus actuelle et plus vivante encore, les qualités qui impriment à cette belle collection son cachet particulier ; ils y retrouveront cette pléiade de collaborateurs distingués, praticiens ou professeurs, qui les tiendront, chaque semaine, au courant de tous les progrès, de toutes les découvertes, de toutes les tentatives susceptibles de les intéresser.

Chaque numéro comprend cinq ou six *Articles originaux* ; plusieurs articles d'*Agriculture pratique* ; des articles d'*Actualités agricoles*, résumant les travaux publiés, en France et à l'Étranger ; des *comptes rendus de Sociétés* ; enfin, un *Bulletin* renseignant le lecteur sur les faits saillants de la semaine.

Pour remplir ce vaste cadre et donner à la *Vie Agricole* la tenue et la valeur scientifique nécessaires, un Comité de direction composé des plus éminents représentants de la science agronomique a bien voulu assumer la charge de définir et de régler le programme des études et des recherches poursuivies.

Enfin les éditeurs de la *Vie Agricole*, MM. Baillière, apportent à l'administration et à la publication du journal leurs précieuses qualités, qui ont déjà assuré le succès de l'*Encyclopédie Agricole*.

Ainsi rédigée, illustrée, assurée par un parfait service d'informations de suivre méthodiquement l'évolution scientifique de la culture française, la *Vie Agricole* se présente aux lecteurs avec les conditions les plus assurées d'intérêt, de vitalité et d'utilité générale.

Agenda Aide-Mémoire Agricole

Par G. WERY
Directeur de l'Institut national agronomique.

1 vol. in-18 de 350 pages avec tableaux de comptabilité et Almanach
(168 p.). . . . . **10 fr.**
Le même relié maroquin en portefeuille . . . . **20 fr.**

Paraît chaque année.

L'agriculteur moderne a sans cesse besoin de renseignements qui se traduisent par
des chiffres dont les colonnes longues et ardues ne peuvent s'enregistrer dans son cerveau. Aussi lui faut-il un aide-mémoire qui lui puisse apporter instantanément ce qu'il
réclame.

Ce Manuel doit lui être présenté sous une forme particulière et pratique, celle de
l'*Agenda de poche*. C'est peut-être sur son champ même que le cultivateur aura subitement besoin de voir la quantité de grains qu'il doit faire semer, d'engrais qu'il doit
faire épandre, de journées d'ouvriers qu'il doit inscrire. C'est ce qu'a bien compris
M. G. WERY, l'auteur de la brillante Encyclopédie agricole.

On trouvera, notamment, dans l'*Aide-Mémoire* de M. WERY, des tableaux pour la
composition des produits agricoles et des engrais, pour les semailles et rendements
des plantes cultivées, la création des prairies, la détermination de l'âge des animaux,
de très importantes tables dressées par M. MALLÈVRE pour le rationnement des animaux
domestiques, l'hygiène et le traitement des maladies du bétail, la laiterie et la basse-
cour, la législation rurale, les constructions agricoles, enfin une étude très pratique
des tarifs de transport applicables aux produits agricoles. A la suite de l'*Aide-mémoire*,
viennent des *tableaux de comptabilité* pour les assolements, les engrais, les ensemencements, les récoltes, l'état du bétail, le contrôle des produits, les achats, les ventes et
les salaires.

COMMENT EXPLOITER
UN
DOMAINE AGRICOLE

Par R. VUIGNER
Ingénieur agronome.

4e édition, 1924, 1 volume in-18 de 615 pages.

Broché. . . . . **24 fr.** | Cartonné . . . . **30 fr.**

M. VUIGNER suppose que l'agriculteur vient d'acheter ou d'affermer
un domaine. Il nous le montre discutant le plan d'exploitation de ce
domaine, puis l'organisant et l'appliquant jusque dans tous ses
détails.

Comment, en prenant une ferme, le cultivateur se rendra-t-il
compte de la qualité de ses terres, des amendements, des engrais
qu'il convient d'y apporter, de sa situation économique et des débouchés qu'elle peut offrir? Quels assolements, quelles spéculations
végétales et animales faut-il adopter? Quels sont les animaux de trait,
les machines, les instruments? Quelles sont enfin les conditions dans
lesquelles on peut annexer, à la ferme, les industries du lait, de la
distillerie, de la féculerie, leur prix d'établissement, leur rendement
possible, etc., etc.? Problèmes dont M. VUIGNER donne successivement
la solution. Et, pour ne négliger aucun des rouages du fonctionnement
de l'exploitation rurale, M. VUIGNER étudie son administration, le
rôle, l'emploi de la main-d'œuvre, son recrutement, sa comptabilité.

Ajouter 10 p. 100 pour recevoir franco.

DICTIONNAIRE D'AGRICULTURE
ET DE VITICULTURE

par

CS. SELTENSPERGER
Professeur spécial d'agriculture.

1923, 1 volume in-8 de 1084 pages, à deux colonnes.......... ... **40 fr.**

Cartonné, 50 fr.

— 6709 MOTS —

Illustré de 1721 figures nouvelles

Depuis un demi-siècle, le domaine de l'Agriculture et des sciences agricoles qui s'y rattachent s'est élargi considérablement. Il s'est enrichi de nombreuses notions nouvelles, appelant des mots nouveaux, dont le sens est souvent incomplètement connu du grand public, qui, en général, ne dispose pas de moyens suffisants de renseignements.

L'auteur, qui a pratiqué l'agriculture et a professé dans les principales régions de la France, dont il connaît ainsi toutes les ressources, était tout particulièrement désigné pour élaborer ce travail, que nous offrons avec confiance au public agricole. Et, en effet, le *Dictionnaire d'agriculture et de viticulture* de M. SELTENSPERGER, recueil complet de mots, vient à son heure pour combler de façon heureuse cette lacune.

Evitant le double écueil du dictionnaire purement encyclopédique, dont le prix élevé est peu accessible, et du petit dictionnaire élémentaire, trop résumé et forcément incomplet, l'auteur a su condenser, sous un format commode et d'une lecture facile, tous les mots et renseignements qui peuvent intéresser l'agriculteur : Viticulture, horticulture, élevage, maladies du bétail et des plantes, aviculture, apiculture, industries agricoles, laiterie, alimentation, législation et économie rurales, etc., en faisant ressortir très judicieusement, au cours des mots, que la pratique et la théorie, basées sur les sciences et la saine observation, étaient faites pour se soutenir la main dans la main et s'éclairer mutuellement.

Dans un style simple et clair et en restant toujours essentiellement pratique, l'auteur a apporté des développements encyclopédiques en rapport avec l'importance de chaque mot et donné à l'ensemble de l'ouvrage, unique en son genre, un caractère d'originalité qu'apprécieront les lecteurs.

Enfin, le grand nombre de gravures, extraites de l'immense collection des 15 000 figures de l'*Encyclopédie agricole*, éditée par MM. J.-B. Baillière et fils, en fait un ouvrage du plus haut intérêt et sans précédent.

Ajouter 10 p. 100 pour recevoir franco.

Librairie J.-B. BAILLIÈRE et FILS, 19, rue Hautefeuille, Paris

LA VIE AGRICOLE
ET RURALE
Revue hebdomadaire illustrée

Paraissant tous les Samedis par numéros de 32 à 52 pages, in-4°

La création d'un nouveau journal d'Agriculture pouvait sembler inopportune : la Presse agricole compte des organes déjà nombreux, qui s'appliquent à répandre dans le public les méthodes les plus rationnelles de culture et d'élevage. Jamais, cependant, le besoin ne s'est fait autant sentir, pour l'agriculture, d'être renseigné sur l'admirable mouvement de rénovation qui caractérise notre époque ; chaque jour, l'alliance féconde de la science et de la pratique fait réaliser à l'Agriculture un progrès nouveau ; chaque jour, une connaissance acquise, un problème élucidé viennent donner au cultivateur les moyens de réduire la part, si considérable, de ses aléas professionnels. Absorbé par des préoccupations multiples, le praticien n'a malheureusement pas le loisir de parcourir les revues diverses d'où il pourrait extraire le bénéfice des progrès réalisés.

LA VIE AGRICOLE

avait place pour un journal agricole, dont le but serait précisément de mettre l'agriculteur en rapport intime avec l'évolution actuelle des esprits, un journal documenté, averti de tout ce qui touche aux multiples manifestations de l'activité agricole, un journal dont la collaboration choisie autant que variée bannirait toute uniformité et assurerait l'attrait, un journal d'actualité, traduisant fidèlement la vie ardente, réfléchie et laborieuse de notre Agriculture.

La *Vie agricole*, — nous n'aurions su adopter pour notre journal un titre traduisant mieux notre but, — met tout en œuvre pour intéresser les lecteurs. Elle réalise un équilibre heureux entre le texte, chroniques et articles, et l'illustration, se tenant à distance des deux extrêmes, dont l'un consiste à donner à l'illustration une importance excessive, qui nuit au développement des questions traitées, et dont l'autre laisse des articles érudits sans le secours du dessin ou de la photographie, empêchant ainsi le texte de prendre tout en valeur et une plus facile compréhension.

Le monde agricole a accueilli avec plaisir un journal donnant une impression réelle de force et d'activité, suivant pas à pas la marche de notre Agriculture vers le progrès, et sans cesse préoccupé d'être pour ses lecteurs « l'utile et l'agréable ». Au surplus, ces lecteurs, nous les connaissons bien : ce sont des agriculteurs avisés, soucieux de toute amélioration, ces éleveurs possédant en juste partage la pratique et la théorie, qui, groupés autour de l'*Encyclopédie Agricole* des ingénieurs agronomes, en ont assuré le succès et ont permis la diffusion par la France et par le monde, à raison de plus d'un million de volumes, de cette œuvre considérable, véritable bilan de l'agriculture scientifique française au début du xx⁰ siècle. Dans la *Vie Agricole*, ils retrouveront, sous une forme plus actuelle et plus vivante encore, les qualités qui impriment à cette belle collection son cachet particulier ; ils y retrouveront cette pléiade de collaborateurs distingués, praticiens ou professeurs, qui les tiendront, chaque semaine, au courant de tous les progrès, de toutes les découvertes, de toutes les tentatives susceptibles de les intéresser.

Chaque numéro comprend cinq ou six *Articles originaux* ; plusieurs articles d'*Agriculture pratique* ; des articles d'*Actualités agricoles*, résumant les travaux publiés, en France et à l'Étranger ; des *comptes rendus de Sociétés* ; enfin, un *Bulletin* renseignant le lecteur sur les faits saillants de la semaine.

Pour remplir ce vaste cadre et donner à la *Vie Agricole* la tenue et la valeur scientifique nécessaires, un Comité de direction, composé des plus éminents représentants de la science agronomique, a bien voulu assumer la charge de définir et de régler le programme des études et des recherches poursuivies.

Enfin les éditeurs de la *Vie Agricole*, MM. Baillière, apportent à l'administration et à la publication du journal leurs précieuses qualités, qui ont déjà assuré le succès de l'*Encyclopédie Agricole.*

Ainsi rédigée, illustrée, assurée par un parfait service d'informations de suivre méthodiquement l'évolution scientifique de la culture française, la *Vie agricole* se présente aux lecteurs avec les conditions les plus assurées d'intérêt, de vitalité et d'utilité générale.

ENCYCLOPÉDIE AGRICOLE

Publiée sous la direction de G. WERY
DIRECTEUR DE L'INSTITUT NATIONAL AGRONOMIQUE

**100 volumes in-18 de chacun 350 à 600 pages.
Avec 15 000 figures intercalées dans le texte.**

L'*Encyclopédie agricole*, publiée par une réunion d'ingénieurs agronomes, sous la haute direction de M. WERY, directeur de l'Institut agronomique, s'efforce de mettre à la portée des agriculteurs l'ensemble des connaissances nécessaires à la production du sol ; mais son origine lui imprime un cachet particulier et en fait pour ainsi dire l'expression d'une doctrine et d'une école.

L'enseignement de l'Institut agronomique, les cinq mille élèves qu'il a formés et qui, depuis plus de cinquante ans, répandent cet enseignement et l'appliquent en France et à l'étranger, soit comme praticiens, soit comme professeurs, chefs d'usines ou de laboratoires, telles sont les bases solides sur lesquelles repose la nouvelle *Encyclopédie agricole*.

Pareille publication arrive à son heure. Elle parut si nécessaire au commencement du xxᵉ siècle que des éditeurs avisés, MM. J.-B. BAILLIÈRE, offrirent au directeur de l'Institut national agronomique de l'entreprendre.

On pouvait hésiter entre deux formes de publication : le dictionnaire et la collection de volumes séparés, traitant chacun une branche de l'art agricole. Ce fut cette dernière méthode qui fut préférée. Elle a le précieux avantage de réserver l'avenir, de laisser à l'ouvrage une grande souplesse, puisque l'on peut augmenter à loisir le nombre des volumes, selon les besoins de la pratique et les besoins de la science.

TISSERAND,
Membre de l'Institut, dir. hon. au Ministère de l'Agriculture.

« Cent volumes de l'*Encyclopédie agricole* ont paru. Dès le premier jour, la Société nationale d'Agriculture les a accueillis avec ferveur.

« Elle a récompensé la plupart d'entre eux en décernant à leurs auteurs des médailles d'or. Le public agricole semble aussi les apprécier, puisque certains ouvrages ont déjà donné lieu à de multiples éditions. Chacun d'eux a déjà été tiré en moyenne à 10 000 exemplaires. C'est donc, pour les quatre-vingts ouvrages qui constitueront l'*Encyclopédie*, près de huit cent mille volumes qui répandront au loin l'influence de l'Institut national agronomique et les résultats de son enseignement. »

Rapport du Secrétaire perpétuel de l'Académie d'agriculture.

En même temps, M. MÉLINE, ancien ministre de l'Agriculture, lui adressait, à la tribune du Sénat, cet éclatant hommage :

« Sous la direction et l'impulsion de son honorable directeur qui est à la fois un savant éminent et un très habile administrateur, les professeurs de l'Institut agronomique ont entrepris de publier une *Encyclopédie agricole* qui est assurément une des publications les plus remarquables qui aient été faites dans les vingt dernières années. Ils ont dressé le bilan de la science agricole au commencement du xxᵉ siècle. » « MÉLINE, ancien ministre de l'Agriculture. »

Agenda Aide-Mémoire Agricole

Par G. WERY
Directeur de l'Institut national agronomique.

1 vol. in-18 de 350 pages avec tableaux de comptabilité et Almanach
(468 p.)... **10 fr.**
Le même relié maroquin en portefeuille .... **20 fr.**

Paraît chaque année.

L'agriculteur moderne a sans cesse besoin de renseignements qui se traduisent par des chiffres dont les colonnes longues et ardues ne peuvent s'enregistrer dans son cerveau. Aussi lui faut-il un aide-mémoire qui lui puisse apporter instantanément ce qu'il réclame.

Ce Manuel doit lui être présenté sous une forme particulière et pratique, celle de l'Agenda *de poche*. C'est peut-être sur son champ même que le cultivateur aura subitement besoin de voir la quantité de grains qu'il doit faire semer, d'engrais qu'il doit faire épandre, de journées d'ouvriers qu'il doit inscrire. C'est ce qu'a bien compris M. G. WERY, l'auteur de la brillante Encyclopédie agricole.

On trouvera, notamment, dans l'*Aide-Mémoire* de M. WERY, des tableaux pour la composition des produits agricoles et des engrais, pour les semailles et rendements des plantes cultivées, la création des prairies, la détermination de l'âge des animaux, de très importantes tables dressées par M. MALLÈVRE pour le rationnement des animaux domestiques, l'hygiène et le traitement des maladies du bétail, la laiterie et la basse-cour, la législation rurale, les constructions agricoles, enfin une étude très pratique des tarifs de transport applicables aux produits agricoles. A la suite de l'*Aide-mémoire*, viennent des *tableaux de comptabilité* pour les assolements, les engrais, les ensemencements, les récoltes, l'état du bétail, le contrôle des produits, les achats, les ventes et les salaires.

COMMENT EXPLOITER
UN
DOMAINE AGRICOLE

Par R. VUIGNER
Ingénieur agronome.
4ᵉ édition, 1924, 1 volume in-18 de 615 pages.

Broché.................. 24 fr. | Cartonné................ **30 fr.**

M. VUIGNER suppose que l'agriculteur vient d'acheter ou d'affermer un domaine. Il nous le montre discutant le plan d'exploitation de ce domaine, puis l'organisant et l'appliquant jusque dans tous ses détails.

Comment, en prenant une ferme, le cultivateur se rendra-t-il compte de la qualité de ses terres, des amendements, des engrais qu'il convient d'y apporter, de sa situation économique et des débouchés qu'elle peut offrir? Quels assolements, quelles spéculations végétales et animales faut-il adopter? Quels sont les animaux de trait, les machines, les instruments? Quelles sont enfin les conditions dans lesquelles on peut annexer, à la ferme, les industries du lait, de la distillerie, de la féculerie, leur prix d'établissement, leur rendement possible, etc., etc.? Problèmes dont M. VUIGNER donne successivement la solution. Et, pour ne négliger aucun des rouages du fonctionnement de l'exploitation rurale, M. VUIGNER étudie son administration, le rôle, l'emploi de la main-d'œuvre, son recrutement, sa comptabilité.

Ajouter 10 p. 100 pour recevoir franco.

CONSTRUCTIONS RURALES

Bâtiments agricoles. Aménagement de la ferme.

Par J. DANGUY

Chef des travaux du Génie rural à l'École nationale d'Agriculture de Grignon.

1923, 1 volume in-18 de 463 pages avec 168 figures.

Broché.................... 18 fr. | Cartonné.............. 24 fr.

Ce volume a pour objet la *description de chacune des constructions de la ferme*. Suivant leur affectation, M. DANGUY s'occupe de la *disposition des bâtiments* et indique la place qu'ils doivent occuper sur le domaine. Il étudie ensuite l'habitation des ouvriers et de l'exploitant, en donnant les types d'installations les plus commodes. Pour les bâtiments réservés aux animaux (écuries, étables, etc.), il montre quelles sont les conditions qu'ils doivent remplir et donne les dispositions qu'il faut préférer ; il a fait de même pour ceux affectés aux récoltes (granges, hangars, greniers, fenils et silos) ; il donne les conditions d'établissement des *remises du matériel*, des *plates-formes* et des *fosses à fumier*, ainsi que des *citernes à purin*. Les *citernes* et *réservoirs* destinés à recueillir et à conserver les eaux potables ; les *clôtures* et les *chemins* sont étudiés à part ; il termine son ouvrage par un aperçu sur les *devis*. A propos des terrassements, il a donné les règles relatives à leur *cubature* et au *mouvement des terres*, à propos des devis, il indique comment on peut faire exécuter les travaux de construction.

ÉLECTRICITÉ AGRICOLE

Par A. PETIT

Ingénieur agronome et ingénieur électricien.

3e édition, 1921, 1 volume in-18 de 480 pages, avec 100 figures.

Broché.................... 24 fr. | Cartonné.......... 30 fr.

Après des considérations générales sur la production, la transmission et les applications de l'électricité, M. PETIT décrit les nombreuses applications que l'énergie électrique peut trouver dans les installations agricoles : labourage, battage, commande des pompes, turbines, écrémeuses, coupe-racines, etc. ; éclairage et chauffage, etc.

Voici les principales additions apportées à la troisième édition.

Dans le chapitre *Production*, l'auteur a ajouté l'étude des groupes électrogènes à huile lourde, genre Diesel et semi-Diesel. Dans le chapitre *Utilisation*, après l'étude des moteurs alternatifs à collecteur, il a traité longuement la question du labourage mécanique en général et du labourage électrique en particulier. Un parallèle, basé sur tous les essais publiés à ce jour, permettra des comparaisons faciles. En électrochimie, M. Petit a développé les applications de l'ozone et des rayons ultra-violets à la stérilisation des eaux. Il a considérablement augmenté le chapitre des *Monographies d'installations*, ainsi que le chapitre relatif aux *Distributions publiques*, c'est-à-dire aux grands secteurs qui étendent leurs mailles sur le territoire et à leurs concurrentes, les Coopératives d'électricité.

Ajouter 10 p. 100 pour recevoir franco.

LAIT, BEURRE
ET DÉRIVÉS
Par DORNIC et CHOLLET
Ingénieurs agronomes,
Professeurs à l'École de Laiterie de Surgères.
1926, 1 vol. in-16 de 528 pages avec 111 figures et 5 plans.

Broché...................... 24 fr. | Cartonné...................... 30 fr.

La microbiologie a révolutionné l'industrie laitière en permettant de connaître les causes de l'altération du lait et de la maturation des crèmes. MM. Dornic et Chollet exposent ce que nous savons actuellement sur les espèces microbiennes qui interviennent en laiterie, soit comme auxiliaires, soit comme adversaires. L'analyse bactériologique et le contrôle hygiénique, si importants pour la fourniture d'un lait sain, les soins à donner au lait pendant et après la traite, ont été exposés à la suite de la microbiologie laitière.

La seconde partie du livre est consacrée à l'utilisation du lait, soit qu'il soit consommé en nature ou transformé en beurre.

La science joue en laiterie un rôle chaque jour plus important. Ce livre permettra aux élèves de nos grandes écoles et de nos écoles de laiterie, ainsi qu'aux industriels laitiers, d'être au courant de l'état actuel de nos connaissances, non seulement en chimie et en microbiologie laitières, mais encore en installations d'usines et en procédés de fabrication.

LE LIVRE DE LA FERMIÈRE
Par Mme Odette BUSSARD
3e édition, 1921, 1 volume in-18 de 472 pages, avec 179 figures.
Couronné par la Société nationale d'agriculture.

Broché...................... 18 fr. | Cartonné...................... 24 fr.

Le *Livre de la fermière* renferme, sous une forme simple, accessible à toutes, les connaissances que doivent acquérir et posséder les femmes de la campagne.

Successivement, il traite des dispositions de la maison d'habitation, de l'hygiène générale, des soins à donner aux enfants, de l'alimentation, du linge et des vêtements, de l'administration domestique, et, enfin, des trois importants chapitres où se concentre l'industrie de la femme à la campagne ; la laiterie, la basse-cour et le jardin de la ferme.

L'alimentation comprend tout naturellement, quand il s'agit de notions destinées à une ménagère, l'art de préparer les aliments, Mme Bussard lui consacre d'excellentes pages et nous donne un petit traité de cuisine limité aux besoins ordinaires de la vie rurale, sans oublier les procédés de conservation des produits alimentaires, des légumes, des fruits et des boissons.

Ajouter 10 p. 100 pour recevoir franco.

MACHINES DE CULTURE

Par G. COUPAN
Chef des travaux de génie rural à l'Institut national agronomique.

Nouveau tirage, 1925, 1 vol. in-18 de 478 pages, avec 376 figures et tableaux.

Broché.................... 18 fr. | Cartonné.................... 24 fr.

MACHINES DE RÉCOLTE

Par G. COUPAN
Chef des travaux de génie rural à l'Institut national agronomique.

Nouveau tirage, 1925, 1 volume in-18 de 464 pages, avec 327 figures.

Broché.................... 18 fr. | Cartonné.................... 24 fr.

Les deux premières parties sont consacrées à la *récolte des fourrages, des céréales et des tubercules* : faucheuses, faneuses, râteaux à cheval, ramasseurs de fourrages, machines à meuler, engrangeurs, moissonneuses-javeleuses, moissonneuses-lieuses, arracheurs de pommes de terre et de betteraves.

La troisième partie de l'ouvrage est consacrée à la *préparation des récoltes* : aux batteuses, trépigneuses, locobatteuses avec secoueurs, motobatteuses à double nettoyage, botteleuses mécaniques, élévateurs et broyeurs de paille.

Vient ensuite l'égrenage des petites graines, trèfle, luzerne et du maïs.

Le *nettoyage* et le *triage des grains* comprennent l'étude des tarares, épierreurs, cribleurs, tricurs à alvéoles, décuscuteurs.

La préparation des grains en vue de leur consommation dans l'exploitation est effectuée par des aplatisseurs, des concasseurs, des moulins et pétrins mécaniques que M. COUPAN passe successivement en revue.

La préparation des fourrages amène l'étude du bottelage, de la compression et de la division, hache-paille, broyeurs d'ajoncs et de sarments. La préparation des racines comprend l'étude des laveurs, des coupe-racines, des coupeurs, des broyeurs et des brise-tourteaux.

L'INDUSTRIE ET LE COMMERCE
DES ENGRAIS

Par Ch. PLUVINAGE
Ingénieur agronome, Chargé de cours à l'École nationale des industries agricoles.
Préface de L. LINDET
Professeur à l'Institut national agronomique.

2e édition 1926, 2 volumes in-16 de 665 pages, avec 270 figures.

Brochés.................... 36 fr. | Cartonnés.............. 48 fr.

Ajouter 10 p. 100 pour recevoir franco.

Petite Bibliothèque Agricole

à 5 fr. le volume.

BASTIDE. — **Les vins sophistiqués**. Procédés simples pour reconnaître les sophistications usuelles. 1889, 1 vol. in-16 de 154 pages, avec figures.. 5 fr.

BEL. — **La Rose**. Histoire et culture, description de cinq cents variétés. 1927, 1 vol. in-16 de 160 pages et 41 figures................. 5 fr.

BIETRIX. — **Le Thé**, culture, falsifications, richesse en caféine. 1892, 1 vol. in-16 de 160 pages, avec 27 figures................... 5 fr.

BOERY. — **Les Plantes oléagineuses. Huiles et Tourteaux, et les Plantes alimentaires des pays chauds** (cacao, café, canne à sucre, etc.). 1889, 1 vol. in-16 de 160 pages, avec 22 figures............ 5 fr.

BRETON-BONNARD. — **Le Reboisement par les résineux**, 1 vol. in-18 de 276 pages avec 61 figures............................... 8 fr.

BRUNET. — **Les Maladies du Vin et les Soins à donner aux vins**. 1913, 1 vol. in-18 de 92 pages, avec 19 figures.................. 5 fr.

BRUNET. — **Les vins de liqueurs**. 1927, 1 vol. in-16 de 96 pages.. 5 fr.

BUSSARD. — **Comment vivre de son jardin. Manuel de la dame jardinière**, 1 vol. in-16 de 108 pages......................... 5 fr.

CHAUTARD et PERRET. — **Les Sciences physiques et naturelles à l'Ecole primaire**. *Cours moyen*. 1913, 1 vol. in-18 de 288 pages, avec 281 figures.. 5 fr.

— *Cours supérieur et complémentaire*. 4 vol. in-18 :

I. — *L'Homme et les Animaux*. 1914, 1 vol. in-18 de 160 pages, avec 167 figures... 5 fr.

II. — *Les Plantes et la Terre*. 1914, 1 vol. in-18 de 115 pages, avec figures... 5 fr.

III. — *Physique*. 1914, 1 vol. in-18 de 196 pages, avec 184 figures.... 5 fr.

IV. — *Chimie*. 1914, 1 vol. in-18 de 190 pages, avec 119 figures....... 5 fr.

CHENEVARD. — **L'Elevage moderne du Lapin**. 1 vol. in-18 de 132 p., avec 28 figures.. 5 fr.

— **Alimentation rationnelle des volailles**. 1918, 1 vol. in-18 de 132 pages... 5 fr.

— **Maladies des Volailles**. 1914-1915, 1 vol. in-18 de 90 pages, avec figures.. 5 fr.

— **Culture maraîchère et de primeurs du Sud-Est, du Midi et de l'Afrique du Nord**. 1918, 1 vol. in-18 de 125 pages, avec 85 figures. 5 fr.

COIRARD. — **Amélioration de l'élevage des animaux de l'espèce bovine par la création de prairies temporaires et l'entretien rationnel des prairies naturelles**. 1918, 1 vol. in-18 de 96 pages, avec 16 fig. 5 fr.

DAIRE. — **Les Microbes dans l'industrie laitière**. 1914, 1 vol. in-18 de 132 pages, avec 30 figures................................ 5 fr.

DELPERIER. — **Manuel du Maréchal ferrant. Comment on forge un fer à cheval**. 1909, 1 vol. in-18 de 83 pages, avec 5 pl. et 54 gfiures... 5 fr.

DIFFLOTH. — **La Conservation des Récoltes**. 1917, 1 vol. in-18 de 144 pages, avec figures... 5 fr.

— **Anes et Mulets**. 1917, 1 vol. in-18 de 120 pages, avec figures...... 5 fr.

DORNIC. — **Le contrôle pratique et industriel du lait**. *4e édition*, 1924, 1 vol. in-18 de 164 pages, avec 19 figures................... 5 fr.

DUCLOUX. — **Economie Ménagère agricole**. 5 vol. in-18 de chacun 100 pages, illustrées de figures.

I. — *Economie domestique*............................... 5 fr.

II. — *La Vacherie et la Porcherie*......................... 5 fr.

III. — *Le Lait, le Beurre et le Fromage*...................... 5 fr.

IV. — *La Basse-cour*.................................. 5 fr.

V. — *Jardinage et Engrais*.............................. 5 fr.

Ajouter 10 p. 100 pour recevoir franco.

DUCLOUX. — Méthode pratique de Comptabilité agricole. Guide comprenant les opérations agricoles relatives à une période de culture annuelle. 1911, 1 vol. petit in-4° de 40 pages. ... 5 fr.
— Cahier d'exercices d'initiation à la Comptabilité agricole. 1911, 1 vol. petit in-4° de 80 pages. ... 5 fr.
— Tableaux de comptabilité Laiterie, Fromagerie et Cuisine. 1913. 1 vol. in-4° de 96 pages. ... 5 fr.
DUCOMET. — Les Plantes alimentaires sauvages (Légumes et Fruits). 1917, 1 vol. in-18 de 144 pages. ... 5 fr.
DYBOWSKI. — Les Lapins à fourrures, 1927, 1 vol. in-16 de 180 pages avec figures. ... 5 fr.
FOUASSIER. — La connaissance du lait à la ferme, à la laiterie, dans les écoles. 1922, 1 vol. in-18 de 136 pages, avec 16 figures. ... 5 fr.
GIRARD. — La margarine et le beurre artificiel. 1 vol. in-18. ... 5 fr.
GOUIN. — Le Rationnement des animaux domestiques, 1927, 1 vol. in-18 de 100 pages. ... 5 fr.
GOUPIL. — Tableaux synoptiques pour l'analyse des vins, de la bière, du cidre et du vinaigre. 1 vol. in-18. ... 5 fr.
— Tableaux synoptiques pour l'analyse du lait, du beurre et du fromage. 1 vol. in-18. ... 5 fr.
— Tableaux synoptiques pour l'analyse des farines. 1 vol. in-18. ... 5 fr.
— Tableaux synoptiques pour l'analyse des conserves alimentaires. 1 vol. in-18. ... 5 fr.
— Tableaux synoptiques pour l'analyse des engrais. 1 vol. ... 5 fr.
GRANDERYE. — Météorologie de l'Agriculteur et prévision du temps. 1913, 1 vol. in-18 de 72 pages. ... 5 fr.
GUENAUX. — Les Poissons d'eau douce dans leurs rapports avec la pêche et la pisciculture. 1923, 1 vol. in-18 de 144 pages, avec 54 fig. ... 5 fr.
HUBERT. — L'Art de faire le Cidre et les Eaux-de-vie de Cidre, 1895, 1 vol. in-16 de 172 pages avec figures. ... 5 fr.
JUMELLE. — Les Cultures coloniales, 2° édition, 1916, 8 vol. in-16 de chacun 100 pages, illustrés de figures. ... 5 fr.
I. — Plantes à fécule et céréales. 1 vol. in-16 de 108 p., avec 85 fig. ... 5 fr.
II. — Légumes et fruits. 1 vol. in-16 de 122 pages, avec 88 figures. ... 5 fr.
III. — Plantes à sucre (café, cacao, thé, maté). 1 vol. in-16 de 127 pages, avec 42 figures. ... 5 fr.
IV. — Plantes à condiments et plantes médicinales. 1 vol. in-16 de 120 pages, avec 80 figures. ... 5 fr.
V. — Plantes oléagineuses. 1 vol. in-16 de 112 pages, avec 47 fig. ... 5 fr.
VI. — Plantes textiles. 1 vol. in-16 de 118 pages, avec 88 figures. ... 5 fr.
VII. — Plantes à caoutchouc et à résines. 1 vol. in-16 de 119 pages, avec 41 figures. ... 5 fr.
VIII. — Plantes à parfums, à colorants et à tanins. Tabac. 1 vol. in-16 de 122 pages, avec 85 figures. ... 5 fr.
LAFFON. — Hygiène rurale, 1904, 1 vol. in-16 de 160 pages. ... 5 fr.
LEMAIRE. — Les ruches. Choix et aménagement. 1917, 1 vol. in-18, de 112 pages, avec 74 figures. ... 5 fr.
— Les habitants du rucher. 1925, 1 vol. in-18 de 126 pages, avec 25 fig. ... 5 fr.
— La conduite du rucher. 2° édition; 1925, 1 vol. in-18 de 160 pages avec 81 figures. ... 5 fr.
— Les produits du rucher, miel, cire, hydromel. 1918. 1 vol. in-18 de 159 pages, avec 56 figures. ... 5 fr.
LHOSTE. — Les Succédanés des Fourrages. 1 vol. in-18. ... 5 fr.
MALAPERT DU PEUX. — Le Lait et le Régime lacté, 1908, 1 vol. in-16 de 160 pages. ... 5 fr.
MALPEAUX. — Les industries de la Fécule et de l'Amidon. Glucoserie et Dextrinerie. 1920, 1 vol. in-18 de 100 pages, avec 38 figures. ... 5 fr.
MANGET. — Tableaux synoptiques pour l'inspection des viandes. 1 vol. in-18 de 96 pages. ... 5 fr.

Ajouter 10 p. 100 pour recevoir franco.

MANGETT. — Tableaux synoptiques des champignons comestibles et vénéneux. 1 vol. in-18 avec 20 figures coloriées............ 9 fr.

MAZIÈRES (A. de). — La Culture de l'Olivier. 1913, 1 vol. in-18 de 96 pages, avec 42 figures................ 5 fr.

— La Culture de l'Oranger. 1 vol. in-18 de 100 pages, avec figures... 5 fr.

— L'Industrie des fruits à sécher, figues, abricots, dattes, pruneaux, etc. 1920, 1 vol. in-18 de 96 pages, avec 26 figures................ 5 fr.

MIÈGE. — La pratique des Engrais et la Fertilisation du sol. 1921, 1 vol. in-16 de 124 pages avec figures................ 5 fr.

MONAVON. — La Coloration artificielle des Vins. 1890, 1 vol. in-16, de 160 pages................ 5 fr.

MONTAGARD. — Tableaux synoptiques de Viticulture. 1 vol. in-18, 5 fr.

— Tableaux synoptiques de vinification. 1 vol. in-18................ 5 fr.

MORIN. — La Plume des Oiseaux et l'Industrie plumassière. 1914, 1 vol. in-18 de 96 pages, avec 32 figures................ 5 fr.

PASSY. — Arboriculture fruitière. 6 vol. in-18 :

I. — Plantation et Greffage. 1915, 1 vol. in-18 de 108 p., avec 46 fig.... 5 fr.

II. — Taille des arbres fruitiers. 1915, 1 vol. in-18 de 100 p., avec 59 fig. 5 fr.

III. — Le Poirier. Culture, taille, variétés. 1918, 1 vol. in-18 de 131 pages, avec 72 figures................ 5 fr.

IV. — Le Pommier, le Cognassier, le Néflier, le Cormier, le Figuier, le Noyer, le Châtaignier, le Noisetier. 1918, 1 vol. in-18 de 86 pages, avec 27 fig. 5 fr.

V. — Le Pêcher, l'Abricotier, le Prunier, le Cerisier, le Framboisier, le Groseillier. 1 vol. in-18 de 108 pages, avec 60 figures................ 5 fr.

VI. — La Vigne et la culture des Raisins de table. 1 vol. in-18 de 108 pages, avec 60 figures................ 5 fr.

PLAISANT. — Les accidents du travail agricole. 1924, 1 vol. in-18, de 100 pages................ 5 fr.

PRADEL. — Manuel de Trufficulture. 1914, 1 vol. in-18 de 156 pages, avec figures................ 5 fr.

REY. — La Culture rémunératrice du Blé. 2e édition, 1923, 1 vol. in-18 de 212 pages, avec 44 figures................ 5 fr.

RODILLON. — Guide pratique de la basse-cour moderne. 1914, 1 vol. in-18 de 182 pages, avec 38 figures................ 5 fr.

ROUGIER ET PERRET. — L'Agriculture à l'École primaire. Cours moyen et supérieur. 5e édition, 1925, 1 vol. in-18 de 252 pages, avec 286 figures................ 5 fr.

— L'Agriculture à l'École supérieure. 1923, 2 vol. in-18 :

I. — Agriculture générale. Nutrition de la Plante, Fertilisation du sol. Aménagement des eaux. Machines agricoles. 1 vol. in-18 de 216 pages, avec 160 figures................ 5 fr.

II. — Cultures spéciales et zootechnie. 1 vol. in-18 de 126 pages, avec 185 figures................ 5 fr.

— Guide pratique de l'Enseignement ménager agricole. 1912, 1 vol. in-18 de 228 pages, avec 172 figures................ 5 fr.

SAPORTA. — La Chimie des Vins, les Vins manipulés et falsifiés. 1889, 1 vol. in-16 de 160 pages, avec figures................ 5 fr.

— La Vigne et le Vin dans le Midi de la France. 1894, 1 vol. in-16 de 208 pages, avec 24 figures................ 5 fr.

SELTENSPERGER. — Précis d'Agriculture. 5 vol. in-18 de chacun 100 pages, illustrées de figures.

I. — Agriculture générale. Amélioration du sol. Engrais................ 5 fr.

II. — Cultures spéciales. Céréales. Plantes fourragères. Plantes industrielles. Sylviculture................ 5 fr.

III. — Viticulture, Vinification, Arboriculture................ 5 fr.

IV. — Zootechnie. Elevage. Basse-Cour. Apiculture................ 5 fr.

V. — Economie rurale. Législation. Comptabilité................ 5 fr.

TRUELLE. — Manuel du fabricant et cidres mousseux et gazéifiés. 1925, 1 vol. in-16 de 205 pages, avec 63 figures................ 6 fr.

ZABOROWSKI. — Les Boissons hygiéniques. 1889, 1 vol. in-16 de 160 pages, avec 24 figures................ 5 fr.

Ajouter 10 p. 100 pour recevoir franco.

TRAITÉ D'ARBORICULTURE FRUITIÈRE

Par P. PASSY
Professeur à l'École nationale d'agriculture de Grignon.

1920, 1 vol. in-18 de 655 pages avec 329 figures............. 28 fr.

L'ouvrage est divisé en 6 fascicules se vendant séparément :

I. Plantation et Greffage.
1 vol. in-18 de 108 pages avec 46 figures................. 5 fr.

II. Taille des arbres fruitiers.
1 vol. in-18 de 96 pages avec 60 figures................. 5 fr.

III. Le Poirier, Culture, taille, variétés.
1 vol. in-18 de 149 pages avec 100 figures................. 5 fr.

IV. Le Pommier, le Cognassier, le Néflier, le Cormier, le Figuier, le Noyer, le Châtaignier, le Noisetier.
1 vol. in-18 de 86 pages avec 27 figures................. 5 fr.

V. Le Pêcher, l'Abricotier, le Prunier, le Cerisier le Framboisier, le Groseillier.
1 vol. in-18 de 108 pages avec 36 figures................. 5 fr.

VI. La Vigne et la Culture des Raisins de table.
1 vol. in-18 de 108 pages avec 60 figures................. 5 fr.

Pour rendre l'ouvrage plus accessible à toutes les bourses, le livre est partagé en 6 fascicules.

Dans le premier, M. PASSY examine la création économique d'une plantation fruitière, la meilleure disposition à adopter, la *plantation*, puis les *greffes* pratiques, les conditions nécessaires à leur réussite, la manière de les exécuter.

Dans un deuxième fascicule, il aborde la *taille* envisagée au point de vue général, puis l'étude des principales formes auxquelles on soumet les arbres fruitiers et la manière de les obtenir.

Il étudie ensuite les diverses espèces fruitières. Chaque espèce est étudiée soigneusement, la taille spéciale qui lui convient exposée en détail, les principales variétés passées en revue; enfin les ennemis de chaque arbre, insectes, champignons, décrits aussi complètement que possible, et les moyens pratiques de destruction indiqués.

Le troisième fascicule est consacré au *Poirier*.

Le quatrième, au *Pommier* et à quelques espèces secondaires : Néflier, Cormier, Cognassier, Figuier, Châtaignier, Noyer, Noisetier.

Dans le cinquième fascicule, les *Pêcher, Amandier, Abricotier, Prunier, Cerisier* et *Framboisier* sont passés en revue.

Enfin, dans le sixième fascicule, M. PASSY étudie la vigne en se plaçant plus spécialement au point de vue de la production des *Raisins de table*. Les diverses espèces du genre *Groseillier* terminent ce fascicule.

Des figures nouvelles ont été ajoutées à cette deuxième édition.

Continuant à s'occuper pratiquement d'Arboriculture comme aussi de son enseignement à l'École nationale de Grignon, M. PASSY a pu apporter, dans ce livre, le fruit de plus de vingt années d'expérience.

Ajouter 10 p. 100 pour recevoir franco.

CONSTRUCTIONS RURALES
ET AMÉLIORATIONS AGRICOLES
Par C. ARNOULD

1913, 1 vol. in-16 de 464 pages, avec 220 figures............... 15 fr.

Ce nouveau volume sur les *Constructions rurales* est spécialement destiné aux agriculteurs et aux habitants de la campagne qui veulent établir eux-mêmes des constructions économiques. C'est un exposé pratique des méthodes de distribution, de construction et d'aménagement, ayant un intérêt réel pour le cultivateur, tout en ménageant un budget qui n'admet guère les prodigalités. En conséquence, les travaux ayant un réel intérêt pratique, et qui sont en même temps économiques, sont décrits avec tous les détails manuels exigés par leur exécution à la ferme.

L'ART DE DÉCOUVRIR LES SOURCES
ET DE LES CAPTER
Par E.-S. AUSCHER
Ingénieur des arts et manufactures.

2ᵉ *édition*, 1913, 1 vol. in-16 de 350 pages, avec 112 figures... 15 fr.

Dans un premier livre, ce sont les propriétés de l'eau qui sont passées en revue : propriétés physiques, chimiques, température, nature géologique des terrains, variations des eaux, etc.

Dans le second, les eaux souterraines sont étudiées dans leurs relations avec les terrains : schistosité, cassures, tailles, porosité, influence des pluies, régimes différents des eaux souterraines, puits artésiens et boit-tout, rivières souterraines, sources intermittentes, etc.

Dans le troisième, l'auteur s'attache à la recherche des sources et des eaux souterraines. Après un historique de la question (baguette divinatoire, sourciers, procédés scientifiques), il fixe les signes extérieurs qui révèlent aux savants les diverses connaissances de la géologie et de la topographie.

Dans un dernier livre, M. AUSCHER passe aux applications de la pratique hydrographique proprement dite. Il aborde le captage des eaux ou ensemble des travaux qu'il est nécessaire d'effectuer pour arriver à utiliser les eaux de sources, des puits ou des puits artésiens, d'où découle une étude détaillée du captage des eaux : 1° derrière un barrage ; 2° dans les galeries ou drains ; 3° dans des puits.

Le volume est terminé par un chapitre sur la législation des eaux.

LES ENGRAIS EN HORTICULTURE
Par A. PETIT
Professeur à l'École nationale d'horticulture de Versailles.

1921, 1 vol. in-16 de 274 pages............................... 15 fr.

La première partie est consacrée à l'étude de la nutrition des plantes.

La seconde partie est un précis de tout ce que nous savons sur le sol en tant que source de nourriture pour les plantes, et rien des plus récents travaux de chimie agronomique n'y est omis.

Dans la troisième partie, on lira avec un intérêt particulier les pages consacrées à la fermentation du fumier et à son utilisation en horticulture, et nous avons trouvé une comparaison complète entre les sels ammoniacaux et les nitrates qu'on ne rencontre nulle part ailleurs et que nous recommandons beaucoup aux agronomes.

Enfin, un chapitre intitulé : *Conditions de l'emploi des engrais du commerce*, fournit des renseignements pratiques sur l'application des engrais aux cultures horticoles de pleine terre et aux cultures en pots. La comparaison que l'auteur établit, d'après ses propres recherches entre les engrais minéraux et le fumier, est particulièrement intéressante.

Ajouter 10 p. 100 pour recevoir franco.

NOS CHIENS

Races — Dressage. — Élevage. — Hygiène. — Maladies

Par P. MÉGNIN

5e édition, 1923, 1 vol. in-16 de 430 pages, avec 164 photogr... 15 fr.

Les chiens de garde et d'utilité et leur dressage : chiens de berger ; chiens de guerre, chiens de trait. Les chiens de chasse : chiens courants français ; chiens courants anglais, chiens courants bassets ; dressage de chien courant. Les chiens d'arrêt : chiens d'arrêt français ; chiens d'arrêt anglais ; chiens d'arrêt bassets ; dressage du chien d'arrêt, les field-trials. Les terriers et les fox-terriers : la chasse sous terre ; les combats de chiens, les courses de fox-terriers ; les concours de chiens ratiers. Les chiens d'agrément : les lévriers ; le coursing. Les chiens d'appartement : les loulous ; la toilette des chiens. Le dressage du chien de cirque. L'hygiène des chenils et l'hygiène des chiens. Les maladies des chiens.

LE CHIEN

Hygiène. — Maladies.

Par J. PERTUS
Médecin-vétérinaire.

Nouvelle édition, 1923, 1 vol. in-16 de 400 p., avec 110 fig... 15 fr.

Age. — Extérieur. — Fonctions organiques et sens. — Hygiène. — Alimentation. — Habitations. — Reproduction. — Accouplement. — Choix des reproducteurs. — Gestation. — Parturition. — Élevage et sevrage. — Dressage. — Maladies contagieuses. — Maladies de la peau, de l'appareil respiratoire, du tube digestif, de l'appareil génito-urinaire, des mamelles. — Maladies nerveuses. — Maladies des yeux, des oreilles. — Maladies chirurgicales. — Pansements, bandages et sutures. — Accidents de chasse. — Administration des médicaments. — Thérapeutique canine. — Formulaire.

MANUEL PRATIQUE
D'ALIMENTATION DU BÉTAIL

Par R. DUMONT
Professeur d'agriculture du département du Nord.

2e édition, 1921, 1 vol. in-16 de 392 pages............. 15 fr.

Principes généraux sur lesquels repose l'alimentation du bétail. — Des aliments et de leur digestibilité. — Des rations. — Valeur alimentaire des principaux fourrages. — Condiments et boissons. — Préparation des aliments. — Alimentation des animaux de l'espèce chevaline : poulain, jument, étalon, cheval de course, cheval de trait. — Alimentation de l'espèce bovine : veau, vache laitière, taureau, bœuf. — Alimentation de l'espèce ovine et porcine. — Élevage et engraissement du lapin et des oiseaux de basse-cour.

L'Élevage du Cheval et du Gros Bétail
EN NORMANDIE

Par G. GUÉNAUX
Chef de travaux à l'Institut national agronomique.

1902, 1 vol. in-16 de 300 pages, avec 70 figures............. 15 fr.

Dans la première partie, l'élevage du cheval de demi-sang, M. GUÉNAUX décrit les méthodes suivies par les principaux éleveurs normands et montre les résultats réalisés. La question de l'entraînement des trotteurs est étudiée avec soin.

Dans la deuxième partie, l'élevage des bovidés, M. GUÉNAUX fait connaître les pratiques usitées pour la reproduction et l'engraissement du gros bétail.

Ajouter 10 p. 100 pour recevoir franco.

TRAITÉ DE
CULTURE POTAGÈRE
(PETITE ET GRANDE CULTURE)

Par J. DYBOWSKI
Professeur à l'Institut national agronomique.

1924, 1 vol. gr. in-8 de 340 pages, avec 130 figures............ 24 fr.

Il faut que les agriculteurs entrent résolument dans la voie des productions légumières. C'est dans ce but que M. Dybowski s'est efforcé de montrer quels sont les frais que comporte chaque culture en même temps que les bénéfices qu'elles sont susceptibles de fournir. Ce dernier point est la caractéristique de ce livre qui *seul* donne des précisions sur les ressources puissantes que peut fournir la culture potagère portée sur les grandes surfaces.

ARBRES ET ARBUSTES
D'ORNEMENT DE PLEINE TERRE

Par J.-S. MOTTET
Préface de M. Bois, professeur de culture au Muséum.

1924, 1 vol. gr. in-8 de 576 pages, avec 234 fig. et 40 planches. 60 fr.

Ce qu'on entend par arbres, arbrisseaux, arbustes, sous-arbrisseaux. Rôle décoratif des arbres et des arbustes dans les jardins et leurs divers usages. Remarques sur la plantation des arbustes d'alignement, sur la plantation des massifs d'arbustes, etc. Descriptions de principaux genres, espèces et variétés d'arbres et d'arbustes d'ornement. Leur culture, taille, entretien, multiplication, etc. Choix pour divers usages, etc.

TRAITÉ DE BOTANIQUE
AGRICOLE ET INDUSTRIELLE

Par J. VESQUE
Maître de conférences à la Faculté des sciences de Paris et à l'Institut agronomique.

1885, 1 vol. gr. in-8 de 976 pages, avec 598 figures.......... 40 fr.

Ajouter 10 p. 100 pour recevoir franco.

NOUVEAU DICTIONNAIRE VÉTÉRINAIRE

Médecine, Chirurgie, Thérapeutique
Législation sanitaire, et sciences qui s'y rapportent

Par les Dr

FONTAINE	**HUGUIER**
Vétérinaire principal de l'armée.	Vétérinaire major de 1re classe de l'armée.

1924, 2 volumes grand in-8 de 1921 pages à 2 colonnes, illustré de 2252 figures.

Broché . . . . 180 fr. | Relié . . . . 240 fr.

La médecine vétérinaire a fait de grands progrès depuis quelques années. Pendant la guerre, dans le domaine médical vétérinaire, ce fut la lutte contre les maladies contagieuses : la morve, la gale, le tétanos, la typhoïde, les lymphangites, la rage. Puis vient la fièvre aphteuse, si terrible et meurtrière en 1919-1920. C'est, en suite, la peste bovine qui, après avoir ravagé nos possessions de l'Afrique Occidentale (1916-1918), a frappé, en 1920, nos amis les Belges. Dans le domaine chirurgical, c'était le perfectionnement de nos interventions sur les blessés de guerre, les techniques nouvelles au sujet des complications des traumatismes.

Dans le domaine agricole, les coupes sombres de notre cheptel retiennent toute notre attention, dans le problème si difficultueux de sa reconstitution. Dans le domaine économique, le ravitaillement en viande et en fourrages fut angoissant : les frigorifiques alliés vinrent à notre secours, et la question des succédanés, pour combattre la disette des fourrages, préoccupa vivement les pouvoirs publics.

Et pendant qu'aux armées les praticiens étaient aux prises avec les dangers et les difficultés, à l'arrière, les laboratoires et les écoles étudiaient et expérimentaient : les années 1914 à 1919 ont donc été des années d'épreuves, mais de travail également.

Les dernières années ont été fertiles en découvertes scientifiques et médicales : c'est ainsi que les maladies contagieuses, la sérothérapie, les vaccinations, les médications nouvelles, les méthodes récentes de diagnostic, l'hygiène, les abattoirs, etc. ont subi de profondes modifications. La réglementation de l'exercice de la pharmacie, la législation sanitaire, la jurisprudence, ont été complètement remaniées. Le Nouveau Dictionnaire Vétérinaire de MM. FONTAINE et HUGUIER permettra à l'éleveur et à l'agriculteur de trouver une documentation rapide et un conseil utile. Les figures ont été multipliées.

Formulaire des Vétérinaires Praticiens

Par G. CAGNY et H.-J. GOBERT

8e édition entièrement refondue.

1921, 1 volume in-18 de 420 pages; broché, 24 fr. ; cartonné, 32 fr.

MM. CAGNY et GOBERT se sont proposé deux buts différents : 1° présenter aux vétérinaires un résumé des principes thérapeutiques, basé sur les modifications apportées dans ces dernières années, aux théories médicales et conforme, comme posologie, au dernier Codex ; 2° réunir dans un même chapitre toutes les formules applicables aux maladies d'un organe donné.

Une table très complète permettra de retrouver, soit la maladie et par suite le traitement qui lui convient, soit le médicament et par suite la maladie à laquelle il s'applique.

Ajouter 10 p. 100 pour recevoir franco